T0259780

Prozesse in Produktion und Supply Chain optimieren

Torsten Becker

Prozesse in Produktion und Supply Chain optimieren

3. neu bearbeitete und erweiterte Auflage

Torsten Becker
BESTgroup Consulting GmbH
Berlin, Deutschland

ISBN 978-3-662-49074-7   ISBN 978-3-662-49075-4 (eBook)
https://doi.org/10.1007/978-3-662-49075-4

Die Deutsche Nationalbibliothek verzeichnet diese Publikation in der Deutschen Nationalbibliografie; detaillierte
bibliografische Daten sind im Internet über http://dnb.d-nb.de abrufbar.

Springer Vieweg
© Springer-Verlag GmbH Deutschland 2005, 2008, 2018

Gedruckt auf säurefreiem und chlorfrei gebleichtem Papier

Springer Vieweg ist ein Imprint der eingetragenen Gesellschaft Springer-Verlag GmbH Deutschland und ist Teil
von Springer Nature
Die Anschrift der Gesellschaft ist: Heidelberger Platz 3, 14197 Berlin, Germany

Vorwort

„Es gibt nichts Gutes, außer man tut es." (Erich Kästner)

Dieses Buch soll Manager, Prozessverantwortliche und Projektleiter anregen, Prozesse systematisch zu verbessern. Nur Prozessveränderungen können zu besserer Leistung führen. Das Buch beschreibt zahlreiche Hilfsmittel, mit denen Prozesse in Produktion und Supply Chain verbessert werden können.

Das Buch fasst die Erfahrungen aus vielen Beratungsprojekten zusammen, bei denen die Verbesserung von Prozessen das Ziel war. Im Rahmen der Beratungsprojekte habe ich zahlreichen Unternehmen geholfen, erhebliche Leistungssteigerungen und nachhaltige Verbesserungen schnell zu implementieren. An dieser Stelle möchte ich allen Kunden und Kollegen danken, die bei diesen Projekten dabei waren und ohne deren kritische Kommentare und Anregungen viele Ergebnisse nicht möglich gewesen wären.

Mancher Leser wird eine detaillierte Betrachtung von DV-Systemen in diesem Buch vermissen. Der Schwerpunkt dieses Buchs ist die Prozessoptimierung, nicht die Systemoptimierung. Denn es ist in vielen Fällen einfacher, die Prozesskomplexität zu reduzieren und dann die einfacheren Prozesse zu automatisieren. „Erst systematisieren, dann automatisieren!" Dieser alte Grundsatz hat auch heute noch erhebliche Bedeutung für erfolgreiche Prozessverbesserungen oder DV-Projekte.

Dem Springer-Verlag und Herrn Thomas Lehnert danke ich für die Unterstützung und Anregungen bei der Realisierung dieses Buchprojekts.

Besonderen Dank bin ich Herrn Dr. Helmut Becker für die umfangreiche Durchsicht und kritischen Kommentare zum Buchmanuskript schuldig. Ebenfalls zu Dank verpflichtet bin ich Herrn Michael Hartl, Herrn Johannes Gugl und Herrn Robert Graßmann für die konstruktiven Hinweise zu den Kapiteln. Frau Jutta Cram und Herrn Lutz Jahnke danke ich für die Unterstützung bei der Buchbearbeitung und Grafikerstellung.

Das Buch wäre ohne die unermüdliche Unterstützung und Anregung von meiner Frau, Yvonne Becker, nicht möglich gewesen. Als geduldige Zuhörerin hat sie Wesentliches zur Klarheit der Darstellung beigetragen und geholfen, aus Ideen sinnvolle Konzepte entstehen zu lassen. Vielen Dank für die umfangreiche Hilfestellung und ständige Ermunterung zur Bucharbeit. Dies kann nur als kleine Entschädigung für die vielen Stunden gesehen werden, die in dieses Buch geflossen sind.

Dr. Torsten Becker
Frankfurt am Main, im Mai 2005

Vorwort zur 2. Auflage

Während der letzten zwei Jahre habe ich viele konstruktive Hinweise für dieses Buch erhalten. Deshalb habe ich mich entschlossen, es für die zweite Auflage neu zu bearbeiten. Überschneidungen zwischen den Kapiteln sind reduziert und weitere Inhalte ergänzt worden. Einige neue Konzepte sind neu aufgenommen worden und zwei Fallbeispiele zeigen, wie umfangreiche Veränderungen in Unternehmen umgesetzt werden können.

Herrn Dr. Karlheinz Sossenheimer und Herrn Axel von Bauer danke ich neben der anregenden Projektarbeit für ihren Einsatz und die Bereitschaft, die Projektergebnisse zu dokumentieren. Herrn Dr. Helmut Becker möchte ich erneut für die zahlreichen Hinweise zum Buch danken. Herrn Holger Jagdt und Herrn Gerhard Kührer danke ich für die kritische Durchsicht des Buchmanuskripts. Frau Jutta Cram und meine Frau Yvonne haben die Text- und Grafiküberarbeitung unterstützt, herzlichen Dank dafür.

Meiner Frau Yvonne Becker danke ich für die Geduld, die sie für diese aufwendige Buchbearbeitung gezeigt hat.

Dr. Torsten Becker
Berlin, im November 2007

Vorwort zur 3. Auflage

„Just do it." (Nike Slogan)

Während der letzten Jahre habe ich in vielen Projekten umfangreiche weitere Erfahrungen gesammelt. Viele neue Methoden sind in der Zwischenzeit entstanden. Parallel haben viele Diskussionen mit den Studenten der Leuphana Hochschule in Lüneburg das Verständnis zur Supply Chain vertieft und einige Konzepte geschärft.

Nach zehn Jahren sind viele Inhalte des Buches genauso aktuell wie zum Zeitpunkt der letzten Auflage. Dennoch sind viele neue Aspekte zu berücksichtigen. Mit der Überarbeitung des Buchs sind neue Abschnitte ergänzt worden, z. T. für neue Methoden und für ein neues Fallbeispiel, das auch das Zusammenspiel zwischen ERP-Systemen und der Supply Chain verdeutlicht. In dem Beispiel steht insbesondere der Veränderungsprozess zur Einführung einer stärkeren EDV- Durchdringung im Vordergrund.

Bei der Vorbereitung und bei den Änderungen stand immer wieder die Frage im Raum, ob das Thema Digitalisierung in die Prozessverbesserung aufgenommen werden muss. Als Anhänger des Mottos „Erst systematisieren, dann digitalisieren" habe ich mich entschlossen, die grundlegenden Prozessoptimierungsthemen in den Vordergrund zu stellen. Wenn die Prozesse optimiert sind, dann ist eine Digitalisierung einfacher und schneller umzusetzen.

Den Nike-Slogan „Just do it" soll der Leser als Aufforderung verstehen, nicht nur zu lesen, sondern auch in die Praxis umzusetzen. Es gibt viele Möglichkeiten, die Supply Chain zu verbessern, die Ergebnisse kommen umso schneller, je eher man mit den Änderungen anfängt.

Vielen Kunden, Mitarbeiter und Studierenden der letzten Jahre danke ich für die anregenden Projektarbeiten und Diskussionen, insbesondere Herrn Markus Glattfelder für die Genehmigung, die Projektergebnisse zu dokumentieren.

Meiner Frau Yvonne Becker danke ich für die Geduld, die sie für diese aufwendige Buchbearbeitung gezeigt hat.

Dr. Torsten Becker
Berlin, im September 2017

Inhaltsverzeichnis

Abkürzungsverzeichnis

Abb.	Abbildung
ABC	Activity Based Costing, Prozesskostenrechnungsart
APICS	American Production and Inventory Control Society
APS	Advanced Planning and Scheduling
ARIS	Architektur integrierter Informationssysteme
BAB	Betriebsabrechnungsbogen
BIC	Best-in-Class
BPR	Business Process Reengineering, Prozessreengineering
BSC	Balanced Scorecard
BTO	Build to order
C	Schedule, Steuern Prozess bei Kabeto
CIM	Computer Integrated Manufacturing
CMM	Capability Maturity Model, Prozessreifebewertung
Cpk	Prozessfähigkeit
CTQ	Critical to Quality
D	Deliver, Liefer-Prozess bei Kabeto und SCOR
d. h.	Das heisst
DB	Datenbank
DIN	Deutsche Industrienorm
DMADV	Define, Measure, Analyze, Design, Verify
DMAIC	Define, Measure, Analyze, Improve, Continue
DV	Datenverarbeitung
E	Enable, Befähigungs-Prozess bei SCOR, Vorbereiten bei Kabeto
EDI	Electronic Data Interchange, Datenfernübertragung
EDV	Elektronische Datenverarbeitung
EFQM	European Foundation of Quality Management
EPEI	Every part, every interval
EPK	Ereignisgesteuerte Prozesskette
EQA	European Quality Award
ERP	Enterprise Resource Planning

et al	und andere Autoren
F	FIFO inventory, FIFO-Lager bei Kabeto
FIFO	First-In, First-Out
FTE	Full-time equivalent
G	Design, Gestalten Prozess bei Kabeto
GE	General Electric
HG	Härtegrad
I	Inventory, Lager bei Kabeto
ISO	International Standard Organization
IT	Informationstechnik, Datenverarbeitung
JIS	Just-in-Sequence, sequenzgerechte Anlieferung
JIT	Just-in-Time, zeitgerechte Anlieferung
K	Kanban inventory, Kanban-Lager bei Kabeto
Kabeto	Konsequent ausgeführte Betriebsprozesse optimieren
KISS	Keep it smart & simple
KVP	Kontinuierlicher Verbesserungsprozess
L	Lead, Leiten Prozess bei Kabeto
Lat.	Lateinisch
LKW	Lastkraftwagen
LVS	Lagerverwaltungssystem
M	Make, Herstell-Prozess bei Kabeto und SCOR
MRP	Material Requirement Planning
N	Non-managed inventory, Nichtverwaltetes Lager bei Kabeto
NC	Numerical Control, numerische Steuerung für Maschinen
NOAC	Next operation as a customer, Nächster Prozess als Kunde
OPT	Optimized Production Technology
P	Plan-Prozess bei Kabeto und SCOR
PC	Personalcomputer
PPS	Produktionsplanung und -steuerung
R	Return, Zurückliefer-Prozess bei SCOR
RADAR	Results, Approach, Deployment, Assessment and Review
ROCE	Return on Capital Employed
RONA	Return on Net Assets
S	Source, Beschaffungs-Prozess bei Kabeto und SCOR
SCC	Supply Chain Council, Verein zur Förderung von SCOR
SCM	Supply Chain Management
SCOR	Supply Chain Operations Reference-model, Supply Chain Prozessreferenzmodell
SIPOC	Supplier, Input, Process, Output, Customer Prozessbeschreibung
SMED	Single Minute Exchange of Die, schnelles Rüsten
SPICE	Software Process Improvement & Capability Determination
T	Transport, Versorgen Prozess bei Kabeto oder Tausend

TCO	Total Cost of Ownership
TOC	Theory of Constraints, Theorie der Engpässe
TPS	Toyota Production System
TQM	Total Quality Management
TRIZ	Theorie des erfinderischen Problemlösens
u.	und
Vgl	Vergleiche
VMI	Vendor Managed Inventory
VOC	Voice of the Customer, Kundenstimme
VZÄ	Vollzeitäquivalent
ZVEI	Zentralverband der Elektroindustrie
W	Whole, Gesamtkennzeichen bei Kabeto
z. B.	Zum Beispiel
8D	Acht Disziplinen

Einleitung

1

Zusammenfassung

Die Einleitung zum Buch „Prozesse in Produktion und Supply Chain optimieren"
beschreibt die Motivation für Verbesserungsprojekte in den operativen Prozessen eines
Unternehmens. Die Supply Chain- und Produktionsprozesse definieren die Lieferleistungen zum Kunden und beschreiben damit einen wichtigen Berührungspunkt für die
Steigerung der Kundenzufriedenheit: Effiziente und effektive Prozesse verbessern die
Liefertreue bei gleichzeitiger Kosten- und Aufwandsreduzierung. Neben einigen grundlegenden Überlegungen werden der Aufbau des Buches und der Inhalt der wesentlichen
Kapitel beschrieben.

Seit vielen Jahren stehen Unternehmen konstant unter Druck, ihre Produktion und Supply
Chain zu optimieren. Steigende Rohstoffpreise, steigende Löhne im Wettbewerb mit Niedriglohnländern, höhere Variantenvielfalt und kürzere Lieferzeiten bei konstant sinkenden
Preisen und Wünschen nach reduzierten Lagerbeständen sind nur eine unvollständige Aufzählung der vielen Anforderungen, denen sich die Verantwortlichen in den letzten Jahren
zu stellen hatten. Andere Unternehmen streben eine Stärkung ihrer Wettbewerbsposition
an, indem sie Spitzenleistungen in Produktion und Supply Chain erreichen wollen.

Neben den vielen Aufgaben wurden in den letzten Jahren zahlreiche Lösungsansätze diskutiert, die alle versprachen, die Produktion zu optimieren. Die kontinuierliche Leistungssteigerung der eingesetzten Maschinen und Einrichtungen hat die direkten
Kosten gesenkt und den Schwerpunkt von Verbesserungsbemühungen auf die Betriebs-
und Ablauforganisation verlagert. Die Unternehmen haben mit zahlreichen EDV-
Projekten, vom PPS-System über die CIM-Euphorie der späten 1980er-Jahre (Erkes und
Becker 1987) bis hin zu aufwendigen ERP- und Supply-Chain-Management-Systemen,

© Springer-Verlag GmbH Deutschland 2018

T. Becker, *Prozesse in Produktion und Supply Chain optimieren*,
https://doi.org/10.1007/978-3-662-49075-4_1

eine Standardisierung der Abwicklungsprozesse erreicht; die Ergebnisse bei der Pro-
duktionsverbesserung waren jedoch enttäuschend. Die Diskussion über Manufactu-
ring-Execution-Systeme zeigt, welche Unzufriedenheit hinsichtlich der Ergebnisse der
stärkeren EDV-Durchdringung herrscht.

Parallel kamen und gingen viele Ansätze fast wie Modeerscheinungen: Prozess-
Reengineering, Total Quality Management, Balanced Scorecard, Benchmarking, Lean
Production, Six Sigma, Theory of Constraints und Supply Chain Management (Fine 1998)
sind nur einige davon. Im Rückblick sind aus jedem Ansatz verschiedene Bausteine für
Verbesserungen entstanden. Viele Unternehmen haben mit den Methoden erhebliche
Potenziale für Verbesserungen schöpfen können. Bei Werksbesichtigungen fallen zahlrei-
che dieser Verbesserungen auf oder werden in den Vordergrund gestellt. Viele Verände-
rungen wurden lediglich begonnen, aber nicht konsequent flächendeckend umgesetzt. Bei
Diskussionen mit Prozessverantwortlichen fällt auf, dass viele Unternehmen zahlreiche
Konzepte schon erprobt haben und wegen fehlender Ergebnisverbesserung wieder in alte
Prozesse zurückgefallen sind. Oder ein Prozess gilt als eingeführt, obwohl lediglich ein
Bruchteil der betroffenen Mitarbeiter oder Arbeitsplätze diesen Prozess nutzen.

Das Thema Digitalisierung und die Umsetzung von Industrie 4.0 beherrscht die Diskussion, doch es stellt sich immer wieder heraus, dass eine grundlegende Supply Chain
Optimierung größere Verbesserungen erzielt, als die Digitalisierung. Während die Supply
Chain Optimierung einen Gesamtansatz bildet, werden im Bereich der Digitalisierung zu
häufig nur einige Teilaspekte betrachtet, die zwar zu Teilverbesserungen führen, aber selten die Systemleistung verbessern. Deshalb wird sich dieses Buch auf die grundsätzlichen
Themen der Supply Chain Prozesse konzentrieren.

1.1   Erfolgreiche Lösungsansätze

Wenn die viel zitierten Musterbeispiele – Toyota mit dem Toyota Produktionssystem
(Liker 2004; Ohno 1988), Dell mit der Build-to-Order-Supply Chain (Dell 1999) und
Motorola oder GE mit Six Sigma (Pande und Holpp 2001; Welch und Byrne 2001) –
analysiert werden, fällt immer ein wesentlicher Aspekt ins Auge: die Konsequenz der
Zielausrichtung und -umsetzung, also ein Systemansatz zur Verbesserung. Diese erfolgreichen Unternehmen streben in ihren Prozessen in Produktion und Supply Chain Perfektion an. Perfektion heißt für sie, kontinuierlich und konsequent Durchlaufzeiten zu
verkürzen, die Flexibilität zu erhöhen, perfekte Qualität zu liefern und damit gleichzeitig die Kosten zu senken.

Womack und Jones (Womack et al. 1990) identifizierten Toyota als Musterbeispiel für
Lean Production. Das Toyota-Produktionssystem hat in den vergangenen Jahren vielen
Unternehmen den Weg von der ursprünglichen Massenfertigung zu einer schlanken Produktion gewiesen. Das Buch und viele Folgebücher haben die Methoden und Werkzeuge
der Lean Production beschrieben, die heute Teil des allgemeinen Produktions-Know-hows
geworden sind.

Der PC-Hersteller Dell ist als Vorbild für eine ideale Supply Chain vorgestellt worden. Dell hat die gesamte Wertschöpfungskette vom Lieferanten bis zum Kunden optimiert. Das texanische Unternehmen hat das Modell der Build-to-Order-Produktion immer weiter verfeinert und alle Prozesse auf die schnelle, kundenauftragsbezogene Belieferung ausgerichtet.

Jack Welch ist es mit dem ursprünglich von Motorola stammenden Ansatz Six Sigma bei GE gelungen, dass das Unternehmen seine Prozesse verbessert hat. Bei Motorola und GE wurde die Qualitätsmanagementphilosophie Six Sigma um einen Methodenbaukasten und eine Vorgehensweise zur Prozessveränderung sowie um einen gezielten Aufbau von Wissensträgern erweitert.

Allen drei Unternehmen ist eines gemeinsam: Mit einer langfristigen Vision und Ausrichtung auf herausfordernde Ziele wird das Unternehmen in einen Zustand notorischer Unzufriedenheit gebracht. Die Ziele werden in erreichbare Zwischenziele heruntergebrochen. Alle Mitarbeiter streben gemeinsam ein abgestimmtes Zwischenziel an und sind erst dann zufrieden, wenn das Unternehmen dieses erreicht hat. Die visionären Ziele lassen sich nur mit vielen Veränderungen erreichen.

Aufgabe einer Unternehmensleitung ist es daher, langfristige Ziele zu setzen und die Mitarbeiter zu motivieren, diese Ziele auch erreichen zu wollen und den Zustand des Perfektionsstrebens beizubehalten. Diese strategische Ausrichtung gibt einem Unternehmen eine langfristige Orientierung für die Prozessoptimierung in Produktion und Supply Chain. Später kann mit der Digitalisierung ein weiterer Automatismus in Teilbereichen der Supply Chain implementiert werden.

Alle genannten Musterbeispiele – Toyota, Dell und GE – haben zunächst eine Ausrichtung definiert und dann sämtliche Aktivitäten dieser Zielrichtung unterworfen. Die Anwendung von Methoden war immer auf die Zielerreichung ausgerichtet. Erst werden die Prozesse verbessert, bevor mit der Unterstützung durch Automatisierung und Datenverarbeitung begonnen wird. Die Technik und die Datenverarbeitung werden als Hilfsmittel gesehen, die funktionierenden Prozesse weiter zu verbessern.

Viele Unternehmen streben die Lösung komplexer Probleme mit DV-Einsatz an (Becker 1999). Es soll ein bestimmtes Programm eingeführt werden, um durch die Standardisierung die Probleme zu lösen. Häufig passt aber die gewählte DV-Lösung nicht zu dem Problem, die DV-Unterstützung für Produktion und Supply Chain ist unzureichend oder die Ergebnisse der Umsetzung sind enttäuschend. Daher wird in diesem Buch der Lösungsansatz verfolgt, zunächst die Komplexität zu reduzieren, einfache Lösungen zu schaffen und als letzten Schritt die Datenverarbeitung zu implementieren (Abb. 1.1). Wenn die entsprechenden Verbesserungen umgesetzt sind, kann die erforderliche DV-Unterstützung konzipiert werden. Das Buch behandelt daher primär die Ansätze zur Prozessoptimierung und streift die Rechnerunterstützung nur am Rande.

Perfektion im Sinne dieses Buches richtet sich darauf, Produkte in einer vom Kunden gewünschten Ausführung in bester Qualität in kürzester Durchlaufzeit mit geringster Streuung herzustellen. Unter dem Titel *Prozesse für Produktion und Supply Chain optimieren* werden Methoden zur Zieldefinition, Prozessanalyse und -optimierung sowie zur

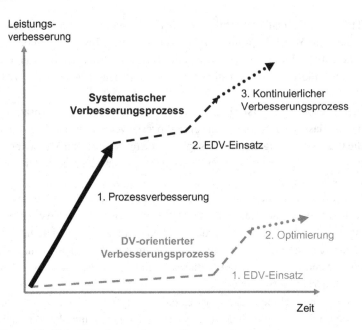

Abb. 1.1 Unterschiedliche Vorgehensweisen zur Prozessverbesserung

Ableitung und Umsetzung der Verbesserungen beschrieben. Unter *Betriebsprozesse* werden alle Prozesse in Produktion und Supply Chain zusammengefasst, mit denen ein vorgegebenes Produkt umgesetzt wird.

1.2 Aufbau des Buches

Dieses Buch gibt Prozessverantwortlichen, Managern, Experten, Sachbearbeitern, Beratern und Studenten Hilfsmittel auf den Weg, Perfektion in den Produktions- und Supply-Chain-Prozessen zu erreichen (Abb. 1.2). Neben den Gesamtansätzen werden Hilfsmittel und Methoden für die einzelnen Aufgaben bei der Prozessoptimierung vorgestellt. Aus den einzelnen Methoden wird ein Vorschlag für einen Methodenbaukasten entwickelt.

In Kap. 2 werden die wesentlichen Konzepte für die Prozessorientierung in Produktion und Supply Chain vorgestellt und die verwendeten Begriffe definiert.

Kap. 3 fasst die wesentlichen Merkmale aktueller Verbesserungsansätze zusammen. Dazu zählen Lean Production, Supply Chain Management, Six Sigma und die Theory of Constraints. Für jeden Ansatz werden die wesentlichen Inhalte dargestellt. Es werden die unterschiedlichen Vorgehensweisen zur Optimierung von Prozessen behandelt. Neben dem Prozessreengineering und der Prozessoptimierung werden Ansätze aus dem kontinuierlichen Verbesserungsprozess und aus dem Prozessmusterwechsel beschrieben.

Abb. 1.2 Aufbau des Buchs

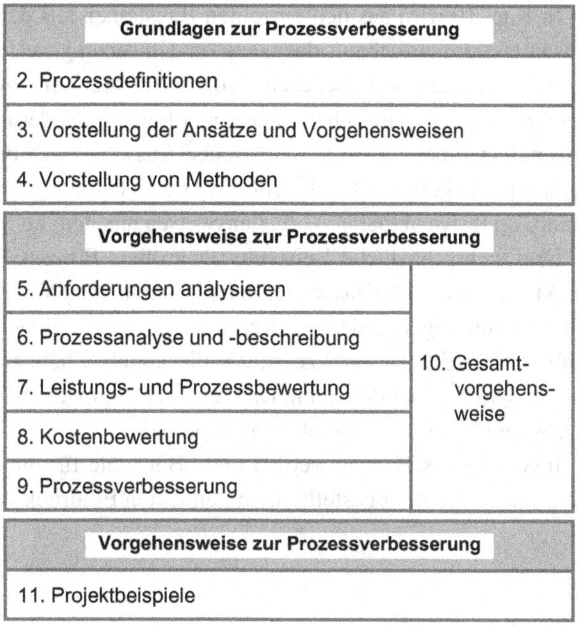

Grundlagen zur Prozessverbesserung
2. Prozessdefinitionen
3. Vorstellung der Ansätze und Vorgehensweisen
4. Vorstellung von Methoden

Vorgehensweise zur Prozessverbesserung	
5. Anforderungen analysieren	
6. Prozessanalyse und -beschreibung	10. Gesamt-vorgehens-weise
7. Leistungs- und Prozessbewertung	
8. Kostenbewertung	
9. Prozessverbesserung	

Vorgehensweise zur Prozessverbesserung
11. Projektbeispiele

In Kap. 4 werden unterschiedliche Methoden und Hilfsmittel behandelt, mit denen sich Verbesserungen erzielen lassen. Dieses Kapitel ist gedacht, Anregungen zu einer Vielzahl möglicher Veränderungen zu geben.

Da gute Prozesse die Kundenanforderungen erfüllen, werden in Kap. 5 Möglichkeiten und Methoden zur Ermittlung und Darstellung der Kundenanforderungen diskutiert und Methoden zur Erhöhung der Kundenzufriedenheit, wie die Customer Journey Map, vorgestellt.

Die Prozessanalyse und -beschreibung sind Inhalt von Kap. 6. Verschiedene Methoden zur Prozessanalyse werden vorgestellt und bewertet. Aus den Ansätzen wird eine Gesamtmethode für das effiziente Analysieren von Prozessen in der Supply Chain und Produktion entwickelt und beschrieben.

Es müssen nicht nur die Prozesse dargestellt, sondern auch die Leistungen bestimmt werden. In Kap. 7 werden Bewertungsmethoden für Prozesse diskutiert, angefangen bei qualitativen bis hin zu quantitativen Bewertungsmethoden.

Viele Prozessoptimierungsprojekte scheitern bei der Ermittlung der Prozesskosten. Kap. 8 beinhaltet unterschiedliche Methoden zur Bestimmung der Prozesskosten, damit die Wirtschaftlichkeit der Prozessverbesserungen ermittelt werden kann. Es werden unterschiedliche Konzepte für die Prozesskostenrechnung präsentiert, die sich für verschiedene Aufgabenstellungen eignen.

Grundsätze und Vorgehensweise zur Prozessverbesserung sind der Schwerpunkt von Kap. 9: Mithilfe welcher konkreten Vorgehensmodelle und Ansätze können Prozesse schneller, besser und kostengünstiger ausgelegt werden? Der Leser erhält wertvolle Ratschläge, wie er Prozesse neu gestalten oder überarbeiten kann.

In Kap. 10 wird aus den einzelnen Bausteinen aus den vorangegangenen Kapiteln ein Gesamtsystem aufgebaut, das auch zur Umsetzungsverfolgung verwendet werden kann. Hier wird zusammenfassend ein Prozess für die Umsetzung von Prozessverbesserungen beschrieben, mit dem sich einfache oder radikale Änderungen im Unternehmen einführen lassen. Es werden die organisatorischen Auswirkungen und Aufgaben für die Prozessverbesserung diskutiert. Dabei steht die Organisation der Verbesserungsansätze im Vordergrund, inklusive aktueller Vorgehensweisen aus dem agilen Projektmanagement.

Drei unterschiedliche Beispiele für größere Prozessverbesserungen sind der Schwerpunkt von Kap. 11. Das erste Beispiel stellt den Veränderungsprozess bei komplexen ERP-Einführungen in den Vordergrund, das zweite Beispiel zeigt die Systemoptimierung auf und das dritte Beispiel zeigt, wie die Supply Chain auf die Erzielung von bestimmten Zielen optimiert werden kann. Dabei soll gezeigt werden, wie Veränderungen die Wettbewerbsfähigkeit von Unternehmen steigern.

Innerhalb des Buches werden viele Beispiele für die Anwendung der Methoden und Vorgehensweisen vorgestellt, um einen ersten Eindruck von den Auswirkungen zu geben.

Prozesse als System optimieren

2

Neben den Erläuterungen zu den in diesem Buch verwendeten Kernbegriffen stehen in diesem Kapitel die Optimierungsmöglichkeiten für Prozesse im Vordergrund.

Zusammenfassung

Die wesentliche Begriffen für das Buch „Prozesse in Produktion und Supply Chain optimieren", u. a. Optimierung, Prozesse, Supply Chain, werden definiert. Dann wird das mehrdimensionale Zielsystem der Supply Chain vorgestellt und viele mögliche Ansatzpunkte dargestellt. Unterschiedliche Optimierungsansätze werden diskutiert und die wesentlichen Konzepte für die Prozessorientierung in Produktion und Supply Chain vorgestellt und die verwendeten Begriffe definiert. Für eine Optimierung der Prozesse werden Kriterien, die gute Prozesse erfüllen sollen, postuliert.

2.1 Einige Begriffsklärungen

Ein *Prozess* (lat. procedere = voranschreiten) ist nach dem Lexikon (Brockhaus 2004) ein Vorgang, ein Verlauf oder eine Entwicklung. Der Prozess beschreibt die inhaltliche und sachlogische Folge von Funktionen, die zur Erzeugung eines Objekts in einem spezifizierten Endzustand notwendig ist. Ein Prozess erzeugt ein Objekt. Er hat also ein Ergebnis, das sich beschreiben lässt. Im Sinne dieses Buches kann dieses Objekt ein Werkstück, eine Information oder ein Materialfluss sein. Für jedes Prozessergebnis sollte es mindestens einen Kunden geben, der seine Anforderungen und Wünsche an das Ergebnis beschreiben kann. Der Prozess beschreibt, wie dieses gewünschte Ergebnis zustande kommt.

© Springer-Verlag GmbH Deutschland 2018
T. Becker, *Prozesse in Produktion und Supply Chain optimieren*,
https://doi.org/10.1007/978-3-662-49075-4_2

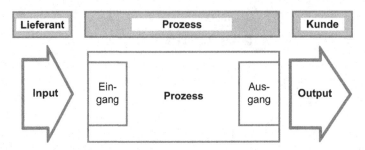

Abb. 2.1 Prozessdefinition

In dieser Definition des Begriffs *Prozess* fehlen die Eingangsgrößen, die vom Prozess benötigt werden, um die Ausgangsgrößen, also die Ergebnisse, zu erzeugen. Als *Lieferant* wird derjenige bezeichnet, der diese Eingangsgrößen liefert. Für jeden Prozess ergeben sich fünf Hauptelemente (Pande und Holpp 2001): Lieferanten, Eingangsgrößen, Prozess (selbst), Ausgangsgrößen und Kunden (Abb. 2.1).

Kein Prozess ist völlig losgelöst von anderen Prozessen: Er kann Start- oder Endpunkt anderer Prozesse sein. Die Prozesse können zueinander im Kunden- oder Lieferantenverhältnis stehen, wenn ein Prozess als Ausgangsgröße die Eingangsgröße für den Nachfolger erzeugt. NOAC, also Next Operation as Customer [nächste Handlung als Kunde] (Bhote 1991), ist ein häufig zitiertes Schlagwort, um innerhalb einer Prozesskette das Kunden-Lieferanten-Verhältnis zu verdeutlichen. Der nachfolgende Prozess kann in seiner Funktion als Kunde seine Anforderungen an den vorangegangenen Prozess, seinen Lieferanten, definieren.

Prozesse können hierarchisch über mehrere Ebenen in kleinere Einheiten unterteilt werden. Der Prozess kann aus unterschiedlichen Teilprozessen bestehen, deren sachlogische Folge den Prozess ergibt. Jeder Teilprozess besteht aus verschiedenen Schritten, die sich aus unterschiedlichen Aktivitäten zusammensetzen. In diesem Buch ist der Prozess der Hauptbegriff und die Ebenen darunter werden in Teilprozessen, Schritten und Aktivitäten beschrieben (Abb. 2.2).

Optimierung ist die Verbesserung eines Verfahrens, eines Prozesses oder eines Systems zum Bestmöglichen hin (Brockhaus 2004). Optimierung ist umgangssprachlich meist eine Verbesserung eines Vorgangs oder Zustands hinsichtlich Qualität, Kosten, Geschwindigkeit, Effizienz und Effektivität. Eine Prozessoptimierung ist daher eine Verbesserung eines Prozesses hinsichtlich unterschiedlicher Kriterien wie Kosten, Zeit, Qualität, Kapitaleinsatz und Flexibilität oder auch anderer abgeleiteter Teilkriterien. Es gibt verschiedene, zum Teil sich widersprechende Optimierungen: Jede Änderung der Ziele oder deren Gewichtung untereinander kann zu einer Veränderung der Prozesse führen.

Produktion (lat. producere = hervorführen) ist die Herstellung, Erzeugung, Fertigung von Waren (Brockhaus 2004). Sie ist der vom Menschen bewirkte Transformationsprozess, der aus natürlichen oder bereits produzierten Ausgangsstoffen unter Einsatz von Energie und Arbeitskraft lagerbare Wirtschafts- oder Gebrauchsgüter erzeugt. Der Begriff *Produktion* bezieht sich in diesem Buch auf den industriellen Bereich. In vielen Unternehmen steht bei

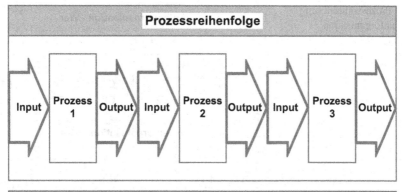

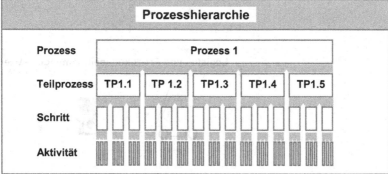

Abb. 2.2 Prozesshierarchie

der Produktionsoptimierung in vielen Fällen die Optimierung einzelner Transformationsprozesse im Vordergrund: Neue Produktionsverfahren, neue Produktionseinrichtungen und eine steigende Automatisierung sind wesentliche, in vielen Produktionsstätten zu beobachtende Veränderungen. Mit diesen Ansätzen werden in der Regel die direkten Kosten der Bearbeitung reduziert und daraus werden Kostenoptimierungen in der Kalkulation nachgewiesen.

In diesem Buch liegt der Schwerpunkt nicht auf den einzelnen Transformationsschritten, sondern auf der Prozesskette vom Beginn der Produktionsbeauftragung bis zur Fertigstellung des Produkts, also in der gesamten Ablauf- oder Prozessorganisation, die unter dem Schlagwort *Betriebsorganisation* zusammengefasst wird.

Die *Supply Chain* beschreibt die Wertschöpfungskette bestehend aus Material-, Informations- und Werteflüssen vom Rohstofflieferanten bis zum Endkunden. Sie betrachtet sowohl Planungs- als auch Ausführungsprozesse. Die Supply Chain beginnt im Bereich der Planung mit der Erfassung des erwarteten Marktbedarfs und hört mit der Vorbereitung aller Prozessschritte zu dessen Erfüllung auf, z. B. mit dem Liefer-, Produktions- und Bestandsplan. Für die Ausführungsprozesse fängt die Supply Chain mit einem Kundenauftrag an und endet mit der Lieferung der gewünschten Produkte. Die Supply Chain umfasst damit alle Prozesse der Planung, Auftragsabwicklung, Produktion und des Einkaufs einschließlich der Materialwirtschaft und Logistik.

Abb. 2.3 Prozessoptimierung
in der Ablauforganisation

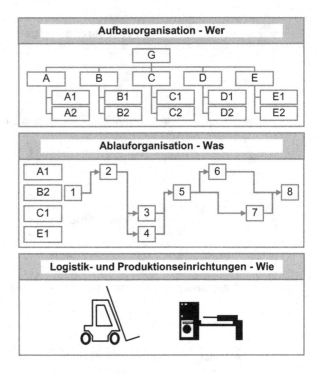

Die Prozessoptimierung in Produktion und Supply Chain betrachtet in diesem Buch daher die Verbesserung aller Schritte vom Eingangsmaterial bis zum Endprodukt unter Einschluss der gesamten Auftragsabwicklung, Produktion, Beschaffung und Planung (Abb. 2.3). Die folgenden Kapitel beschreiben die Verbesserung der Prozesse in einem Unternehmen, also der Ablauforganisation. Mit optimalen Prozessen und einer systematischen Verbesserungsfähigkeit im eigenen Haus kann ein Unternehmen die Wertschöpfungskette mit Kunden und Lieferanten optimieren und anschließend Spitzenleistungen in der integrierten Supply Chain über Unternehmensgrenzen hinweg erreichen.

2.2 Herausforderungen bei der Prozessoptimierung

Prozessoptimierung in Supply Chain und Produktion heißt, aus einer Vielzahl von Variationsmöglichkeiten die beste Lösung zu schaffen und umzusetzen. Die Prozessoptimierung besteht aus den Aufgaben, Verbesserungsansätze zu identifizieren, Lösungsvorschläge zu entwickeln, die Lösungsvorschläge zu bewerten und die beste Lösung auszuwählen und umzusetzen. Aufgrund der meist komplexen Entscheidungssituation ist die Gesamtwirkung der Handlungen trotz systematischer Vorgehensweise nur in den einfachsten Fällen vorhersehbar.

Die Aufgabe lässt sich mit der Situation eines Winzers im Weinanbau veranschaulichen. Er trifft viele Entscheidungen, um den Gewinn aus seinem Weingut zu optimieren (Abb. 2.4).

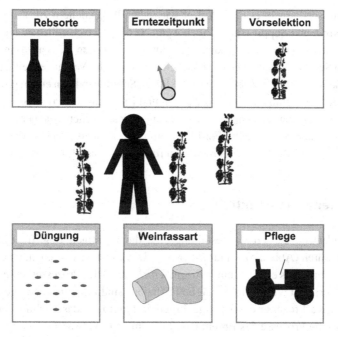

Abb. 2.4 Winzer

Er kann sich auf die Produktion hochwertiger Weine, z. B. Trockenbeerenauslesen, konzentrieren, gute Kabinettweine, Prädikatsweine oder einfache Landweine herstellen. Er kann unterschiedliche Traubensorten pflanzen. Er kann seine Traubenernte auf hohe Quantitäten ausrichten oder auf Dünger und Chemie weitgehend verzichten und seinen Wein als Biowein bewerben. Während die deutschen Winzer vorzugsweise Lagenweine mit jährlich schwankenden Qualitäten verkaufen, produzieren bedeutende Weingüter in anderen Ländern möglichst große Mengen eines Weins, der durch Zusammenmischen unterschiedlicher Weinsorten und -lagen zu Cuvées in jedem Jahr auf den gleichen Geschmack getrimmt wird.

Von der Pflanzenauswahl bis zum Gärungsprozess hat der Winzer viele Möglichkeiten zur Optimierung, etwa seine Kosten zu reduzieren oder die Qualität seiner Produkte zu steigern, um höhere Preise zu erzielen. Im Spannungsfeld konkurrierender Anforderungen gibt es unterschiedliche Möglichkeiten, Gewinn zu erzielen.

Wie ein Winzer abhängig von der Lage und Größe seiner Weinberge, seinen Fähigkeiten, seinem Einsatz, seinen finanziellen Möglichkeiten und seinem Kundenkreis den höchsten Gewinn erzielt, lässt sich wegen der zahlreichen Einflussfaktoren nicht mit Sicherheit bestimmen. Er hat jedoch viele Möglichkeiten, seinen Betrieb wirtschaftlich erfolgreich zu führen.

Wie kann ein Winzer seinen Betrieb optimieren? Von allen Handlungsalternativen hat er nur eine begrenzte Auswahl, mit denen er agieren kann. So kann er jedes Jahr neu bestimmen, zu welchem Zeitpunkt er ernten möchte, er kann aber nicht jedes Jahr neue Reben pflanzen und schon im ersten Jahr der Anpflanzung den maximalen Ertrag erwarten.

Zusammenfassend ergeht es dem Winzer wie vielen Projektleitern zur Prozessoptimierung in Produktion und Supply Chain. Auch wenn sie die unterschiedlichen, teilweise konkurrierenden Anforderungen der Kunden gegeneinander abwägen müssen, können sie nicht alle möglichen Schritte einleiten. Denn Entscheidungen aus der Vergangenheit haben erhebliche Nachwirkungen. Die Prozesse können in kleinen Schritten oder in einem großen Schritt verändert werden, aber immer ist die Produktion und Lieferung der Produkte aufrechtzuerhalten. Nur wenige Unternehmen können sich lange Umstellzeiten erlauben, wie sie beim amerikanischen Automobilhersteller Ford 1927 auftraten. Damals stand bei der Umstellung vom Modell T auf das Modell A die Produktion für sechs Monate still (Gross 1996).

2.3   Effizienz und Effektivität

Vor den Grundsätzen der Prozessgestaltung sind die wichtigen Begriffe *Effizienz* und *Effektivität* zu klären (Abb. 2.5). Unter *Prozesseffektivität* ist zu verstehen, ob der Prozess das gewünschte Ergebnis erzeugt, unter *Prozesseffizienz*, ob das Prozessergebnis mit minimalem Einsatz erreicht wird. Effektivität und Effizienz sind zwei unabhängige Parameter. Während effektive Prozesse das richtige Ergebnis liefern – „das Richtige machen" –, erreichen effiziente Prozesse das Ergebnis mit minimalem Aufwand – „die Dinge richtig machen". Optimale Prozesse sind daher effizient und effektiv.

Um einen Prozess effektiv zu gestalten, müssen alle Anforderungen an das Prozessergebnis bekannt sein. Nur mit deren genauer Kenntnis lässt sich der Prozess so auszulegen, dass das geforderte Ergebnis bestmöglichst erzeugt wird.

Die Effizienz beschreibt hingegen, wie mit den Eingangsparametern das Ziel zu erreichen ist. Um effizient zu sein, ist der Aufwand für das Ergebnis zu minimieren.

Abb. 2.5 Effizienz und
Effektivität

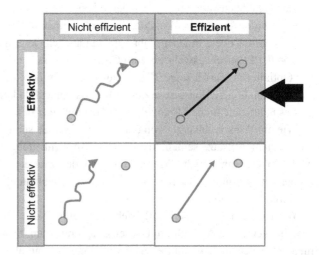

Wenn die Kundenanforderung erfüllt werden soll, innerhalb von 48 Stunden ein bestimmtes Produkt zu liefern, ist dieser Auftragsabwicklungsprozess nur effektiv, wenn er innerhalb von zwei Tagen das geforderte Produkt liefern kann. Der Prozess ist effizient, wenn er mit geringstmöglichem Aufwand das geforderte Produkt liefern kann, unabhängig von der Lieferzeit. Nur wenn der Prozess das gewünschte Produkt innerhalb von 48 Stunden mit möglichst geringem Aufwand herstellen kann, ist der Prozess effektiv und effizient.

Häufig steht bei Prozessoptimierungen die Effizienz im Vordergrund, die Effektivität steht selten an erster Stelle. Bei der Prozessgestaltung ist darauf zu achten, dass beide Kriterien beachtet werden.

2.4 Optimierungsansätze

Für eine Optimierung lassen sich unterschiedliche Ansätze (Abb. 2.6) nutzen. Prinzipiell ist zwischen einer qualitativen und einer quantitativen Verbesserung zu differenzieren.

Bei der quantitativen Betrachtung werden messbar Leistungen verbessert. Es werden Leistungskennzahlen definiert, die Leistung gemessen und eine Verbesserung tritt ein, wenn sich die gemessene Leistung positiv verändert hat. Quantitativ können auch mathematische Optimierungen, z. B. analytische Berechnungsmodelle, eingesetzt werden. Wegen der Komplexität der Prozesse ist häufig eine rein analytische Bewertung ausgeschlossen.

Auf der anderen Seite können Verbesserung qualitativ bewertet werden. Dazu können unterschiedliche Kriterien gewählt werden, z. B. die Reduzierung der Schnittstellen. Die qualitative Bewertung ist in vielen Fällen problematisch, da sie nicht zu objektiven Ergebnissen führen kann.

In der Supply Chain und in der Produktion lassen sich häufig messbare Kennzahlen für eine Verbesserung definieren, so dass in vielen Projekten eine quantitative Optimierung möglich ist.

Qualitativ	Quantitativ
• Einfacher • Weniger Prozessschritte • Anzahl Beteiligte reduzieren • Anzahl Schnittstellen reduzieren • Engpässe optimieren • Weniger Aufwand • Spezifikationen besser erfüllen	• Mit Leistungskennzahlen • Nach analytischer Berechnung • Nach numerischer Optimierung

Abb. 2.6 Optimierungsansätze

2.5   Optimierungsziele

Prozesse lassen sich hinsichtlich unterschiedlicher Kriterien (Abb. 2.7) verbessern, wobei *Kosten*, *Zeit* und *Qualität* häufig genannt werden. Früher wurde von einem „magischen Dreieck" gesprochen, weil sich angeblich nur zwei der drei Kriterien optimieren ließen und das dritte zurückfiel. Inzwischen gibt es zahlreiche Beispiele, die dieses magische Dreieck widerlegen, da durch einen deutlich geänderten Prozessablauf die Effizienz aller drei Größen verbessert werden kann.

Die drei genannten Hauptkriterien sind in den letzten Jahren um die Kriterien *Flexibilität* und *Kapitaleinsatz* ergänzt worden, obwohl sie sich mit den anderen Kriterien teilweise überlappen.

Einige Prozessverbesserungen zielen auch darauf, die Ausbringungsmenge zu steigern, um mehr Umsatz zu erzeugen. In der Regel bedeutet dies eine Zeitverkürzung oder eine Qualitätsverbesserung in den Prozessschritten, ohne die Kosten signifikant zu verändern.

Ziel vieler Prozessoptimierungen ist es, die Kosten zu reduzieren. Prozesse, die weniger Kosten verursachen als andere, werden bei gleicher Leistungsfähigkeit der übrigen Parameter immer bevorzugt. Für alle wirtschaftlich orientierten Unternehmen ist das Kostensenken der wichtigste Anstoß für eine Prozessoptimierung.

Nur wenige Unternehmen starten Projekte aus eigenem Antrieb, um Prozesse schneller abzuwickeln, d. h. um die Zeit zu reduzieren. Meist kommt der Anstoß von Kunden, die sich über lange Lieferzeiten oder nicht akzeptable Reaktionszeiten beschweren. Eine schnellere Prozessabwicklung kann für ein Unternehmen neue Märkte mit zusätzlichen Umsatzpotenzialen erschließen, da es nun auch die Anforderungen einer anderen Kundengruppe erfüllen kann. Einige Unternehmen haben ihre Kostenposition entscheidend verbessert, wenn eine Fertigung auf Lager durch eine Produktion auf Auftrag ersetzt werden kann.

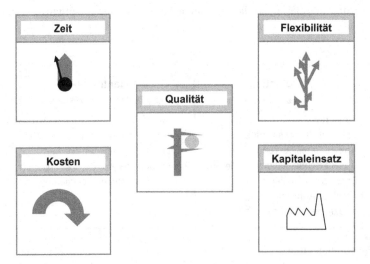

Abb. 2.7 Optimierungsziele

Damit entfallen das bisherige Lager für Fertigfabrikate mit allen Einlager- und Kommissionierschritten und die damit verbundene Kapitalbindung.

Qualität hat sich zu einem Sammelbegriff für Produkt- und Prozessleistungen entwickelt. Die Prozessqualität beschreibt die Erfüllung aller quantitativen Kundenanforderungen und das Erreichen einer reproduzierbaren, gleichmäßigen Prozessausführung. Beschwerden von Kunden über unregelmäßige Lieferungen oder schlechte Termintreue sind dringend zu beachtende Hinweise, Qualitätsverbesserungen in den Prozessen einzuleiten.

Der Kapitaleinsatz nimmt als Kriterium für eine Prozessoptimierung einen immer höheren Stellenwert ein. Viele Unternehmen streben eine Steigerung ihrer Kapitalrendite (Return on Capital Employed – ROCE, Return on Net Assets – RONA) an. Daher werden große Anstrengungen unternommen, kapitalintensive Prozesse zu optimieren. Daneben wird überprüft, wie das Umlaufvermögen reduziert werden kann. Vor allem werden Forderungen nach Senkung der Lagerbestände gestellt. Im Rahmen der Konzentration auf Kernkompetenzen haben zahlreiche Unternehmen zur Kapitalreduzierung ihre Logistik und damit die teuren Investitionen in Lager ausgelagert, um bei vergleichbaren Leistungen die Unternehmensziele besser zu erfüllen.

Flexibilität ist ein weiteres Kennzeichen guter Prozesse, denn flexible Prozesse können auf unterschiedliche oder geänderte Anforderungen zeitnah reagieren. Volumen- und Mixflexibilität unterscheiden sich voneinander. Bei der Volumenflexibilität ist der Prozess darauf ausgelegt, unterschiedliche Stückzahlen in einer Zeiteinheit produzieren zu können, während bei der Mixflexibilität der Prozess unterschiedliche Versionen des Endergebnisses produzieren kann. Häufig wird die Flexibilität als ein Teil der Zeitachse betrachtet; aber sie sichert nicht nur eine Reaktionsgeschwindigkeit, sondern ermöglicht auch, sich auf unterschiedliche Situationen einzustellen.

2.6   Zehn Grundsätze guter Prozesse

Prozesse müssen sich nach zehn verschiedenen Grundsätzen bewerten lassen. Die folgende Zusammenstellung gibt einen ersten Überblick, bevor jeder Grundsatz einzeln vorgestellt wird:

Prozesse sind

1. effektiv,
2. effizient,
3. beherrscht,
4. deterministisch,
5. atomar,
6. flexibel,
7. robust,
8. neben- oder nachwirkungsfrei,
9. dokumentiert und
10. ständig verbesserbar (Abb. 2.8).

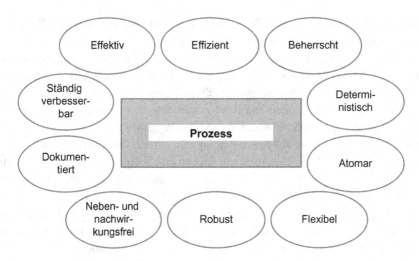

Abb. 2.8 Grundsätze guter Prozesse

Prozesse sind effektiv
Ein guter Prozess ist effektiv, d. h. er erreicht das gewünschte Ergebnis in der vom Kunden
gewünschten Form. Fehler bei der Ausführung werden vermieden. Effektive Prozesse sind
fehlerfrei und verursachen keine Fehler an anderen Stellen oder für andere Prozessbeteiligte.
„Mache es gleich richtig!" (Do it right first time!) ist ein wesentliches Auslegekriterium für
die Prozesse. Das Auftreten von Fehlern gibt einen wichtigen Hinweis darauf, dass die Prozesse noch effektiver zu gestalten sind.

Prozesse sind effizient
Ein guter Prozess benötigt nur minimale Ressourcen, um das Ergebnis zu erzeugen. Es
werden keine Ressourcen verschwendet.

Prozesse sind beherrscht
Bei jeder Ausführung des Prozesses ergibt sich ein fast gleiches Ergebnis, die Streuung
der Prozessergebnisse ist minimal. Die Einflussgrößen auf den Prozess sind bekannt und
es gibt Steuerungsmöglichkeiten, um den Prozess in die gewünschten Bahnen zu lenken.

Prozesse sind robust
Prozesse sind robust gegenüber Fehlern von außen oder können Auswirkungen kleiner
Abweichungen im Prozess eliminieren. Gute Prozesse sind so gestaltet, dass Fehler an der
Eingangsstelle direkt abgefangen werden.

Prozesse sind deterministisch
Das Ergebnis eines Prozesses ist vorhersehbar. Kunden können sich darauf verlassen, dass
sich bei der erneuten Ausführung des Prozesses das gleiche Ergebnis wie beim letzten Mal
einstellen wird. Prozesse müssen auf Störungen reagieren, d. h. mit unerwarteten oder
erwarteten Ereignissen umgehen, die von außen auf den Prozess wirken. Prozesse haben

definierte Reaktionen und erzeugen keine Prozesslawine, d. h. sie starten in der Summe nicht mehr Prozesse, als sie beenden. Damit laufen Prozesse nicht aus der Kontrolle. Insgesamt darf der Prozess nicht unstabil werden und die äußeren Ereignisse dürfen die normale Prozessabwicklung nicht stören, sondern das erwartete Prozessergebnis muss in der vorhergesehenen Zeit erzeugt werden.

Prozesse sind atomar

Gute Prozesse arbeiten mit einer kleinsten Einheit (Werkstück, Material oder Information). Diese Prozesse können jeweils eine einzelne Einheit als Eingangsgröße verarbeiten und jeweils eine einzelne Ausgangsgröße erzeugen. Die Prozesse arbeiten also nicht losorientiert. Sie warten beispielsweise nicht, bis mehrere Einheiten als Eingangsinformation vorliegen, sondern sie können jede einzelne Information quasi wie ein Atom bearbeiten. Wenn Prozesse atomar abgewickelt werden, lässt sich die Prozesskette sehr schnell ausführen, weil Wartezeiten auf Lose vermieden werden.

Prozesse sind flexibel

Nichts ist so beständig wie der Wandel. Daher sind Prozesse so zu gestalten, dass sie sich an geänderte Anforderungen schnell anpassen lassen. Ein Unternehmen, das seine Prozesse in einer unflexiblen DV quasi zementiert, wird sich nur mit hohem Aufwand auf neue Abwicklungsanforderungen einstellen können. Oft sind Abläufe in den Unternehmen über Jahre so in Fleisch und Blut übergegangen, dass sie selten hinterfragt und für eine Optimierung neu gestaltet werden.

Prozesse sind neben- oder nachwirkungsfrei

Prozesse laufen geschlossen ab und bewirken keine Veränderungen bei anderen Prozessen. Das Ausführen eines Prozesses darf nicht den Ablauf eines anderen Prozesses behindern. Viel schwieriger ist es, Abhängigkeiten von anderen Prozessen zu vermeiden, d. h. für ein Funktionieren eines Prozesses darf kein bestimmter Zustand eines anderen Prozesses Voraussetzung sein. Gegenseitige Auswirkungen zwischen zwei Prozessen sind zu vermeiden.

Prozesse sind dokumentiert

Prozesse werden so dokumentiert, wie sie ausgeführt werden. Prozessdokumentation ist ein Hilfsmittel zur Ablaufstandardisierung und zum Erreichen einer konsistenten Qualität. Wenn Prozesse anders ausgeführt werden, als sie dokumentiert sind, stellt sich die Frage, ob der Prozess schlechter oder besser geworden ist. Wenn er besser geworden ist, muss der neue Weg dokumentiert werden. Falls er schlechter geworden ist, muss der Prozess in der dokumentierten Form ausgeführt werden. Eine Prozessdokumentation, die auch bei Änderungen schnell aktualisiert wird, kann wirkungsvoll genutzt werden, um den Prozess zu verbessern. Bei unterschiedlichen Personen, die den Prozess ausführen, kann ein gemeinsames Definieren der besten Vorgehensweise zu einer erheblichen Leistungssteigerung führen.

Prozesse sind ständig verbesserbar

Prozessverantwortliche dürfen nie mit ihrem Prozess zufrieden sein und sind ständig auf der Suche nach weiterem Optimierungspotenzial. Erfolgreiche Prozessverantwortliche

initiieren alle erforderlichen Maßnahmen, um Verbesserungen an ihren Prozessen umzusetzen. Einige Unternehmen stehen nie still, sondern verändern sich konstant, um auf neue
Anforderungen zu reagieren oder die bestehenden Anforderungen besser zu erfüllen.

Bewertung der Prozessgrundsätze
Aus der oben dargestellten Diskussion wird deutlich, dass die Grundsätze helfen, einen
Prozess zu bewerten und zu klassifizieren. Ein Prozess, der alle Grundsätze erfüllt, ist sehr
nah am Optimum. Er lässt sich daher sehr viel schwieriger verbessern als ein Prozess, der
nur wenige der Grundsätze erfüllt.

Die Grundsätze lassen sich auch im Rahmen der Optimierung einsetzen, indem geprüft
wird, wie der zu optimierende Prozess die Grundsätze verwirklichen kann.

2.7   Optimierungsebenen

Prozesse können in vier Ebenen verbessert werden, die unterschiedliche Handlungsmög-
lichkeiten und Verbesserungsansätze beschreiben (Abb. 2.9). Jede Ebene ermöglicht eine
spezifische Änderung im Prozess.

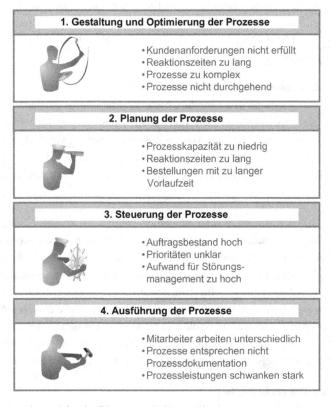

Abb. 2.9 Prozesse können in vier Ebenen optimiert werden

2.7.1 Ausführung

Die unterste Ebene betrifft die Verbesserung der Prozessausführung. Das Hauptaugenmerk liegt auf dem Erreichen einer gleichmäßigen Prozessleistung und dem Entfallen von Ausführungsfehlern. Daneben sind eine Standardisierung zwischen unterschiedlichen Beteiligten und die Ausrichtung auf die dokumentierten Standards erklärte Ziele. Der mögliche Beitrag zur Prozessverbesserung ist eher gering. Typische Verbesserungen bei der Ausführung sichern gleichartige Arbeitsdurchführung, eine reproduzierbare Qualität oder gleichmäßigere Leistung.

In einem Beratungsprojekt wurde die Ursache für eine extrem schwankende Liefertreue gesucht. Nach der Analyse der Ergebnisse von drei Arbeitswochen stellte sich heraus, dass die Leistungen vom jeweiligen Schichtführer abhingen. Nach Interviews mit den Betroffenen wurden in einem Workshop die unterschiedlichen Einstellungen und Vorgehensweisen diskutiert. Als Ergebnis wurde eine gemeinsame Prozessdefinition erarbeitet und umgesetzt. Innerhalb kürzester Zeit ergab sich eine deutlich höhere Liefertreue, da die Schwankungen nach unten reduziert wurden.

2.7.2 Steuerung

Die zweite Ebene betrachtet die Prozesssteuerung. Bei der Prozesssteuerung wird die vorhandene Auftragslast auf unterschiedliche Beteiligte oder Ressourcen aufgeteilt, Prioritäten werden vergeben und die Reihenfolge definiert. Der Zeitraum für die Aktivitäten ist eher kurz und wird in Anzahl der Schichten, Tage und in Ausnahmefällen in Wochen beschrieben.

Die Nichteinhaltung zugesagter Termine ist ein typisches Problem, das mit einer verbesserten Prozesssteuerung gelöst werden kann. Die Steuerung hilft, Prioritäten zu regeln, Engpassressourcen optimal auszulasten und mit einer definierten Reihenfolge Aufgaben verschiedener Beteiligter besser zu koordinieren.

2.7.3 Planung

Die dritte Ebene ist die Prozessplanung. Mit der Prozessplanung werden die erforderlichen Kapazitäten dimensioniert, die später die Auftragslast abarbeiten werden. Bei der operativen Planung wird ein Zeitraum von mindestens einem Monat bis zu einem Jahr betrachtet, bei einer strategischen Planung auch längere Zeiträume. Mit der Planung werden zukünftige Situationen vorhergesehen und eine Reaktion darauf geplant.

Wenn die Leistungen eines Prozesses sehr stark schwanken, weil er zeitweise Kapazitäts- oder Versorgungsengpässe hat, deutet dies auf Planungsprobleme hin. Im Gegensatz zur Steuerung geht es hier in der Regel nicht um ein kurzfristiges Reagieren auf eine Sondersituation im Auftragsfall, sondern um eine vorbereitende Aktivität, mit der Kapazitäten vorgehalten oder angepasst oder auf zukünftige Auftragsbelastungen eingestellt werden.

In einem Projekt sollte überprüft werden, welchen Einfluss die Urlaubsplanung auf die Lieferleistungen für ein Zulieferunternehmen haben wird. In einem umfangreichen Modell wurde der Kundenbedarf vom Vertrieb vorhergesagt, verifiziert und in einen Produktionsbedarf umgewandelt. Während im ERP-System umfangreiche Daten zur Verfügung standen, gab es keine Gesamtübersicht, die als Basis für eine Vorhersage genutzt werden konnte. Mit der manuellen Auswertung konnte leicht vorhergesehen werden, dass der Versatz der Betriebsurlaubszeiten der beiden größten Kunden und der vorgesehene Betriebsurlaub in einem massiven Konflikt standen: Wegen einer gestiegenen Nachfrage und der Urlaubsplanung ergaben sich so große Kapazitätsengpässe, dass ein Teil des Betriebsurlaubs zurückgenommen und zusätzliche Kapazitäten aufgebaut werden mussten.

2.7.4 Gestaltung

Die Prozessgestaltung als vierte Ebene bietet den größten Handlungsspielraum bei der Veränderung der Prozesse. Es können bestehende Prozesse geändert oder neue Prozesse oder Ressourcen geschaffen werden. Diese Gestaltungsebene ermöglicht die größten Verbesserungen, erfordert deshalb die größte Veränderung und ist am schwierigsten umzusetzen. Die Gestaltung der Prozesse kann alle drei anderen Ebenen beeinflussen.

Wenn ein Unternehmen die Kundenanforderungen an Lieferzeit nicht sicher und regelmäßig erfüllen kann, liegt eine Gestaltungsaufgabe vor. Dann ist zu prüfen, welche Prozesse im Unternehmen geändert werden müssen, um die Kundenanforderungen zu erreichen. So kann ein Unternehmen die Kundenanforderung, alle Produkte in zwei Wochen liefern zu können, nur dann erfüllen, wenn alle kundenspezifische Teile auch in weniger als zwei Wochen beschafft werden können. Wenn bestimmte Teile, die auftragsspezifisch sind, nur mit vier Wochen Lieferzeit beschafft werden können, ist die Kundenanforderung nicht zu erfüllen. Daher sind andere Prozesse mit den Lieferanten oder gar eine Produktänderung erforderlich, um die Lieferzeiten zu verkürzen.

2.8 Methoden zur Prozessoptimierung

Jeder Manager kennt einige Methoden zur Prozessverbesserung. Die Methoden, die alle für einen bestimmten Zweck konzipiert wurden, decken ein weites Spektrum unterschiedlicher Aufgabenstellungen ab. Im Rahmen der Prozessoptimierung ist eine der wichtigsten Fragen, welche Prozesse verbessert werden und wie viele Veränderungen gleichzeitig umzusetzen sind. Die folgenden Abschnitte widmen sich den unterschiedlichen Methoden (Abb. 2.10)

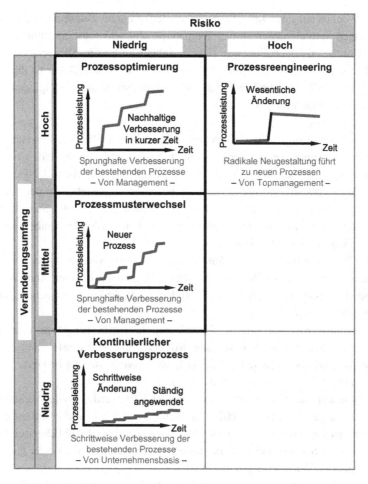

Abb. 2.10   Ansätze zur Prozessoptimierung

- *Prozess-Reengineering*
  Beim Prozess-Reengineering fängt das Unternehmen an, den Gesamtprozess mit einem leeren Blatt beginnend neu zu gestalten. Das Ziel ist eine radikale Änderung der Prozesse. Während bei den anderen Prozessverbesserungen die bestehenden Prozesse effektiver, effizienter und reaktiver gestaltet werden, definiert das Reengineering vollständig neue Prozesse, ohne vorgegebene Voraussetzungen oder Randbedingungen. Das Ergebnis sind fundamentale, radikale und dramatische Veränderungen an den Prozessen.

  Bei einem Business Process Reengineering (BPR) (Hammer und Champy 2004), wie das Prozess-Reengineering im englischsprachigen Raum genannt wird, werden radikalere Leistungssprünge angestoßen, z. B. die Verkürzung der Auftragsabwicklungszeit von zehn Wochen auf zwei Tage. Prozesse werden in kurzer Zeit dramatisch verändert. Bei derartigen Veränderungen ist das Topmanagement sehr stark eingebunden, um die erzeugte Unruhe im Unternehmen in sichere Bahnen zu lenken. Die Veränderung wird häufig abrupt und deshalb oft nicht sehr zuverlässig eingeführt. Daher ist diese Vorgehensweise sehr risikoreich und verspricht nur in Krisensituationen Erfolg, wenn die Zeit für eine andere Veränderung nicht mehr zur Verfügung steht.

- *Prozessoptimierung*
Die Prozessoptimierung, also der Prozessumbau, ist ein Mittelweg zwischen Radikalumbau und kleinen Veränderungsschritten: Ausgehend vom bestehenden Prozess wird mit einigen großen Schritten die Umsetzung vorangetrieben. Ausgehend vom mittleren Management wird eine Prozessoptimierung angestrebt, bei der bestehende Prozesse in einen neuen Prozess transformiert werden. Ein Teil der Schritte kann so groß sein, dass teilweise eine Revolution darin gesehen werden kann, aber die Lösung entwickelt sich aus dem Istzustand.

  Bei der Prozessoptimierung werden interne Leistungsverbesserungen in einer Größenordnung von bis zu 50 Prozent angestrebt. Beginnend mit der Analyse werden bestehende Prozesse überarbeitet, das Risiko bei der Veränderung ist beherrschbar.

- *Prozessmusterwechsel*
Der Prozessmusterwechsel, also die Veränderung der Ausführungsform eines Prozesses, ist eine Sonderform der Veränderung. Mit der geänderten Ausführungsform wird eine neue Arbeitsweise umgesetzt, die eine Leistungsverbesserung bewirkt.

- *Kontinuierlicher Verbesserungsprozess*
Beim kontinuierlichen Verbesserungsprozess (KVP) werden viele Veränderungen nacheinander angestoßen (Imai 2002). Sie werden durch zahlreiche, unterschiedliche Aktivitäten erreicht. Aus der Summe vieler kleiner Schritte, die üblicherweise auf der Mitarbeiter- oder Sachbearbeiterebene starten, lassen sich innerhalb einer langen Zeitspanne erhebliche Veränderungen umsetzen.

  Viele Mitarbeiter sind in den kontinuierlichen Verbesserungsprozess eingebunden, der vom Management vorangetrieben wird. Dabei werden viele Aktivitäten mit einem relativ kleinen Bearbeitungsumfang gestartet, von denen die meisten erfolgreich sind. Durch die vielen Aktivitäten und den kleinen Veränderungsumfang pro Team ist das Risiko für das Unternehmen eher gering. Schwieriger ist es, mit dem KVP große Veränderungen in eine Richtung anzustoßen, weil nie sichergestellt ist, dass die Veränderungen in ein Gesamtkonzept passen. Der Ansatz führt zu vielen kleinen Verbesserungen, die schwierig zu koordinieren sind. Aus der Summe der Verbesserungen können große Effekte entstehen.

Abhängig vom Umfang und von der Höhe der angestrebten Veränderungen lässt sich eine der drei Alternativen auswählen. Zunächst ist zu bestimmen, welche Prozesse im Unternehmen zu verbessern sind und wie hoch der Handlungsbedarf ist. Für Prozesse oder Bereiche, die überhaupt nicht funktionieren oder den Anforderungen bei Weitem nicht genügen, wird Prozess-Reengineering eingesetzt. Um Anforderungen besser zu erfüllen, wird die Leistung durch Prozessoptimierung gesteigert. Kleinere Veränderungen werden als kontinuierliche Prozessverbesserungen angestoßen.

Kritische Erfolgsfaktoren lassen sich für alle Veränderungsformen ableiten. Dabei sind jeweils drei wichtige Grundvoraussetzungen für diese Faktoren zu erfüllen:

- Wenn kein Unterschied zwischen Soll und Ist besteht, gibt es auch keinen kritischen Erfolgsfaktor.
- Wenn zwar Täter, aber kein Leidensdruck vorhanden sind, gibt es ebenfalls keinen kritischen Erfolgsfaktor.
- Wenn das Management die Veränderung nicht als Sponsor unterstützt, gibt es erst recht keinen kritischen Erfolgsfaktor.

Nur mit Leidensdruck, Täter und Sponsor ergibt das Starten eines Verbesserungsprojekts einen Sinn.

Im Folgenden werden die Methoden *Prozess-Reengineering*, *Prozessoptimierung* und *kontinuierlicher Verbesserungsprozess* im Detail beschrieben.

2.9 Prozess-Reengineering

Prozess-Reengineering ist das fundamentale Überdenken und die radikale Neugestaltung von Unternehmensprozessen (Abb. 2.11). Damit sollen drastische Verbesserungen in wichtigen Leistungsmessgrößen erreicht werden, wie zum Beispiel Kosten, Qualität, Service und Geschwindigkeit (Hammer und Champy 2004).

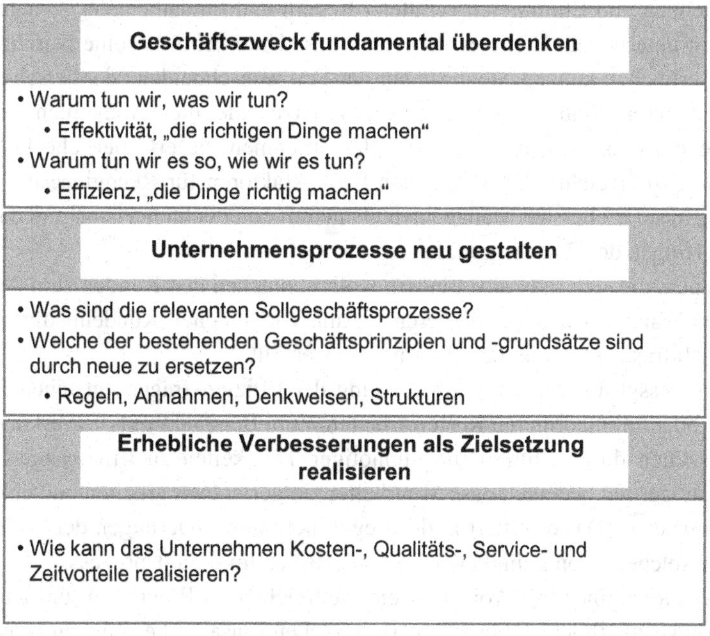

Geschäftszweck fundamental überdenken

- Warum tun wir, was wir tun?
  - Effektivität, „die richtigen Dinge machen"
- Warum tun wir es so, wie wir es tun?
  - Effizienz, „die Dinge richtig machen"

Unternehmensprozesse neu gestalten

- Was sind die relevanten Sollgeschäftsprozesse?
- Welche der bestehenden Geschäftsprinzipien und -grundsätze sind durch neue zu ersetzen?
  - Regeln, Annahmen, Denkweisen, Strukturen

Erhebliche Verbesserungen als Zielsetzung realisieren

- Wie kann das Unternehmen Kosten-, Qualitäts-, Service- und Zeitvorteile realisieren?

Abb. 2.11 Konzept für Prozessreenginieering

Zwei Fragen stehen im Vordergrund:

- Warum tun wir das, was wir tun?
- Warum tun wir es so, wie wir es tun?

Während die erste Frage in Richtung Effektivität zielt, d. h. darauf, wie die richtigen Dinge getan werden, hinterfragt die zweite, ob die Dinge richtig getan werden, ob also effizient gearbeitet wird.

Die Ziele sind dramatische Kostenreduzierungen, Zeitverkürzungen, deutliche Verbesserung des Kundenservice oder der Arbeitsqualität. Vor allem deutliche Kürzungen der gesamten Prozessdurchlaufzeiten, Verdopplung des Durchsatzes und Halbierung von Wartezeiten sind typische Herausforderungen für Prozess-Reengineering-Projekte. Mit diesem radikalen Ansatz und den hohen Zielsetzungen soll erreicht werden, dass sich die bewirkte Unruhe im Unternehmen wirklich auszahlt.

Der Hauptschritt bei der Neugestaltung der Unternehmensprozesse ist, die relevanten Geschäftsprozesse zu identifizieren. Falls die bestehenden Geschäftsprinzipien und -grundsätze (Regeln, Annahmen, Strukturen) durch neue ersetzt werden können, ergeben sich sprunghafte Leistungsverbesserungen. Dazu ist die Frage zu beantworten: Wie lassen sich Kosten-, Qualitäts-, Service- und Zeitvorteile realisieren?

Davenport und Short (Davenport und Short 1990) definieren die *Neugestaltung* als Analyse und Gestaltung von Arbeitsprozessen innerhalb von und über Unternehmensgrenzen hinweg. Hammer schreibt in einem Harvard Business Review-Artikel (Hammer 1990), dass im Zentrum erfolgreicher Projekte die Überprüfung interner Regeln stehe, d. h. das Erkennen und Eliminieren veralteter Regeln und fundamentaler Annahmen, die den Prozessen unterliegen. Hammer behauptet, dass Unternehmen keine Durchbrüche in der Leistung erreichen können, wenn sie nur das Fett wegschneiden oder bestehende Prozesse automatisieren. Stattdessen müssen die Manager alle alten Annahmen überprüfen und neue Regeln umsetzen, mit denen das Unternehmen die erforderliche Leistung in Zukunft dauerhaft erreicht. Die wichtigsten Erfolgsfaktoren für Reengineering-Projekte seien Leitung aus der obersten Managementebene mit einer echten Vision und das konsequente Hinterfragen der Prozessgrundlagen.

Unternehmen, die sich radikal verändern wollen, machen den Kunden zum Ausgangspunkt für den Wandel. Dazu identifizieren sie alle vorhandenen Kundenbedürfnisse und schaffen eine Infrastruktur, die diese Erwartungen erfüllt.

Bei der Prozessgestaltung unter Anwendung der Effizienzfragen entstehen Prozesse, die schneller oder mit niedrigeren Kosten arbeiten. Zum Beispiel führt die Verkürzung von Bearbeitungszeiten durch Eliminierung unnötiger Tätigkeiten zu Effizienzgewinn. Die Effektivitätssteigerung bedeutet, dass Mitarbeiter zielgerichteter arbeiten und eine höhere Qualität produzieren. Das erfordert in der Regel nicht nur Änderungen der Technologie, sondern auch solche in den Fähigkeiten und den Rollen im Arbeitsprozess.

Ein Prozess-Reengineering-Projekt ist ein weitreichendes Programm, um angestrebte Leistungssprünge zu erreichen. Für einen erfolgreichen Einsatz ist es mit den strategischen

Unternehmensplänen und dem Management abzustimmen. Einzelne Ansätze ohne Verbindung zur Strategie werden wegen fehlender Ausrichtung ihre Ziele nicht erreichen.

Der Wandel in den darunterliegenden Unternehmensprozessen kann je nach Projekt unterschiedliche Aufgaben erfordern. Es muss nicht nur ein Teilaspekt, sondern es müssen alle Aspekte über die gesamte Prozesskette verändert werden, was eine aufwendige Koordination der Veränderung erfordert. Der Erfolg hängt an der Umsetzung. Es gilt nicht nur, bessere Prozesse zu gestalten, sondern sie auch mit der Einführung der neuen Prozesse als eine wesentliche Voraussetzung für das nachhaltige Erzielen von Ergebnissen zu nutzen. Neue Jobs, neue Organisationsstrukturen, neue Managementsysteme und neue Wertesysteme sind Teilaufgaben der erforderlichen Veränderung.

Prozess-Reengineering widerspricht dem häufig anzutreffenden Ansatz, ein Problem durch Einführung einer neuen Aufbauorganisation alleine lösen zu wollen. Die Prozessorientierung aus dem Reengineering ist die totale Umkehr dieser Perspektive. Die Unternehmenstätigkeit wird ganzheitlich prozessorientiert betrachtet, um die Summe der Effekte zu erreichen. Die Prozesse werden neu ausgelegt. Dazu werden Prozessverantwortliche ernannt, die abteilungsübergreifend die Verantwortung für einen Prozess und seine Leistung übernehmen. Von der Ablauforganisation wird anschließend auf die Aufbauorganisation geschlossen, diese prozessorientiert aufgebaut und die Unternehmensstrukturen werden von den Betriebsprozessen abgeleitet. Die Unternehmenstätigkeit wird horizontal und über die klassischen, funktionsorientierten Abteilungen hinweg betrachtet. Es wird in Prozessen gedacht. Das Ziel ist die Reduktion von Schnittstellen durch Zusammenlegung von Funktionen im gesamten Unternehmen in einer durchgängigen Prozesskette, vorzugsweise in einer Abteilung.

Hinsichtlich des Prozess-Reengineering-Vorgehens ist als erste Frage zu beantworten: Was muss getan werden? Mit der Zielfestlegung ändert sich der Betrachtungsumfang, also welche Abteilungen, Prozesse, Strukturen und Einrichtungen im Rahmen des Projekts zu bearbeiten sind. Gleichzeitig lässt sich festlegen, welcher Wandel in den Personen, in den Prozessen und in der Technologie erforderlich ist. Dazu müssen die entsprechenden Zielwerte in den gewählten Messgrößen definiert werden.

Typische Ergebnisse von Projekten sind

- die Zusammenlegung mehrerer Aufgaben, die vorher von verschiedenen Mitarbeitern oder Abteilungen ausgeführt wurden, auf einen Mitarbeiter oder eine Abteilung,
- die Delegation der Ausführung zusammen mit den Entscheidungen von der Management- in die Sachbearbeiterebene,
- die Neugestaltung der Prozesse in einer logischen, natürlichen Reihenfolge oder
- unterschiedliche Prozesse für unterschiedliche Anwendungsfälle.

Häufig werden Kontrollen, Überprüfungen und Freigaben verringert oder vereinfacht. Durch die Zusammenlegung von Aufgaben auf einen Mitarbeiter entfallen die Zusammenfassung unterschiedlicher Ergebnisse und die Koordination und Steuerung der verschiedenen Ausführenden. Aufgaben werden auf einen Verantwortlichen übertragen.

Der Kunde erhält einen Ansprechpartner (one face to the customer). Abhängig von den Aufgaben ergeben sich unterschiedliche, hybride Ansätze zwischen zentralen und dezentralen Tätigkeiten, je nach Bedeutungsinhalt und Kundenanforderungen.

Eigentliche Ziele dieser Vorgehensweise sind nicht die Automatisierung, eine Softwareneugestaltung, der einfache Bürokratieabbau oder kleine Verbesserungen, sondern mit Prozess-Reengineering wird eine Revolution angestoßen: Es werden Aufgaben zusammengefasst und integriert, abteilungsübergreifende Teams geschaffen und parallele Prozesse eingeführt. Zentralisierte wie auch dezentralisierte Aufgabenausführung werden nach Bedarf eingeführt.

Das bedeutet letztendlich, dass sich die Arbeiten von Abteilungen zu Teams verlagern und dass sich die Stellen von einfachen Aufgaben zu multidimensionalen Tätigkeiten ändern. Die Mitarbeiter wandeln sich von überwachten Individuen zu Verantwortlichen, sodass sie durch Training und Ausbildung auf ihre erweiterte Aufgabenstellung vorbereitet werden müssen. Die Messung der Arbeitsergebnisse bildet die Basis für leistungsbezogene Bezahlung. Die Managerrolle entwickelt sich stärker in Richtung Coach. Insgesamt ändern sich die Kriterien, nach denen Mitarbeiter für Beförderungen ausgewählt werden. In einer flacheren Organisation bildet sich die Leitungsverantwortlichkeit der Manager stärker heraus.

Prozess-Reengineering ergänzt den Satz „Struktur folgt der Strategie" um einen Zwischenschritt: Direkt aus der Strategie werden die Kernprozesse abgeleitet, die erforderlich sind, um die Strategie zu realisieren. Mit der Definition der Kernprozesse lassen sich alle notwendigen Lösungen finden, die die Unternehmensstrategie unterstützen. Wegen der außergewöhnlichen Dominanz der Prozesse über die Struktur führt dies zur Erweiterung des oben genannten Satzes: „Struktur folgt den Prozessen, und diese folgen der Strategie."

2.9.1 Vorgehensweise

Die Vorgehensweise für das Reengineering ist einfach und basiert auf fünf Hauptprozessen (Abb. 2.12):

- *Prozesse identifizieren*
  Als Erstes werden die wichtigsten Prozesse ausgewählt und grob der Ablauf der jetzigen Prozesse erfasst. Die Projektteammitglieder sollen sich ein gründliches Verständnis der Prozesse aneignen, um die Hintergründe, Strategie und Zielsetzung zu erkennen und mögliche Einflussfaktoren zu bestimmen.
- *Kunden identifizieren*
  Dazu werden die Prozesse aus der Kundenperspektive hinterfragt, aber nicht detailliert analysiert: Was will der Kunde wirklich? Wofür ist der Kunde bereit zu zahlen? Was muss der Prozess liefern, um die Grundanforderungen zu erfüllen? Dazu werden Kunden beobachtet und gegebenenfalls ein Benchmarking durchgeführt.

Abb. 2.12 Prozessreengineering

- *Gesamten Prozess infrage stellen*
  Die Reengineering-Prinzipien werden auf den Prozess angewendet und alte Annahmen werden hinterfragt und geändert. Zu den typischen Fragen bei einem Prozess-Reengineering zählen:
  - Welche Veränderungen werden im derzeitigen System benötigt?
  - Wie schnell sollen die Veränderungen durchgeführt werden?
  - Wie sieht die Zeitachse dafür aus?
  - In welcher Reihenfolge werden die Veränderungen geplant?
  - Welche Genehmigungen werden benötigt?
  - Wie können diese Genehmigungen erreicht werden?
  - Wie sind Mitarbeiter oder Partner, Kunden oder Lieferanten in den neuen Prozess einzubinden?
  - Wer wird für die Veränderungen verantwortlich sein und wie erhält er die notwendigen Befugnisse dazu?
  - Welche Schritte sind für jede Implementierungsaufgabe erforderlich?
  - Wo kann es wesentliche Hindernisse geben und wie lassen sich diese Hindernisse umgehen oder eliminieren?
  - Wie lassen sich Probleme überwachen und lösen?
  - Welche Veränderungen werden bei den Rollen und Aufgaben der Beschäftigten benötigt?

- Welche Risiken bei der Prozessausführung sind als hoch einzuschätzen und welche Maßnahmen sind erforderlich, um die Risiken zu minimieren?
- Wie und wann sind Ankündigungen erforderlich?
- Wann sind Mitarbeiter in den geänderten Prozessen und Arbeitsabläufen zu schulen?
- Wie entstehen die neuen Arbeitsanweisungen und Stücklisten?
- Werden Änderungen sind in den Einrichtungen erforderlich?

Dabei sind alle Annahmen, die die Prozessauslegung beeinflussen, infrage zu stellen: Arbeitsteilung, Ablauforganisation, örtliche und räumliche Verteilung, der zeitliche Ablauf, die Ressourcenzuordnung, Verantwortlichkeiten und Funktionsbeschreibungen. Während der Diagnose sind die Schwachstellen im bestehenden Prozess aufzudecken und Ziele für den neuen Prozess zu definieren.

- *Prozesse umgestalten und auf Kundenzufriedenheit ausrichten*
  Während der Umgestaltung müssen radikal neue Prozesse gestaltet werden. Dazu ist notfalls das gesamte Unternehmenssystem zu ändern und mit detaillierten Prozessbeschreibungen zu unterlegen.
  Als wirkungsvoller Ansatz für ein Prozess-Reengineering soll das Projektteam die Frage beantworten: Was wäre, wenn die gesamte Organisation mit dem jetzigen Wissen und den aktuellen Hintergründen neu geschaffen würde? Wie würden die Prozesse des Unternehmens organisiert und gesteuert? Wie sähe eine kundenorientierte Ausrichtung für die prozessorientierte Organisation aus? Als weitere Regeln sind die Kundenbedürfnisse in den Vordergrund zu stellen, die Wertschöpfung für den Kunden zu verbessern und die nicht wertschöpfenden Tätigkeiten zu eliminieren. Das Projekt soll sich ambitionierte Ziele setzen und sich auf radikale Veränderungen im Prozess konzentrieren.
- *Völlig neuen Prozess implementieren*
  Letztendlich sind alle erforderlichen Änderungen einzuführen und umzusetzen. Bei der Umsetzung ist zu überprüfen, ob der erwartete Nutzen oder die angestrebten Einsparungen erreicht werden. Für die Verfolgung der Ergebnisse sind im Projektablauf geeignete Messgrößen zu identifizieren und während der Veränderung regelmäßig zu messen.

2.9.2 Bewertung

Das Prozess-Reengineering ist ein Alles-oder-nichts-Vorschlag, mit dem sich eindrucksvolle Ergebnisse erreichen lassen. Die meisten Firmen benötigen sehr viel Mut, um eine derartige Veränderung zu starten. In einer Krise oder bei zahlreichen Kundenbeschwerden ist das Reengineering für viele Unternehmen die einzige Hoffnung, die ineffektiven, veralteten Regeln der Geschäftsabwicklung zu verlassen und kurzfristig sprunghafte Leistungsverbesserungen zu erreichen.

Die Reengineering-Methode basiert auf einem breiten Kosten- und Kundenwertbegriff, um die Leistungen in den betroffenen Geschäftseinheiten als Ganzes zu verbessern und wirklich erfolgreich zu sein. Eine Strategie der Kostenführerschaft kann mit Prozess-Reengineering weniger gut unterstützt werden als eine Strategie der Differenzierung. Die Ergebnisse des Prozess-Reengineering führen zu einer Spirale zunehmender Differenzierung. Im Endeffekt ergibt sich eine Situation, in der jeder Kunde mit einem eigenen Geschäftsprozess bedient wird. Die Abgrenzung von Geschäftsprozessen und die Entscheidung darüber, welche Funktionen für welche Geschäftsprozesse verbessert werden sollten, können nicht objektiv vorgenommen werden.

Prozess-Reengineering-Projekte tendieren dazu, wegen des Umfangs und der Anzahl der Neuerungen die Veränderungsfähigkeiten des Unternehmens zu überfordern. Der angestrebte radikale Ansatz erfordert ein straffes Management des Wandels. Da sich sehr viele Aufgaben und Inhalte verändern, sind häufig alle Mitarbeiter eines Unternehmens oder Bereichs betroffen. Da in diesen Projekten die Veränderungen in einem Schritt eingeführt werden, ist das Risiko sehr hoch.

Das teilweise große Echo, das Prozess-Reengineering in der Praxis ausgelöst hat, zeigt den Bedarf nach radikalen Veränderungen. Mittlerweile ist die anfängliche Euphorie über das Reengineering verflogen. Mehrere empirische Studien haben gezeigt, dass Reengineering-Projekte häufig nicht zu den gewünschten Ergebnissen führen (Hall et al. 1993).

Vielfach waren es nicht radikal neue Prozesse, sondern es handelte sich vielmehr um die Fortsetzung des Trends zu einer Gestaltung mit einer stärkeren Objektorientierung. Praktische Erfolge eines echten Reengineering sind bisher selten nachgewiesen. Die Durchlaufzeiten einzelner Prozesse können durchaus drastisch gesenkt werden, eine generelle Verbesserung von Durchlaufzeit oder Produktivität von mehr als 20 Prozent scheint eher unwahrscheinlich.

2.10   Prozessoptimierung

Ziel der Prozessoptimierung ist es, bestehende Prozesse effektiver, effizienter und flexibler zu gestalten (Harrington 1991). Der Fokus liegt auf der Umgestaltung des Prozessablaufs bei Beibehaltung der bestehenden Strukturen. Bei der Prozessoptimierung werden die Prozesse, Teilprozesse, Schritte und Aktivitäten einzeln betrachtet.

2.10.1 Vorgehensweise

Für die Prozessoptimierung hat sich folgende Vorgehensweise bewährt (Abb. 2.13):

- *Projekt definieren*
  Bei der Projektdefinition wird ein Verantwortlicher für die Verbesserungsaufgabe festgelegt. Vorher wurden die kritischen Erfolgsfaktoren identifiziert und die dazugehörigen

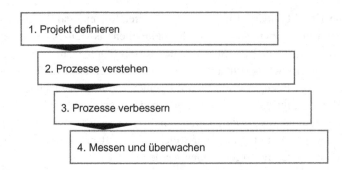

Abb. 2.13 Vorgehensweise zur Prozessoptimierung

Prozesse selektiert. Das Projektziel ist definiert und ein Projektteam ist vorgeschlagen. Die Verbesserungsziele sind mit dem Team abgestimmt, die Anforderungen für Projektunterstützung und die Rahmenbedingungen festgelegt.

Wenn die Mitglieder in die Projektaufgabenstellung eingeführt und in den erforderlichen Methoden geschult sind, wird das Vorgehensprogramm überprüft und umgesetzt. Unter Berücksichtigung der Unternehmensstrategien und der Kundenanforderungen werden kritische Prozesse ausgewählt, Prozessverantwortliche benannt und die notwendigen Prozessverbesserungsaufgaben abgestimmt. Wichtig ist, dass das Team unter richtiger Anleitung die Aufgabe versteht und sich verpflichtet, den Prozess zu verbessern. Der Aufwand für die Abstimmung wird meist unterschätzt und führt im Verlauf des Projekts zu vielen Verzögerungen.

- *Prozesse verstehen*
  In diesem Schritt soll der Prozess verstanden werden. Dazu müssen alle Dimensionen des bestehenden Geschäftsprozesses erarbeitet werden. Der Prozessumfang ist zu definieren und die ersten Prozesseingangsgrößen sowie die zu erwartenden Ergebnisse sind zu dokumentieren. Die Prozesse sind im Istzustand zu analysieren und darzustellen. Viele Informationen über die Prozesse, wie die Kunden und Unternehmenszielgrößen, werden zusammengetragen. Die Anforderungen an den Prozess sind aus Kunden- und Unternehmenssicht zu bestimmen.

- *Prozesse verbessern*
  Als Ziel dieses Schrittes werden Effizienz, Effektivität und Flexibilität des Prozesses verbessert. Dazu werden z. B. Fehler, Nacharbeit wegen schlechter Qualität, Lieferrückstand. Zusatzkosten, lange Durchlaufzeiten, Verzögerungen oder Verspätungen identifiziert.

  Bei der Umgestaltung sollen folgende Leitlinien beachtet werden: Es sollen Bürokratie abgebaut und nicht wertschöpfende Tätigkeiten eliminiert werden. Der Prozess soll vereinfacht und die Prozesszeit reduziert werden. Es ist die Frage zu beantworten, ob eine bessere Einrichtung eingesetzt oder der Prozess mit anderen Einrichtungen verändert werden soll. Der Prozess soll standardisiert und gegebenenfalls automatisiert werden. Neue Prozesse sollen dokumentiert, die Mitarbeiter für den Prozess ausgewählt und geschult werden.

- *Messen und überwachen*
  Für die Fortschrittskontrolle sind Kennzahlen notwendig. Nach der Auswahl geeigneter Messgrößen wird anhand der Kennzahlen überprüft, ob der geänderte Prozess geeignet ist und sich der Projektaufgabenstellung gemäß verbessert. Dazu sind Prozessmessgrößen zu definieren, einzuführen und dazugehörige Ziele festzulegen. Zur regelmäßigen Kontrolle des Prozesses ist eine Methode zur Überwachung einzuführen. Die Kosten für schlechte Qualität sind zu ermitteln.

- *Kontinuierlich verbessern*
  Im Rahmen dieses Schrittes wird der Prozess regelmäßig überprüft, Prozess- und Qualitätsprobleme werden eliminiert. Anhand der Messgrößen wird bewertet, ob der Prozess die erforderlichen Anforderungen noch erfüllt, und es werden Maßnahmen gestartet, um die Prozessleistung zu verbessern. Der Prozess wird später in jährlichen Abständen per Benchmarking überprüft und der zusätzliche Änderungsbedarf bewertet. Neue Mitarbeiter werden regelmäßig von den erfahrenen Mitarbeitern in den Prozess eingewiesen und unterrichtet.

Nach Abschluss dieser Schritte wird der Zyklus von Zeit zu Zeit wiederholt, um als Ergebnis einen dauerhaft effektiven und effizienten Einsatz der Ressourcen zu erreichen. Dazu gehören Einrichtungen, Personal, Gebäude, Zeiten, Kapitaleinsatz und Bestand.

2.10.2 Bewertung

Für einen erfolgreichen Einsatz der Prozessoptimierung sind die Unterstützung der Unternehmensspitze und eine langfristige Ausrichtung erforderlich. Nur mit discipliniertem Methodeneinsatz, verantwortlichen Personen zur Prozessverbesserung sowie einem regelmäßigen Messen und Rückkoppeln von Ergebnissen und einem klaren Prozessfokus lassen sich die gewünschten Ergebnisse erzielen. Bei der Veränderung müssen Mitarbeiter in den neuen Arbeitsweisen geschult werden. Wichtig ist es, innovatives Denken zu fördern und damit die Mitarbeiter anzuregen, ihre eigenen Prozesse zu verbessern.

Es gibt viele kritische Erfolgsfaktoren der Prozessoptimierung. In den Prozessen sind vor allem die Normalfälle zu optimieren. Eine oft zu beobachtende Konzentration auf Sonderfälle, die selten auftreten, lenkt von den Hauptaufgaben und deren effektiver Bearbeitung ab. Bei Qualitätsverbesserungen stellt sich häufig heraus, dass die Prozesse, nicht die Mitarbeiter der Schlüssel zur fehlerfreien Leistungserbringung sind (Harrington 1991). Die Prozessverbesserung kann daher erheblich zur Kostenminimierung und Steigerung der Kundenzufriedenheit beitragen.

2.11   Prozessmusterwechsel

In der Prozessverbesserung ergeben sich Grenzen, die aus der Erfahrungswelt der Beteiligten resultieren. Unter dem Schlagwort „Next Practice" hat Peter Kruse (2005) das Management großer Veränderungen analysiert. Dabei stieß er auf das Phänomen, dass deutliche Leistungsverbesserungen nur durch eine geänderte Arbeitsweise möglich sind, also einen Wechsel des Prozessmusters. Mit der Kombination der Sättigungskurve und einer Wachstumsfunktion (S-Kurve) verdeutlicht Abb. 2.14 die Effekte großer Veränderungen. Nach der S-Kurve wird anfangs ein hoher Initialaufwand benötigt, um eine Veränderung zu starten. Im mittleren Bereich ist der Aufwand fast linear und wenn bereits eine hohe Leistung erreicht wird, ist erheblicher Aufwand zur Umsetzung einer weiteren Leistungssteigerung erforderlich.

Im Rahmen eines Branchenvergleichs, z. B. eines Benchmarks, lässt sich die Leistung in unterschiedliche Stufen klassifizieren. Typischerweise werden die Arbeitsweisen, die zu den Bestleistungen führen, unter dem Schlagwort „Best Practice" zusammengefasst. Unter den gegebenen Randbedingungen kann ein Unternehmen mit kontinuierlicher Verbesserung die Branchenleistungen erreichen.

Erst wenn sich durch eine Innovation die Arbeitsweisen („Next Practice") ändern, kann ein Leistungssprung erreicht werden. So wurde vor einigen Jahren im Skisprung die Parallelskitechnik durch die V-Technik abgelöst. Während einige Athleten mit der neuen Technik größere Weiten erreichten, hatten die bisherigen Topskispringer teilweise erhebliche Schwierigkeiten, mit der neuen Sprungtechnik bessere Leistungen als vorher zu erreichen.

Abb. 2.14 Prozessmusterwechsel

Unternehmen können sich durch kontinuierliche Verbesserung entlang einer s-förmigen Kurve entwickeln. Damit können sie zu den bekannten Leistungszielen der Branche aufschließen oder sich in der Spitze eingruppieren. Erst eine Innovation mit einem disruptiven Sprung kann das Leistungsbild in einem Prozess massiv verändern. Dieser Sprung kann entweder durch eine Prozessoptimierung oder durch Prozess-Reengineering entstehen.

Für Unternehmen bedeutet dies, dass sie die Prozessleistungen der Wettbewerber sowie technische und Prozessinnovationen ständig beobachten müssen, um disruptive Leistungssprünge schnell zu identifizieren. Um selbst eine Prozessinnovation erfolgreich zu starten, müssen die bestehende Arbeitsweisen und Prozesse grundsätzlich infrage gestellt werden. Hier hilft auch der Blick eines erfahrenen Prozessberaters, um neue Ansätze einzubringen und unternehmensinterne Denkblockaden zu lösen. Diese Denkblockaden sind häufig auch der Grund, warum Verbesserungen nicht weiterlaufen, da eine natürliche Sättigungsgrenze der Verbesserung oder eine empfundene Leistungsgrenze erreicht sind.

2.11.1 Vorgehensweise

Folgende Vorgehensweise wird genutzt (Abb. 2.15)

- Projektteam bilden
  Es wird ein Projektteam aus den erforderlichen Abteilung gebildet.
- Problem definieren
  Die Aufgabenstellung wird festgelegt. Damit wird Start und Ende des Prozesses definiert und die zu lösende Aufgabe beschrieben.
- Leistungsgrenzen ermitteln
  Für die bestehende Ausführungsform werden die Leistungsgrenzen ermittelt. Dabei werden Normalleistung, Schlechtleistung und Bestleistung bewertet.

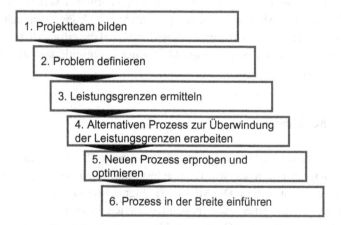

Abb. 2.15 Vorgehensweise zum Prozessmusterwechsel

- Alternativen Prozess zur Überwindung der Leistungsgrenzen erarbeiten
  Es wird ein alternativer Prozess für die Abwicklung definiert.
- Neuen Prozess erproben und optimieren
  Der neue Prozess wird in einem Testumfang eingeführt und dann optimiert.
- Prozess in der Breite einführen
  Der Prozess wird nach erfolgreicher Erprobung in die Breite eingeführt.

2.11.2 Bewertung

Der Prozessmusterwechsel kann sehr effektiv sein. Voraussetzung für den Erfolg ist die Identifizierung eines erfolgreichen, anders ablaufenden Prozesses. In den meisten Fällen sind keine anderen Prozesse bekannt oder werden von den Beteiligten als nicht passend abgelehnt.

Zusätzlich ergeben sich Probleme bei der Einführung des neuen Prozesses mangels Übung. Die bestehende Prozessausführung ist zum Teil jahrelang genutzt worden, während die neue Form immer wieder auf Probleme stößt. Häufig wird beim Auftreten von Problemen schnell in die alten Formen zurückgewechselt.

2.12   Kontinuierlicher Verbesserungsprozess

Der kontinuierliche Verbesserungsprozess ist aus den ersten Analysen der Leistungsverbesserungen in Japan entstanden. Bei den Untersuchungen zu den beachtlichen Leistungsunterschieden wurden die Qualitätszirkel als Lösung entwickelt. In diesen Teams haben Mitarbeiter gemeinsam Problemlösungen erarbeitet.

Während sich der ursprüngliche Ansatz auf die Qualitätsverbesserung konzentrierte, hat sich die Vorgehensweise zur Problemlösung im Team auch für Prozessverbesserungen bewährt. Mit der ganzheitlichen Betrachtung des kontinuierlichen Verbesserungsprozesses können Kunden- und Mitarbeiterorientierung in kleinen Gruppen erarbeitet werden. Wenn die Zusammenarbeit mit den Vorgesetzten stimmt und die erforderlichen Freiräume für das Team bestehen, motivieren sich die Mitarbeiter gegenseitig und spornen sich zu hohen Leistungen an.

2.12.1 Vorgehensweise

Für den kontinuierlichen Verbesserungsprozess werden die Probleme, die eine Arbeitsgruppe identifiziert, in einem kleinen Team gelöst. Das Team wird in einer Standardlösungsmethode geschult, z. B. in DMAIC aus Six Sigma oder im 8D-Report (Abb. 2.16) (Bhote und Bhote 2000), einer anderen standardisierten Problemlösungsmethode, die hauptsächlich auf die Lösung von Qualitätsproblemen ausgerichtet ist.

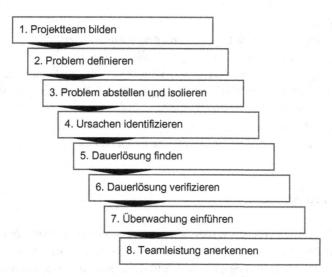

1. Projektteam bilden

2. Problem definieren

3. Problem abstellen und isolieren

4. Ursachen identifizieren

5. Dauerlösung finden

6. Dauerlösung verifizieren

7. Überwachung einführen

8. Teamleistung anerkennen

Abb. 2.16 Kontinuierlicher Verbesserungsprozess

Folgende Vorgehensweise wird mit dem 8D-Report dokumentiert:

- *Team für die Problemlösung zusammenstellen*
  Die Teammitglieder müssen die Fähigkeit und Kompetenz besitzen, den Prozess und die Fehlerursachen zu analysieren, die Prozessverbesserung oder Fehlerbehebung zu gestalten und den Erfolg der Maßnahmen zu kontrollieren. Für die Bearbeitung der Aufgaben muss ausreichend Zeit zur Verfügung stehen.
- *Aufgabe beschreiben*
  Die saubere Beschreibung der Aufgabenstellung bildet die Basis für die Bearbeitung und die spätere Erfolgskontrolle. Die Aufgabe ist so genau wie möglich zu definieren, wobei der Kern der Aufgabenstellung herausgearbeitet wird. Wichtig sind die Festlegung von Kennzahlen und die Datenermittlung.
- *Sofortmaßnahmen festlegen*
  Sofortmaßnahmen dienen bei Verbesserungsaufgaben der Erzielung schneller Erfolgserlebnisse und bei Problemlösungen der Schadensbegrenzung und verhindern die weitere Ausbreitung des Problems, bis eine dauerhafte Lösung gefunden ist.
- *Ursache(n) feststellen*
  Es wird nach Ursachen gesucht, die für die derzeitige Leistungsbegrenzung verantwortlich sind. Mit Experimenten, Tests und Vergleichen werden die Ursachen nachgewiesen.
- *Langfristige Maßnahmen planen*
  Es werden Maßnahmen erarbeitet, die nachgewiesene Ursachen beseitigen. Bei den Maßnahmen ist darauf zu achten, dass diese auf Verbesserungsansätze und Fehlervermeidung im Prozess abzielen. Die Maßnahmen werden zu einem Maßnahmenplan zusammengefasst.

- *Maßnahmen einführen*
  Die Maßnahmen werden nach Plan abgearbeitet und umgesetzt.
- *Leistungsabfall und Fehlerwiederholung verhindern*
  Es muss sichergestellt werden, dass der Leistungsabfall oder die Fehler zukünftig nicht mehr auftreten können. Die Wirksamkeit der getroffenen Maßnahmen wird durch die Einführung geeigneter Messungen überwacht.
- *Teamleistung würdigen*
  Zum Schluss wird die Leistung des Prozessteams anerkannt.

2.12.2 Bewertung

Kennzeichen des kontinuierlichen Verbesserungsprozesses ist die direkte Umsetzung, was den Umfang der Projekte auf kleine Problemstellungen begrenzt. Der strukturierte Ansatz des kontinuierlichen Verbesserungsprozesses hilft dem Team, die Arbeitsschritte zur Problemlösung zu definieren und umzusetzen. Wegen der Vielzahl der möglichen Aufgabenstellungen bietet die Vorgehensweise wenig konkrete Hilfe bei der Problemlösung. Wenn sich bei der Umsetzung Barrieren ergeben, werden die Prozessverbesserungen vorzeitig abgebrochen. Wenn das Team Veränderungen außerhalb seines Verantwortungsbereichs identifiziert, können sich diese als Blockaden für den weiteren Fortschritt erweisen, wenn nicht neue Teammitglieder in das Team hinzugenommen werden. Auch wenn die Kosten zu hoch sind oder eine Erfahrung aus der Vergangenheit zu Konflikten geführt hat, widersetzen sich Vorgesetzte dem Wandel.

Wenn die Projekte entsprechend eingegrenzt sind, lassen sich mit dem kontinuierlichen Verbesserungsprozess erhebliche Veränderungen initiieren und umsetzen. Der Ansatz eignet sich nicht, um größere, abteilungsübergreifende Prozesse wesentlich zu verändern, sondern sollte einen Prozessabschnitt innerhalb einer Abteilung verbessern.

2.13   Handlungsalternativen

Im Rahmen von Produktions- und Supply-Chain-Optimierungen sind zahlreiche Verbesserungsansätze möglich. Um einen Prozess hinsichtlich des magischen Dreiecks Zeit, Qualität und Kosten zu optimieren, gibt es prinzipiell folgende Möglichkeiten (Abb. 2.17):

- Radikale Veränderung, d. h. Entwicklung eines neuen Gesamtprozesses in einer neuen Struktur durch Prozess-Reengineering
- Prozessveränderung in der bestehenden Struktur durch kontinuierlichen Verbesserungsprozess oder Prozessoptimierung
- Strukturveränderung durch neue EDV-Systeme oder Maschinen, die keine Prozessoptimierungen im engeren Sinne sind.

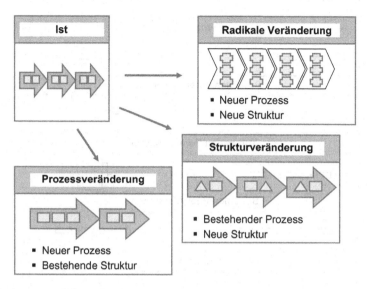

Abb. 2.17 Ansätze

Strukturveränderung für einen bestehenden Prozess durch Prozessoptimierung oder Prozess-Reengineering oder die Verlagerung eines Prozesses in eine andere Struktur mit niedrigeren oder geänderten Kosten (durch anderen Tarifvertrag mit längeren Arbeitszeiten
oder geringeren Lohnkosten pro Stunde) können Prozesskosten deutlich senken.

2.14   Ansätze zur Prozessoptimierung

Zur Prozessoptimierung können zahlreiche Ansätze gewählt werden (Abb. 2.18)

- Eliminieren von unnötigen Prozessschritten
  Insbesondere unnötige Prüf- oder Genehmigungsschritte sind typischerweise Ansatz-
  punkte für einen Entfall von Prozessschritten. Mit dem Entfall verkürzen sich sowohl
  Aufwand als auch Zeit.
- Zusammenfassen von Prozessschritten, um Schnittstellenverluste zu reduzieren
  Wenn mehrere Arbeitsschritte auf einen Mitarbeiter konzentriert werden, entfallen
  Schnittstellen und die damit verbundenen Verluste. Wenn ein Mitarbeiter einen Teilpro-
  zess durchgängig abwickelt, kann sich die Bearbeitungszeit massiv verkürzen. Voraussetzung für das Zusammenfassen sind entsprechende Qualifizierung der Mitarbeiter.
- Aufspalten/Parallelisieren
  Mit dem Aufspalten und Parallelisieren werden typischerweise Zeitverkürzungen
  erreicht, der Aufwand für die Bearbeitung reduziert sich eher nicht. Voraussetzung sind
  die Unabhängigkeit der Aufgabenausführung, d. h. keiner der parallelen Ausführungen
  benötigt Infomationen von einem parallel ablaufenden Prozessschritt.

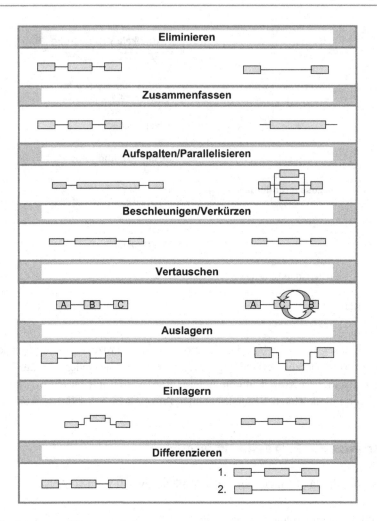

Abb. 2.18 Ansätze zur Prozessoptimierung

- Beschleunigen/Verkürzen
  Insbesondere lange dauernde Vorgänge sind Kandidaten für eine Zeitverkürzung, wobei kostenneutral häufig Wartezeiten reduziert werden können.
- Vertauschen
  Mit der Vertauschung der Reihenfolge können Prozesse optimiert werden, wenn typischerweise Schleifen entstehen, da ein Teil der Informationen zu spät entsteht.
- Einlagern
  Beim Einlagern werden Prozessschritte aus einer anderen Abteilung in die ursprüngliche Abteilung verlagert.
- Auslagern
  Beim Auslagern werden Prozessschritte aus der ursprünglichen Abteilung in eine andere Abteilung verlagert.

- Differenzieren

  Das Differenzieren der Prozesse in verschiedene Prozesse mit unterschiedlichen Abläufen je nach Aufgabenstellung bedeutet eine Spezialisierung. Je nach Anwendungsfall wird ein einfacher oder komplexer Prozess genutzt. Solange in der Mehrheit der einfache Prozess genutzt werden kann, sinken die Kosten.

Je nach Aufgabenstellung lassen sich die Ansätze kombinieren. Für eine erfolgreiche Prozessverbesserung sollten alle Möglichkeiten geprüft werden, mit denen die Prozesse verändert werden können.

2.14.1 Gesamtvorgehen zur Prozessverbesserung

Bei einer Prozessoptimierung werden diverse Aufgaben durchlaufen. Neben einer Analyse und Beschreibung des Istzustands als Ausgangsbasis werden die Anforderungen der Kunden und des Unternehmens ermittelt und die bestehende Istleistung des Prozesses gemessen. Die Istleistung wird den Kundenanforderungen, den Leistungen der Wettbewerber und den Unternehmenszielen gegenübergestellt. Dabei lässt sich entweder ein Handlungsbedarf erkennen oder es wird keine Prozessverbesserung benötigt. Falls ein Handlungsbedarf festgestellt wird, lassen sich die Bereiche, in denen Verbesserungen erforderlich sind, oder das angestrebte Verbesserungspotenzial bestimmen.

Abhängig von dem gewählten Ansatz lassen sich neue Prozesse gestalten oder andere Methoden einsetzen, die zu den gewünschten Veränderungen führen. Anhand der eingesetzten Bewertungsmethoden lässt sich überprüfen, ob der neue Prozess und die neuen Methoden die Erfordernisse abdecken. Wenn die Frage positiv beantwortet wird, ist die Verbesserung erreicht und es besteht kein weiterer Handlungsbedarf. Andernfalls müssen neue Veränderungen der Prozesse angestoßen werden.

System- und Optimierungsphilosophien

3

Zusammenfassung

Eine Optimierung ist immer möglich und für den betrachteten Bereich sind zahlreiche unterschiedliche Methoden bekannt. Deshalb werden die wesentlichen Merkmale aktueller Verbesserungsansätze charakterisiert und deren Vor- und Nachteile bewertet. Zu diesen Ansätzen zählen Lean Production, Supply Chain Management, Six Sigma und die Theory of Constraints. Für jeden Ansatz werden die wesentlichen Inhalte dargestellt. Zusätzlich werden die unterschiedlichen Vorgehensweisen zur Optimierung von Prozessen behandelt. Neben dem Prozessreengineering und der Prozessoptimierung werden Ansätze aus dem kontinuierlichen Verbesserungsprozess und aus dem Prozessmusterwechsel beschrieben.

Viele, zum Teil widersprüchliche Systeme und Philosophien beschreiben Verbesserungsmöglichkeiten in Produktion und Supply Chain. Ein Kennzeichen von erfolgreichen Prozessansätzen in diesen Bereichen ist die Ausrichtung auf gemeinsame Ziele, die bei den unterschiedlichen Systemen in ein durchgängiges Gesamtsystem zusammengeführt werden.

Die Systeme beruhen auf verschiedenen Ansätzen. Ein wichtiges Kennzeichen ist die Unterordnung von vielen Einzelentscheidungen unter die Hauptziele. Mit den Hauptzielen lassen sich viele Einzelentscheidungen umgehen. Das zweite wichtige Kennzeichen von erfolgreichen Systeme ist die Etablierung von Automatismen. So wird bei einem Fließband der Arbeitsinhalt einer Station auf die Taktzeit des Bandes ausgerichtet. Das Fließband funktioniert erfolgreich, wenn in jeder Station innerhalb der vorgegebenen Taktzeit gearbeitet wird. Zusätzlich ist Durchgängigkeit gefordert. Der gleiche Ansatz soll im Groben wie im Feinen funktionieren.

© Springer-Verlag GmbH Deutschland 2018
T. Becker, *Prozesse in Produktion und Supply Chain optimieren*,
https://doi.org/10.1007/978-3-662-49075-4_3

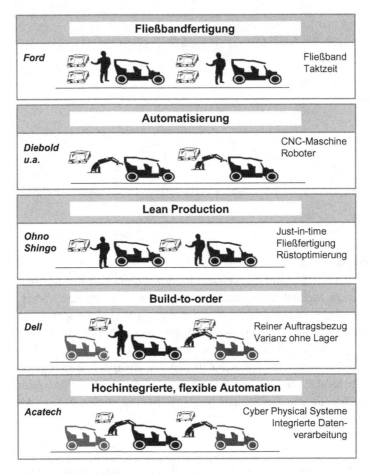

Abb. 3.1 Optimierungsphilosophien

Dieses Kapitel widmet sich den unterschiedlichen Systemansätzen, Optimierungsdenkweisen und Produktionsphilosophien (Abb. 3.1). Es werden die Hauptansätze vorgestellt und wesentliche Kritikpunkte und Schwierigkeiten beschrieben.

3.1   Massenfertigung als Ausgangsbasis

Mit dem Beginn der industriellen Fertigung ersetzten die Pioniere der Betriebsorganisation, Taylor und Gilbraith, die Manufakturen durch stückzahltaugliche Herstellverfahren. Statt einzelne Teile aneinander anzupassen, wurde in der Gewehrfertigung durch eine Spezifizierung der Qualitäten die Austauschbarkeit der Teile geschaffen. Jede Kombination von Teilen, die nach der abgestimmten Spezifikation hergestellt sind, lassen sich gemeinsam zu einem Produkt montieren und funktionieren dann als Produkt. Durch die Steigerung der

Stückzahl und unter der Ägide des „Scientific Management" wurden die Aufgaben immer weiter aufgeteilt, sodass die Qualifikation der Werker immer niedriger wurde. Das Denken war den Fertigungsplanern vorbehalten, der Werker war der reine Ausführer.

Die Massenfertigung strebte als Hauptziel die Senkung der direkten Kosten an. Die Aufgaben wurden so unterteilt, dass die einzelnen Arbeitsschritte von Angelernten mit minimaler Trainingszeit effizient ausgeführt werden konnten. Mit der Übertragung von Ansätzen aus den verschiedensten wissenschaftlichen Bereichen wurde die Produktion analysiert, bewertet und verbessert. Stückzahleffekte führten zu einer Verringerung von direkten Kosten, da gleichartige Tätigkeiten zusammengefasst und optimiert wurden.

Diese Vorarbeiten bildeten die Basis für die industrielle Fertigung. Viele moderne Ansätze bauen auf den ersten Konzepten der Massenfertigung auf. Dabei war die Taktzeit ein wesentlicher Treiber des Fortschritts. Für alle Stationen wurden gleiche Arbeitsinhalte geschaffen und das Produkt konnte nun getaktet von einer Position zur nächsten wandern. Das Fließband ist die folgerichtige Umsetzung des zyklischen Transports. Das Konzept der Massenfertigung ist mit dem Fließband und dem Automobilhersteller Ford untrennbar verbunden. Obwohl Ford nicht der erste Einsatz eines Fließbandes war, wurde bei Ford die Massenfertigung sehr stark optimiert.

3.2 Lean Production

Den Begriff *Lean Production* haben die Amerikaner Womack und Jones (Womack et al. 1990) vor über fünfzehn Jahren geprägt, um die neuen Produktionsmethoden aus Japan zu charakterisieren. Weltklasseprozesse dank schlanker, flexibler Organisation waren eine Haupterkenntnis aus der Studie der weltweiten Automobilindustrie, die unter dem Namen „The Machine that Changed the World" veröffentlicht wurde. „Von allem die Hälfte" war das wichtigste Schlagwort, das bei vielen Unternehmenslenkern hängen geblieben war. International sind die Namen Womack und Jones bekannter als die der Pioniere wie Taguchi Ohno (1988) oder Shigeo Shingo (1993). Diese haben wesentlich das Toyota-Produktionssystem (TPS) (Liker 2004) geprägt, das die beiden amerikanischen Autoren mit dem Schlagwort *Lean Production* belegt und in weiteren Büchern detailliert untersucht haben (Womack und Jones 1996).

3.2.1 Ansätze der Lean Production

Nach Ohno sollte das Toyota-Produktionssystem alle Materialien so zeitgerecht bereitstellen, dass sich ein Lagerbestand von nahezu null ergibt. Die Vision hat zahlreiche Ideen aus allen Bereichen der Produktionstechnik, die teilweise von Henry Ford (Bodek 2004) stammen, in ein neues Gesamtsystem zusammengefasst und als System in allen Ausprägungen optimiert (Abb. 3.2). Das Toyota-Produktionssystem zeigt, dass ein System mehr ist als die Summe aller Einzelteile (Gharajedaghi 1999).

Fließbandfertigung
Arbeitsstandardisierung Mechanisierung

Automatisierung
Flexible Steuerung

Lean Production
Standardisierung Kleine Losgröße Mixflexibilität Kleine Produktionseinheiten und -einrichtungen

Supply Chain
Arbeitsplatzverfügbarkeit Material- und Komponentenverfügbarkeit Bedarfsgesteuerte Produktion (Build-to-order) Bestandsoptimierung

Hochintegrierte, flexible Automation
Intelligente, hochvariable Produktionseinrichtung Integrierte Informationsverarbeitung

Abb. 3.2 Optimierungsansätze

Die wesentlichen Ziele und Gestaltungsregeln von Lean Production sind (Abb. 3.3)

- Fließproduktion,
- Ziehprinzip,
- Vermeidung von Verschwendung.

Das Toyota-Produktionssystem ist als Fließproduktion auf die Kundenbedürfnisse ausgerichtet, d. h. es wird bestimmt, wie viele Produkte ein Kunde pro Tag oder Woche benötigt. Daraus wird eine Taktzeit als Vorgabe für alle Prozessschritte in der Produktion berechnet. Auf diese Taktzeit wird die gesamte Produktionsprozesskette ausgerichtet.

Die Ausrichtung auf die Fließproduktion ermöglicht die Nutzung vieler kleiner Maschinen mit geringer Flexibilität, die für eine Aufgabe optimiert werden. Statt einer hoch automatisierten Produktionseinrichtung in einer Werkstattfertigung, die auf die Verkürzung

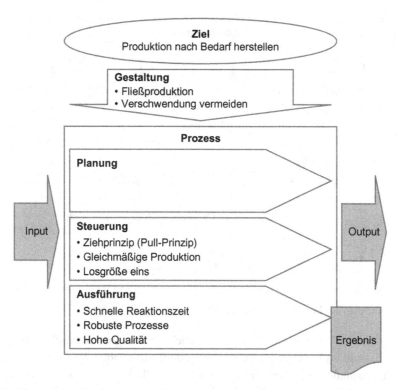

Abb. 3.3 Kennzeichen der Lean Production

der Hauptzeit einzelner Arbeitsschritte zielt, stehen bei Lean Production stabile Produktionsprozesse mit einfachen Einrichtungen im Vordergrund. Ein Mitarbeiter bedient mehrere, möglicherweise auch unterschiedliche Maschinen gleichzeitig. Daher sind die Maschinen auf einen möglichst geringen Personaleinsatz ausgerichtet, d. h. die Maschinen müssen weitestgehend selbstständig laufen.

Ein weiterer Baustein ist das Ziehprinzip, die Produktion nach Bedarf. Ein Teil oder Produkt wird nur gefertigt, wenn es benötigt wird. Das Ziel ist ein möglichst geringer Lagerbestand. Basierend auf dem Pull-Prinzip und der Kanban-Methode (Geiger et al. 2003) kann die plangesteuerte Produktion durch eine bedarfsgesteuerte ersetzt werden (Abb. 3.4). So wird sichergestellt, dass nur das produziert wird, was tatsächlich für einen Kundenauftrag benötigt wird, anstatt nach Plan zu produzieren und schließlich Produkte auf Lager zu legen, für die entgegen der Prognose keine Kundenaufträge eingetroffen sind.

Wenn eine plangesteuerte Werkstattproduktion erhebliche Stückzahleffekte in Einzelprozessschritten erreichen kann, führt die fehlende Ausrichtung auf den Bedarf zu Lagerbeständen. Weil sich der zukünftige Bedarf für Produkte bei steigenden Variantenzahlen nur schwer vorhersagen lässt, führt die Planung zu erheblichen Überbeständen. Während die europäischen Unternehmen mit einer auftragsgedeckelten Produktion begannen, die Überproduktion einzudämmen, haben die Lean-Production-Unternehmen die Kehrtwende von der plangesteuerten zur bedarfsgerechten Produktion eingeleitet.

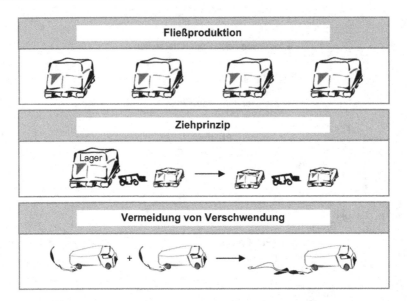

Abb. 3.4 Prinzipien der Lean Production

Die Ausrichtung auf den Bedarf ist ein erheblicher Paradigmenwechsel, da über Versorgungskreisläufe im Unternehmen eine maximale Bestandshöhe definiert wird, die im Verlauf der Produktion nie überschritten wird. Anstatt Teile nach Plan zu produzieren, wird nun der Teilebestand aufgefüllt, der abgeflossen ist. Das bedeutet ein Start-Stopp-System für die Produktion, da anstatt einer gleichmäßigen Auslastung nun das Produzieren bei Bedarf zu erheblichen Auslastungsschwankungen führt. Wenn kein Auftrag mehr vorliegt, wird die Produktion abgeschaltet und nicht auf Vorrat produziert.

3.2.2 Kennzeichen der Lean Production

Die Ziele der Lean Production erfordern ein Umdenken in allen Prozesselementen. Bei der Umsetzung der Produktion nach Bedarf werden zahlreiche Veränderungen erforderlich. Zu den häufig kommentierten Änderungsansätzen gehört die Vermeidung von Verschwendungen. Als Muda (Verschwendung) charakterisiert Lean Production unnötige Bestände, Transporte oder Bewegungen, um Ansatzpunkte zur Verbesserung aufzudecken.

Im Bereich der Steuerung beruht die Lean Production auf dem Ziehprinzip (Pull-Prinzip). Bei der Produktion wird jeder Produktionsschritt so ausgelegt, dass er auf ein Signal seines Kunden reagieren kann. Um eine kurzfristige Reaktion zu ermöglichen, soll eine minimale Losgröße produziert werden, im Idealfall genau das eine Stück, das derzeit benötigt wird. Wenn verschiedene Produkte erforderlich sind, wird die Produktion so ausgelegt, dass die Varianten in beliebiger Reihenfolge gefertigt werden können.

Bei der Prozessausführung stehen wiederholbare Prozesse im Vordergrund. Stabile Prozesse führen zu einer hohen Qualität. Wenn diese nicht erreicht wird, wird die Produktion angehalten, um erst das Problem zu lösen, bevor weiterproduziert wird. Die Prozesse werden auf eine möglichst kurze Durchlaufzeit ausgerichtet.

Das Prozesselement Planung wird bei der Lean Production nicht vorrangig betrachtet. Ein Großteil der Planung wird durch die Auslegung der Fließfertigung überflüssig, da alle Arbeitsschritte auf eine gleiche Kapazität ausgerichtet sind. Häufig führt eine deutliche Erhöhung der Stückzahl zu einer Duplizierung der Anlage.

Die bedarfsgerechte Lean Production basiert auf vielen Voraussetzungen, die gemeinsam erfüllt sein müssen: stabile, reproduzierbare Prozesse, hohe Qualität, wenig Streuung und kurze Reaktionszeiten. Das Toyota-Produktionssystem hat eine Reihe von Methoden und Werkzeugen geschaffen, mit denen diese Verbesserungen erreicht werden können.

3.2.3 Vorgehensweise

Für die Einführung von Lean Production gibt es zahlreiche unterschiedliche Reihenfolgen und Vorgehensweise; standardisiert ist sie nicht möglich. Für die erfolgreiche Einführung wird in vielen Projekten die Schulung des Managements und des Veränderungsteams in der Lean-Philosophie hervorgehoben.

3.2.4 Bewertung

Aus der Lean-Production-Gedankenwelt kommen viele Anregungen, um einen Prozessfluss mit einem Stück aufzubauen. Lean Production erfordert stabile Prozesse und eine hohe Qualität. In der Folge sinken Durchlaufzeiten, Bestände und Kosten, die Produktion wird deutlich stabiler.

Lean Production kommt aus der Automobilindustrie und viele Ansätze eignen sich besonders für die Serienfertigung oder für eine Produktion mit Wiederholcharakter. Systematische Grundsätze aus dem Toyota-Produktionssystem und deren konsequente Anwendung geben ein gutes Beispiel für die erreichbaren Ergebnisse. Der Schwerpunkt der Ansätze liegt in der direkten Produktion. Weil die Lean-Philosophie in der Automobilindustrie entstand, wird die Anbindung der Lieferanten und besonders der Kunden eher vernachlässigt.

Die Lean Production fokussiert sich sehr stark auf die Effizienz der Prozesse, indem Unnötiges, bei Lean Production als „Verschwendung" bezeichnet, eliminiert wird. Aus den Grundsätzen der Lean Production werden sehr stark effektivitätssteigernde Maßnahmen abgeleitet.

Viele Unternehmen scheitern bei der Einführung von Lean Production, weil dieses System nur als Ganzes betrachtet werden kann. Viele Einzellösungen können nicht isoliert eingeführt werden, weil die Effekte des Systems größer sind als die der einzelnen Elemente. Die Einführung des Gesamtsystems erfordert Disziplin, Durchsetzungskraft und Durchhaltevermögen.

3.3   Supply Chain Management

Die *Supply Chain* (Christopher 1992) ist eine wichtige Prozesskette für viele produzierende und handelnde Unternehmen, da sie an der Schnittstelle zum Kunden die Leistungsfähigkeit des Unternehmens demonstriert. Dabei erfüllt die Supply Chain unterschiedliche und teilweise konkurrierende Ziele: hoher Lieferservice mit kurzer Auftragsdurchlaufzeit bei gleichzeitig minimalem Kosten- und Kapitaleinsatz (Abb. 3.5).

Die Supply Chain nimmt einen zentralen Platz unter den Kernprozessen des Unternehmens ein. Sie verläuft über Funktions- und Abteilungsgrenzen wie Einkauf, Produktion, Logistik und Vertrieb hinweg und richtet die Fähigkeit des Unternehmens, seiner Abteilungen und der Partner aufeinander aus. Sie fokussiert alle Anstrengungen darauf, die Kunden bestmöglich zufriedenzustellen (Wassermann 2004). Unter *Supply Chain Management* werden einerseits die Prozessgestaltungsaufgaben und andererseits die Prozessausführungstätigkeiten in allen Teilbereichen der Supply Chain verstanden.

Die Supply-Chain-Prozesse stehen im Mittelpunkt der wesentlichen Elemente zum Supply Chain Management (Abb. 3.6):

- *Strategie*
  Die Supply-Chain-Strategie beschreibt, wie ein Unternehmen Wettbewerbsvorteile gegenüber den Wettbewerbern aus seiner Supply-Chain-Leistung sicherstellen will. Will ein Unternehmen durch schnelle Lieferzeiten einen Markt bedienen, den Wettbewerber nicht bedienen können? Lassen sich Kunden besser binden, wenn das Unternehmen zusätzliche Dienstleistungen anbietet? Typische Fragestellungen im Rahmen der Strategieentwicklung sind beispielsweise auch: Welche Wertschöpfungstiefe ist erforderlich, um im Markt bestehen zu können? Welche Stückzahleffekte muss das Unternehmen intern oder extern ausnutzen können, um einen Vorteil im Wettbewerbsumfeld zu erzielen? Welche Produktions- und Distributionsinfrastruktur wird verwendet? Nach welchen Regeln werden diese Strukturen geführt und überprüft?

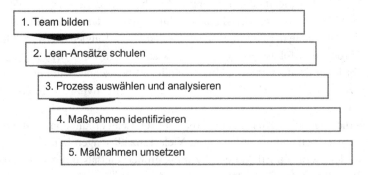

Abb. 3.5 Vorgehensweisen zu Lean Production

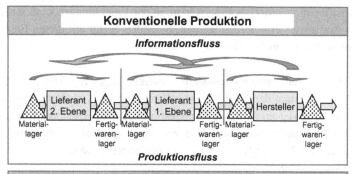

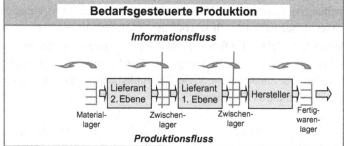

Abb. 3.6 Ansatz der bedarfsgesteuerten Produktion

- *Prozesse*
  Die Supply-Chain-Prozesse beschreiben die Tätigkeiten, die für die Abläufe und das
  Management der Supply Chain erforderlich sind. Dies sind im Wesentlichen die Pro-
  zessbausteine Planen, Beschaffen, Herstellen, Liefern und Zurückliefern, aus denen
  sich beliebige Supply Chains konfigurieren lassen. Durch Supply Chain Management
  werden Unternehmensprozesse gestaltet. Ein spezifisches Modell hilft, die Tätigkeiten,
  die Beziehungen, die erforderlichen Praktiken und die Messgrößen zu identifizieren.
  Als Folge davon sind viele Supply-Chain-relevanten Best-Practice-Lösungen zu gestalten und zu implementieren.
- *Kundenanforderungen*
  Kundenanforderungen an die Supply Chain müssen detailliert erfasst werden. Was einfach und logisch klingt, passiert dennoch selten. Während die Anforderungen an die Produkte sehr gut dokumentiert sind, kennen viele Unternehmen die Anforderungen ihrer
  Kunden an die Supply-Chain-Prozesse nicht ausreichend. Eine typische Fragestellung bei
  der Analyse der Kundenanforderungen ist: Um wie viel höher schätzen die Kunden eine
  Verkürzung der Durchlaufzeiten gegenüber einer Verbesserung der Liefertreue?
- *Einrichtungen*
  Die Einrichtungen für Materialfluss und die Produktionseinrichtungen stellen die Grund-
  lage für die ausführenden Prozesse zur Verfügung. Sie schaffen die Rahmenbedingungen

für die Transformationsprozesse. Eine Änderung der Einrichtungen kann innerhalb des Veränderungsprozesses erforderlich werden, besonders wenn mit diesen Einrichtungen die Kundenforderungen nicht erfüllt werden können.

* *Kennzahlen*
  Ein Supply-Chain-Kennzahlensystem stellt aussagekräftige Messgrößen für die Bewertung des Istzustands und den Nachweis von Verbesserungen zur Verfügung. Die Auswahl der Messgrößen ist auf die Strategie abgestimmt, da das Erreichen der strategischen Ziele mit den Kennzahlen gemessen wird. Zu jeder Kennzahl gehört auch die Definition von Zielen, um die Supply Chain ergebnisorientiert zu steuern.

* *Datenverarbeitungssysteme*
  Datenverarbeitungssysteme sind ein Hilfsmittel für die effiziente Umsetzung der Supply-Chain-Prozesse. Dabei kann es sich sowohl um Insellösungen als auch um integrierte DV-Systeme handeln. Bei der Einführung eines Supply Chain Managements ist bei einigen Unternehmen die DV-Lösung der Startpunkt einer Veränderung statt eines Folgebausteins in einem Veränderungsprozess. Viele DV-Implementierungen mit nicht erreichten Zielsetzungen belegen diesen Startpunkt.

* *Organisation*
  Ein Organisationsmodell beschreibt die Aufbauorganisation, die Entscheidungsfindung, die Zuständigkeiten der Abteilungen und die Aufgaben und Verantwortlichkeiten der einzelnen Mitarbeiter. Die Umwandlung von einer abteilungsorientierten Organisation zu einer prozessorientierten Supply Chain erfordert eine Neustrukturierung der Aufbauorganisation und neue organisatorische Ziele. Supply Chain Management führt zu klaren Verantwortlichkeiten und einer eindeutigen Zielausrichtung.

Die Supply-Chain-Aktivitäten haben einige Ansätze aus der Lean Production übernommen, betrachten aber zusätzlich die gesamte Auftragsabwicklung, die Produktionssteuerung und Bestellabwicklung mit den Lieferanten. Ein wesentliches zusätzliches Element ist die langfristige Planung in der Supply Chain, mit der wichtige Entscheidungen für die Beschaffung von Material und Bereitstellung von Personalkapazitäten getroffen werden.

3.3.1 Supply-Chain-Management-Ansätze

Wenn Unternehmen ihre Supply-Chain-Leistung steigern wollen, müssen sie ein Gesamtsystem gestalten und optimieren. Die Schwierigkeit bei vielen Supply-Chain-Management-Projekten ist die Komplexität der Aufgabenstellung, da ein zu enger Betrachtungshorizont nur zu einer Teiloptimierung führt.

Wesentliche Ziele einer Supply-Chain-Optimierung sind die Vereinheitlichung der Prozesse, die Nutzung von Automatismen zur Standardisierung von Entscheidungen, die Harmonisierung der Prozessgeschwindigkeiten aller Beteiligten, die Verkürzung der Auftragsdurchlaufzeiten und die Erhöhung der Reaktionsgeschwindigkeit.

3.3.2   Kennzeichen des Supply Chain Managements

Der Grundgedanke des Supply Chain Managements ist das Verbessern einer durchgängigen Prozesskette vom Kunden bis zum Lieferanten, nicht die Optimierung einzelner Prozessschritte innerhalb einer Abteilung. Oft wird Supply Chain Management auf das Optimieren logistischer Prozesse innerhalb des Unternehmens sowie der Prozesse zum Lieferanten hin reduziert. Tatsächlich ist die gemeinsame Ausrichtung aller Planungs- und Ausführungsprozesse auf die Kundenanforderungen vordringlich (Abb. 3.7).

Für die Optimierung einer Supply Chain sind verschiedene Ansatzpunkte möglich. Erfolgreiche Unternehmen haben ihre Supply Chain auf das Ziehprinzip mit Auftragsbezug, Durchgängigkeit und Vereinheitlichung des Flusses ausgelegt.

Ausrichtung auf das Ziehprinzip
Um eine durchgehende Supply Chain einzuführen, müssen Unternehmen das Ziehprinzip als neue Steuerungsphilosophie im Unternehmen einführen (Cohen und Roussel 2005). Während viele Unternehmen Fertigung und Montage mit einem Monats- oder Zweiwochenprogramm nach Plan steuern, reagieren die Supply-Chain-orientierten Unternehmen auf ein Auftragssignal. Die Produktion wird erst bei Vorliegen eines Auftrags in Gang gesetzt, wozu unterschiedliche Steuerungsmöglichkeiten genutzt werden.

Für ein Unternehmen mit wenigen Standardprodukten bietet sich eine reine Massenproduktion mit Kanban an (Geiger et al. 2003). Der Lagerbestand für Fertigprodukte ist in effiziente Produktionslosgrößen eingeteilt. Jedes Mal, wenn ein Auftrag aus dem Lager geliefert wird, wird überprüft, ob der definierte Bestellpunkt erreicht ist. Wenn ja, wird in der Produktion die Nachfüllung der definierten Losgröße durch den Kanban beauftragt. Das heißt, es wird kein Endprodukt erzeugt, solange der Lagerbestand das Soll nicht unterschreitet und die Produktion keinen Kanban erhält, denn dieser ist das Startsignal für die Produktion. Für einen funktionierenden Kanban-Kreislauf zur Lagernachfüllung sind beherrschte Montageprozesse eine wesentliche Voraussetzung. Denn die Einhaltung definierter Auftragsdurchlaufzeiten zum Auffüllen des Lagerbestands ist dringend erforderlich.

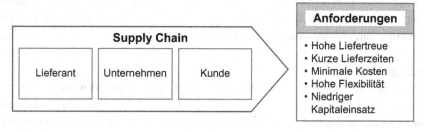

Abb. 3.7 Anforderungen an die Supply Chain

Einführung des Auftragsbezugs in der Prozesskette

Bei auftragsbezogener Produktion wird erst gefertigt, wenn ein Kundenauftrag vorliegt. Anstatt auf Vorrat zu produzieren, wird die Prozesskette vom Auftragseingang bis zur Lieferung an den Kunden so gestaltet, dass das Produkt innerhalb der vom Kunden gewünschten Lieferzeit hergestellt werden kann. Bei dieser Produktionsvariante entfällt das Endproduktlager.

Diese Methode ist bei variantenreichen Produkten unter dem Schlagwort *Build-to-Order* (BTO) (Becker und Pethick 2001) bekannt geworden und erfordert einen erheblichen Paradigmenwechsel. Effizienz in der Auftragsabwicklung kommt aus der zeitgerechten Erfüllung von Aufträgen für spezifische Kundenprodukte, nicht aus der Produktion großer Stückzahlen. Es wird nur produziert, wenn ein Auftrag vorliegt, in der Ausführung, die der Kunde bestellt hat und auch nur die Menge, die für den Auftrag erforderlich ist. In jedem Prozessschritt wird nur die Auftragsmenge bearbeitet, die der Kunde bestellt hat. Nach dem letzten Produktionsschritt wird der Auftrag dann möglichst direkt aus der Produktion versandt und nicht über das Fertigfabrikatelager abgewickelt.

Das Einführen des Auftragsbezugs in den Prozessen erfordert eine radikale Neugestaltung der Supply Chain und lässt sich nicht durch wenige kosmetische Prozessveränderungen umsetzen (Becker 2001). Der Kernpunkt ist die Ausrichtung aller Prozesse auf das schnelle Erfüllen der Kundenanforderungen. Die Produktion muss unterschiedliche Produkte innerhalb der vom Kunden gewünschten Lieferzeit erzeugen und versenden können. Damit wird die gesamte Auftragsabwicklung von der Angebotsabgabe über das Eintreffen des Kundenauftrags bis zur Auslieferung des Produkts als eine gesteuerte, durchgängige Prozesskette betrachtet.

Durch die Umstellung auf Build-to-Order ergeben sich erhebliche Verschiebungen: Der Fertigfabrikatbestand entfällt, die Produktion ist besser abgeglichen und die Versorgung mit Bauteilen kann auf das Ziehprinzip umgestellt werden. Durch die Vergleichmäßigung der Produktion werden Losgrößeneffekte vermieden. Der Bullwhip-Effekt (Forrester 1958), also das Aufschaukeln der Bedarfsmengen in vorgelagerten Bereiche durch die Zusammenfassung von Losen mit langen Durchlaufzeiten und hohen Beständen, entfällt. Die Bedarfsmengen für alle Teile verteilen sich gleichmäßig über alle Stufen der Produktion. Im Ergebnis sinken die Durchlaufzeiten und es reduzieren sich die erforderlichen Lagerbestände. Der Firma Dell beispielsweise gelang es, mit einer Gesamtlagerreichweite von weniger als zehn Tagen auftragsspezifische Produkte innerhalb von zwei Tagen herzustellen. Demgegenüber arbeiten klassische Unternehmen mit mehr als 60 Tagen Lagerreichweite und Produktionslaufzeiten von mehreren Wochen. Eine Umstellung auf BTO kann in der Regel Lagerbestände in Höhe eines Monatsumsatzes freisetzen.

Durchgängigkeit

Mit der Supply Chain soll die Prozesskette für alle Beteiligten verknüpft werden (Abb. 3.8). Was einfach und schlüssig klingt, lässt sich in vielen Unternehmen jedoch nicht direkt umsetzen. Unterschiedliche Abteilungen und Verantwortungsbereiche, Aufgabentrennung und strategische Entscheidung über Marktzugang und Vertriebspartner führen zu vielen Beteiligten

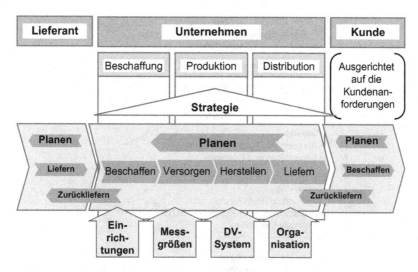

Abb. 3.8 Elemente des Supply Chain Managements

und damit zu vielen Schnittstellen in der Prozesskette. Im Extremfall werden durch die Schnittstellen die Beteiligten entkoppelt und der Informationsfluss wird deutlich verlangsamt.

Voraussetzung zur Sicherstellung der Durchgängigkeit ist es, die gesamte Prozesskette über alle Beteiligten zu betrachten. Danach muss die Prozesskette so gestaltet werden, dass die Prozesse durchgängig ablaufen. Dazu werden Aufgaben zusammengefasst, um Schnittstellen zu reduzieren und die gemeinsame Zielsetzung für alle Beteiligten verständlich zu machen.

Vereinheitlichung des Flusses

„Sell one, make one, buy one" (ein Teil verkaufen, eines herstellen und eines kaufen) ist ein Kernprinzip der Supply Chain, das aus dem One-Piece-Flow abgeleitet ist. Ziel der Optimierung ist die Ausrichtung auf einen gleichen Durchfluss in der gesamten Prozesskette (Abb. 3.9). Langfristige Zielsetzung ist ein Prozess, der zunächst dieselbe Losgröße im gesamten Prozess ermöglicht. In folgenden Optimierungsschritten kann diese dann abgesenkt werden, bis die Losgröße eins wirtschaftlich gefertigt werden kann.

Zur Vereinheitlichung der Losgrößen werden die Taktzeiten in der gesamten Prozesskette ermittelt. Die Prozesse mit den längsten Taktzeiten werden so verkürzt, dass die einzelnen Prozesselemente eine Schwankung von weniger als zehn Prozent aufweisen. Erst wenn die Prozessdurchlaufzeitenschwankungen minimal sind, lässt sich ein gleichmäßiger Fluss erreichen.

Für die Fertigung der Losgröße eins sind Rüstzeiten zu reduzieren, damit auch kleinere Losgrößen sinnvoll produziert werden können. Gerade bei Produktionen mit hoher Variantenvielfalt werden häufig ähnliche Teile produziert, die ohne großen Rüstaufwand erzeugt werden können. Durch Optimierung der Umrüstung zwischen diesen ähnlichen Teilen lassen sich die Rüstzeit und damit letztendlich die Losgrößen minimieren.

Abb. 3.9 Kennzeichen des Supply Chain Managements

Optimierung des Zeitverhaltens

Das Zeitverhalten einer Supply Chain ist optimal, wenn der Anteil der Wartezeiten an den gesamten Bearbeitungszeiten minimal ist. Wartezeiten können durch das Zusammenfassen von Prozessschritten in einer abgetakten Zelle eliminiert werden, bei der durch Loslappung die gesamte Durchlaufzeit in der Zelle minimiert wird. Bei der Loslappung wird ein Auftragslos bei den Bearbeitungsschritten in viele kleinere Transportlose unterteilt, die nacheinander an mehreren Maschinen in unterschiedlichen Prozessen bearbeitet werden. Daneben sind die Informationsübertragungszeiten zu überprüfen, damit die Informationsübertragung nicht die Bearbeitung verzögert.

Am Beispiel der Produktion lassen sich die Arbeitsschritte der zu verkürzenden Arbeitszeiten dokumentieren, wobei sich die Ansätze auch auf die anderen Bereichen der Supply Chain übertragen lassen. Durch eine Aufteilung der Lose in Teillose lassen sich die Durchlaufzeiten nun durch Überlappung der Bearbeitungsschritte verkürzen, sodass regelmäßig die gleiche Anzahl der erforderlichen Einheiten produziert werden kann. Bei ähnlichen Taktzeiten lassen sich dann verschiedene Arbeitsschritte zu Zellen zusammenfassen, die für die vollständige Erzeugung der Produkte verantwortlich sind. Falls die Produktionsprozesse so eng miteinander verknüpft werden, dass ein Stück oder wenige Produkte von einem Arbeitsschritt zum nächsten transportiert werden können, reduzieren sich die Wartezeiten, die Supply Chain wird reaktionsschneller (Abb. 3.10).

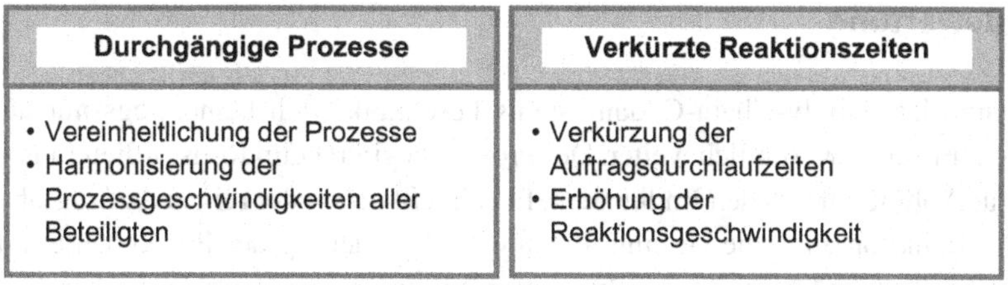

Durchgängige Prozesse	Verkürzte Reaktionszeiten
• Vereinheitlichung der Prozesse • Harmonisierung der Prozessgeschwindigkeiten aller Beteiligten	• Verkürzung der Auftragsdurchlaufzeiten • Erhöhung der Reaktionsgeschwindigkeit

Abb. 3.10 Ansätze des Supply Chain Managements

Trennung von Planung und Ausführung

Ein weiterer Gedanke der Supply Chain ist die Trennung von Planung und Ausführung. Mit der Planung werden die wesentlichen Elemente der Supply Chain auf die zukünftigen Aufträge vorbereitet, sodass die Aufträge schneller abgewickelt werden können. Im Gegensatz zur früheren Produktionsprogrammplanung führt die Supply-Chain-Planung nicht zu einer Autorisierung von Produktionsaufträgen oder Materialbestellungen. Sie ist lediglich eine Vordimensionierung für die zukünftige Produktion, den zukünftigen Bedarf und die Planung der Material- und Fertigfabrikatbestände.

Für viele Unternehmen gibt es erhebliche Verbesserungspotenziale in der Supply Chain. Nach Benchmark-Studien haben Topunternehmen bei den Supply-Chain-Management-Kosten einen Vorteil von sechs Prozentpunkten des Umsatzes gegenüber durchschnittlichen Unternehmen. Deshalb kann ein durchschnittliches Unternehmen mit € 250 Millionen Umsatz in den Supply-Chain-Management-Kosten ca. € 15 Millionen einsparen und den Kapitaleinsatz um durchschnittlich € 20 Millionen reduzieren.

3.3.3 Vorgehensweise

Nach den Erfahrungen zahlreicher Supply-Chain-Projekte in verschiedenen Branchen beginnen viele Unternehmen, bestehende Prozesse zu automatisieren, ohne vorher Kundenanforderungen, Strategien, Ziele und Prozesse aufeinander ausgerichtet zu haben. Der Königsweg zur Supply-Chain-Optimierung erfordert demgegenüber einen Gesamtansatz, basierend auf einer durchgängigen Strategie, die ein prozessorientierten Ablauf gestaltet und umsetzt. Kennzeichen sind eine klare Ausrichtung auf die Erzielung wirtschaftlicher Ergebnisse sowie ein ganzheitlicher Änderungsansatz.

Für Supply Chain Management gibt es keine festgelegten Vorgehensweisen zur Einführung von Verbesserungen. Erfolgreiche Supply Chains sind durch konsequente Anwendung des Supply-Chain-Gedankenguts in allen Teilbereichen entstanden. Daher bietet sich für Supply-Chain-Projekte ein Gesamtansatz an, bei dem zahlreiche Teilprojekte parallel bearbeitet werden.

3.3.4   Bewertung

Der Umfang des Supply-Chain-Gedankenguts beschränkt sich keineswegs nur auf die Produktion. Er reicht wesentlich weiter. Der Prozess beginnt beim Rohstofflieferanten und geht bis zur Ablieferung an den Endkunden. Er schließt neben der reinen Auftragsabwicklung und Produktion auch die gesamte Planung und Steuerung der Prozesskette mit ein. Diese Abteilungen sind bei der Lean Production häufig ausgegrenzt. Gegenüber der Lean Production gibt es viele unterschiedliche Ausprägungen der Supply Chain, die auch teilweise widersprüchlich sind. In den Supply-Chain-Umsetzungen gibt es kein einzelnes herausragendes Beispiel, wie es Toyota bei der Lean Production darstellt, das als Vorbild für viele Unternehmen dienen kann. Das viel zitierte Beispiel Dell kann nur in bestimmten Branchen als Vorbild dienen.

Supply Chain Management eignet sich für alle Unternehmenstypen und kann in einem Unternehmen oder über Unternehmensgrenzen hinweg Verbesserungen erreichen.

3.4   Theory of Constraints

Eliyahu Goldratt hatte sich ursprünglich das Ziel gesetzt, mit einer besseren Produktionssteuerung die Abläufe in produzierenden Unternehmen zu verbessern. Nach der Entwicklung der Produktionssteuerungsmethode OPT wurde er 1992 mit dem Buch „The Goal" [„Das Ziel"] (Goldratt und Cox 1992) berühmt, das später die Ausgangsbasis für die Theorie der Engpässe (Theory of Constraints – TOC) wurde. Seitdem ist aus der ursprünglichen Novelle eine vollständige Philosophie geworden (Goldratt 1994), die aus unterschiedlichen Elementen besteht und auch von der amerikanischen Produktions- und Logistikorganisation (APICS) als Teilgebiet weiter verbreitet wird.

Die Theory of Constraints (Theorie der Engpässe) ist als ein neues Wissensgebiet in den letzten 20 Jahren entstanden. Sie basiert auf einem logischen Ansatz (von Goldratt häufig als „wissenschaftlich" bezeichnet), der viele auf Erfahrung beruhende oder durch Experimente entwickelte Lösungen infrage stellt. Viele Aspekte der Unternehmensführung müssen sich ändern, um die Theorie vollständig umzusetzen. Trotz ihres logischen Aufbaus, der guten Nachvollziehbarkeit und zahlreicher guter Bücher und Artikel stellt die Theory of Constraints erhebliche Anforderungen an das Vorstellungsvermögen. Deshalb ist aus dem ursprünglichen Produktionssteuerungsansatz eine Lösungsmethode mit vielen Bausteinen geworden, die auch in anderen Bereichen genutzt werden können (Abb. 3.11).

Basierend auf Einsteins Zitat: „Die wichtigen Probleme, die wir heute lösen müssen, können nicht mit der gleichen Denkweise gelöst werden, mit denen wir sie kreiert haben", entwickelte Goldratt einen neuen Ansatz. Da er sich als Wissenschaftler bezeichnet, übernimmt die Theorie der Engpässe das Ursache-Wirkungs-Prinzip und zahlreiche Ansätze aus der Wissenschaft.

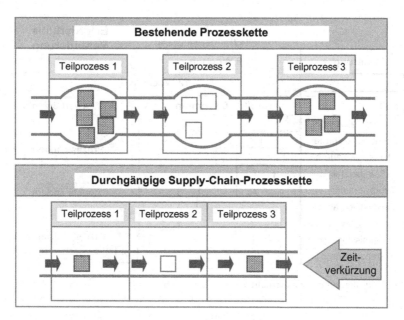

Abb. 3.11 Gestaltungsregeln

3.4.1 Ansätze der Theory of Constraints

Die Theorie besteht aus einer Problemlösungsmethode, aus Standardanwendungen, aus Hilfsmitteln zur Lösungsentwicklung und aus einem Ansatz, wie die gefundenen Lösungen eingeführt werden können (Abb. 3.12). Die Problemlösungsmethode ist eine universell einsetzbare Vorgehensweise in fünf Schritten, mit denen alle Aufgabenstellungen bearbeitet werden können. Zu den Standardlösungen zählen die Produktionssteuerungsmethode Drum Buffer Rope (DBR; übersetzt: Trommel-Puffer-Seil), die Projektmanagementmethode Critical Chain für die Produktentwicklung, eine Versorgungsmethode (Replenishment) für Logistik und Handel sowie eine Vertriebslösung. Die Werkzeuge, um neue Lösungen zu entwickeln und zu finden, sind unter dem Namen Thinking Process (Denkprozess) zusammengefasst.

Die Theorie betrachtet ein Unternehmen als ein System und das Verständnis des Systems ist die Voraussetzung für dessen Verbesserung. TOC basiert auf der Annahme, dass jedes reale System einen oder eine geringe Anzahl von Engpässen hat (Abb. 3.13). Falls ein Unternehmen keinen Engpass hätte, könnte es unendliche Mengen produzieren und würde unendlichen Gewinn ausweisen. Es muss also mindestens einen Engpass geben. Der Engpass kann in den Einrichtungen des Unternehmens liegen (z. B. Produktionskapazität), außerhalb des Unternehmens (z. B. ein Zulieferengpass oder ein Engpass in der Marktnachfrage) oder auch in den Denkweisen, Vorschriften oder Richtlinien, mit denen das Unternehmen gesteuert wird (Methodenbeschränkung – „Policy Constraint"). Ziel eines Managers muss es sein,

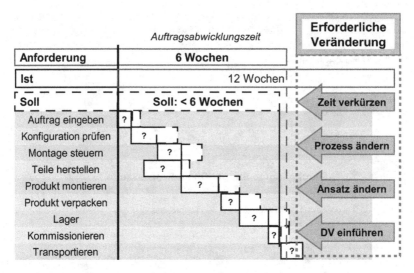

Abb. 3.12 Optimierung des Zeitverhaltens

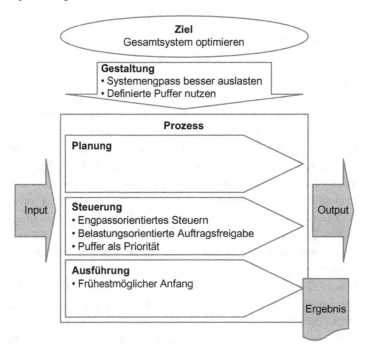

Abb. 3.13 Kennzeichen der Theory of Constraints

diesen Engpass zu identifizieren und zu managen, denn der Engpass bestimmt den Durchsatz und das Ergebnis des Systems.

Jedes System hat ein Ziel, also auch jedes Unternehmen. Nach Goldratt ist das Ziel, heute und in Zukunft mehr Gewinn zu machen. Zu diesem Ziel gehören notwendige Vorbedingungen: Kundenzufriedenheit, Technologieführerschaft, Wettbewerbsvorteile und

Mitarbeiterzufriedenheit. Obwohl einige Unternehmenslenker argumentieren, dass die Unternehmensziele Kundenzufriedenheit oder zufriedenere Mitarbeiter seien, können nach Goldratt nur die Unternehmenseigner das Ziel einer Firma wirklich definieren. Wenn dieses Ziel gewählt ist, sind die anderen Ziele Grundvoraussetzung, um es zu erreichen.

Die Unternehmensleitung ist verantwortlich für das Ziel und die zu dessen Erreichung notwendigen Vorbedingungen. Damit ist jeder, der Führungsverantwortung hat, auch für einige Teilziele verantwortlich, die im Prinzip das System unterstützen. Deshalb ist die Theorie der Engpässe auch ein Managementansatz.

Jeder Prozess ist eine Kette voneinander abhängiger Ereignisse, in der es einen Engpass gibt. Wenn man den Prozess als Kette auffasst, gibt es ein Kettenglied, das am schwächsten und somit der Engpass ist. Dieses schwächste Glied wandert häufig als Variation wegen der sich ändernden Arbeitsbelastungen durch die Prozesskette. Aber in der Regel lässt sich ein Engpass identifizieren, der die Leistung der ganzen Kette beschränkt. Weil dieser Faktor konsequent das Wachstum des Unternehmens begrenzt, gilt es, diesen Engpass, diesen Faktor, zu ermitteln. Veränderungen an diesen Engpassstellen führen mit möglichst geringem Aufwand zur größtmöglichen Wirkung.

Bei Übertragung auf die Produktion ist die Kapazität die für die Herstellung verfügbare Zeit. Falls die angebotenen Kapazitäten geringer sind als die Nachfrage nach den Ressourcen, ergibt sich ein Produktionsengpass. Ein Nichtengpass stellt das Gegenteil dar, es steht also mehr Kapazität zur Verfügung, als zur Erfüllung des Bedarfs erforderlich ist. Eine kapazitätsbeschränkte Ressource (Capacity Constrained Resource) ist die Einrichtung, bei der die Kapazität am weitesten beschränkt ist. Falls an dieser Stelle ein wenig zusätzliche Kapazität zur Verfügung stünde, würde das System mehr Output liefern.

Ein Unternehmen kann also mit einer Kette verglichen werden. Innerhalb dieser Kette ergeben sich Abhängigkeiten. Nach der Theorie der Engpässe geht es darum, eine Systemlösung zu finden, den Engpass des Systems zu identifizieren und dann nur die lokalen Verbesserungen einzuführen, die diesen Engpass in der Prozesskette verringern.

Normalerweise heißt es, dass jede Verbesserung eines Gliedes eine Verbesserung der gesamten Kette sei. Die gesamte Verbesserung sei die Summe der lokalen Verbesserungen. Dagegen führen nach der Theorie der Engpässe viele Verbesserungen der meisten Glieder zu keiner gesamten Verbesserung der Kette, sondern sind lediglich lokale Optimierungen. Die gesamte Verbesserung ist nicht die Summe der lokalen Verbesserungen. Verbesserungen wirken sich nur aus, wenn sie auf den Engpass, das schwächste Glied der Kette, wirken. Zum Erreichen des Ziels ist es daher notwendig, ausschließlich den jeweils schwächsten Link zu verbessern.

In der Produktion können sich z. B. bei unterschiedlichen Arbeitsschritten verschiedene Kapazitäten ergeben. Der Engpass ist der Schritt, mit dem am wenigsten Einheiten pro Tag produziert werden können. Selbst wenn die Marktnachfrage höher ist, lassen sich unter normalen Voraussetzungen nur so viele Teile produzieren, wie der Engpassschritt bearbeiten kann. Verbesserungen an den anderen Prozessen führen nur zu einem erhöhten Bestand innerhalb der Kette, jedoch nicht zu einer höheren Produktionsrate für das gesamte System. Häufig sinken dabei die Kosten, wenn sich die Einsparungen durch Personalfreisetzungen untermauern lassen.

3.4.2   Kennzeichen der Theory of Constraints

Die Prinzipien der Theorie sind umfangreich:

- Fluss, nicht Kapazität soll nivelliert werden.
- Die Auslastung einer Nichtengpass-Ressource wird nicht durch die eigene Belastung, sondern durch einen anderen Engpass bestimmt.
- Auslastung und Aktivierung einer Ressource sind nicht das Gleiche.
- Eine Stunde Verlust im Engpass ist eine verlorene Stunde für das gesamte System.
- Eine Stunde Einsparung an einem Nichtengpass ist eine Illusion.
- Engpass beeinflusst Durchsatz und Bestand in einem System.
- Die Losgröße zwischen Operationen kann und sollte sich in den meisten Fällen von den Bearbeitungslosgrößen unterscheiden.
- Eine Bearbeitungslosgröße sollte variabel in der Sequenz und in der Bearbeitungszeit sein.
- Prioritäten können nur definiert werden, wenn die Engpässe des Systems bekannt sind.
- Durchlaufzeit ist ein Ergebnis der Terminierung.

Diese Prinzipien bilden die Grundlage für eine TOC-orientierte Prozesskette. Aus den Prinzipien wird die starke Flussorientierung deutlich, da stets der Durchsatz durch das Gesamtsystem optimiert werden soll. In diesem Buch werden nur die wichtigsten Ansätze betrachtet:

- Fluss nivellieren.
- Global, nicht lokal optimieren.
- Engpässe bei dynamischer Last identifizieren.
- Durchsatz an den Engpässen erhöhen.

Unternehmensprozesse werden als Ketten betrachtet, in denen das schwächste Glied gefunden und verbessert werden muss. Dabei müssen Ursache und Wirkung betrachtet werden, was sich in komplexen Unternehmensprozessen als schwierig erweist. Da es unerwünschte Effekte und Ursachen gibt, sind die Ursachen zu beseitigen und nicht die Symptome zu behandeln. Häufig erweisen sich in komplexen Prozessketten die Grundsatzengpässe als das schwächste Glied. Aus den Grundsatzengpässen, die ursprünglich aus physischen Engpässen entstanden sind, entstehen in der Regel größere Probleme, die nicht einfach zu lösen sind. Dies gilt besonders, wenn die physischen Grundlagen entfallen sind, auf denen die Regeln basierten. Solange Ideen noch nicht als Lösungen umgesetzt sind, können sie nicht den Engpass beseitigen. Die identifizierten Lösungen funktionieren erst dann, wenn sie implementiert sind.

Die Sokrates-Methode ist ein Hilfsmittel, um Widerstand gegen Veränderungen zu überwinden. Bei dieser Methode werden nicht Lösungen erarbeitet, sondern die Beteiligten werden mit einer Fragetechnik dazu gebracht, eigene Lösungen zu finden. Falls eine Frage Antworten beinhaltet, hindert dies die Beteiligten, ihre eigene Denkfähigkeit zu nutzen und eine eigene Antwort zu entwickeln. Eine vorgegebene Lösung führt zu Widerstand – bei der Akzeptanz und letztendlich bei der Implementierung.

3.4.3 Vorgehensweise

Die Vorgehensweise, um einen Prozess zu verbessern, besteht aus folgenden Schritten (Abb. 3.14):

1. Das Ziel des Systems, z. B. des Unternehmens, identifizieren.
2. Eine Möglichkeit schaffen, den Fortschritt gegenüber dem Ziel zu messen.
3. Den Systemengpass identifizieren.
4. Den Systemengpass bestmöglich auslasten.
5. Alle anderen Elemente den gerade gefällten Entscheidungen unterordnen.
6. Den Engpass lösen.
7. Wenn der Engpass beseitigt ist, zu Schritt 3 zurückgehen. Aber aufpassen: Ein Nichtagieren darf nicht ein Engpass werden.

Die ersten beiden Schritte wurden nachträglich zur ursprünglichen Zielsetzung hinzugefügt. Die beiden Schritte sind erforderlich, um die Lösung zielgerichtet anzugehen und den Erfolg der identifizierten Maßnahmen zu bestimmen.

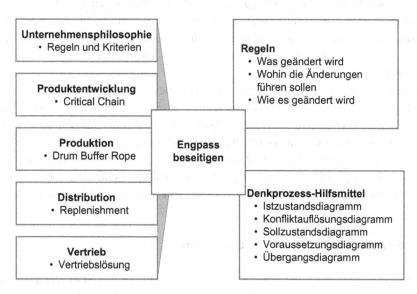

Abb. 3.14 Ziele und Gestaltungsregeln der Theory of Constraints

Um den Engpass zu identifizieren, müssen die Fragen gestellt werden: Was ist der Engpass oder die Beschränkung des Systems? Was ist das schwächste Glied in der Kette? Oder: Was ist die Engpasskapazität? Oder: Was begrenzt den Durchsatz? Der Engpass ist häufig der Prozessschritt mit der höchsten Belastung oder der Prozess, vor dem die längste Warteschlange auftritt. Der Engpass kann sich auch dynamisch von einem Ort zum anderen verschieben.

Im nächsten Schritt ist die Engpassressource ohne teure Veränderungen oder Investitionen bestmöglich auszulasten. In der Produktion bedeutet dies in der Regel, den Engpass zu 100 Prozent auszulasten, Lose zusammenzufassen oder Pausen durchzuarbeiten. Mit Überstunden können sich weitere Kapazitätserweiterungen ergeben. Bei Wartungsaufgaben und bei Problemlösungen haben die den Engpass verursachenden Maschinen Vorrang.

Dann muss der Rest des Systems angepasst werden, um das meiste aus dem Engpass herauszuholen. Für den Engpass in der Produktion ist zu bestimmen, wie der Rest der Produktionsschritte mit ihm synchronisiert wird, sodass dort kleinere Lose und Fluss eingeführt werden können. An anderen Stellen wird Bestand nur dort angewendet, wo er erforderlich ist, um den Engpass zu unterstützen.

Wenn mit den beiden vorangegangenen Schritten keine ausreichenden Ergebnisse erreicht werden, muss der Engpass weiter bearbeitet werden. In diesem Fall sind größere Veränderungen erforderlich. Das können Investitionen in andere Einrichtungen oder das Nutzen eines anderen Prozesses sein. Ziel ist es, den Engpass aufzubrechen. Das kann zum Beispiel durch veränderte Einrichtungen, durch Verringerung von Abhängigkeiten, durch Verkürzung von Prozesszeiten oder durch Reduzierung von Rüstzeiten erreicht werden. Häufig wird der Engpass des Systems an eine andere Stelle verschoben, der ursprüngliche Prozess ist nicht mehr der Engpass. Da weitere Verbesserungen dieses Prozesses den Engpass nicht mehr betreffen, führen sie zu keiner weiteren Systemverbesserung. Deshalb sollten sie nach Umsetzung der identifizierten Verbesserung angehalten werden.

Nun ist im System der nächste Engpass zu identifizieren. Die gesamte Lösungsvorgehensweise wird mit den neuen Engpassressourcen wiederholt. Es kann passieren, dass sich der Engpass nach außen verschiebt und nun z. B. bei den Lieferanten oder bei den Kunden liegt. Wenn ein Produktionsengpass beseitigt wird, stellt sich häufig die Frage, was mit der freien Kapazität hergestellt werden soll. Wenn die Marktnachfrage erfüllt ist und zusätzliche Kapazität zur Verfügung steht, ist die Marktnachfrage der Engpass. Es muss nach Lösungen gesucht werden, wie die Marktnachfrage gesteigert werden kann.

3.4.4 Bewertung der Theory of Contraints

Die Theory of Constraints ist ein ganzheitlicher Prozessoptimierungsansatz, der auf Steuerungsgrundsätzen beruht und erhebliche Verbesserungen in der Prozesskette bewirkt. Sie strebt eine Optimierung von Gesamtprozessen an, indem zunächst ein Engpass identifiziert

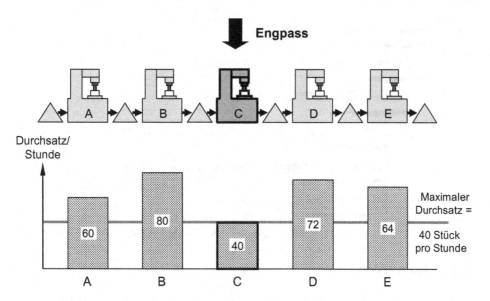

Abb. 3.15   Produktionsengpass als Constraint

wird. Nur eine Optimierung des Engpasses kann die gesamte Prozessleistung verbessern, weil eine Verbesserung an einem Nichtengpass nur die lokale Leistung verbessert. Nach der Beseitigung eines Engpasses ist der nächste Engpass zu identifizieren, um weitere Verbesserungen auszulösen.

Der dieser Theorie unterliegende Problemlösungsprozess (Abb. 3.15) kann daher als eine effektive Reihe von Problemlösungsschritten betrachtet werden, mit denen durchschlagende Lösungen von großer Reichweite umgesetzt werden können.

Durch eine Engpassorientierung wird versucht, einen Ablauf insgesamt zu analysieren und zu verbessern. Neben den Standardlösungen wie Drum Buffer Rope und Replenishment sind die Prozesse in Produktion und Logistik im Thinking Process berücksichtigt. Mit den Hilfsmitteln des Thinking Process werden Konflikte – also mögliche Probleme – gelöst.

Die Umsetzung der Theorie verlangt erhebliche Veränderungen der Denkweisen in allen Teilen des Unternehmens. Damit wird die Umsetzung beschleunigt und es wird verhindert, dass das Unternehmen bei organisatorischen Veränderungen (Unternehmensverkauf, Umorganisation) schnell in den alten Trott zurückfällt.

3.5   Six Sigma

Motorola hat eine eigene Qualitätsverbesserungsinitiative entwickelt und unter das Schlagwort *Six Sigma* gestellt, das dann von GE in den USA in Richtung einer Prozessverbesserung ausgebaut wurde. Six Sigma bezieht sich auf die Standardabweichung. Sie wird mit dem griechischen Buchstaben Sigma bezeichnet und charakterisiert die Form

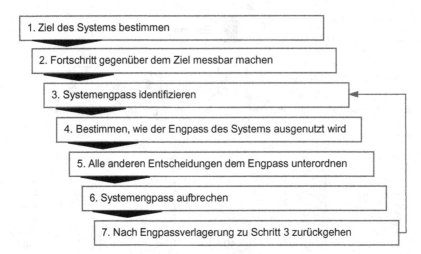

Abb. 3.16 Theory of Constraints – Vorgehensweise

einer Normalverteilung (Abb. 3.16). Je kleiner Sigma ist, desto steiler ist die Glocken-
kurve und desto enger verteilen sich die Istwerte um den Mittelwert. Wenn der Wert
Sigma sechsmal in die Toleranzbreite fällt, gilt der Prozess als beherrscht und fähig, da
unter ungünstigen Annahmen nur bei 3,4 Fällen von einer Million ein Istwert außerhalb
der Toleranz liegt.

Six Sigma ist

- eine statistische Messgröße der Prozessleistungen oder der Leistung eines Produkts;
- ein Ziel, nahezu Perfektion in Leistungsverbesserungen zu erreichen;
- ein Managementsystem, um dauerhafte Leistungsverbesserungen zu erzielen.

Die ambitionierte Zielsetzung Six Sigma ist, die Qualität in allen Prozessen so zu steigern,
dass die Prozesse beherrscht und fähig sind. Es wird akzeptiert, dass Fehler auftreten
können; aber man kann erreichen, dass dies fast nie der Fall ist.

Die Messgröße Sigma stellt einen konsistenten Weg zur Verfügung, unterschiedliche
Prozesse zu messen und zu vergleichen. Mit der Messgröße Sigma lassen sich die Leistungen unterschiedlicher Prozessschritte beurteilen.

3.5.1   Ansätze des Six Sigma

Um Sigma zu berechnen oder um die Bedeutung zu verstehen, ist ein Verständnis dafür
aufzubauen, was die Kunden tatsächlich erwarten. Für die Prozessverbesserung nutzt
Six Sigma den Ansatz Supplier-Input-Process-Output-Customer (SIPOC) (Abb. 3.17).
Six Sigma nennt Kundenanforderungen oder -erwartungen „Critical-to-Quality (CTQ)".

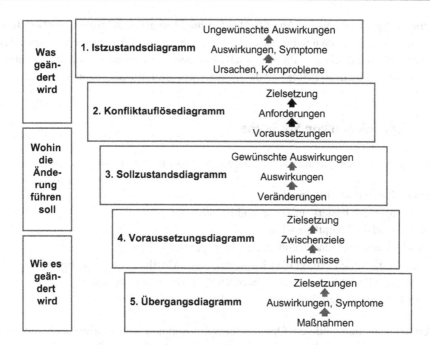

Abb. 3.17 Hilfsmittel für die Theory of Constraints

Wenn ein Prozess diese wichtigen Kundenanforderungen nicht erfüllen kann, erzeugt er Defekte, Beschwerden und Kosten. Je größer die Anzahl der auftretenden Defekte ist, desto größer sind die Kosten für die Korrektur und das Risiko, Kunden zu verlieren. Idealerweise möchte ein Unternehmen vermeiden, dass irgendwelche Defekte auftreten. Denn das kostet Geld und führt zu Unzufriedenheit der Kunden. Das Problem ist, dass auch bei einem eigentlich relativ niedrigen Prozentsatz von Defekten sehr viele Kunden unzufrieden sein können. Wenn ein Unternehmen 250.000 Kundenaufträge im Monat bearbeitet und einen Level von vier Sigma erreicht, also 99,38 Prozent Genauigkeit, dann sind das für die Kunden insgesamt 1550 unglückliche Vorfälle jeden Monat.

Deswegen will Six Sigma diesem Unternehmen mit dem sehr anspruchsvollen Ziel helfen, fehlerfreie Produkte und Dienstleistungen zu liefern. Im Gegensatz zur Nullfehlerphilosophie toleriert Six Sigma, dass es immer ein Potenzial für Fehler gibt, sogar in den besten Prozessen oder Produkten. Aber Prozesse erreichen auf dem Six-Sigma-Level mit 99,9997 Prozent Fähigkeiten, bei denen Defekte in vielen Prozessen und Produkten fast nicht mehr existieren.

Das Ziel von Six Sigma ist besonders ambitioniert, wenn man bedenkt, dass vor einer Six-Sigma-Anstrengung viele Prozesse in den Unternehmen häufig Fehler im Bereich von fünf Prozentpunkten aufweisen, also maximal auf einem Level von zwei oder drei Sigma operieren.

Es tritt häufig ein erheblicher Aha-Effekt auf, wenn Manager oder Prozessverantwortliche messen, welche Leistungen ihre Prozesse oder Produkte erreichen. Viele Unternehmen haben lange Zeit schlechte Qualität in Produkten oder Prozessen abgeliefert, obwohl dies nicht die Grundlage für langfristigen Erfolg und die Basis für ein gesundes Wachstum sein kann.

3.5.2 Kennzeichen von Six Sigma

Folgende Kennzeichen charakterisieren ein Six-Sigma-Programm (Abb. 3.18):

- Der Kunde steht im Mittelpunkt.
- Das Management basiert auf Daten und Fakten.
- Prozesse sind die Hauptbausteine.
- Es wird vorausschauendes und aktives Management betrieben.
- Die Zusammenarbeit erfolgt über Hierarchie- und Abteilungsgrenzen hinweg.
- Es wird nach Perfektion gestrebt, gleichzeitig werden Fehler akzeptiert.
- Es werden neue Rollen für Mitarbeiter und Manager eingeführt.

Im Vergleich zu den anderen Optimierungsphilosophien konzentriert sich die Six-Sigma-Arbeitsweise auf die ausführenden Prozesse; Planung und Steuerung stehen an zweiter Stelle.

3.5.3 Vorgehensweise

Um die angestrebte Prozessbeherrschung zu erreichen, werden Werkzeuge angeboten, mit denen die Prozesse verbessert werden können. Das sind die Lösungsansätze DMAIC (Define, Measure, Analyze, Improve, Continue – Definieren, Messen, Analysieren, Verbessern, Fortsetzen) (Abb. 3.19) für Qualitätsverbesserungen und DMADV (Define, Measure, Analyze, Design, Verify – Definieren, Messen, Analysieren, Gestalten, Überprüfen) (Abb. 3.20) für Prozessveränderungen.

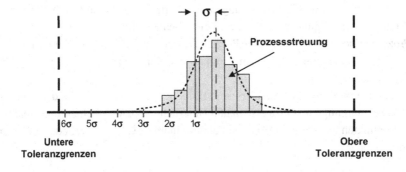

Abb. 3.18 Prozessstreuung

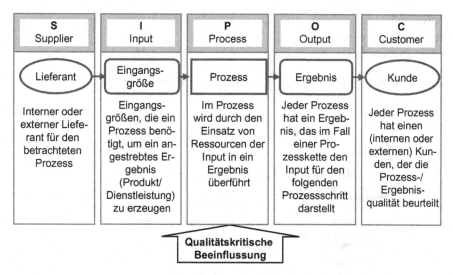

Abb. 3.19 Prozessansatz von Six Sigma

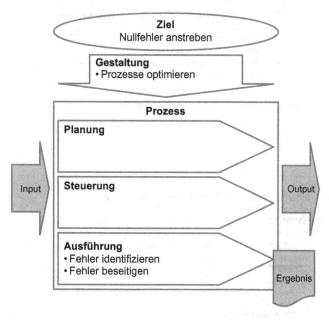

Abb. 3.20 Kennzeichen von Six Sigma

Verbesserungen und Problemlösungen, um Prozesse zu gestalten, sind die wichtigsten Aufgaben im Six-Sigma-Ansatz. Six Sigma verwendet eine Standardmethode zur Problemlösung (Abb. 3.21):

- Definieren
- Messen

- Analysieren
- Verbessern (improve)
- Fortsetzen (continue)

Falls eine Aufgabenstellung zu lösen ist, sind definierte Schritte durchzuführen (Abb. 3.22).

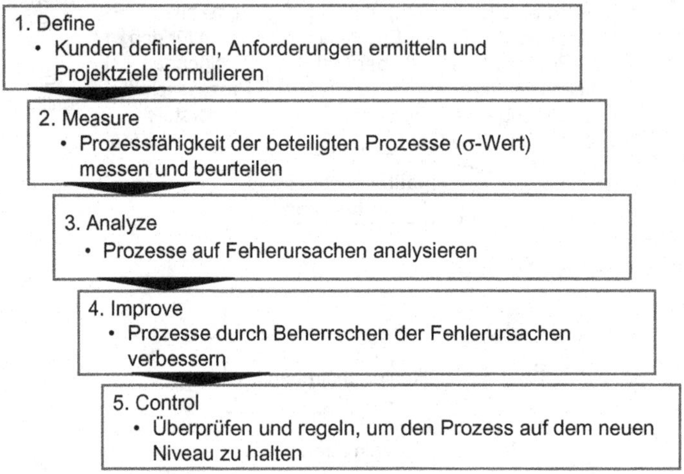

1. Define
- Kunden definieren, Anforderungen ermitteln und Projektziele formulieren

2. Measure
- Prozessfähigkeit der beteiligten Prozesse (σ-Wert) messen und beurteilen

3. Analyze
- Prozesse auf Fehlerursachen analysieren

4. Improve
- Prozesse durch Beherrschen der Fehlerursachen verbessern

5. Control
- Überprüfen und regeln, um den Prozess auf dem neuen Niveau zu halten

Abb. 3.21 Die Vorgehenssystematik DMAIC von Six Sigma

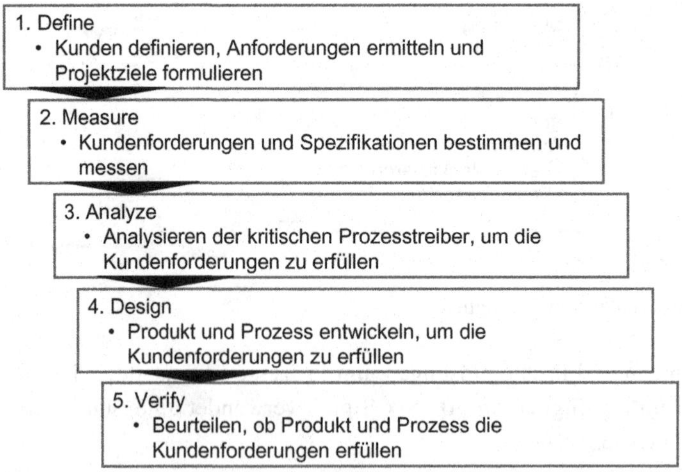

1. Define
- Kunden definieren, Anforderungen ermitteln und Projektziele formulieren

2. Measure
- Kundenforderungen und Spezifikationen bestimmen und messen

3. Analyze
- Analysieren der kritischen Prozesstreiber, um die Kundenforderungen zu erfüllen

4. Design
- Produkt und Prozess entwickeln, um die Kundenforderungen zu erfüllen

5. Verify
- Beurteilen, ob Produkt und Prozess die Kundenforderungen erfüllen

Abb. 3.22 Die Vorgehenssystematik DMADC von Six Sigma

- Projekt identifizieren und auswählen
- Team bilden
- Aufgabe beschreiben
- Team schulen
- DMAIC durchführen und Lösungen einführen
- Lösung auf andere Produktionslinien, Einrichtungen oder Abteilungen übertragen

Mit diesen standardisierten Problemlösungsmethoden können sich die Projektteams auf das Lösen der Probleme konzentrieren, anstatt jedes Mal eine neue Vorgehensweise zu kreieren.

Wichtig für den Erfolg von Six Sigma ist, dass die Mitarbeiter in den Unternehmen die entsprechende Verbesserung begleiten und vorantreiben. In Abhängigkeit von ihrer Verbesserungserfahrung und Ausbildung ist – angelehnt an Kampfsportarten wie Judo – ein Green Belt (grüner Gürtel) ein Anfänger mit ersten Erfahrungen und ein Black Belt (schwarzer Gürtel) ein erfahrener Prozessverbesserer, der eigenständig Projekte durchführen kann und den Methodenkasten des Six Sigma beherrscht. Über diese Klassifizierung und das Gesamtsystem ist sichergestellt, dass erfahrene Mitarbeiter in der Organisation bekannt sind und für komplexere Aufgaben eingesetzt werden können.

Ein bedeutender Unterschied zwischen Six Sigma und anderen ähnlichen Programmen der vergangenen Jahre ist der Grad, in dem das Management eines Unternehmens eine der Hauptrollen spielt. Die Hauptaufgabe der Unternehmenslenker ist ein regelmäßiges Überprüfen der Programmergebnisse und der Projektleistungen. Als Jack Welch das Six-Sigma-Programm bei GE eingeführt hat, hat er für seine Manager 40 Prozent ihres Jahresbonus von ihrer Einbindung und ihrem Erfolg bei der Einführung von Six Sigma abhängig gemacht. So kann die Mitwirkung der Führungskräfte erzwungen werden.

In vielen Unternehmen führt ein neues Managementsystem zu intensiven Schulungen. Aber Schulungen alleine sind noch kein Managementsystem. Ein Managementsystem bedeutet, Verantwortung für Ergebnisse zu definieren und laufend zu überprüfen, ob die Ergebnisse sichergestellt werden. Sowohl mit Verantwortung als auch mit regelmäßiger Überprüfung können Abteilungsleiter anfangen, Six Sigma zu Verbesserungen in ihren Prozessen zu verwenden.

3.5.4 Bewertung

Six Sigma stellt einen großen Werkzeugkasten mit Methoden zur Verbesserung zur Verfügung. Es schafft gleichzeitig einen standardisierten Weg, um die Mitarbeiter in die Prozessveränderung einzubinden und den Erfolg der Verbesserungsmaßnahmen sicherzustellen. Im Gegensatz zu Lean Production und Supply Chain stellt Six Sigma nicht einen Produktionsprozess in den Vordergrund, sondern den Veränderungsprozess mit den zugehörigen Methoden und Hilfsmitteln. Der Schwerpunkt liegt also auf der Veränderung und deren Umsetzung, nicht auf dem Inhalt der Veränderungsmaßnahmen. Damit wird ein kontinuierlicher Verbesserungsprozess gesichert.

Six Sigma lässt sich in allen Branchen und in allen Themenbereichen einsetzen.

3.6   Bewertung der Philosophien

Die unterschiedlichen Philosophien sind aus verschiedenen Aufgabenstellungen entstanden und erreichen unterschiedliche Ergebnisse. Wenn ein Prozess verbessert werden soll, ist zunächst eine geeignete Methode auszuwählen. Je nach Zielsetzung kann eine der Philosophien genutzt werden, um die Verbesserung in eine bestimmte Richtung zu lenken.

Wenn die Prozesse in Produktion und Supply Chain als System verbessert werden sollen, bieten sich die Theory of Constraints oder die Supply-Chain-Management-Ansätze an. Die Lean Production ist – auch wegen der Vielzahl der Methoden und Hilfsmittel – in weiten Bereichen einsetzbar und kann auf verschiedenen Ebenen vorangetrieben werden. Für die Mobilisierung eines Unternehmens und die Einbindung aller Mitarbeiter bietet sich eine Methode wie Six Sigma an. Mechanisierungen, Automatisierungen, Verlagerung in Niedriglohnländer, Outsourcing und Einführung neuer ERP-Systeme sind eher Lösungsbausteine in einem Gesamtkonzept und lösen unmittelbare Aufgabenstellungen.

Die unterschiedlichen Ansätze können auch kombiniert werden. In vielen Bereichen schließen sich die Ansätze nicht gegenseitig aus. So kann z. B. mit der Theory of Constraints ein Engpass identifiziert werden, der dann mit den Methoden des Six Sigma erweitert wird. Die Aufgabe des Projektleiters ist es, aus dem Methodenkasten die geeigneten Methoden auszuwählen und erfolgreich anzuwenden.

Lösungen zur Prozessverbesserung

4

Zusammenfassung

Mit unterschiedlichen Methoden und Hilfsmittel lassen sich Verbesserungen in Produktion und Supply Chain erzielen. Die Methoden und Hilfsmittel werden vorgestellt, die Vorgehensweise zur Nutzung beschrieben und bewertet. Dabei werden alle Bereiche in Supply Chain und Produktion betrachtet. Zu den Methoden und Hilfsmitteln zählen u. a. Mechanisierung, Outsourcing, Enterprise Ressource Planning (ERP), Supply Chain Planning und Einzelstück-Fließfertigung.

Während in Kap. 3 unterschiedliche Philosophien zur Prozessverbesserung vorgestellt wurden, widmet sich dieses Kapitel den einzelnen Lösungen und Hilfsmitteln, mit denen die Prozesse verbessert werden können. Die Lösungen in diesem Kapitel sind Beispiele und sollen als Anregung dienen, um Optimierungen in allen Bereichen der Supply Chain und der Produktion anzustossen.

Mit vielen Lösungen lassen sich Teilbereiche verbessern, aber einige Werkzeuge benötigen Vorarbeiten oder Voraussetzungen in anderen Bereichen. Häufig besteht die Gefahr, dass diese Ansätze frei nach dem Motto „Hier ist die Lösung, wo ist das Problem?" eingeführt werden, weil die Diskussionen über die Lösungen, aber nicht über die zu erzielenden Ziele geführt wird.

Dieses Kapitel beschreibt gängige Methoden und Hilfsmittel, die zur Prozessverbesserung in Produktion und Supply Chain eingesetzt werden. Es beansprucht nicht, eine vollständige Übersicht über alle Methoden zu liefern, sondern soll zu Änderungen inspirieren.

© Springer-Verlag GmbH Deutschland 2018
T. Becker, *Prozesse in Produktion und Supply Chain optimieren*,
https://doi.org/10.1007/978-3-662-49075-4_4

4.1   Mechanisierung und Automatisierung

Unter Mechanisierung und Automatisierung werden Lösungen zusammengefasst, um handwerkliche Ansätze und manuelle Arbeiten zu reduzieren. Mit der Produktion von Gewehren im 19. Jahrhundert wandelte sich die Manufaktur von Sonderanfertigungen zu einer Serienfertigung von Standardprodukten. Erstmalig wurden die Teile der Produkte austauschbar. Ein Produkt konnte aus beliebigen Teilen montiert werden und die Teile mussten nicht mehr einander angepasst werden.

In der Folge führten die Arbeiten von Taylor und Gilbraith zu einer Unterteilung der Arbeiten in immer kleinere Schritte, die jeder für sich immer weniger Wissen erforderte. Durch eine Standardisierung der Schritte konnten Werkzeuge geschaffen werden, mit denen einzelne Schritte reproduzierbar durchgeführt werden konnten – der Beginn der Mechanisierung in der Produktion.

Als Pionier hat Henry Ford mit dem Fließband einen der größten Mechanisierungsschritte eingeführt. Durch die Ausrichtung auf eine einheitliche Taktzeit konnte das Gesamtsystem „Produktion eines Automobils" optimiert werden. Das System „Montage und Fertigung" wurde in Schritten mit einer gleichen Taktzeit ausgerichtet. Der Transport der Autos wurde über ein Fließband mechanisiert.

Aus den ersten Mechanisierungsschritten sind umfangreiche Automatisierungsschritte entstanden. Die fortschreitende technologische Entwicklung führte zu kurven- und schließlich programmgesteuerten Automatisierungen.

4.1.1   Ansätze

Ziel der Mechanisierung und Automatisierung ist vorrangig die Verringerung der Hauptzeiten, also der Zeiten, an der wertschöpfend am Produkt gearbeitet wird (Abb. 4.1). Daneben wird eine Verkürzung der Nebenzeiten angestrebt, z. B. zur Reduzierung der Rüstzeiten. Die Lösungsansätze umfassen sowohl Maschinen als auch Computerprogramme.

4.1.2   Konzepte

Der technische Fortschritt bietet ständig neue und zusätzliche Möglichkeiten für automatisierte Maschinen in der Teilefertigung und ausgewählten Bereichen der Montage. Seit der Einführung der programmierbaren Maschinen lassen sich Teile wiederholbar herstellen, Haupt- und Nebenzeiten reduzieren und die Flexibilität erhöhen.

Als Folge der Automatisierung steigt die Komplexität der Maschinen und Einrichtungen. Die Qualifikationsanforderungen für die Bediener erhöhen sich. Parallel werden die Maschinen immer größer und durch die zusätzlichen Automatisierungskomponenten immer teurer. Der Anteil der Bearbeitungszeiten an der Durchlaufzeit sinkt und das Verhältnis der Rüstzeiten zu den wertschöpfenden Prozesszeiten steigt. Durch den immer

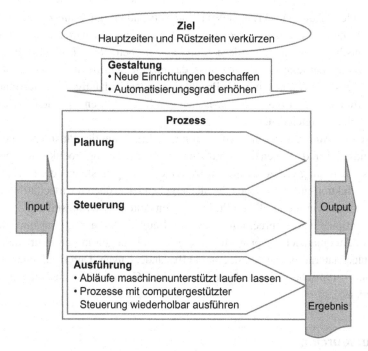

Abb. 4.1   Kennzeichen der Mechanisierung und Automatisierung

stärkeren Fokus auf einzelne Prozessschritte wird die Steuerung der unterschiedlichen Bearbeitungsschritte immer schwieriger, da die Einzeloptimierung der Bearbeitung im Vordergrund steht.

4.1.3   Vorgehensweise

Für die Prozessverbesserungen in Richtung Automatisierung und Mechanisierung gibt es zahlreiche Ansätze, die Inhalte ganzer Bücher (Eversheim und Schuh 1996; Dangelmeier 2001) sind. Im Rahmen dieses Buchs wird diese Aufgabenstellung nicht weiter detailliert verfolgt, da der Schwerpunkt auf der Betriebsorganisation liegt.

4.1.4   Bewertung

Die Mechanisierung und Automatisierung waren wichtige Bestandteile des technischen Fortschritts in der Produktion und der Supply Chain. Durch Maschinen, Geräte und Computer sind viele Veränderungen in den Prozessketten entstanden, die das Arbeiten produktiver, aber auch humaner haben werden lassen.

Viele komplexe Automatisierungsinseln sind entstanden, um Hauptzeiten und damit die direkten Lohnkomponenten zu reduzieren. Diese Inseln optimieren einzelne Schritte im Produktionsfluss, jedoch jeden für sich und einzeln betrachtet. Das führt zu unabgestimmten Bearbeitungszeiten im Prozessfluss, da einzelne Schritte immer weiter optimiert werden. Bei vier Prozessschritten in der Produktion entstehen häufig vier unterschiedliche Bearbeitungszeiten, die zu Beständen zwischen den Inseln führen, um die Geschwindigkeitsdifferenzen auszugleichen.

Mit steigender Automatisierung geht häufig eine Erhöhung des Planungs- und Steuerungsaufwands einher, da wegen der verkürzten Hauptzeiten mehr Produkte auf den Inseln zu fertigen sind. Wenn gleichzeitig die Rüstzeiten eher steigen, steigen die Durchlaufzeiten für die Produktionsaufträge wegen der sich ergebenden größeren wirtschaftlichen Losgrößen. Es entstehen immer größeren Puffer vor den Automatisierungsinseln.

Die konventionelle Kostenrechnung basierend auf direktem Material und direktem Lohn belohnt Automatisierungsprojekte, da die Veränderungen in den indirekten Bereichen – erhöhter Materialflussaufwand, erhöhte Bestände, längere Durchlaufzeiten, höherer Regieaufwand – typischerweise nicht in veränderten Gemeinkostenzuschlägen berücksichtigt werden.

4.2   Outsourcing

Mit der Diskussion um Kernkompetenzen entsteht zwangsläufig die Frage, welche Aktivitäten wettbewerbsentscheidend sind. In der Make-or-Buy-Diskussion oder mit der Festlegung der Fertigungs- und Prozesstiefe wird geklärt, welche Aktivitäten im Haus verbleiben und welche an Dienstleister oder Zulieferer vergeben werden. Letzteres wird häufig als *Outsourcing* bezeichnet (Abb. 4.2).

4.2.1   Ansätze

Beim Outsourcing werden teure, nicht ausgelastete Einrichtungen oder Sonderprozesse nicht selbst vorgehalten, sondern deren Nutzung bei anderen Unternehmen zugekauft. Mit zusätzlichen Aufträgen aus anderen Unternehmen werden die Ressourcen besser genutzt, die Kosten sinken.

Alternativ werden Prozesse an andere Unternehmen outgesourct, wenn das andere Unternehmen – etwa wegen der Zugehörigkeit zu einem anderen Tarifvertrag durch längere Arbeitszeiten oder einen niedrigeren Tariflohn – geringere Stundenlöhne hat als das betrachtete Unternehmen.

Ziel des Outsourcing sind niedrigere Kosten für die Ausführung. Dabei soll die Kostensteigerung für Planung und Steuerung möglichst gering gehalten werden. Das Outsourcing gab es schon lange Jahre aufgrund der zunehmenden Arbeitsteilung und der damit verbundenen Entstehung von Zulieferbetrieben sowie durch die verlängerte Werkbankfertigung. Unter dem Schlagwort *Outsourcing* wird verstärkt nicht die produkt- oder teilebezogene

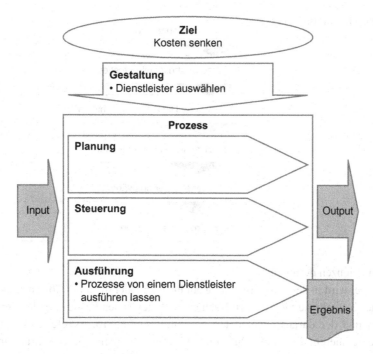

Abb. 4.2 Kennzeichen des Outsourcing

Verlagerung der Aufgaben an einen Lieferanten, sondern die Vergabe einer gesamten Prozesskette an einen Dienstleister verstanden, üblicherweise nicht am Anfang, sondern in der Mitte der Wertschöpfungskette.

4.2.2 Konzepte

Kennzeichen, die für ein Outsourcing-Überlegung sprechen, sind niedrige Auslastungen teurer Einrichtungen oder hohe Löhne. Typische Beispiele sind die Verlagerung von Transportaufgaben an Speditionen, die durch bessere Organisation Leerfahrten reduzieren können, die Übergabe von Lagerbetriebsfunktionen an Logistikdienstleister oder die Verlagerung von Produktionsschritten an Lohnfertiger, z. B. in der Elektronikfertigung, bei der sich zahlreiche Unternehmen auf die Bestückung von Leiterplatten mit modernen und hoch automatisierten, aber teuren Bestückungslinien konzentriert haben.

4.2.3 Vorgehensweise

Beim Outsourcing sind mehrere Vorgehensweisen möglich. Folgender Vorschlag basiert auf eigenen Erfahrungen (Abb. 4.3):

Abb. 4.3 Vorgehensweise
Outsourcing

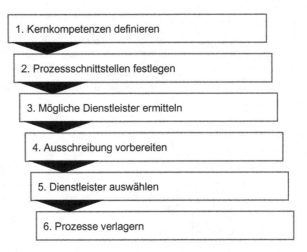

- Kernkompetenzen definieren
  In der Regel wird in der Kostenrechnung ein Problem oder in einem Kosten-Benchmarking eine Kostenlücke identifiziert. Nach einer strategischen Festlegung der Kernkompetenzen und der daraus abgeleiteten Fertigungs- oder Prozesstiefe lassen sich die Prozesse definieren, die für ein Outsourcing infrage kommen. Dieser Schritt wird häufig übergangen, beeinflusst aber sehr stark, wie erfolgreich das Outsourcing sein wird. Der häufige Anlass, wegen Prozessproblemen einen Bereich an einen Dienstleister zu vergeben, führt dazu, dass wegen fehlender Absprachen das Outsourcing-Projekt erheblich erschwert wird.
- Prozessschnittstellen definieren
  Für die zum Outsourcing anstehenden Prozesse müssen eindeutige Regeln festgelegt werden, wie sie aufgeteilt werden und welche Verantwortung bei der abgebenden Firma und welche beim neuen Dienstleister erwartet wird. Dabei sind insbesondere Fehler-, Nacharbeits- und Sonderprozesse zu betrachten, die beim Outsourcing häufig vernachlässigt werden und später zu berechtigten Nachforderungen des Dienstleisters führen.
- Mögliche Dienstleister ermitteln
  In einer ersten Abfragerunde werden alternative Anbieter für die Dienstleistung ermittelt und die Qualifikationen abgefragt. Ziel dieses Schrittes ist es, die Vielzahl der Anbieter auf eine Handvoll Kandidaten zu reduzieren.
- Ausschreibung vorbereiten
  Mit den Prozessschnittstellen, der Definition der Anforderungen und einem detaillierten Mengengerüst werden die Ausschreibungsunterlagen vorbereitet. Darin sind die Dienstleistungen spezifiziert und beschrieben, die Prozessgrenzen festgelegt und der Angebotsumfang bestimmt. Der weitere Entscheidungsprozess wird beschrieben und eine Terminschiene für die Ausschreibung vorgegeben. Häufig sind die Ausschreibungsunterlagen unvollständig und erfordern einen erheblichen Klärungsbedarf.

- Dienstleister auswählen
  Auf Basis der Angebote wird ein Dienstleister ausgewählt und das Angebot wird verhandelt.
- Prozesse verlagern
  Nach Projektbeginn wird die Verlagerung der Prozesse auf den Dienstleister vorbereitet und die Verlagerungsschritte werden nach dem abgestimmten Maßnahmenplan abgearbeitet.

4.2.4   Bewertung

Das Outsourcing ist in den letzten Jahren stark in der Diskussion. Wenn die Regeln und Verträge gut definiert und die Prozesse sauber abgestimmt sind, können Unternehmen mit einem Outsourcing signifikante Einsparungen erreichen. Wenn fehlerhafte Prozesse outgesourct werden, sinkt die Wahrscheinlichkeit, dass die Probleme kurzfristig gelöst werden. Je nach Vertragsgestaltung können in diesem Fall die Kosten bei einem Outsourcing schnell steigen. Falls bei der Vertragsgestaltung keine Rationalisierungsziele, wie z. B. drei Prozent Kostensenkung pro Jahr, vereinbart wurden, steigen die Kosten der fremdvergebenen Dienstleistung im Vergleich zur Eigenleistung von Jahr zu Jahr an.

4.3   Verlagerung in Niedriglohnländer

In den letzten Jahren sind zahlreiche Produktionsaufgaben in Niedriglohnländer verlagert worden, um die Lohnkosten zu senken. Im Spannungsfeld zwischen steigender Automatisierung und Lohngefälle zu vielen Exportländern stehen die Unternehmen unter erheblichem Kostendruck. Durch Verlagerung der Produktion für lohnintensive Arbeitsinhalte können die Produkte kostengünstiger hergestellt werden.

4.3.1   Ansätze

Mit der Verlagerung in Niedriglohnländer werden niedrigere Lohnkosten angestrebt (Abb. 4.4). Insbesondere kleine und leichte, sprich: wenig transportintensive Baugruppen mit hohem manuellen Aufwand und wenigen Varianten bieten sich für eine Verlagerung in die Niedriglohnländer an.

4.3.2   Konzepte

Bei der Verlagerung in Niedriglohnländer verschiebt ein Unternehmen die Produktion an einen anderen Standort. Dabei werden in der Regel sämtliche Produktionseinrichtungen

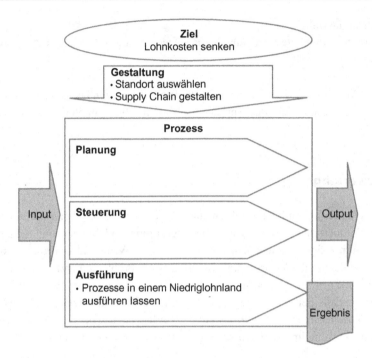

Abb. 4.4 Kennzeichen der Verlagerung in Niedriglohnländer

und das Know-how aus dem Ursprungsstandort verlagert. Am neuen Standort wird eine neue Produktion aufgebaut und hochgefahren.

4.3.3 Vorgehensweise

Die Verlagerung in einen Niedriglohnstandort entspricht den Aufgaben eines neuen Standortaufbaus und eines Outsourcing. Die Aufgaben bei der Verlagerung der Produktion in ein Niedriglohnland sind die folgenden (Abb. 4.5):

- Ziele definieren
  Für die Verlagerung sind die angestrebten Ziele zu definieren. Welche Kostenersparnis wird erwartet? Wie hoch dürfen die Transportkosten steigen, um die Kosteneinsparungen beim Lohn nicht zu kompensieren?
- Standort auswählen
  Für die Produktion ist unter Berücksichtigung der Transportwege, der Zielgebiete, der möglichen zukünftigen Absatzmärkte und des Vorhandenseins von Arbeitskräften ein Standort auszuwählen. Für den Standort sind die Verhandlung über den Kauf von Grundstücken und Gebäuden und eventuell der Bau oder die Erweiterung der Gebäude voranzutreiben. Zusätzlich ist die Infrastruktur des Gebäudes zu planen, um Energie, Druckluft und Wärme bzw. Kälte in ausreichenden Mengen vorzuhalten.

Abb. 4.5 Vorgehensweise Verlagerung in Niedriglohnländer

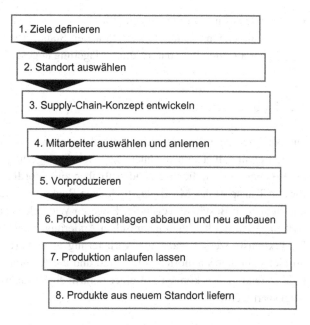

1. Ziele definieren

2. Standort auswählen

3. Supply-Chain-Konzept entwickeln

4. Mitarbeiter auswählen und anlernen

5. Vorproduzieren

6. Produktionsanlagen abbauen und neu aufbauen

7. Produktion anlaufen lassen

8. Produkte aus neuem Standort liefern

- Supply-Chain-Konzept entwickeln
  Für die Produktion ist ein Konzept zu entwickeln, wie alle erforderlichen Materialien an den neuen Standort transportiert werden und die Lieferung an die Kunden organisiert wird. Häufig werden bei dieser Verlagerung zusätzliche Kommissioniertätigkeiten am alten Standort geplant und auch die zusätzlichen Transportsicherungskosten nicht ausreichend betrachtet. Zusätzlich ist ein Konzept zur Auftragssteuerung zu entwickeln und die Lagerbestandsparameter für die Sicherstellung der Versorgung sind anzupassen.
- Mitarbeiter auswählen und anlernen
  Am neuen Standort sind Mitarbeiter auszuwählen, die möglichst in der Produktion am alten Standort angelernt werden.
- Produkte für Verlagerungszeitraum vorproduzieren
  Für den Verlagerungszeitraum müssen Produkte vorproduziert werden, um den Produktionsstillstand zu überbrücken und einen Lagerbestand vorzuhalten, bis die Lieferungen aus dem neuen Standort aufgenommen sind.
- Produktionsanlagen abbauen und neu aufbauen
  Die Produktionsanlagen müssen abgebaut und für den Transport verpackt werden. Am neuen Standort sind die Produktionseinrichtungen neu aufzubauen und auf ihre Funktionsfähigkeit zu überprüfen. Parallel muss das notwendige Material bereitgestellt werden.
- Produktion anlaufen lassen
  Die Mitarbeiter am neuen Standort werden nun beginnen, die Produktion der Produkte in Eigenregie aufzubauen. Während der Anfangsphase ist es hilfreich, Mitarbeiter vom alten Standort zum Anlernen vor Ort zu haben, um Fehler direkt auszumerzen.

- Produkte aus neuem Standort liefern
  Wenn die ersten Produkte aus dem neuen Standort geliefert sind und der Kunde die
  Qualität abgenommen hat, ist die Verlagerung abgeschlossen.

4.3.4 Bewertung

Die Verlagerung in ein Niedriglohnland bietet sich für Produkte an, die durch einen
hohen Lohninhalt gekennzeichnet sind. Viele Verlagerungen bringen nicht die gewünschten Ergebnisse, weil die Overhead-Aufgaben zur Koordination, der zusätzliche Aufwand
für den Transport des Materials, die langen Reaktionszeiten durch hohe Transportzeiten
und die hohen Bestände wegen der längeren Wiederbeschaffungszeiten kontraproduktiv
wirken. Auch bei häufigen technischen Änderungen und nicht vollständig beherrschten
Produktionsprozessen kann die Verlagerung erschwert werden. Wenn die Führungs-
probleme an den Standorten gelöst sind und die Kommunikation – auch die interkultu-
relle – funktioniert, können mit einer derartigen Verlagerung erhebliche direkte Kosten
eingespart werden.

4.4   Enterprise Resource Planning

Mit dem Enterprise Resource Planning (ERP) wird eine Weiterentwicklung des EDV-
Einsatzes in den Unternehmen beschrieben. Nach der Einführung von Programmen zur
Kostenrechnung und zum Finanzwesen entstanden die ersten Produktionsplanungs- und
-steuerungssysteme. Während die ersten Programme unter dem Begriff Material Require-
ment Planning (MRP) lediglich den Materialbedarf berechneten, sind die Funktionalitäten
zur Produktionssteuerung ständig erweitert worden. Unter ERP werden DV-Programme
verstanden, die von der Buchhaltung bis zur Produktion alle Prozesse und Daten inte-
grieren.

4.4.1 Ansätze

Ziel des ERP-Einsatzes ist die Bewältigung der Auftragsmengen durch programmierte
Abläufe (Abb. 4.6). Statt Einzelentscheidungen von Mitarbeitern sollen durch festgelegte
Regeln Entscheidungen automatisiert durchgeführt. Dabei werden insbesondere Kosten in
den indirekten Bereichen reduziert, weil der Aufwand für die manuelle Bearbeitung der
Unternehmensaufgaben sinkt und die Informationen neben der Auftragsabwicklung
gleichzeitig zum Buchen der Werteflüsse genutzt werden können.
  Durch die Rechnerunterstützung können nun die komplexen Aufgaben geplant und
gesteuert werden. Die Programme ermitteln auf Basis der Aufträge, der Systemeinstellungen,
der Stammdaten und der Parameter, wie unter den gegebenen Informationen die Aufträge
am besten abgewickelt werden können.

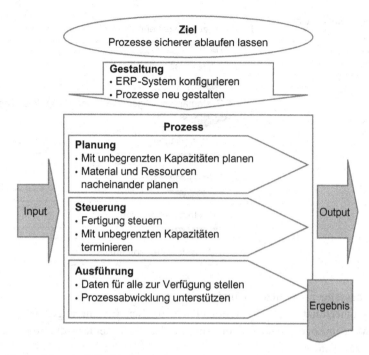

Abb. 4.6 Kennzeichen für ERP-Einführungen

4.4.2   Konzepte

Aufgrund der gleichmäßigen Ausführung der Prozesse wird eine Reduzierung von Beständen und Durchlaufzeiten erwartet. Mit einer höheren Transparenz erhofft man sich außerdem, die Lieferfähigkeiten besser abschätzen zu können. Diese Effekte stellen sich nur teilweise ein. Denn die ERP-Systeme haben inzwischen eine Komplexität erreicht, dass einige Unternehmen ihr ERP-System kurzfristig nicht an neue Anforderungen anpassen können.

4.4.3   Vorgehensweise

Bei der Einführung müssen die Funktionen des ERP-Systems die bestehenden Prozesse abbilden (Abb. 4.7).

- Istprozesse verstehen
  Mit den Anforderungen an das System und mit den Istprozessen werden alle Besonderheiten des Ausgangszustands dokumentiert.
- Sollprozesse definieren
  Für die veränderten Abläufe im ERP-System muss geklärt werden, wie die Prozesse nun ablaufen sollen und wer für welche Aufgabenschritte verantwortlich ist.

Abb. 4.7 Vorgehensweise bei
der Einführung von
ERP-Systemen

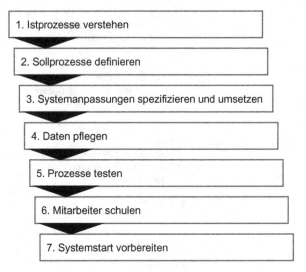

- Systemanpassungen spezifizieren und umsetzen
  Für nicht unterstützte Systemfunktionalitäten müssen Erweiterungen programmiert
  werden. Mit dem sogenannten Customizing werden die Systeme an die Bedürfnisse der
  neuen Prozesse angepasst.
- Daten pflegen
  Für die veränderten Parameter sind Parameter und Daten festzulegen und für die
  Umsetzung alle Daten im System aufzubereiten.
- Prozesse testen
  Die veränderten Prozesse sind intensiv zu testen, um sicherzustellen, dass die Prozesse
  zum Systemstart funktionieren.
- Mitarbeiter schulen
  Die Mitarbeiter müssen in den neuen Prozessen und in der Systembedienung geschult
  werden.
- Systemstart vorbereiten
  Für den Start der Arbeiten im System wird geplant, wie mit Altdaten und bestehenden
  Kundenaufträgen, Bestellungen, Beständen und offenen Posten umgegangen wird.

4.4.4 Bewertung

Mit dem ERP-Einsatz können Standardprozesse automatisierter ablaufen und so
Abwicklungskosten und Durchlaufzeiten massiv reduziert werden. Die Integration der
Kostenrechnung und der Supply-Chain-Prozesse führt zu einer deutlich verbesserten
Kostentransparenz.

Die Einführung eines neuen ERP-Systems ist eine Reengineering-Aufgabe. In manchen Fällen werden aber die Prozesse nicht ausreichend überarbeitet oder das System

unterstützt die Supply-Chain-Philosophie des Unternehmens nicht ausreichend, sodass die erwarteten Effekte aus der Systemeinführung nicht erreicht werden. Wegen der Komplexität der Systeme wird aus Zeitgründen anfangs nur Wert darauf gelegt, die Prozesse abwickeln zu können. Eine Prozessoptimierung entfällt, weil die Fehler in den ERP-Systemeinstellungen, Daten und Prozessen zunächst behoben werden müssen.

DV-Lösungen wie ERP-Systeme sind kein Allheilmittel: Häufig ist es einfacher, die Komplexität in den Prozessen zu reduzieren und die vereinfachten Prozesse zu automatisieren, als ein DV-System für die Lösung der Komplexität einzusetzen. Ein wesentlicher Vorteil des ERP-Systems ist die Standardisierung der Prozesse, die aber gleichzeitig auch schnell zum Nachteil werden kann, da die ERP-Systeme selten aufgabendifferenzierte Prozesse einsetzen können. Da viele ERP-Systeme aus der Kostenrechnung entstanden sind, in der es einen hohen Standardisierungs- und Zentralisierungsgrad gibt, sind die sehr viel facettenreicheren Produktions- und Supply-Chain-Prozesse in einigen Fällen nur ungenügend abgebildet, was zu vielen Kompromisslösungen führt.

4.5   Supply Chain Planning

Die Planung der Supply Chain wurde lange Zeit als Königsdisziplin des Supply Chain Managements herausgestellt. Das Supply Chain Planning ist aus der Weiterentwicklung der Datenverarbeitung entstanden. Während in der Vergangenheit die ERP-Systeme ihre Berechnungen in langsamen Datenbanken abwickelten, ist durch den technischen Fortschritt mit preiswerten Speicherbausteinen mit hoher Kapazität die Berechnung im schnellen Hauptspeicher möglich.

4.5.1   Ansätze

Mit der simultanen Planung von Kapazitäten und Material erreichen die Supply-Chain-Planungssysteme eine deutliche Verbesserung von Planungsdaten der Produktion (Abb. 4.8). Mit komplexen mathematischen Modellen können Prognosen verfeinert und bessere Planungsdaten erzeugt werden.

Die Planungssysteme unterscheiden die Langfristplanung, die Entscheidungen zur Kapazitätsdimensionierung unterstützt, die Produktionsfeinplanung, die eigentlich eine Steuerung der Prioritäten und Reihenfolge ist, und die Distributionsplanung, die eine Lagerbestandsplanung auf dem Weg zum Kunden.

4.5.2   Konzepte

Mit der Supply-Chain-Planung werden die bestehenden Konzepte zur Materialdisposition und zur Kapazitätsplanung durch eine Simultanplanung erweitert, es wird mit der

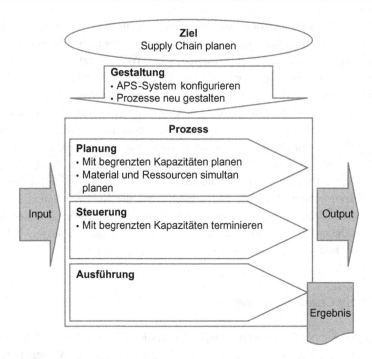

Abb. 4.8 Kennzeichen für Advanced-Planning-System-Einführungen

zeitlichen Prozesskette und Berücksichtigung von begrenzten Kapazitäten geplant.
Zusätzliche Methoden unterstützen die Disponenten, Aufträge zu terminieren und Kapazitäten und Material bereitzuhalten.

Je nach eingesetztem Softwarepaket werden unterschiedliche Funktionalitäten unterstützt.

4.5.3 Vorgehensweise

Für die Einführung einer Supply-Chain-Planungssoftware bietet sich folgende Vorgehensweise an (Abb. 4.9):

- Planungsprozess definieren
  Für die Planungsaufgaben muss definiert werden, wie Vertrieb, Einkauf und Produktion zusammenarbeiten, um die erforderlichen Daten vorzubereiten und zur Verfügung stellen.
- Planungsmodell erstellen
  Das mathematische Modell für die Planung wird aufgebaut, um sicherzustellen, dass die Informationen auf der Eingangsseite verfügbar und die Planungsausgangsgrößen verwendbar und hinreichend genau sind.

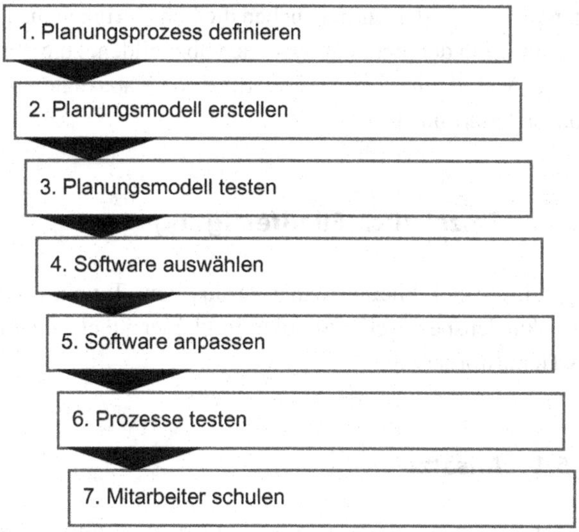

Abb. 4.9 Vorgehensweise für
die Einführung von
APS-Systemen

1. Planungsprozess definieren

2. Planungsmodell erstellen

3. Planungsmodell testen

4. Software auswählen

5. Software anpassen

6. Prozesse testen

7. Mitarbeiter schulen

- Planungsmodell testen
  Der Planungsprozess und das Planungsmodell werden getestet, um die Ergebnisse der Planung besser bewerten zu können.
- Software auswählen
  Für die Unterstützung der Planung werden geeignete Softwarehilfsmittel ausgewählt, die den Planungsprozess unterstützen und das Planungsmodell abbilden können.
- Software anpassen
  Die Software wird an die Bedürfnisse des Unternehmens angepasst. Dabei stehen die Schnittstellen zu den bestehenden Systemen im Vordergrund.
- Daten pflegen
  Die für die Planung erforderlichen Daten müssen im System gepflegt werden. Für neue Produkte muss definiert werden, wie die Planungsdaten in der Produktentstehung in das System eingegeben werden.
- Prozesse testen
  Für einen definierten Zeitraum müssen die Daten für die Planung mit den neuen Prozessen erprobt werden. Die Ergebnisse müssen auf ihre Validität geprüft werden.
- Mitarbeiter schulen
  Die Mitarbeiter sind in den neuen Abläufen zu schulen und in der Programmbedienung zu unterweisen.

4.5.4 Bewertung

Aus der anfänglichen Euphorie ist inzwischen ein normales Handeln geworden. Während besonders in der Anfangszeit erhebliche Optimierungen aus den überwiegend zentralisierten

Planungen erwartet wurden, haben die Schwierigkeiten, alle Sonderfälle und lokalen Optimierungen in den Planungssystemen abzubilden, zu einer Ernüchterung geführt.

Der Vorteil einer Dimensionierung von Kapazitäten führt zu einer sicheren Einhaltung
von Lieferterminen.

4.6   Einzelstück-Fließfertigung

Die Einzelstück-Fließfertigung ist aus dem Toyota-Produktionssystem entstanden. Das
Ziel, kundenspezifische Produkte in kleiner Stückzahl zu fertigen, hat die Losgröße eins
als Herausforderung.

4.6.1   Ansätze

Das Toyota-Produktionssystem ist als Fließproduktion auf die Kundenbedürfnisse ausgerichtet. Bei dieser Fließproduktion sind die Einzelschritte in der gesamten Prozesskette
aufeinander ausgerichtet und der Schwerpunkt der Optimierung liegt im kontinuierlichen
Fluss der Produktion, nicht in der Optimierung der Einzelschritte. Bei der Fließfertigung
wird bestimmt, wie viele Produkte ein Kunde pro Tag oder Woche benötigt. Die einzelnen
Produktionsschritte werden so ausgelegt, dass jeder Schritt die erforderliche Menge in der
gleichen Zeiteinheit erreichen kann. Wenn jeder Prozess eine gleiche Bearbeitungszeit
hat, kann die Ware quasi getaktet von einer Station zu anderen weitergereicht werden.

Bei der Einzelstück-Fließfertigung wird nun die Transportgröße zwischen den Arbeitsstationen so reduziert, dass immer kleinere Lose weitergegeben werden. Ziel ist die Reduzierung der Transportgröße auf die Stückzahl eins (Abb. 4.10).

4.6.2   Konzepte

Aus dem täglichen Bedarf wird eine Taktzeit als Vorgabe für alle Prozessschritte in der
Produktion berechnet. Diese Taktzeit beschreibt, in welcher Zeiteinheit ein Prozess seinen
Bearbeitungsschritt durchgeführt haben soll. Aufbauend auf dieser Taktzeit wird eine
Fließproduktion aufgebaut, in der jeder Schritt auf die vorgegebene Taktzeit abgestimmt
und die Produktion in allen Schritten auf die vom Kunden geforderte Menge ausgerichtet
wird. In diese Fließproduktion werden alle Prozesse vom Material bis zum fertigen Produkt integriert, unabhängig von der verwendeten Produktionstechnik. Es gibt keine werk-
stattorientierte Produktionsorganisation, sondern in dieser Produktionsfolge können
beliebige Maschinen nacheinander angeordnet werden.

Alle Prozesse sind so ausgerichtet, dass alle Schritte in der vorgegebenen Taktzeit
jeweils ein Stück produzieren und dieses eine Stück von einer Station zur nächsten weiter-
geben – ein einzelnes Werkstück fließt im Idealfall (Abb. 4.11).

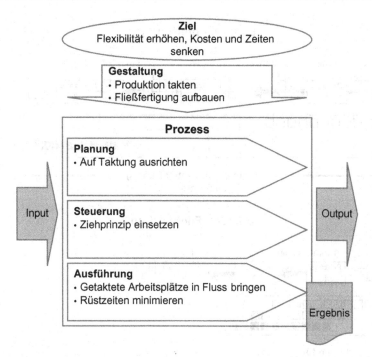

Abb. 4.10 Kennzeichen der Einzelstück-Fließfertigung

4.6.3   Vorgehensweise

Um die Einzelstück-Fließfertigung schnell umzusetzen, sind folgende Prozessschritte zu durchlaufen (Abb. 4.12):

- Kundenanforderungen bestimmen
  Für ein Produkt und seine Varianten sind die Kundenanforderungen zu bestimmen. Dazu sind die Auftragsmengen pro Tag zu bestimmen und es ist abzustimmen, welcher Zielwert erreicht werden soll.
- Prozesskette dokumentieren
  Für die bestehende Produktion sind die Herstellprozesse und ihre Steuerung zu beschreiben und die wesentlichen Parameter zu erfassen.
- Taktzeit berechnen
  Aus den Kundenanforderungen und der geplanten Arbeitszeit pro Tag ist eine Taktzeit für die Produktionsschritte zu berechnen.
- Maßnahmen zum Erreichen der Taktzeit definieren
  Für die Prozesse, die eine höhere Zeit als die Taktzeit benötigen, sind Maßnahmen zu entwickeln, wie die Prozesszeit verkürzt werden kann. Neben der Rationalisierung der Prozessschritte können die Prozesse auf unterschiedliche Arbeitsplätze aufgeteilt werden. Prozesse mit sehr kurzen Bearbeitungszeiten können durch Umstrukturierung und

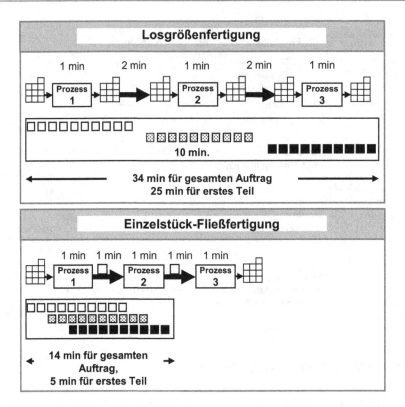

Abb. 4.11 Konzept der Einzelstück-Fließfertigung

Abb. 4.12 Vorgehensweise
für die Einführung von
Einzelstück-Fließfertigung

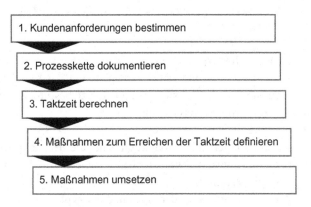

Neuanordnung zu einem Kombinationsprozess zusammengefasst werden, der ungefähr
die Taktzeit erreicht.

- Maßnahmen umsetzen
  Es ist ein Maßnahmenplan mit der Bestimmung von Personen zu definieren, die für die
  schnelle Umsetzung der Maßnahmen verantwortlich sind.

4.6.4 Bewertung

Mit Einzelstück-Fließfertigung werden die Durchlaufzeiten durch die Produktion und die Bestände minimiert, da Bestände zwischen den Produktionsschritten weitestgehend entfallen. Gleichzeitig sinkt dadurch auch der Platzbedarf. Voraussetzung für Einzelstück-Fließfertigung sind neben einer nivellierten Produktion beherrschte Prozesse mit geringen Störungen.

Wenn eine Produktion vollkommen auf das Abnahmeverhalten ausgerichtet ist und alle Stationen mit der gleichen Taktzeit als Einzelstück-Fließfertigung produzieren, entfällt wesentlicher Aufwand einer konventionellen Produktion: Das Steuern der Arbeitsvorgänge zwischen den einzelnen Werkstätten ist nicht mehr erforderlich. Anstatt ein komplexes System zu steuern, wird die Komplexität aus den Prozessen beseitigt und der Bedarf für eine aufwendige Produktionssteuerung entfällt.

Eine Folge der Ausrichtung auf Fließproduktion ist daher die Nutzung vieler kleiner Maschinen mit geringer Flexibilität, die für eine Aufgabe optimiert werden. Statt einer hoch automatisierten Produktionseinrichtung in einer Werkstattfertigung, die auf die Verkürzung der Hauptzeit einzelner Arbeitsschritte zielt, stehen bei dieser aus der Lean Production stammender Philosophie stabile Produktionsprozesse mit einfachen Einrichtungen im Vordergrund. Ein Mitarbeiter bedient mehrere Maschinen gleichzeitig. Daher sind die Maschinen auf einen möglichst geringen Personaleinsatz ausgerichtet, d. h. die Maschinen laufen weitestgehend selbstständig.

4.7 Kanban

Kanban ist ein verbrauchsgesteuertes Materialflusskonzept, mit dem die Versorgung von Teilefertigung, Montage oder Fertigfabrikaten sichergestellt wird. Mit Kanban wird eine Produktion nach dem Pull-Prinzip umgesetzt (Abb. 4.13).

4.7.1 Ansätze

Mit einem Kanban-System (Abb. 4.14) wird ein Versorgungskreislauf zwischen Verbraucher und Produzent im Unternehmen oder über Unternehmensgrenzen hinweg dargestellt. Eine Karte oder ein leerer Behälter signalisieren dem Vorgängerprozess, dass ein Verbrauch stattgefunden hat und der Produzent nun autorisiert ist, die vordefinierte Menge herzustellen und an den Konsumenten weiterzuleiten. Die Kanban-Mengen sind auf sinnvolle Losgrößen für eine Behältermenge ausgerichtet. Zusammen mit dem Zweibehälterprinzip kann sichergestellt werden, dass immer eine Kiste zur Entnahme am Verbrauchsort die Versorgung sicherstellt, während der Nachfüllkreislauf so ausgelegt ist, dass der Behälter schneller wieder aufgefüllt wird, als der Entnahmeplatz leer wird.

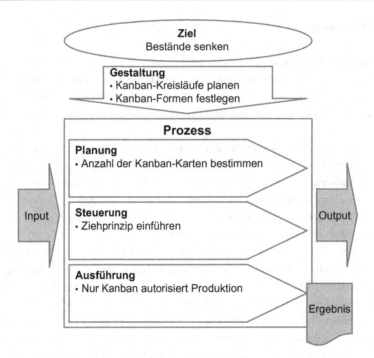

Abb. 4.13 Kennzeichen der Kanban-Methode

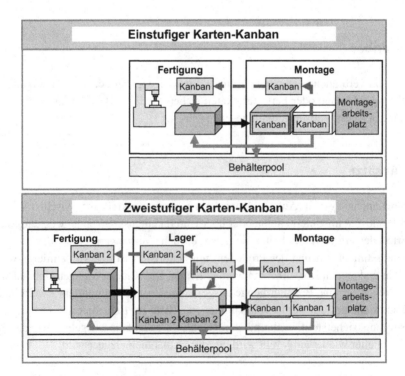

Abb. 4.14 Arten von Kanban-Kreisläufen

4.7.2 Konzepte

Bei den unterschiedlichen Kanban-Konzepten können die Signale über Karten, DV-Systeme, Lichter oder leere Behälter gesendet werden. Wichtig ist, dass mit der Signalisierung eine definierte Menge eines bestimmten Produkts an den Produzenten weitergeleitet und freigegeben wird.

Über die Art der Signalisierung hinaus unterscheiden sich ein- und zweistufige Kanbans. Beim einstufigen Kanban findet der Kreislauf direkt zwischen Konsument und Produzent statt. Falls die zu produzierenden Mengen sehr viel größer als die abzurufenden Mengen sind, kann im zweistufigen Kanban eine Zwischenstation aufgebaut werden. Dort wird die große Produktionsmenge in kleineren Behältern an den Konsumenten weitergeleitet. Es gibt also zwei nacheinander geschaltete Kreisläufe: In Kreislauf 1 versorgt sich der Konsument aus dem Pufferlager in kleineren Mengen, und wenn größere Mengen im Pufferlager verbraucht sind, geht in Kreislauf 2 ein Signal an den Produzenten, um die größere Menge wieder aufzufüllen.

Um die Kanban-Konzepte in der Produktion umzusetzen, wird immer mit zwei Behältern an der Verbrauchsstelle gearbeitet. Ein Behälter wird angearbeitet, der zweite stellt einen Sicherheitspuffer dar. Wenn der erste Behälter leer ist, wird ein Signal zur Auffüllung abgegeben. Um diese Disziplin sicherzustellen, werden die Behälter für ein Teil häufig in festen Bahnen auf schrägen Regalböden hintereinander aufgestellt, um nach Entnahme des leeren Behälters den vollen Behälter bereitzustellen.

4.7.3 Vorgehensweise

Für die Einführung von Kanban hat sich folgende Aufgabenreihenfolge bewährt (Abb. 4.15):

- Geeignete Teile auswählen
  Für die Einführung des Kanban-Prinzips sind zunächst die geeigneten Teile auszuwählen. Sie sollten anfangs möglichst einen gleichmäßigen Verbrauch haben. Später können auch Teile mit einem unregelmäßigen Verbrauch einbezogen werden, wenn die ersten Erfahrungen vorhanden sind.
- Kanban-Kreisläufe definieren
  Für jedes Teil ist ein Ablauf zu definieren, wie das Teil mit Kanbans durch das Unternehmen gesteuert wird. Daraus ergibt sich die Anzahl der Kanban-Kreisläufe und der jeweiligen Stufen. Parallel muss geklärt werden, wie die Kanbans in der Fertigungssteuerung und -planung berücksichtigt werden.
- Kanban-Mengen bestimmen
  Für die Teile sind die Behältergrößen so festzulegen, dass die Behältermengen wirtschaftlich gefertigt werden können. Wenn die Behältermengen nicht wirtschaftlich produziert werden können, muss ein zweistufiger Kanban-Kreislauf eingeführt werden.

Abb. 4.15 Vorgehensweise
zur Kanban-Einführung

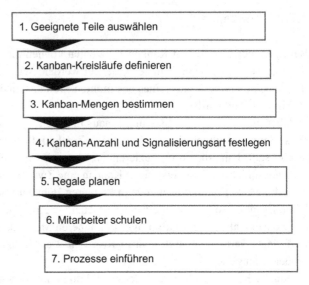

1. Geeignete Teile auswählen

2. Kanban-Kreisläufe definieren

3. Kanban-Mengen bestimmen

4. Kanban-Anzahl und Signalisierungsart festlegen

5. Regale planen

6. Mitarbeiter schulen

7. Prozesse einführen

- Kanban-Anzahl und Signalisierungsart festlegen
  Für jeden Kreislauf ist zu berechnen, wie viele Kanbans erforderlich sind, um die Versorgung sicherzustellen. Für jeden Kanban-Kreislauf ist die Signalisierung festzulegen.
- Regale planen
  Für die Verwendungs- und Pufferorte sind die Lagerflächen zu bestimmen. Häufig sind Anpassungen erforderlich, da die Regalflächen schnell sehr groß werden können.
- Mitarbeiter schulen
  Die Mitarbeiter sind in den neuen Aufgaben bei der Kanban-Abwicklung zu schulen. Jeder Mitarbeiter muss verstehen, welche geänderten Abläufe mit dem Kanban verbunden sind.
- Prozesse einführen
  Die Kanban-Kreisläufe müssen umgesetzt werden. Dazu müssen der aktuelle Bestand an Teilen in Kanban-Behälter umgefüllt und der Auffüllkreislauf geklärt werden.

4.7.4   Bewertung

Mit Kanban kann die Materialversorgung bei minimalen Beständen und einfachen Abwicklungsprozessen dauerhaft gesichert werden. Der erste Kanban-Kreislauf ist in der Regel der schwierigste zur Einführung. Die Mitarbeiter verstehen schnell die Einfachheit und die Vorteile werden sichtbar.

In manchen Fällen fehlt die erforderliche Disziplin in der Produktion, da die Kanban-Produktion nach Bedarf gesteuert wird. Wenn kein Bedarf vorhanden ist, wird nicht produziert. Hier bricht in der Regel das Produktionsdenken zur Auslastung von Maschinen hervor und es wird ohne Kanban-Beauftragung wieder auf Vorrat produziert.

Bei den deutschen Unternehmen ist vielfach eine Kanban-Einführung mit elektronischer Unterstützung erforderlich, obwohl der Prozess ursprünglich ausschließlich ohne DV-Einsatz funktioniert.

4.8 Multimix-Fertigung

Um unterschiedliche Varianten für einen oder mehrere Kunden zu produzieren, wird die Multimix-Fertigung angestoßen. Alle Varianten können auf einer Linie in beliebiger Reihenfolge gefertigt werden.

Im Idealfall können in einem vorgegebenen Raster (z. B. Woche) alle unterschiedlichen Varianten hergestellt werden (every part every interval = EPEI).

4.8.1 Ansätze

Für eine Multimix-Fertigung muss die Produktion so flexibel sein, dass die Fertigung aller Varianten in den erwarteten Stückzahlen unter Berücksichtigung der Rüstzeiten möglich ist. Für diese Flexibilität muss sie alle Teile verarbeiten können, die für die Produktion aller Erzeugnisvarianten erforderlich sind. Die Rüstzeiten sind zu minimieren, um in einer möglichst kleinen Losgröße die Varianz produzieren zu können. Zusätzlich sind entweder alle Teile vorzuhalten oder die Variantenteile müssen kommissioniert bereitgestellt werden (Abb. 4.16).

Abb. 4.16 Kennzeichen der Heijunka-Methode

4.8.2   Konzepte

Unter dem Schlagwort *Heijunka* (Abb. 4.17) wird die Auftragssteuerung umgestellt. Statt die drei Produkte A, B und C in Losen in einer Reihenfolge AAAAAAAABBBBCC zu fertigen, wird in der Reihenfolge AABAABCAABAABC gefertigt. Dabei ist das Ziel, die Produkte gleichmäßig über den Tag zu verteilen, um den Verbrauch auf den Vorstufen gleichmäßig zu verteilen.

Durch die Ausrichtung der Produktion auf die jeweilige Nachfrage wird die Vorfertigung stärker nivelliert, da besonders für die Exoten keine großen Losgrößen und bei einer durchgängigen Fertigung keine großen Lagerbestände erforderlich sind. Die Schwankungen in allen Bereichen werden verringert.

4.8.3   Vorgehensweise

Mit der Multimix-Fertigung steigt die Flexibilität der Produktion. Für die Einführung sind einerseits die Rüstzeiten weitgehend zu reduzieren und auf der anderen Seite die Prozesse so zu ertüchtigen, dass alle Varianten eines Produkts in der gleichen Linie hergestellt werden können. Für die Einführung ist die Produktionssteuerung komplett zu überarbeiten, da nur die wenigsten Auftragsabwicklungssysteme diese Vorgehensweise unterstützen.

4.8.4   Bewertung

Die Multimix-Fertigung führt zu einer erheblichen Bestandsreduzierung bei gleichzeitiger Verringerung der Durchlaufzeiten. Wenn die Produktion die Multimix-Fertigung

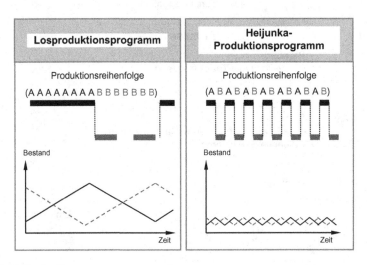

Abb. 4.17 Heijunka-Konzept

beherrscht, können Produktlager weitgehend entfallen. Idealerweise werden die Fließ-
und die Multimixfertigung miteinander kombiniert.

4.9 Rüstoptimierung

Zur Verkürzung der Rüstzeiten stellt Lean Production die Länge des einzelnen Rüstvor-
gangs infrage. Es wird nicht versucht, durch Loszusammenfassung die Anzahl der Rüstvorgänge zu reduzieren. Vielmehr soll die Rüstzeit je Vorgang immer minimal sein, sodass
mit kleineren Losgrößen gefertigt werden kann. Der Optimalfall ist die Rüstzeit null, d. h.
alle Varianten können ohne Rüstzeit gefertigt werden.

4.9.1 Ansätze

Der Rüstoptimierungsansatz bedeutet auch, die Rüstzeiten nicht durch Investition in neue
Maschinen zu reduzieren, sondern die Abläufe so zu verbessern, dass die Rüstzeiten bei
den bestehenden Einrichtungen minimiert werden (Abb. 4.18).

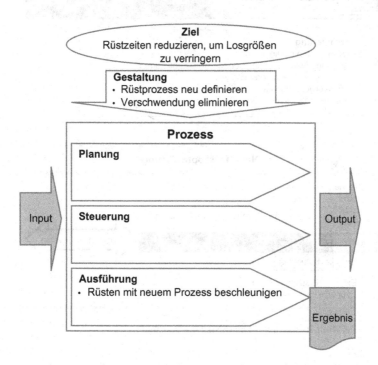

Abb. 4.18 Kennzeichen der Rüstoptimierung

4.9.2   Konzepte

Mit der Methode SMED (Single Minute Exchange of Die) (Abb. 4.19) werden die Rüstzeiten massiv reduziert. Da sie eine wesentliche Treibergröße für die optimale Losgröße sind, sinken mit verkürzter Rüstzeit die wirtschaftlichen Losgrößen. Beim SMED werden die Rüstzeiten systematisch analysiert und verkürzt. Ziel ist es, die Maschinenstillstandszeit zwischen zwei Aufträgen zu minimieren.

Die Rüstzeit in der Maschine wird reduziert, indem Rüstaktivitäten außerhalb der Maschine oder parallel zur Laufzeit vorgenommen werden. Bei erfolgreichen Einführungen von SMED werden die Rüstprozesse mit leichten Anpassungen der Technik optimiert. Es wird nicht in erster Linie eine Automatisierung der Rüstprozesse angestrebt, sondern es werden die längsten Zeitelemente der Rüstprozesse verkürzt.

Mit SMED wurden erhebliche Veränderungen erreicht. So sind bei großen Blechpressen die Rüstzeiten von mehreren Stunden auf wenige Minuten verkürzt worden.

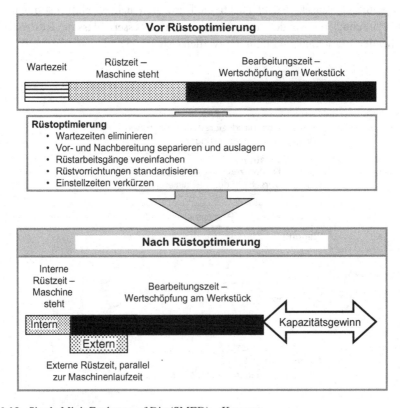

Abb. 4.19 Single Minit Exchange of Die (SMED) – Konzept

4.9.3 Vorgehensweise

Mit folgender Vorgehensweise wird eine Rüstoptimierung durchgeführt (Abb. 4.20):

- Prozess dokumentieren
  Die Rüstprozesse werden am besten per Video aufgezeichnet und dann in einer Arbeitsgruppe bearbeitet. Es wird ein Arbeitsplan für die Rüstvorgänge erstellt und die benötigten Zeiten, Werkzeuge und Wege werden festgehalten.
- Ansatzpunkte identifizieren
  Für die einzelnen Vorgänge wird geprüft, ob diese vereinfacht oder verbessert werden
  können. Dazu gehört die Frage, ob diese Tätigkeiten außerhalb der Hauptzeit durchge-
  führt werden können. Alle Wege werden daraufhin überprüft, wie sie entfallen können,
  und die Werkzeuge, wie sie einfacher zugänglich sind.
- Maßnahmen ableiten
  Es wird ein optimierter Prozess zur Rüstung definiert und niedergeschrieben. Damit
  wird dargestellt, wie der Prozess optimal abläuft.
- Maßnahmen umsetzen
  Die identifizierten Maßnahmen werden umgesetzt.

4.9.4 Bewertung

Bei vielen Unternehmen setzt die Umstellung der Rüstvorgänge einen erheblichen Paradigmenwechsel voraus. Es geht nicht um eine Automatisierung oder die Neuinvestition
von Anlagen, sondern um eine bessere Arbeitsorganisation. Genau wie der Reifenwechsel in der Formel 1 während des Boxenstopps um ein Vielfaches schneller ist als der
Reifenwechsel eines Ungeübten auf der Straße, können die Rüstprozesse professionali-
siert werden.

Es ist immer wieder erstaunlich, mit welch einfachen Maßnahmen die Rüstprozesse
verkürzt und teure Stillstandszeiten in der Produktion vermieden werden können.

Abb. 4.20 Vorgehensweise
zur Rüstoptimierung

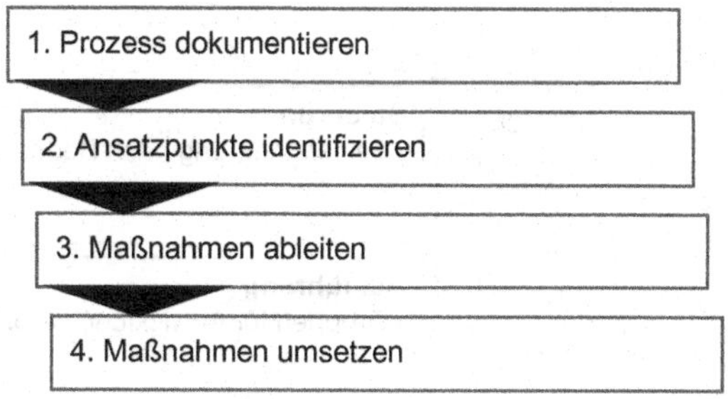

1. Prozess dokumentieren

2. Ansatzpunkte identifizieren

3. Maßnahmen ableiten

4. Maßnahmen umsetzen

4.10   U-förmige Zelle

Ein häufig zitiertes Beispiel für ein optimiertes Layout ist die U-förmige Zelle (Abb. 4.21). Statt gerader Montagelinien werden die Arbeitsplätze in einem U angeordnet.

4.10.1 Ansätze

Die U-Form wird genutzt, um bei einer Fließfertigung eine direkte Rückkopplung vom ersten Teil bis zum fertigen Produkt zu erhalten. Wenn Probleme auftreten, können die Informationen schnell innerhalb der Zelle ausgetauscht werden.

Auch können die Mitarbeiter von einer Seite der Zelle zur anderen wechseln und sich so gegenseitig bei Stückzahlschwankungen helfen oder den Start und das Ende eine Serie beschleunigen.

4.10.2 Konzepte

An den Außenseiten des U – von außerhalb der Zelle – wird das Material bereitgestellt, möglichst auf einem Weg, von dem zwei benachbarte Zellen versorgt werden. Damit ist eine direkte Belieferung der Linie mit Material möglich, ohne die Produktion zu behindern.

Abb. 4.21 Kennzeichen der U-förmigen Zelle

In der Zelle sind die Werkstücke zwischen den Stationen beweglich, entweder auf einem Wagen oder das Werkstück wird auf Schienen in der Zelle zwangsgeführt. Wenn mehrere Mitarbeiter in einer Zelle arbeiten, können sie quasi feste Inhalte abarbeiten. Durch die gemeinsame Arbeit und die Zellenstruktur sind die Übergaben fließend, sodass ein Mitarbeiter je nach Arbeitsanfall und -umfang von Produkt zu Produkt unterschiedliche Inhalte bearbeiten kann.

4.10.3 Vorgehensweise

Für die Einführung der U-förmigen Linie ist eine komplette Umstellung der Montage erforderlich. Die Produktion wird in den meisten Fällen auch auf eine Multimix-Fließfertigung umgestellt. Bei der Einführung sind zunächst die Prozesskette zu bestimmen, die Materialbereitstellung zu planen, die Arbeitsplätze abzutakten und das Layout zu klären. Neben den physischen Umstellungen ist die Auftragsabwicklung neu zu gestalten und die Mitarbeiter sind für die neuen Aufgaben zu qualifizieren.

4.10.4 Bewertung

Die U-förmige Linie ist eine der typischen Erkennungszeichen einer nach Lean Production ausgerichteten Montage oder Fertigung. Mit den U werden viele andere Konzepte ermöglicht. Es ermöglicht bei richtiger Auslegung eine hohe Stückzahlvariabilität durch den Einsatz unterschiedlich vieler Mitarbeiter in der Linie. Gleichzeitig sinken Durchlaufzeiten und Fehler werden im Prozess schneller erkannt, ohne dass große Lagerbestände mit Zwischenprodukten nachgearbeitet werden müssen.

4.11 BTO – Auftragsbezug in der Prozesskette

Bei auftragsbezogener Produktion wird erst gefertigt, wenn ein Kundenauftrag vorliegt. Statt auf Vorrat, also auf Lager zu produzieren, wird die Prozesskette vom Auftragseingang bis zur Lieferung an den Kunden so gestaltet, dass das Produkt innerhalb der vom Kunden gewünschten Lieferzeit in der geforderten Ausführung hergestellt werden kann. Bei dieser Produktionsvariante entfällt das Endproduktlager.

4.11.1 Ansätze

Die auftragsbezogene Produktion ist unter dem Schlagwort *Build-to-Order* (BTO) (Becker und Pethick 2001) bekannt geworden und erfordert einen erheblichen Paradigmenwechsel. Effizienz in der Auftragsabwicklung kommt aus der zeitgerechten Erfüllung von Aufträgen mit Bedarf, nicht aus der Produktion großer Stückzahlen und der Lagerung der Restmengen (Abb. 4.22).

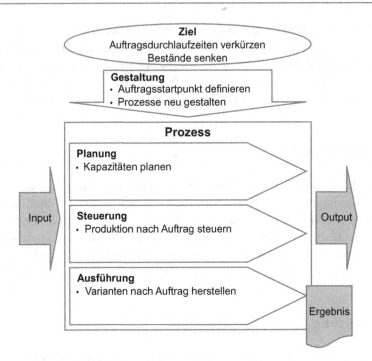

Abb. 4.22 Kennzeichen der BTO-Methode

4.11.2 Konzepte

Bei BTO wird nur dann ein Produkt produziert, wenn ein Auftrag vorliegt, und auch nur in der bestellten Variante und der Menge, die für den Auftrag erforderlich ist. In jedem Prozessschritt wird nur die Auftragsmenge bearbeitet, die der Kunde bestellt hat. Vom letzten Produktionsschritt wird dieser Auftrag dann direkt aus der Produktion versandt und nicht über das Fertigfabrikatelager abgewickelt.

Das Einführen des Auftragsbezugs (Abb. 4.23) in den unterschiedlichen Prozessen von der Montage bis zur Beschaffung erfordert eine radikale Neugestaltung der Supply Chain und lässt sich nicht durch wenige kosmetische Prozessveränderungen umsetzen (Becker 2001). Der Kernpunkt ist die Ausrichtung aller Prozesse auf das schnelle Erfüllen der Kundenforderungen. Die Produktion muss Produkte innerhalb der vom Kunden gewünschten Lieferzeit erzeugen und versenden können. Damit wird die gesamte Auftragsabwicklung von der Angebotsabgabe über das Eintreffen des Kundenauftrags bis hin zur Auslieferung der Produktion als eine gesteuerte, durchgängige Prozesskette betrachtet.

4.11.3 Vorgehensweise

Die Einführung einer Build-to-Order-Fertigung erfordert viele Arbeitsschritte, die wie folgt zusammengefasst werden können (Abb. 4.24):

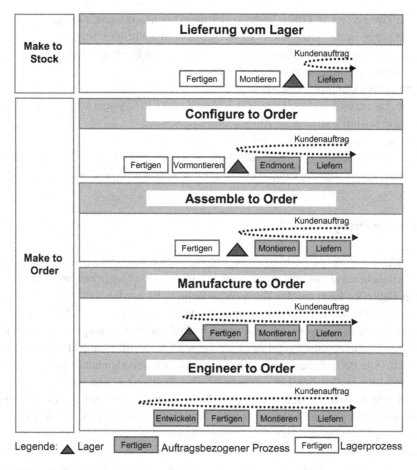

Abb. 4.23 Auftragsbezug in der Prozesskette

Abb. 4.24 Vorgehensweise bei der Einführung des Auftragsbezugs

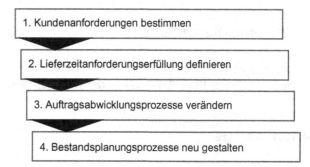

- Kundenanforderungen bestimmen
  Für die Produkte sind die Kundenanforderungen an Varianz und Lieferzeiten zu bestimmen.
- Lieferzeitanforderungserfüllung definieren

Für die Prozesse ist zu klären, welcher Startpunkt definiert werden kann, bei dem der
Kundenbezug in der Produktion beginnt. Alle vorhergehenden Schritte werden auf-
tragsgedeckt gefertigt, aber nicht auf einen bestimmten Kundenauftrag. Ab dem Startpunkt wird nur gearbeitet, wenn ein Auftrag vorliegt.

- Auftragsabwicklungsprozesse verändern
  Für die Auftragsabwicklung müssen die Prozesse im ERP-System so geändert werden,
  dass sie eine auftragsbezogene Abwicklung unterstützen.
- Bestandsplanungsprozesse neu gestalten
  Für die Komponenten, die in die auftragsbezogene Produktion einfließen, müssen die
  Bestände geplant werden, damit diese vorrätig sind, wenn sie benötigt werden.

4.11.4 Bewertung

Durch die Umstellung auf Build-to-Order ergeben sich erhebliche Verschiebungen: Der
Fertigfabrikatebestand entfällt, die Produktion ist besser abgeglichen und die Versorgung mit Bauteilen kann auf das Ziehprinzip umgestellt werden. Durch die Vergleichmäßigung der Produktion werden Losgrößeneffekte vermieden. Der Bullwhip-Effekt
(Forrester 1958), also das Aufschaukeln der Bedarfsmengen in vorgelagerte Bereiche
durch die Zusammenfassung von Losen mit langen Durchlaufzeiten und hohen Beständen, entfällt. Die Bedarfsmengen für alle Teile verteilen sich gleichmäßig über alle Stufen der Produktion. Im Ergebnis sinken die Durchlaufzeiten und die erforderlichen
Lagerbestände reduzieren sich. Der Firma Dell beispielsweise gelingt es, mit einer
Gesamtlagerreichweite von weniger als zehn Tagen auftragsspezifische Produkte innerhalb von zwei Tagen herzustellen. Demgegenüber arbeiten klassische Unternehmen mit
mehr als 60 Tagen Lagerreichweite und Produktionslaufzeiten von mehreren Wochen.
Eine Umstellung auf BTO kann in der Regel Lagerbestände in Höhe eines Monatsumsatzes freisetzen.

4.12   Drum-Buffer-Rope

Zu den Standardlösungen der Theory of Constraints zählt die Produktionssteuerungsmethode Drum-Buffer-Rope (DBR; übersetzt: Trommel-Puffer-Seil).

4.12.1 Ansätze

Drum-Buffer-Rope ist eine Steuerungsmethode für die Produktion, die den Fluss abhängig
vom Takt und der Auftragsbelastung reguliert. DBR nutzt die Trommel (Drum) als Taktgeber, einen Puffer (Buffer), um den taktgebenden Prozess vor Störungen abzuschotten,
und die belastungsorientierte Auftragsfreigabe als Seil (Rope) (Abb. 4.25).

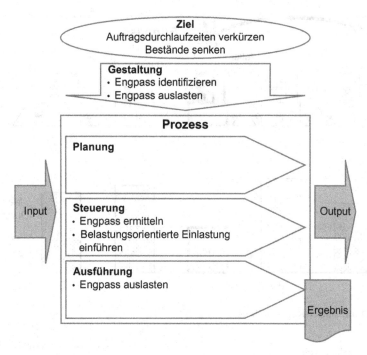

Abb. 4.25 Kennzeichen der Drum-Buffer-Rope-Methode

4.12.2 Konzepte

Mit DBR wird der Engpass zum Taktgeber für den Rest der Produktion. Diese Trommel wird durch einen Auftragspuffer davor geschützt. Der Puffer wird zum Ausgleichen von Varianzen genutzt. Es entsteht ein kontinuierlicher Material- und Fertigungsfluss. Mit dem straff gespannten Seil wird die Auftragsfreigabe gesteuert (Abb. 4.26).

4.12.3 Vorgehensweise

Um eine Drum-Buffer-Rope-Steuerung einzuführen, sind folgende Schritte erforderlich (Abb. 4.27):

- Lieferanforderungen bestimmen
  Die Liefertermine sind die erste Quelle für die Ermittlung der Taktzeit.
- Engpass identifizieren
  In den Prozessketten muss der Engpass identifiziert werden.
- Taktung einführen
  Es ist eine Taktung zu entwickeln, wie der Engpass gesteuert wird. Diese Taktung ist die Basis für die Materialfreigabe in das System.

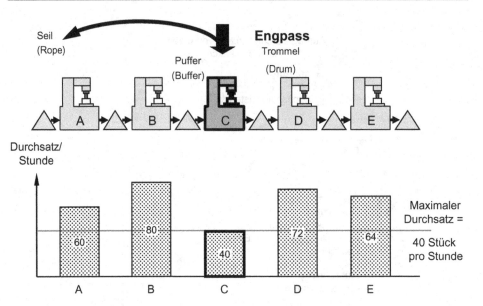

Abb. 4.26 Drum-Buffer-Rope-Methode

Abb. 4.27 Vorgehensweise
zur DBR-Einführung

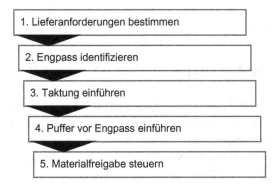

- Puffer vor Engpass einführen
  Vor dem Engpass muss ein Puffer eingeführt werden, der mögliche Störungen in der
  Prozesskette abpuffert. Damit wird die Liefertermintreue stabilisiert.
- Materialfreigabe steuern
  Das Seil für die Steuerung der Materialfreigabe muss definiert werden.

4.12.4 Bewertung

Mit DBR werden erhebliche Verbesserungen in der Termintreue erreicht. Die Konzepte
eignen sich für viele Unternehmen. Leider sind nur zwei Softwareimplementierungen
bekannt, sodass die Umsetzung nur in Ausnahmefällen rechnergestützt möglich ist.

4.13 Fehlervermeidung

Die Bemühungen um Qualität sind aus der Qualitätsbewegung der 50er-Jahre in Japan in die Lean Production eingegangen. Unter dem Schlagwort „null Fehler" sind zahlreiche Ansätze zur Verbesserung der Produktion umgesetzt worden. Aus den Bemühungen zur Reduzierung von Durchlaufzeiten werden Probleme sichtbar, die bisher durch die hohen resultierenden Bestände verdeckt wurden. Mit den Lösungsansätzen von Lean Production sollen die Prozesse so fähig gestaltet werden, dass diese Fehler nicht auftreten.

4.13.1 Ansätze

Mit den Mitarbeitern wird ein Verbesserungswesen aufgebaut, das ursprünglich unter dem Namen *Qualitätszirkel* (Bodek 2004) veröffentlicht wurde. Mit dieser Gruppenarbeit wird erreicht, dass die Mitarbeiter ihr Arbeitsumfeld verbessern können.

4.13.2 Konzepte

Der Ansatz Poka Yoke (Abb. 4.28) verhindert Fehler. Statt Qualität im Prozess nachträglich zu prüfen, soll das Entstehen eines Fehlers vermieden werden. Durch Änderung der Teilegeometrie, Vorrichtungen, Lampen oder anderer einfacher Hilfsmittel soll sichergestellt werden, dass nur zu 100 Prozent fehlerfreie Produkte produziert werden.

Mit Andon wird eine Kontrolleinrichtung in der Produktion bezeichnet, die z. B. mit einer Ampel den Status eines Produktionssystems ausgibt. Wenn Mitarbeiter einen Fehler entdecken oder ein Problem haben, benachrichtigen sie mit dem Andon Vorgesetzte und Kollegen, um Hilfe zu erhalten.

Beispiele für Andon-Hilfsmittel sind beispielsweise eine Andon-Leine am Fließband. Mitarbeiter können bei Problemen das Band stoppen und mit dem Licht auf den Fehlerort aufmerksam machen.

4.13.3 Vorgehensweise

Neben der rein technischen Umsetzung zur Benachrichtigung erfordert die Andon-Vorgehensweise ein erhebliches Umdenken aller Beteiligten. Ziel ist es, Qualität zu produzieren und Fehler vorbeugend zu vermeiden. Wenn fehlerhaft gearbeitet wird, soll zuerst das Problem gelöst und dann ein Wiederauftreten verhindert werden.

Die Poka-Yoke-Ansätze können im Rahmen von Fehlerbehebungsprojekten sukzessive eingeführt werden.

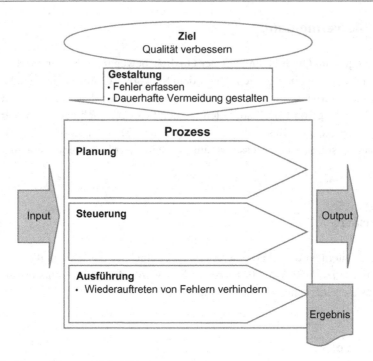

Abb. 4.28 Kennzeichen von Poka Yoke

4.13.4 Bewertung

Wegen des Umdenkens von einer Auslastung und dem Vorrang der Stückzahl hin zu einer Qualitätsorientierung fällt der Übergang zur Fehlervermeidung sehr schwer. Wenn das Umdenken eingesetzt hat und erste Erfolge sichtbar sind, steigt die Produktivität insgesamt, weil unnötiger Aufwand zur nachträglichen Fehlerbehebung entfällt.

4.14   Vendor Managed Inventory

Mit dem Vendor Managed Inventory (VMI) wird die Verantwortung für die Bestandsführung auf den Lieferanten übertragen.

4.14.1 Ansätze

Beim VMI erhält der Lieferant von seinem Kunden Grenzwerte für den Maximal- und Minimalbestand vorgegeben und hat die Aufgabe, den Lagerbestand in den definierten Grenzen zu halten (Abb. 4.29). Damit kann der Lieferant seine Prozesse optimieren und Lagerbestände bei sich vermeiden. Bei einer abgestimmten Planung zwischen Kunde und Lieferant lassen sich durch diese Vorgehensweise erhebliche Bestände sparen.

Abb. 4.29 Kennzeichen von VMI

4.14.2 Konzepte

Mit der Einführung von VMI wandelt sich das Bestellverhalten. Das Unternehmen versorgt den Lieferanten laufend mit Prognose-, Lagerbestands- und Verbrauchsdaten. Der Lieferant bestimmt aus den Daten, wann er eine Versorgung anstößt.

4.14.3 Vorgehensweise

Zunächst sind die Produkte zu identifizieren, die Parameter abzustimmen und Kommunikationsregeln für Planungsdaten, Verbrauchs- und Bestandsdaten festzulegen. Dann kann mit der Einführung von VMI begonnen werden.

4.14.4 Bewertung

Von der Einführung des VMI profitieren sowohl das Unternehmen als auch der Lieferant: Für beide Partner bedeutet VMI eine optimierte Supply Chain. Der besseren Materialverfügbarkeit beim Unternehmen steht eine bessere Disponierbarkeit beim Lieferanten gegenüber. Die zusätzliche Transparenz plus Austausch von Planungsdaten verbessert den Ablauf der Produktion und des Nachschubs.

Da das VMI in der Regel über die EDV-Systemgrenzen hinweggeht und daher manuellen Aufwand bedeutet, ist dessen Einführung schwierig. Häufig ist das Thema auch mit einer Konsignationslagerabwicklung verbunden, was zu großem Diskussionsbedarf bei den Beteiligten führt.

4.15   Milkrun – Gebietsspediteur

Der Gebietsspediteur ist für den Transport von Material von verschiedenen Lieferanten zum Unternehmen verantwortlich. Im Englischen wird dieses Konzept *Milkrun* genannt.

4.15.1 Ansatz

Es wird nicht mittels hoher Losgrößen für volle Lkw gesorgt. Stattdessen werden die Lieferanten mit einem regelmäßigen Fahrplan angefahren und Teilmengen geliefert (Abb. 4.30). Die Lkw sind trotzdem voll, nämlich mit Waren verschiedener und nicht nur eines Lieferanten. Dies verringert die Losgrößen, ohne die Transportkosten deutlich zu steigern.

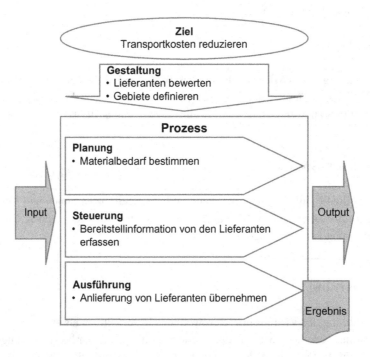

Abb. 4.30 Kennzeichen von Milkrun

4.15.2 Konzepte

Der Milkrun – analog zum alten Milchflascheneinsammeln – basiert auf Lieferanten, die in einer begrenzten Region einen gemeinsamen Kunden haben. Falls die Region weit vom Kunden entfernt ist, wird zunächst gesammelt und dann mit einem Sammeltransport die Entfernung zum Kunden überwunden.

4.15.3 Vorgehensweise

Für den Milkrun werden die Lieferanten in geografische Gebiete zusammengefasst, die nun von einem Spediteur angefahren werden. Die Gebiete werden aus der Frequenz der Belieferung und den Behältermengen abgeleitet.

4.15.4 Bewertung

Mit dem Gebietsspediteur können Transportkosten gesenkt und die Auffüllmengen reduziert werden, was erhebliche Bestandsreduzierungen bei besserer Materialverfügbarkeit zur Folge hat. Diese Form der Belieferung bietet sich besonders an, wenn gleichzeitig Leerbehälter zurückzubefördern sind, da über einen Kreislauf Leerbehälter und volle Behälter ausgetauscht werden können.

4.16   Direktlieferung in die Produktion

Um die Lager- und Transportprozesse zu vereinfachen, ist der optimale Anlieferpunkt der Verwendungsort.

4.16.1 Ansatz

Besonders bei produktspezifischen Teilen ohne hohe Wiederverwendung oder bei Schüttteilen bietet es sich an, die Teile vom Lieferanten direkt an den Verwendungsort zu liefern (Abb. 4.31).

4.16.2 Konzepte

Voraussetzung für die Direktlieferung in die Produktion ist neben der oben genannten Verwendungscharakteristik eine gleichbleibend hohe Qualität des Lieferanten.

Abb. 4.31   Kennzeichen von Direktlieferung in die Produktion

4.16.3 Vorgehensweise

Folgende Aufgaben sind zur Direktlieferung in die Produktion zu bearbeiten (Abb. 4.32):

- Geeignete Teile auswählen
  Für die Direktlieferung in die Produktion müssen die geeigneten Teile ausgewählt werden. Dazu gehören viele Kriterien, u. a. das Sole Sourcing von einem Lieferanten und die Verwendung an möglichst wenigen Stellen im Unternehmen.
- Lieferanten auf Verlässlichkeit überprüfen
  Die Lieferanten müssen eine positive Lieferantenbewertung haben. Sie müssen die Teile verlässlich liefern, daher müssen sowohl die Produktqualität als auch die Liefertreue sehr hoch sein.
- Anlieferprozess definieren
  Für die ausgewählten Teile müssen die Prozesse zur Anlieferung festgelegt werden. Dazu zählen die Bestellabwicklung, die Frequenz der Anlieferung, die Zahlungsabwicklung, die Behälterformen und -größen sowie die Anzahl und Anordnung der Lagerplätze.
- Anlieferung umstellen
  Für die Teile sind die Prozesse umzusetzen. Dabei muss für die Übergangszeit ein Aufbrauchen des bestehenden Materials eingeplant werden.

Abb. 4.32 Vorgehensweise
zur Einführung der
Direktlieferung

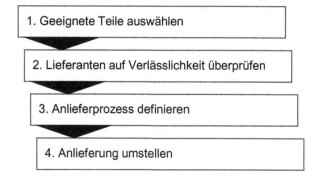

1. Geeignete Teile auswählen

2. Lieferanten auf Verlässlichkeit überprüfen

3. Anlieferprozess definieren

4. Anlieferung umstellen

4.16.4 Bewertung

Neben der qualitätsrelevanten Optimierung muss der gesamte Auftrags- und Belieferungs-
prozess sichergestellt werden. Bei zu schweren Teilen kann der Lieferant seine Ware nicht
selbst an den Einsatzort transportieren. Für die Bestellung und die Vereinnahmung in den
Verantwortungsbereich des Unternehmens muss eine Lösung gefunden werden.

Kundenanforderungen an Prozesse ermitteln

5

Zusammenfassung

Da gute Prozesse die Kundenanforderungen erfüllen, stehen Möglichkeiten und Methoden zur Ermittlung und Darstellung der Kundenanforderungen im Vordergrund. Als Hilfsmittel für eine Analyse der Supply Chain oder Produktion ist eine Bewertung wichtig, ob die Kundenanforderungen erfüllt werden. Dabei werden Methoden zur Erhöhung der Kundenzufriedenheit, wie Voice of the Customer, Interviews oder die Customer Journey Map, vorgestellt.

Eines der häufigsten Probleme bei Prozessoptimierungen ist ein ungenügendes Wissen über die Kundenanforderungen. Während die Kundenspezifikationen für Produkte in der Regel detailliert erfasst und betrachtet werden, sind die Anforderungen an die Prozesse häufig nicht bekannt (Becker und Geimer 2001a).

Viele Unternehmen kennen die Anforderungen ihrer Kunden an Liefertreue und Lieferzeit nur unzureichend. So gab es bei einer Diskussion mit dem Vorstand eines Unternehmens über die Kundenanforderungen ein hitziges Wortgefecht: Der Vorstand verstand nicht, warum als Kundenforderung eine Woche Lieferzeit dokumentiert war. Nach seinem Verständnis sollte eine Lieferzeit von einem Tag gelten. Nach langem Hin und Her konnte die Ursache geklärt werden. Der Vorstand wurde nur von Kunden angerufen, wenn ein Fehler aufgetreten war, z. B. eine Lieferung verspätet war und der Kunde nun die Lieferung anmahnte. In diesem Fall fordert der Kunde schnellste Belieferung, also spätestens am nächsten Tag. Der Vorstand leitete aus dieser Sondersituation die Anforderung ab, alle Produkte innerhalb von 24 Stunden zu liefern. Die zahlreichen, termingerecht gelieferten Aufträge waren für den Vorstand nicht sichtbar. Er hatte die Forderung, innerhalb kürzester Zeit zu liefern, eigentlich als Zielsetzung für den Standardprozess definieren wollen. Dem Kunden ist eine festgelegte Lieferzeit von mehreren Tagen, die verlässlich eingehalten wird, also eine hundertprozentige Liefertreue, wichtiger als die kurze Lieferzeit.

© Springer-Verlag GmbH Deutschland 2018
T. Becker, *Prozesse in Produktion und Supply Chain optimieren*,
https://doi.org/10.1007/978-3-662-49075-4_5

Häufig werden die Kundenanforderungen durch Fehlinterpretationen versteckt oder fehlerhaft erfasst. Sie sind in Interviews direkt vom Kunden zu übernehmen. Die Interpretationen der Vertriebsmitarbeiter oder der Key Account Manager dürfen nicht dokumentiert werden. Mit der Kenntnis der Kundenprozesse lassen sich dessen Anforderungen besser nachvollziehen und die vom Empfänger der Leistung gewünschten Effekte bewerten.

Die Kundenanforderungen stellen häufig den Anfang eines Verbesserungsprojekts dar oder sind zuerst zu ermitteln, damit sie für eine gute Auslegung bei allen Prozessverbesserungsschritten berücksichtigt werden können. Viele Ansätze für Prozessverbesserungen haben sich im Nachhinein als nicht umsetzbar erwiesen, weil die Anforderungen der Kunden nicht berücksichtigt wurden und deshalb die Lösung von den Kunden nicht akzeptiert werden konnte. Nach einer Diskussion der Kundenanforderungen und einigen Grundansätzen wird in diesem Kapitel die Kundenerfahrungskurve als Hilfsmittel zur Optimierung der Kundenorientierung vorgestellt.

5.1   Kundenanforderungen und Kundengruppen

Um Prozesse richtig auslegen zu können, sind alle Kundenanforderungen zu erfassen. In einem mehrstufigen Prozess werden die Forderungen der Endkunden dokumentiert (Abb. 5.1), bevor die Erfordernisse der internen Kunden ermittelt werden.

Zunächst sind die quantitativen Anforderungen zu ermitteln. Für die Dimensionierung der Betriebsprozesse sind die Anforderungen der Endkunden an die Lieferung zu eruieren:

- Welche Produkte und Varianten sind betroffen?
- Welche Mengen werden insgesamt benötigt?
- Welche Liefermengen und -stückelungen sind geplant?
- Welche Lieferzeiten erwartet der Kunde?
- In welcher Qualität soll die Lieferung erfolgen?
- Welche Schwankungen treten auf?

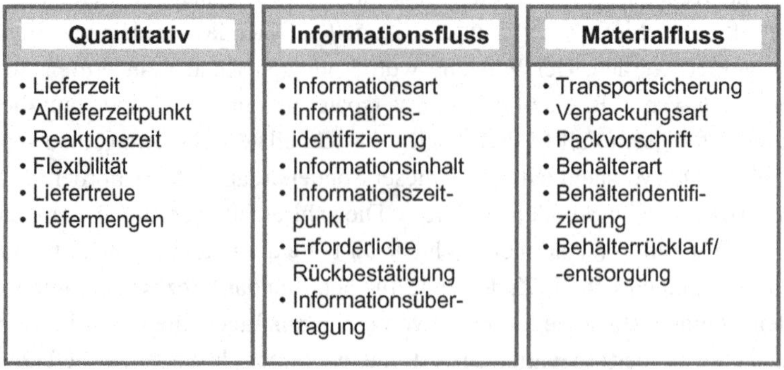

Quantitativ	Informationsfluss	Materialfluss

• Lieferzeit
• Anlieferzeitpunkt
• Reaktionszeit
• Flexibilität
• Liefertreue
• Liefermengen
	• Informationsart
	• Informations-
	  identifizierung
	• Informationsinhalt
	• Informationszeit-
	  punkt
	• Erforderliche
	  Rückbestätigung
	• Informationsüber-
	  tragung
		• Transportsicherung
		• Verpackungsart
		• Packvorschrift
		• Behälterart
		• Behälteridentifi-
		  zierung
		• Behälterrücklauf/
		  -entsorgung

Abb. 5.1 Kundenanforderungen

Mit diesen Informationen können wesentliche Prozessparameter geklärt werden:

- In welchen Behältern sollen die Produkte geliefert werden?
- Welche Informationen werden in welcher Form mit der Lieferung benötigt?
- Welche Informationen sind an den Packstücken, an den Transportbehältern und an den Produkten anzubringen?
- Welche Informationen werden vor und nach der Lieferung benötigt (Planinformationen, Auftragsbestätigung, Auftragsstatusverfolgung, Lieferavise, Rechnung)?
- Über welche Wege kommen Informationen vom Kunden (Brief, Fax, E-Mail, EDI, Web-Portal)?

Diese Kundenanforderungen können über Interviews, strukturierte Fragebögen oder gezielte Befragungen ermittelt werden. Bei den Kundenbefragungen können die Kunden in unterschiedliche Gruppen eingeteilt werden, da es in der Regel unterschiedliche Prozessbeteiligte gibt. Auf der einen Seite sind die Entscheider, d. h. diejenigen, die über den Start und wesentliche Gestaltungskriterien eines Prozesses entscheiden, auf der anderen Seite die Prozessausführenden zu betrachten, die die Ergebnisse des Prozesses verarbeiten. Während die Entscheider grundsätzliche Anforderungen festlegen, sind von den Prozessausführenden die Empfänger und Nutzer der Prozessergebnisse wichtig, um den Ablauf für alle Beteiligten zu vereinfachen.

5.2 Interviews

Viele Analysen basieren auf Interviews, d. h. Befragungen aller Prozessbeteiligten (Abb. 5.2). Mit diesen Interviews werden Informationen zu Prozessen zusammengetragen. Es können auch Hintergründe oder Entscheidungen aus der Vergangenheit ermittelt werden.

Ausgangspunkt für erfolgreiche Interviews ist ein geeigneter Interviewleitfaden, in dem die wichtigsten Fragen festgehalten werden. Er gibt die Richtung und die wichtigsten Fragen vor, die den Beteiligten gestellt werden sollen. Für die Interviews ist ein Frage-Antwort-Prozess in einer ungestörten Atmosphäre unabdingbar. Der Interviewleiter kann durch geeignete Fragen eine Diskussion anregen, die zu den wesentlichen Beweggründen und vielen Anregungen für die Projektarbeit führt.

Für die Ermittlung der Kundenanforderungen ist die direkte Befragung der Kunden wichtig, damit unbeeinflusste Informationen erfasst werden. Auch wenn der Vertrieb die Kundenanforderungen zu kennen glaubt, ist es wichtiger, die Anforderungen der Kunden unmittelbar zu erfassen, weil die Informationen ungefiltert und unbewertet sind. So stellte ein Kunde bei der Diskussion der Kundenanforderungen in einem Projekt fest, wie viele unterschiedliche Varianten der Lieferant an verschiedene Standorte lieferte. Innerhalb kurzer Zeit konnte die Varianz deutlich reduziert werden und beide Seiten konnten deutliche Kostenreduzierungen verzeichnen.

Ziel des Interviews ist es, möglichst viele Informationen zu sammeln. Durch offene Fragen soll der Interviewpartner angeregt werden, Sachverhalte zusammen mit den zugehörigen

Abb. 5.2 Randbedingungen für Interviews

Begründungen darzulegen. Durch zusätzliche Fragen lassen sich schnell Unstimmigkeiten und offene Punkte klären.

5.2.1 Vorgehensweise

Für eine erfolgreiche Interviewaktion sind zunächst die Ziele festzulegen: Welche Informationen werden benötigt und welche Entscheidungen sollen nach den Interviews gefällt werden?

Für die Erfassung der Informationen sind die Interviewpartner zu bestimmen. Wer kann die benötigten Informationen zur Verfügung stellen? Wer ist der Ansprechpartner beim Kunden? Für jeden Interviewpartner wird ein Termin für das Interview abgestimmt.

Unter Berücksichtigung der Zielsetzungen und der Interviewpartnerliste wird eine Fragenliste erstellt, um die Interviews reproduzierbar durchführen zu können. Mit der Fragenliste wird das Interview durchgeführt und anschließend nachbereitet. Die Fragenliste wird gegebenenfalls aktualisiert und für offene Punkte aus dem Interview wird geklärt, ob diese Frage von einem anderen Gesprächspartner beantwortet werden kann oder ob der Interviewpartner noch einmal befragt werden soll.

5.2.2 Bewertung

Der entscheidende Vorteil der Interviews ist die Flexibilität der Befragung, da abhängig von Antworten neue Fragen entstehen oder bei den Fragen andere Prioritäten gesetzt werden können. Problematisch ist der Zeitaufwand für die Befragungen. Vielfach ist auch die Terminierung zahlreicher Interviews schwierig. Oft lässt sich auch keine geeignete Reihenfolge einhalten, sodass Informationen und Prozesse nicht durchgängig erfassbar sind. Da die Ergebnisse der Interviews schriftlich dokumentiert werden müssen, ist die Nachbereitungszeit sehr lang. Wegen der fehlenden Standardisierung ist eine Auswertung aufwendig.

Ein Nachteil der Interviews ist häufig die Unvollständigkeit, da durch die Gesprächsführung nicht alle Fragen beantwortet werden. Es fehlen Informationen, die später nachgetragen werden müssen. Außerdem besteht die Gefahr, dass schon über Lösungen gesprochen wird, anstatt die Anforderungen zu ermitteln.

5.3 Fragebogen

Die Fragebogen zur Ermittlung der Kundenanforderungen werden bei externen Kunden gemeinsam mit Marketing und Vertrieb erarbeitet. Bei internen Kunden wird die Frageliste zusammen abgestimmt.

Bei Fragebogenaktionen sind verschiedene Gesichtspunkte abzuwägen: Dem Wunsch nach vielen Detailinformationen steht die für die Beantwortung benötigte Zeit entgegen. Es ist darauf zu achten, dass die Befragungsziele klar abgestimmt sind und dass ein Kompromiss zwischen Informationswert und Informationsfülle, also hinsichtlich der Bearbeitungszeit des Ausfüllers, gefunden wird.

Man unterscheidet geschlossene und offene Fragen (Abb. 5.3). Bei geschlossenen Fragen werden alle Antworten vorgegeben. Die Person, die den Fragebogen ausfüllt, kann

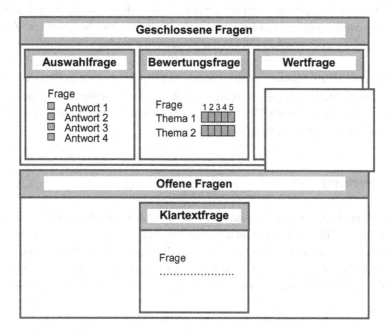

Abb. 5.3 Fragemöglichkeiten

ihre Antwort nur aus den Vorgaben auswählen. Bei offenen Fragen können Texte und Kommentare aufgenommen werden.

Fragebogenaktionen gibt es in vielen Formen. Neben einem (gedruckten) Textdokument lassen sich verschiedene Arten elektronischer Dokumente bis hin zu einer Abfrage im Internet verwenden. Es gibt auch die Möglichkeit, die Kunden anhand eines Interviewleitfadens am Telefon zu befragen. Während bei Textdokumenten der Beantwortungsaufwand für den Befragten am geringsten ist, ist der Datenerfassungsaufwand für denjenigen, der die Fragen auswerten soll, am höchsten. Bei der Konzeption des Fragebogens ist eine einfache Auswertung anzustreben, z. B. dass die Daten in einer Spalte oder auf einem Auswertungsblatt ausgefüllt werden und ohne Zusatzaufwand in eine Gesamtauswertung zu übertragen sind. Hier haben Abfragen über das Web den Vorteil, dass sie von den Befragten zu einer beliebigen Zeit ausgefüllt werden können und keine weitere Datenerhebung erforderlich ist.

5.3.1   Vorgehensweise

Abhängig von der Aufgabenstellung bei der Fragebogenaktion sind Art und Umfang festzulegen. Der Fragebogen ist zu konzipieren und abzustimmen. Es ist zu klären, wie groß der Wert der Antwort im Vergleich zum Aufwand der Datenerfassung ist. Lassen sich die einzutragenden Daten ermitteln? Lassen sich die Daten in die vorgesehenen Felder eintragen? Es bietet sich ein Testlauf für das Ausfüllen und Auswerten an. Mit den Ergebnissen dieses Tests lässt sich der Fragenbogen optimieren.

Nun sind die Zielgruppen zu identifizieren und die Teilnehmer anzuwerben. Der Fragebogen ist zu verteilen und es sind Rückfragen der Teilnehmer zu beantworten. Zu guter Letzt können die eingesammelten Rückläufer ausgewertet werden.

Wichtig bei einer Fragebogenaktion sind Teilnehmeranzahl und -verteilung. Um repräsentative Ergebnisse zu erhalten, müssen ausreichend viele ausgefüllte Fragebogen zur Verfügung stehen. Statistische Auswertungen, z. B. von Durchschnitts- und Medianwerten, sind erst bei mehr als 15 Rückläufern oder zehn Prozent der Befragten sinnvoll, weil sonst die Relevanz der Daten unbedeutend sein kann.

5.3.2   Bewertung

Vorteile der Fragebogenaktion sind das schnelle, standardisierte Erfassen von Informationen und die schriftliche Dokumentation der Ergebnisse. Je mehr geschlossene Fragen der Fragebogen aufweist, desto einfacher ist die Auswertung. Die Ergebnisse und deren Qualität hängen stark von der Gestaltung des Fragebogens, der Eindeutigkeit der Fragen und bei geschlossenen Fragen von der Güte der vorgegebenen Antwortmöglichkeiten ab.

5.4 Voice of the Customer

Die Methode Voice of the Customer (VOC) (Burchill und Hepner-Brodie 1997) unterstützt ein Projektteam bei der Ermittlung der relevanten Kundenanforderungen. Sie systematisiert den Interviewprozess. VOC basiert nicht auf einem strukturierten Fragebogen, sondern auf offenen Fragen und deren Auswertung nach festgelegten Grundsätzen.

Das Analyseteam ermittelt mittels VOC durch Kundenbefragungen die spezifischen Anforderungen an die Prozesse und fasst sie zu den wichtigsten Kundenbedürfnissen zusammen (Abb. 5.4).

5.4.1 Vorgehensweise

Für einen VOC-Prozess sind die folgenden Aufgaben notwendig (Abb. 5.5):

- Entwicklung einer Fragenliste für die Kundenanforderungen
  Nach der Abstimmung der Befragungsziele werden alle vorhandenen Informationen zu den Prozessanforderungen gesammelt und bewertet. Dazu gehören Kundenbefragungen aus der Vergangenheit, Qualitätsdokumentationen, Reklamationen der Kunden sowie weitere Kundendaten. Mit diesen Informationen werden mögliche Fragen entwickelt und dokumentiert.
  Die möglichen Zielgruppen werden erfasst und detailliert beschrieben, um die Prozessanforderungen vollständig zu ermitteln. Zu den Zielgruppen gehören die unterschiedlichen Kundengruppen (Entscheider, Einkäufer, Nutzer etc.) und die internen Prozessbeteiligten sowie die internen Kunden. Es wird eine Reihenfolge für die Befragung der Zielgruppen festgelegt und jeweils ein spezifischer Fragenkatalog zusammengestellt, der als grobes Gerüst für die Fragen verwendet wird.
- Organisation der Befragung
  Für die Befragung werden der Ablauf und die Anzahl der Beteiligten abgestimmt. Für jedes Interview wird mit den Beteiligten ein Termin vereinbart und in einem Interviewplan

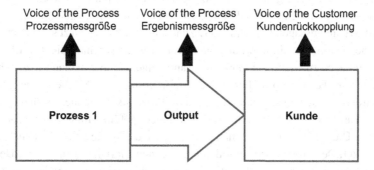

Abb. 5.4 Voice-of-the-Customer-Ansatz

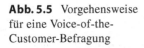

Abb. 5.5 Vorgehensweise für eine Voice-of-the-Customer-Befragung

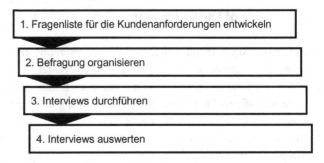

dokumentiert. Für das Interviewteam werden die Regeln für die Interviewdurchführung abgesprochen und die Erfassung der Notizen festgelegt. Wegen der umfangreichen Informationen bietet es sich an, das Interview nach Einverständnis des Partners auf Tonband oder als Video aufzuzeichnen. Dafür müssen die erforderlichen Gerätschaften bereitgestellt werden.

- Durchführung des Interviews
  Im Rahmen der Interviews werden mit dem Befragten Ziel und Inhalt des Projekts abgestimmt. Als Erstes werden Art und Vertraulichkeit der Auswertung abgesprochen. Für die Notizenerfassung sind zunächst alle vorgefassten Annahmen und Meinungen zurückzustellen. Es ist unvoreingenommen zuzuhören. Bei einem VOC-Interview soll der Befragte die Wichtigkeit und Bedeutung seiner Aussagen bewerten und die wesentliche Richtung der Befragung steuern. Die Antworten des Befragten sind vollständig und ohne Veränderung zu erfassen.

- Auswertung der Interviews
  Im Rahmen der Auswertung werden die Daten analysiert und zusammengetragen. Aus den Interviews werden Zusammenhänge ermittelt und die Ergebnisse strukturiert. So werden die Antworten der Befragten zu einzelnen Themen zusammengefasst und einander gegenübergestellt. Dabei wird untersucht, ob alle Befragten einen Punkt gleich bewerten oder ob unterschiedliche Gruppen einem Thema verschiedene Bedeutung beimessen. Um einen Überblick zu erhalten, sind zunächst alle Anforderungen separat zu dokumentieren. Häufig ist es am einfachsten, sie getrennt auf einzelne Notizzettel auszudrucken und auf einem Konferenztisch oder an einer Moderationswand zu sortieren, um die Hauptaussagen zu identifizieren und ähnliche Aussagen zusammenzufassen. Nun können Duplikate eliminiert und die Anforderungen vereinheitlicht werden. Dazu werden Aussagen zu wichtigen Punkten zusammengefasst und in eine Prozessanforderung umgesetzt. Bei der Formulierung der Anforderung soll nicht die Lösung, sondern die Anforderung im Vordergrund stehen („Der Prozess soll rechnergestützt ablaufen" wird zu: „Der Prozess soll strukturiert mit weniger als fünf Minuten Aufwand je Fall ablaufen"). Die Anforderungen sollen positiv (ohne die Worte „nicht", „kein") formuliert werden („Der Prozess läuft mit den bestehenden Einrichtungen" statt: „Der Kauf neuer Einrichtungen wird nicht benötigt") und möglichst nicht nur Ja/Nein-Antworten, sondern eine Bewertungsskala beinhalten. Im letzten Schritt lassen sich die Anforderungen nach ihrer Bedeutung priorisieren.

Aus den Ergebnissen werden Ideen für die Haupthandlungsfelder abgeleitet. Es können weitere Interviews geführt werden, um offene Punkte zu klären oder die Prioritäten in einigen Abstimmgesprächen zu verifizieren.

5.4.2 Bewertung

Die systematische Bearbeitung von Anforderungen mit dem VOC-Ansatz führt zu besseren Ergebnissen als ein Standardinterview-Ansatz. Obwohl der Aufwand erheblich höher ist, rentiert sich die Vorgehensweise wegen zusätzlicher und besser verstandener Anforderungen, die zu besseren Prozessen mit einer höheren Kundenzufriedenheit führen. Eine umfassende Schulung der Interviewleiter in der VOC-Methode ist eine wesentliche Voraussetzung für den erfolgreichen Einsatz. Dies gilt auch für die Einplanung ausreichender Zeit für eine systematische Auswertung.

5.5 Kundenerfahrungskurve

Mit den Ansätzen des Design Thinking (Lockwood 2009) werden Produkte besser auf die Benutzeranforderungen ausgerichtet. Wie können die Kunden mit den Produkten ihre Aufgaben einfacher erfüllen, steht im Mittelpunkt der Betrachtungen. Diese Ansätze lassen sich auf auf die Supply Chain Prozesse übertragen.

Die Kundenerfahrungskurve ist ein systematischer Ansatz des Design Thinkings, um die Kundenerwartungen und -bedürfnisse zu erfassen. Eine Kundenerfahrungskurve beschreibt den Prozess in zeitlicher Reihenfolge komplett aus der Sicht des Kunden: alle Aktionen, Ziele, Fragen, angestrebte Ergebnisse und Hindernisse in zeitlicher Reihenfolge (Richardson 2010). Dabei wird zunächst ein Prozess im Istzustand aufgenommen und bei einer Prozessneugestaltung ein Idealprozess definiert, aber jeweils aus der Sicht der Kunden. Dabei stehen immer die Anforderungen und die Wünsche der Kunden im Mittelpunkt (Abb. 5.6). Je besser die Prozesse die Anforderungen und Wünsche der Kunden erfüllen,

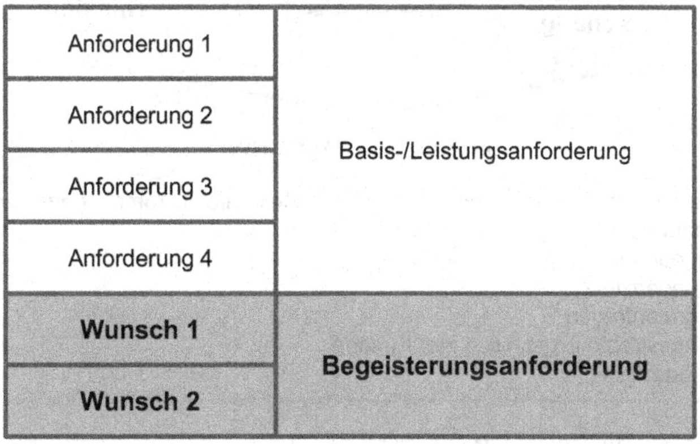

Abb. 5.6 Kundenanforderungen an die Supply Chain

desto wahrscheinlicher ist es, dass die Kunden im Wiederholfall mit dem Unternehmen zusammenarbeiten.

Die wichtigste Herausforderung ist es, die Prozesse aus der Sicht des Kunden zu betrachten. Es ist die Außenansicht gefragt, ohne die Betrachtung interner Restriktionen. Für die ideale Kundenerfahrungskurve werden alle Schritte beschrieben, die der Kunde durchführen möchte, um beliefert zu werden.

Mit diesen Ansätzen lässt sich die Kundenerfahrungskurve für die Supply Chain nutzen. Die Kundenerfahrungskurve (Abb. 5.6) dokumentiert die Aktionen in der Supply Chain in zeitlicher Reihenfolge komplett aus der Kundensicht und enthält

- alle Kundenaktionen,
- Kundenziele,
- Kundenfragen,
- angestrebte Ergebnisse der Kunden und
- die auftretenden Hindernisse (Abb. 5.7).

Um die Kundenerfahrungen zu dokumentieren, ist es erforderlich, sich über die möglichen Kunden im Klaren zu sein. Im typischen Geschäft können Händler, Distributoren, Landesgesellschaften oder bei einem direkten Kunden der Entscheider, der Einkäufer, der technische Projektleiter oder eine andere Funktion betroffen sein. Für unterschiedliche Kundenszenarien werden jeweils die Kundenerfahrungskurven für eine Kundengruppe entwickelt (Abb. 5.8). Für jedes Szenario wird eine Zielsetzung festgelegt. Der Prozess wird in die fünf Teilabschnitte Antizipieren, Beginnen, Engagieren, Beenden und Reflektieren unterteilt. Nun wird aus Kundensicht formuliert, was der Kunde in den einzelnen Teilabschnitten gerne ausführen und erreichen möchte. Aus Interviews wird abgeleitet, was der Kunde wünscht, um sein angestrebtes Ziel so einfach und angenehm wie möglich zu erreichen.

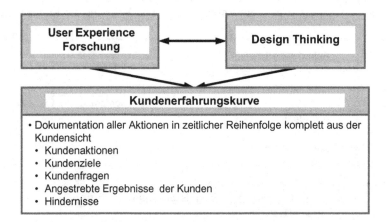

Abb. 5.7 Entstehung und Inhalte der Kundenerfahrungskurve

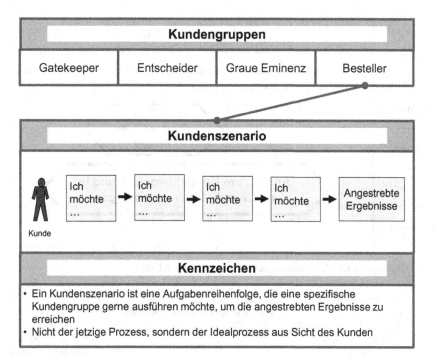

Abb. 5.8 Definition Kundenszenario

Es ist absolut kritisch, die Kundensicht zu behalten und nicht aus interner Sicht zu bewerten, was machbar ist und was nicht. Dazu gehört auch der direkte Kontakt mit den Kunden, nicht die Interpretation des Vertriebs, die sicherlich auch ein Input ist. Wenn es darum geht, Input für Begeisterungsfunktionen zu erhalten, dann ist es absolut notwendig, den Kunden zu verstehen und nicht die eigene Leistungsfähigkeit in den Vordergrund zu stellen.

Es ist also wichtig, den jeweiligen Idealprozess zu hinterfragen. Es geht also um Fragen, wie will der Kunde arbeiten, nicht um die Zufriedenheit mit den bestehenden Abläufen. Mit einer Kundenzufriedenheitsumfrage kann geprüft werden, ob die Anforderungen erfüllt werden, aber nicht, ob komplett andere Prozesse gewünscht werden und ob es einfach oder angenehm ist, mit dem Unternehmen zusammenzuarbeiten.

Die Prozessschritte soll der Kunde gerne ausführen. Das heißt, es geht nicht darum, das zu machen, wozu der Kunde sich gezwungen fühlt, sondern was der Kunde gerne macht. Dazu muss der Prozess von den bisherigen Vorgaben losgelöst werden.

Übertragen auf die Supply Chain heißt dies, mindestens die Prozessabschnitte Angebot, Bestellung bis Lieferung und Retouren zu betrachten. Häufig werden dabei unterschiedliche Kundensegmente und Kundenkanäle unterschieden (Abb. 5.9). In vielen Diskussionen mit unterschiedlichen Kunden werden die gewünschten Schritte je Szenario ermittelt.

Um die Daten systematisch zu dokumentieren, ist die Dokumentationsvorlage für die Kundenerfahrungskurve (Abb. 5.10) zu nutzen. Für die kundenorientierte Auslegung der Supply Chain hat es sich bewährt, dieses Format zu wählen. Im Endeffekt beschreibt die

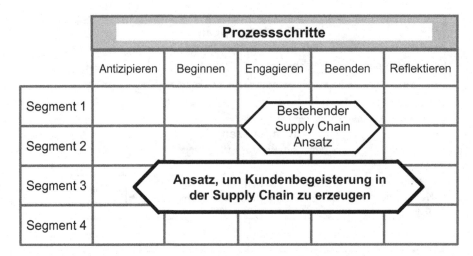

Abb 5.9 Umfang der Kundenerfahrungskurve in der Supply Chain

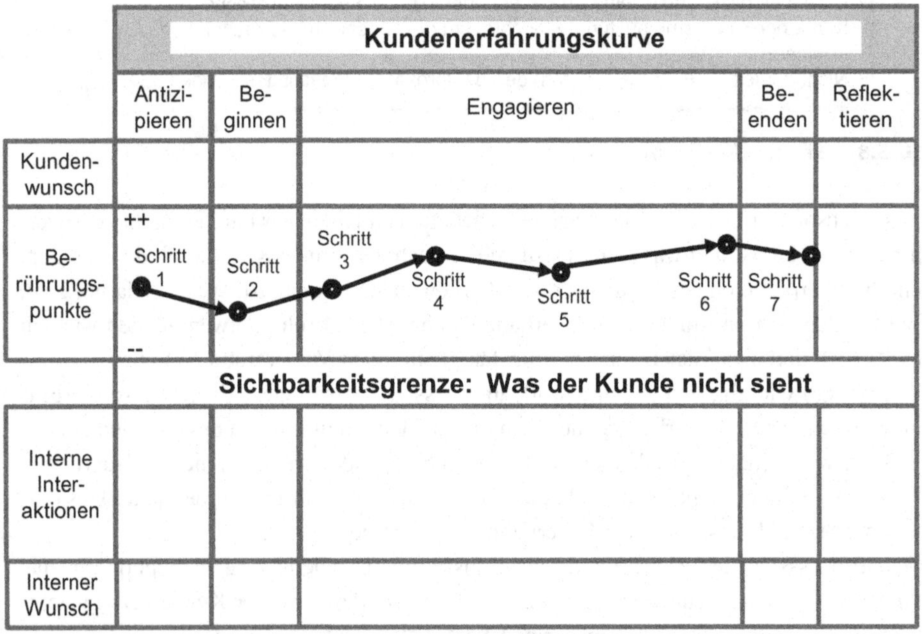

Kundenerfahrungskurve					
Antizi-pieren	Be-ginnen	Engagieren	Be-enden	Reflek-tieren

Abb. 5.10 Formblatt Kundenerfahrungskurve

Kundenerfahrungskurve die Schritte, die der Kunde aus seiner Sicht wünscht, in chronologischer Reihenfolge und die daraus resultierenden Antworten. Dabei werden oben in dem Formular die vom Kunden gewünschten Prozesse abgebildet. Es werden die Antworten des Unternehmens dargestellt, aber nicht die Schritte, die das Unternehmen durchführt, um die Kundenerwartungen zu erfüllen. Diese werden hinter einer Sichtbarkeitslinie versteckt und in der Regel nicht mit dem Kunden besprochen. Parallel sollen die bestehenden oder erwarteten Emotionen des Kunden aufgenommen werden. Damit wird bestimmt, wie der Kunde sich bei den einzelnen Prozessschritten fühlt. Mit der Skala zwischen -- und ++ wird eine Gefühlslage angedeutet. Um den Kunden zu begeistern, ist es erforderlich, eine positive Emotion bei den Kunden zu erreichen und durchgängig beizubehalten.

Mit dieser Aufnahme wird ermittelt, welche Aktivitäten in welcher Reihenfolge vom Kunden idealerweise gewünscht werden, um das Ziel zu erreichen. Dabei werden die Kundenanforderungen separat von den internen Prozessen erfasst. Die Kundenerwartungen an Antwortzeiten und Ablauf werden bestimmt und dokumentiert.

Bei der Erfassung der Prozesse sind nicht nur die logische Reihenfolge zu ermitteln, sondern es sind die Zeitdauern der einzelnen Schritte zu bestimmen. Dabei werden die Erwartungen abgefragt, nicht die derzeitigen Leistungen des Unternehmens. Die Daten sollen wirklich die Anforderungen des Kunden dokumentieren und nicht die Interpretation eines Vertriebsmitarbeiters.

Neben den Prozessschritten werden die Anforderungen des Kunden an die einzelnen Prozessschritte erfasst. Damit lässt sich der Prozess an die Anforderungen des Kunden ausrichten.

Für eine optimale Kundenerfahrung sind die Berührungspunkte zwischen dem Kundenprozess und dem Unternehmensprozess zu analysieren. Diese Berührungspunkte sollen so gestaltet sein, dass die Kundenerfahrung möglichst einfach und angenehm ist. Dabei kann jeder Punkt optimiert werden.

Wichtige Punkte führen typischerweise zu Momenten der Wahrheit: Wann sind Kernberührungspunkte, die den Unterschied zwischen Auftragszuteilung und Auftragsverlust bedeuten. So enthält die Kundenerfahrungskurve die Kundenaktionen in chronologischer Reihenfolge und erfasst die Kundenziele und deren Bedürfnisse zu jedem Prozessschritt. Alle Entscheidungspunkte und die wichtigen Prozessabschnitte werden markiert. Schwachstellen und offene Punkte werden als Kommentare erfasst. Das Markenerlebnis sowie Zufriedenheit und emotionale Antworten sind ein weiterer Inhalt. Insbesondere die Dokumentation der Kundengefühle ist absolut wichtig, um die Prozesse stärker auf den Kunden auszurichten. Negative Emotionen sind zu vermeiden, positive zu verstärken und mit der Diskussion über die Emotionen können die Verstärker für eine Begeisterung ermittelt werden.

Auf der für die Kunden nicht sichtbaren Seite können dann die Prozess- und Systemschnittstellen, einschließlich der Mitarbeiter und der Verantwortlichkeiten dokumentiert werden. Im Rahmen der Erfassung sind die Antworten aus Kundensicht zu dokumentieren.

Dabei können aus den Kundenkommentaren Verbesserungsmöglichkeiten aufgenommen werden und beschreibende Elemente, z. B. Zitate oder Fotos bei Bedarf ergänzt werden.

In Interviews mit den Kunden sind die gewünschten Kundenaktionen zu ermitteln. Kommunikationspunkte sind – wie alle Berührungspunkte – zu erfassen. Im Ablauf werden die Entscheidungspunkte identifiziert und soweit möglich, die Entscheidungslogik der Kunden hinterfragt. Die Berührungspunkte können nach ihrer Bedeutung priorisiert werden. Anschließend sind die Material-Berührungspunkte (z. B. Produktlieferung) zu überprüfen, und die Probleme und die Schwachstellen zu erfassen. Während des Ablaufs sind die zu erwartenden Kundenemotionen zu beschreiben.

Aus verschiedenen Szenarien kann nun ein Sollzustand entwickelt werden. Dazu können Verbesserungen und neue Ideen in den Sollzustand einfließen. Zum Abschluss wird die neue Lösung mit Kunden diskutiert und mit diesen abgestimmt.

Die Kundenerfahrungskurve beschreibt die gewünschten Kundenaktionen vollständig und stellt somit eine Vorgabe für die Prozessgestaltung dar. Mit einiger Anwendungserfahrung ist sie zügig zu erstellen und ist ein ideales Kommunikationsmittel, um von einer reinen internen Betrachtung auf eine externe Betrachtung und somit die Anforderungen umzuwechseln.

Wenn der Idealprozess erfasst ist, ist es in manchen Fällen hilfreich, den Istprozess nach dem gleichen Schema aufzunehmen und insbesondere die Emotionen des Kunden bei den einzelnen Schritten zu beschreiben. Aus dem Vergleich von Ist und Ideal kann die Größenordnung der erforderlichen Änderungen bestimmt werden.

5.5.1 Vorgehensweise

Der Prozess zur Erstellung einer Kundenerfahrungskurve ist wie folgt (Abb. 5.11):

- Beteiligte identifizieren
  Alle Beteiligten am Prozess sind zu identifizieren. Insbesondere die externen Beteiligten, die nicht Kunden sind und alle internen Abteilungen und Personen, die in den Prozess integriert sind.
- Kunden identifizieren
  Für den Kunden sind die unterschiedlichen Kundengruppen und Parteien bei den Kunden zu identifizieren. Wenn die Kunden aus unterschiedlichen Kundensegmenten oder aus dem gleichen Segment mit sehr variierenden Anforderungen stammen, kann es sinnvoll sein, unterschiedliche Erfahrungskurven für die unterschiedlichen Anforderungen zu erstellen.
- Angestrebte Ergebnisse bestimmen
  Für jeden Kunden sind die von ihm erwarteten Ergebnisse aufzuführen. Diese Ergebnisse sind möglichst nach Beschaffenheit, Qualität, Zeit oder Kosten zu bestimmen.
- Kundenaktionen ermitteln
  Für die Kunden sind die vom Kunden gewünschten Aktionen zu ermitteln. Was möchte der Kunde mit Vergnügen machen, um zum angestrebten Ergebnis zu kommen? Was sind die Wünsche aus der Sicht des Kunden an die Prozesse? Je offener hier gefragt wird und je weiter die Offenheit der Antwort ist, desto höher kann die Innovation in dem Prozess sein. Es sollte mit offenen Fragen gearbeitet werden: Was wollen Sie als erstes tun? Was kommt danach? Während der Diskussion sollten die Anforderungen aufgenommen werden und nicht dabei bewertet werden, was umsetzbar oder nicht realisierbar ist. Häufig kann der Kunde seine Anforderungen nicht einfach verbalisieren,

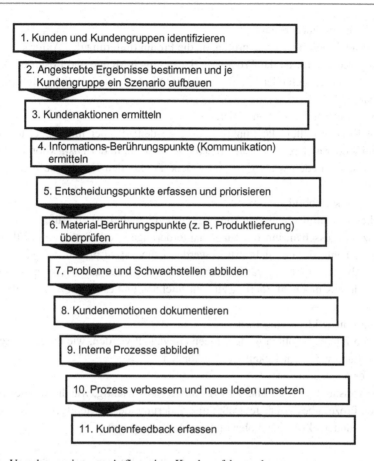

1. Kunden und Kundengruppen identifizieren

2. Angestrebte Ergebnisse bestimmen und je Kundengruppe ein Szenario aufbauen

3. Kundenaktionen ermitteln

4. Informations-Berührungspunkte (Kommunikation) ermitteln

5. Entscheidungspunkte erfassen und priorisieren

6. Material-Berührungspunkte (z. B. Produktlieferung) überprüfen

7. Probleme und Schwachstellen abbilden

8. Kundenemotionen dokumentieren

9. Interne Prozesse abbilden

10. Prozess verbessern und neue Ideen umsetzen

11. Kundenfeedback erfassen

Abb. 5.11 Vorgehensweise zum Aufbau einer Kundenerfahrungskurve

deshalb bietet es sich an, den Prozess zum Schluss zu wiederholen und auf eventuell offene Punkte hinzuweisen. Es kann passieren, dass der Prozess mehrfach überarbeitet wird. Und es kann sein, dass der Prozess bei verschiedenen Parteien beim gleichen Kunden nicht einheitlich ist.

- Berührungspunkte ermitteln
  Für alle Punkte, bei denen der Kunde mit dem Unternehmen direkt in Verbindung steht, sollten die Anforderungen nachgefragt werden. Wie laufen Informationen beim Kunden, wie kann die Lieferung des Unternehmens an Informationen und Produkten für den Kunden optimiert werden?

- Momente der Wahrheit erfassen und priorisieren
  An welchen Stellen sind wirklich entscheidende Momente in der Prozesskette? Wann wählt der Kunde den Lieferanten aus, wann wählt er das Produkt aus, wann steht er vor einer Auswahlentscheidung? Diese Punkte müssen aus Sicht des Unternehmens optimal gestaltet werden, damit der Kunde in seiner Entscheidung das Unternehmen auswählt.

- Produktlieferung überprüfen
  Für die Produktlieferung ist zu prüfen, ob die Produktlieferung den Anforderungen des Kunden gerecht wird. Ist das Produkt in der richtigen Menge und Losgröße geliefert? Sind die Verpackungen oder Behälter optimal? Sind alle erforderlichen Informationen verfügbar?
- Emotionen des Kunden dokumentieren
  Für den Kunden sollen die Punkte notiert werden, die bei ihm Begeisterung oder Ablehnung oder andere Emotionen bewirken. Es sollte in der Diskussion geklärt werden, was dem Kunden wichtig ist und welche Punkte den Kunden aufregen oder gar verärgern.
- Interne Prozesse abbilden
  Wenn die Kundeninformationen komplett aufbereitet sind, ist zu prüfen, wie die internen Prozesse aussehen, um die Kundenanforderungen vollständig zu erfüllen. Wenn eine Kundenanforderung nicht erfüllt werden kann, ist zu prüfen, wie sie zumindest teilweise abgedeckt werden kann. Wenn eine Kundenforderung überhaupt nicht erfüllt wird, ist diese Kundenanforderung zu kennzeichnen und es ist mit anderen Beteiligten zu klären.
- Verbessern, neue Ideen umsetzen
  Am besten im Team sollten weitere Ideen entwickelt werden, wie die Prozesse weiter verbessert und weiterentwickelt werden können.
- Kundenfeedback erfassen
  Für eine vollständige Kontrolle der Ergebnisse ist es wichtig, wie die Kunden den verbesserten Prozess bewerten. Je größer die Änderung, desto wichtiger ist es, das Feedback der Kunden aktiv einzuholen und darauf zu reagieren.

Gerade in großen Unternehmen können unterschiedliche Kunden mit verschiedenen Anforderungen existieren. Entscheider, strategische und operative Einkäufer, der Wareneingang und das Lager sowie die Produktion sind alle Kunden von einem Lieferanten und haben unterschiedliche Interessen und Erwartungshaltungen.

Bei den Berührungspunkten sind folgende Punkte zu betrachten:

- Welche Erwartungen hat der Kunden an die Ergebnisse der Interaktion?
- Welche Ergebnisse will der Kunde erreichen?
- Wie geht der Kunde derzeit durch den Berührungspunkt?
- Was läuft derzeit schlecht im Berührungspunkt?
- Was läuft gut und sollte auf alle Fälle beibehalten werden?
- Was wäre der ideale Interaktionsablauf an diesem Berührungspunkt?
- Welches Feedback gibt es zu dem Berührungspunkt?
- Welche Kanäle können die Kunden für diesen Berührungspunkt nutzen?
- Gibt es spezifische Interaktionen?
- Wie bewertet der Kunde den derzeitigen Prozess und die Interaktion?
- Welche Prozesse unterstützen den Berührungspunkt?

- Welche Werkzeuge unterstützen den Berührungspunkt?
- Welche Personen unterstützen den Berührungspunkt?
- Wer ist für den Berührungspunkt verantwortlich?
- Wer ist für die Prozesse, Nachrichten und andere Interaktionen verantwortlich?
- Mit wem ist der Kunden in Verbindung?
- Welche Werkzeuge werden während der Interaktion verwendet?
- Welche Kundendaten werden erfasst?
- Welche Kennzahlen werden erfasst?
- Was sind die Schmerzpunkte?
- Was sollte die optimale Kundenerfahrung sein?

Um die Berührungspunkte zur optimieren, sind die Nachrichten, Produkte, Dienstleistungen und Interaktionen zu betrachten. Jedes dieser Objekte kann in den Dimensionen Zeit, Aufwand, Wert, Vertrauen und Auswahl optimiert werden (Abb. 5.12).

So können die Nachrichten bezüglich Zeit optimiert werden, in dem statt Brief- oder Faxnachricht nun Emails mit allen relevanten Informationen geschickt werden, in denen die Informationen im Emailbetreff und -text sind. Der Lieferant kann die Dienstleistungen hinsichtlich Wert verbessern, indem er die vollständige Konfiguration auf alle genannten Kundenbedürfnisse optimiert. Gerade bei der Konfiguration ist es wichtig, diese Informationen aus Sicht des Kunden zu beschreiben. So ist die Beschreibung von Funktionen und Merkmalen aus der Sicht eines internen Kunden anders als die Beschreibung, die ein Externer mit weniger Fachwissen hat.

5.5.2 Anwendungsbeispiel

In einem Projekt wurde die Kundenerfahrungskurve als Hilfsmittel zur Ermittlung der Kundenwünsche ermittelt. Nach vielen Kundenzufriedenheitsumfragen waren aus dem Projekt keine neuen Impulse erwartet worden.

Die Überraschung kam nach der Diskussion mit mehreren Kunden. Die Kunden waren mit den Prozessen unzufrieden, weil der Aufwand auf Kundenseite viel zu hoch war. Anstatt umfangreiche Bestell- und Auftragsabwicklungsprozesse abzubilden, war der Wunsch einiger Kunden, nur eine Lagerbestandsauffüllung und ein Pay-per-Use-Modell zu nutzen (Abb. 5.13). Anstatt auf beiden Seiten einen erheblichen Aufwand zur Abstimmung von Bestellung und Lieferung zu etablieren, sollte der Bestand vom Lieferanten verwaltet werden. Die Kunden wünschten, dass der Lieferant eigenständig den Nachschub verwaltet und die Bezahlung sollte über eine Gutschrift sichergestellt werden. Nach einigen Abstimmungen mit den Kunden wurde eine Gutschrift im Wochenrhythmus vereinbart (Abb. 5.14).

Bei der Diskussion über Antwortzeiten und Informationsaustauschzeiten traten unerwartete Anforderungen auf. Die Kunden wünschten eine sofortige Information über die Belieferungen, also wenn eine Lieferung erforderlich war. Die Information war zur Abbildung im Kunden-IT-System erforderlich, um mehrfache Dispositionen zu vermeiden.

	Nachricht	Produkt	Dienst-leistung	Interaktion
Zeit	Zeitgerecht: Schnelle Email-Antwort mit wichtigen Informationen	Schnell: Lieferzeit in 96 h	Zeitsparend: Schnell ausgepackt und schnell im Einsatz	Prompt: Kein Warten auf eine Auftragsbestätigung
Aufwand	Koordiniert: Emails basiert auf meiner Anfrage	Intuitiv: Funktionen integrieren mit bestehendem Produkt	Nacharbeitsfrei: Wissen über den Kunden ist überall verfügbar	Arbeitssparend: Produkt direkt einsetzbar ohne Konfiguration
Wert	Nützlich: Inhalt beschreibt nächste Ausführungsschritte	Relevant: Verpackung unterstreicht Wertigkeit des Produkts	Wertvoll: Vollständige Konfiguration auf Kundenbedürfnisse	Anwendbar: Manual vorab zur Eingewöhnung gesandt
Vertrauen	Konsistent: Alle Unternehmensvertreter sagen das Gleiche	Robust: Fällt nicht aus und erfüllt Funktionen nach Anforderung	Vertrauensvoll: Informationen sind verlässlich	Transparent: Auftragsfortschritt ist nachvollziehbar
Auswahl	Personalisiert: Nachrichten sind auf Empfangskanäle ausgerichtet	Kundenspezifisch: Produkt ist an Bedürfnisse anpassbar	Zugeschnitten: Auswahl der benötigten Dienstleistungen	Adaptierbar: Produkt an neue Anforderungen anpassbar

Abb. 5.12 Verbesserungsansätze zur Kundenerfahrung

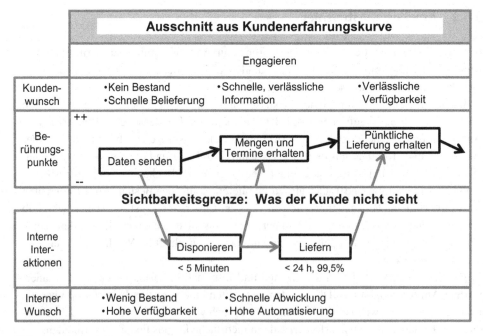

Abb. 5.13 Beispiel für eine Kundenerfahrungskurve – Auszug

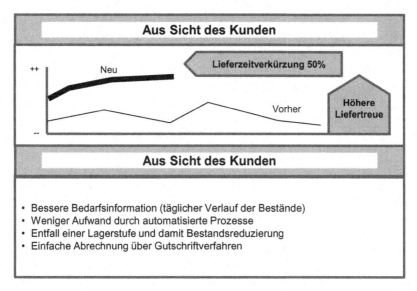

Abb. 5.14 Nutzen der Kundenerfahrungskurve

Das Projekt führte zu einem Win-Win mit einer erheblichen Veränderung für das Unternehmen und Vorteilen für beide Seiten.

5.5.3 Bewertung

Die Kundenerfahrungskurve ist ein wichtiges Hilfsmittel, um kundenorientierte Supply Chains zu gestalten. Die Änderung der Sichtweise – die Sicht des Kunden statt der internen Sicht – führt zu erheblichen Veränderungen in den Supply Chain-Anforderungen. Unternehmen, die sich dieser Herausforderung stellen, können im Markt erhebliche Wettbewerbsvorteile erzielen, weil sie besser auf die spezifischen Kundenbedürfnisse eingehen können.

Prozesse analysieren und beschreiben 6

Zusammenfassung

Es gibt eine Vielzahl von Möglichkeiten zur Prozessanalyse und -beschreibung. Verschiedene Methoden zur Prozessanalyse werden vorgestellt und bewertet. Dabei werden Standardmethoden für Supply Chain und Produktion, wie die Wertstrommethode oder Supply Chain Referenzmodelle, und allgemeine Ansätze, wie das Flussdiagramm dargestellt und bezüglich der Eignung für eine Prozessanalyse bewertet. Aus den verschiedenen Ansätzen wird eine Gesamtmethode für das effiziente Analysieren von Prozessen in der Supply Chain und Produktion entwickelt und beschrieben.

Unter *Prozessanalyse und -beschreibung* wird die Aufnahme und Dokumentation eines Istprozesses verstanden. Die Analyse und Beschreibung ist für viele Prozessverbesserungen der Ausgangspunkt, um den Istzustand zu verstehen, zu dokumentieren und Verbesserungsvorschläge und -ansätze zu identifizieren.

6.1 Aufbau der Prozessanalyse

Für eine Prozessoptimierung sind einerseits die bestehenden Prozesse zu analysieren und auf der anderen Seite neue Prozesse zu gestalten. Viele Prozessanalysemethoden stellen die Prozesse grafisch mit einer Abbildung dar, die die Sequenz von Aktivitäten oder Tätigkeiten in einer zeitlichen oder logischen Reihenfolge mit vordefinierten Symbolen zeigt. Diese Abbildung beschreibt, wer etwas tut, was er tut, wo, wann und wie er es tut (Abb. 6.1)

© Springer-Verlag GmbH Deutschland 2018
T. Becker, *Prozesse in Produktion und Supply Chain optimieren*,
https://doi.org/10.1007/978-3-662-49075-4_6

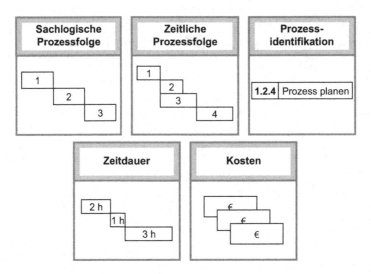

Abb. 6.1 Inhalte der Prozessbeschreibung

Bei komplexen Prozessen können die grafischen Gesamtdarstellungen schnell unübersichtlich werden. Je nach Umfang des Prozesses empfiehlt es sich daher, zwischen
Übersichtsdarstellungen und Ausschnittsabbildungen in einer detaillierten Ansicht zu
unterscheiden. Durch einen hierarchischen Aufbau lässt sich sicherstellen, dass Übersicht
und Detail zusammenpassen, indem jeder Teilprozess aus der übergeordneten Ebene der
Betrachtungsumfang in der nächsttieferen Ebene wird. Während der Analyse dient die
Übersicht am Anfang dazu, den Gesamtumfang der Aufgabenstellung einzugrenzen und
die Gesamtziele des Prozesses zu verdeutlichen. Das Detail hilft, den Weg zur Zielerreichung festzulegen. Allerdings fehlt in den Detaildarstellungen naturgemäß die Übersicht,
sodass in der Kombination von Übersicht und Detail Prozesse beschrieben und optimiert
werden können.

Ein Gesamtprozess besteht aus Teilprozessen, die sich wiederum in Schritte und Aktivitäten gliedern. Die Prozessanalyse soll diese Hierarchie und Aufteilung abbilden und
beschreiben. Damit sind die Schnittstellen zwischen den Teilprozessen und von den Teilprozessen zu den Schritten zu definieren und diese Unterteilungen analog auf den unteren
Ebenen fortzuführen.

In der Prozessdarstellung sind jeder Prozess, jeder Teilprozess, jeder Schritt und jede
Aktivität eindeutig zu bezeichnen (Abb. 6.2). Nach der üblichen Handhabung lassen sich
Prozesse mit einer Nummerierung, einem Objekt und einem Verb benennen, um eine Pro-
zessaktion zu identifizieren und zu verstehen. Die Nummerierung wird als Gliederung in
vier Ebenen aufgebaut. Die oberste Ebene beschreibt die Prozesse, die zweite die Teilprozesse, die dritte die Schritte und die vierte die Aktivitäten. In jeder Ebene und für jeden
Betrachtungsumfang werden die Tätigkeiten fortlaufend nummeriert, die Ebenen werden
durch Punkte getrennt.

Abb. 6.2 Prozessidentifizierung

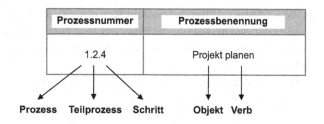

Die Benennung in Objekt-Verb-Form (Harrington 1991) zwingt dazu, Tätigkeiten von Ergebnissen zu trennen und mit der Formulierung eine Aktivitätenkette auszudrücken. Es empfiehlt sich, starke Verben zu verwenden und damit die Handlung zu beschreiben. Verben wie „erstellen", „durchführen" oder „erfolgen" sollten weitestgehend vermieden werden, da im zugehörigen Objekt meist eine Tätigkeit versteckt ist. Statt „Projektplan" oder „Projektplanung" lässt sich der Prozess mit „1.2.4 Projekt planen" bezeichnen, damit klar wird, dass nicht die Tätigkeit „Projektplanung überprüfen", „Projektplanung nacharbeiten" oder „einen Projektplan zeichnen" gemeint ist, sondern dass im Schritt 4 des Teilprozesses 1.2 die Tätigkeit „zukünftige Arbeit planen" ausgeführt wird. Als Ergebnis dieses oder eines folgenden Prozessschritts wird der Projektplan mit einem Ergebnissymbol dokumentiert.

In manchen Fällen bestehen Prozessbeschreibungen aus der Aufzählung der erforderlichen Ergebnisse, z. B. Stückliste oder Monatsprogramm. Damit wird lediglich das Was erklärt, also die Prozessausgangsgrößen; das Wie, also die Tätigkeitskette, die zum Ergebnis führt, wird nicht beschrieben. Bei einer Prozessoptimierung steht die Vorgehensweise im Vordergrund. Deshalb reicht diese Art der Prozessbeschreibung nicht aus. Bei der ergebnislastigen Prozessbeschreibung werden bestehende Ergebnisformen nicht hinterfragt. Die Prozessgestaltung fokussiert sich stärker auf eine Feinoptimierung statt auf die gesamte Optimierung von Prozessen und Zwischenergebnissen.

Für die Analyse des Istzustands wird der aktuell genutzte Prozess erfasst und in einem Prozessdiagramm beschrieben. Jeder Prozess besteht aus einer beliebigen Anzahl von Teilprozessen, die durch gleichartige Symbole dargestellt werden.

Jede Einzelfunktion in den Prozessabbildungen beantwortet folgende Fragen:

- Woher kommen die formellen oder informellen Informationen?
- Auf welchem Weg kommt die Information?
- Welche Verarbeitung wird vorgenommen?
- Mit welchen Mitteln wird die Verarbeitung ausgeführt?
- Wollen die Kunden die formellen und/oder informellen Informationen?
- Auf welchem Weg wird die Information weitergehen?

Neben dem Prozessfluss, also der logischen und zeitlichen Reihenfolge der Aufgabenbearbeitung, und dem Informationsfluss sind Kosten, Ausführungs- und Durchlaufzeiten wichtige Inhalte. Um die Prozesskosten mit den Zeiten und den Kostensätzen zu ermitteln,

ist die Kenntnis der Stundensätze für Ressourcen und Personal erforderlich. Falls Lizenz-
kosten oder andere spezifische Prozesskosten anfallen, sind diese getrennt zu erfassen.
Häufig werden Lagerkosten oder besondere Liegekosten in der Kostenbetrachtung mitbe-
rücksichtigt.

Um später den Prozess und seine Leistungen zu optimieren, werden an die Prozessdarstellung folgende Anforderungen gestellt:

- Prozess vollständig abbilden
- Prozess und alle Teilprozesse, Schritte oder Aktivitäten von Prozessanfang bis zum
  Abschluss der Aktivität darstellen
- Prozesse mit einer einheitlichen Systematik beschreiben
- Ausreichenden Detaillierungsgrad darstellen
- Erforderliche Ressourcen und Hilfsmittel dokumentieren, einschließlich DV-Einsatz
- Prozesszeiten, Ausführungshäufigkeit und Prozesskosten aufnehmen
- Denkansätze für die Prozessoptimierung notieren
- Schnittstellen zu anderen Prozessen bei hierarchischem Aufbau oder bei parallelen
  Ketten dokumentieren

Mit einer Prozessanalysemethode lassen sich strukturiert die Teilprozesse, Schritte und Aktivitäten in einem Prozess erfassen und dokumentieren. Die Prozessabbildung beschreibt
alle Tätigkeiten, die zu einem spezifischen Prozess gehören, zeigt sie in einzelnen Teilprozessen, Schritten und Aktivitäten des Prozesses, beschreibt, wer diese Tätigkeiten ausführt
und welche abteilungsübergreifenden Beziehungen bestehen.

Die Prozessanalyse des Istzustands ist eine wichtige Ausgangsbasis, um einen Prozess
zu verbessern. Prozessabbildungen als Analyseergebnis können auf mehreren Ebenen und
mit unterschiedlichen Inhalten mithilfe unterschiedlicher Methoden dargestellt werden.
Je nach Umfang des Prozesses können Prozesse in Teilprozesse untergliedert und in den
jeweiligen Prozessebenen mit unterschiedlichen Prozessabbildungen dokumentiert werden.

Eine Prozessabbildung ermöglicht es, den Prozess zu verstehen, ihn damit zu vereinfachen, ihn neu zu gestalten und seine Leistung zu charakterisieren. Sie beschreibt die
Vorgehensweise, mit der die Ergebnisse erreicht werden. Die grafische Darstellung der
Prozesse schafft eine Übersicht und ermöglicht eine Kommunikation über die Prozesse.
Ein Bild ist wertvoller als tausend Worte. Die grafische Darstellung bildet einen einfachen Ansatzpunkt, um Probleme und Schwierigkeiten zu identifizieren, Möglichkeiten
zur Verbesserung zu erkennen und somit die Qualität des Prozesses zu erhöhen.

Der Sollzustand wird in vielen Verbesserungsprojekten mit der gleichen Prozessdar-
stellungsmethode beschrieben wie der Istzustand. Aus den grafischen Darstellungen lassen sich leicht Änderungen der Prozesskomplexität ableiten.

Prozessabbildungen sind auf verschiedenen Hierarchieebenen im Unternehmen intuitiv
zu verstehen. Sie ermöglichen eine einfache Darstellung auch komplexer Zusammenhänge
und beschreiben eindeutige Zustände. Darüber hinaus helfen die Abbildungen, Prozessprobleme zu identifizieren, und sind insgesamt ein effektives Hilfsmittel, um einen Prozess zu verbessern.

Als Ergebnis einer Prozessabbildung können die Probleme im Istzustand identifiziert werden. Dazu zählen nicht wertschöpfende Tätigkeiten, Doppelarbeit, ineffizientes Arbeiten, redundante Schritte, Fehlermöglichkeiten, Schattensysteme, unvollständige oder nicht anwendbare Aufgabenbeschreibungen und Richtlinien.

Der Nutzen von Prozessabbildungen ergibt sich aus der Kommunikation über den Istzustand, der einfachen Vergleichsmöglichkeit mit anderen Prozessen und den daraus abzuleitenden Verbesserungen.

Die Prozessabbildungen haben so einen Mehrfachnutzen: Sie sind die Basis für Schulungen, ein Vergleichsmaßstab für die Ausführung und die Grundlage für eine kontinuierliche Prozessverbesserung. Darauf aufbauend lassen sich neue Produkte oder Dienstleistungen entwickeln und neue Prozesse gestalten. Als Zusatznutzen erlangen die Prozesse eine Unabhängigkeit vom Wissen der einzelnen Mitarbeiter. Die Prozessdokumentation kann für viele Unternehmen einen ersten Schritt in Richtung Wissensmanagement darstellen, da nun das Wissen des Unternehmens in strukturierter Form abgebildet ist.

Der Hauptnutzen für ein Prozessverbesserungsteam ist das gleiche Verständnis aller Beteiligten für den gesamten Prozess, das aus der gemeinsamen Erarbeitung resultiert. Damit können unterschiedliche Mitarbeiter und Abteilungen Wissen über einen Prozess austauschen und die Prozesse abteilungsübergreifend auf die Kundenanforderungen und Unternehmensziele hin ausrichten.

Eine erfolgreiche Prozessanalyse basiert auf Teamarbeit. Das Team integriert die richtigen Prozessbeteiligten in die Untersuchung und verwendet eine einfache Prozessabbildungsmethode. Der größte Wert der Prozessanalyse ergibt sich aus der Identifikation von Problemen, Schwachstellen und Handlungsansätzen und der Umsetzung von Verbesserungen; die Analyse ist lediglich Mittel zum Zweck.

Bei der Prozessanalyse besteht die große Gefahr der Verzettelung, da die Prozesse in nahezu beliebigem Detail und Umfang beschrieben werden können. Damit kann eine Analyse des Istzustands sehr viel Zeit verschlingen, ohne einen konkreten Nutzen zu erzeugen. Manchmal dauert eine Prozessanalyse zwei Jahre, wie dem Autor aus Erzählungen über konkrete Projekte bekannt geworden ist. Sie soll jedoch je nach Umfang in kürzester Zeit, spätestens in vier Wochen, abgeschlossen sein. Andernfalls besteht wegen der ständigen Veränderungen im Unternehmen die Gefahr, sie immer wieder aufgrund von Umstrukturierungen, neuen Mitarbeitern oder neuen Anforderungen aktualisieren zu müssen. Erfahrungen mit der Prozessanalyse lehren auch, schnell Wichtiges von Unwichtigem zu trennen, um die Lösung wichtiger Probleme kurzfristig voranzutreiben.

Für viele Prozessanalysen wird deutlich mehr Zeit in Anspruch genommen als unbedingt erforderlich, weil viele Teams eine vollständige Analyse aufbauen wollen. Wenn ein Bereich optimal läuft, kann die Analyse in diesem Bereich verkürzt werden. Gegebenenfalls kann sogar darauf verzichtet werden. Unwichtige Bereiche oder solche, auf die das Verbesserungsteam keinen Einfluss hat, müssen nicht weiter detailliert werden. Es bietet sich an, zunächst einen Prozess auf sehr hoher Ebene zu analysieren und dann intensiv in einzelne Teilbereiche einzusteigen. Die Teilbereiche sind nur so weit zu detaillieren, dass sich feststellen lässt, ob der Prozess im Allgemeinen in Ordnung ist oder ob es größere Auffälligkeiten gibt. Falls Letzteres der Fall ist, ist der Prozess genauer zu analysieren. Die anderen Prozesse werden gegebenenfalls zu einem späteren Zeitpunkt weiterverfolgt.

Bei ungeschickten Ansätzen zur Prozessanalyse wird das Analyseteam in Informationen ertränkt. Es wird von den verschiedenen Beteiligten hin und her geschickt und kann deshalb die Prozesse nicht kurzfristig beschreiben. Interviewpartner können falsche Fährten legen. Manager und Abteilungsleiter kennen die betroffenen Prozesse oft nur vom Schreibtisch und den Sollzustand, aber nicht den Istzustand, wie tatsächlich gearbeitet wird. Mit einer derartigen Beschreibung werden die realen Probleme nicht aufgedeckt, sondern bewusst oder unbewusst verdeckt.

So wurden in einem Projekt bei einem Baustoffhersteller Prozesse analysiert. Es wurden unterschiedliche Aufträge betrachtet. Bei der Diskussion der Prozesse für die Aufträge wiesen die Beteiligten darauf hin, dass fast alle Aufträge nicht nach dem dokumentierten Standardprozess abgewickelt wurden, also eine Sonderausführungsform waren. Nach längerem Fragen stellte sich heraus, dass die Sonderausführungsformen 90 Prozent der Aufträge betrafen und dass die Standardform, also die beschriebene Vorgehensweise, nur für einen Bruchteil der Fälle zutraf. Die Mitarbeiter bearbeiteten die Sonderfälle nach eigenen Vorstellungen. Die Beschreibung der Abteilungsleitung, die nur die nicht relevante Standardform beinhaltete, war vollkommen unzulänglich. Für eine Lösung aller Probleme mussten zunächst alle Sonderfälle erfasst und neue Prozesse definiert werden, wie mit möglichst geringem Aufwand die Aufgaben in allen Fällen bearbeitet werden konnten.

Deshalb sollte ein Analyseteam nicht nur die Beschreibung des Prozesses, sondern an konkreten Beispielen die Prozessabwicklung aufnehmen und mögliche Differenzen darstellen.

Da die im Folgenden dargestellten Methoden unterschiedliche Inhalte haben, ist der Hinweis unerlässlich, dass jede Methode ein Hilfsmittel ist, Vorgaben macht oder Wege aufzeigt. Jede Methode basiert auf einer bestimmten Theorie oder Philosophie. Der Anwender soll sich nicht zum Sklaven einer Methode machen. Als Aufgabenstellung bleibt im Vordergrund, was mit einer Prozessverbesserung erreicht werden soll. Darauf ist jede einzusetzende Methode auszurichten und anzupassen.

Viele Prozessverbesserungsprojekte scheitern, weil die Mitarbeiter es nicht gewohnt sind, Prozesse dazustellen und so ihr Wissen preiszugeben. Aus Angst, ihre über lange Jahre auf der Basis ihres Wissens erreichte Machtposition zu verlieren, verhindern diese Mitarbeiter eine aussagekräftige Prozessabbildung. Typische Zeichen dafür sind die Aufblähung von Prozessen durch zahlreiche Sonderfälle, Sondersituationen und Notfälle oder die ausführlichen Beschreibungen von Problemfällen bei gleichzeitiger Unterdrückung der Normalfälle.

Das Analyseteam muss in solchen Fällen die nicht dokumentierten Ängste der Mitarbeiter erkennen und ansprechen. Mit den Betroffenen sind die Ziele abzustimmen. Durch Fragen nach der Bedeutung der Fälle lässt sich die Spreu vom Weizen trennen, also eine weitere Analyse der unwichtigen Sonderfälle begrenzen.

Unterschiedliche Erwartungen an die Ergebnisse, fehlerhafte Mess- oder Zielgrößen, Fehlinterpretation von Daten oder deren Missbrauch sind typische Herausforderungen bei der Prozessabbildung.

Erfolgreiche Prozessabbildungen sind ein Hilfsmittel, um neue Wege zu identifizieren und zu implementieren. Die Prozessanalysemethode hilft, neue Ansätze in der Übersicht und im Detail darzustellen und zu beschreiben. Mit der Analysemethode kann eine hohe Stufe der Prozesssicherheit erreicht werden, wenn als Analyseergebnis unterschiedliche Ausführungsformen vereinheitlicht werden. Die Qualität und die Sorgfalt der Prozessabbildung, mit der die Beschreibung den Istzustand genau dokumentiert und die Zusammenhänge einleuchtend darstellt, entscheiden über den Erfolg der abgeleiteten Verbesserungsmaßnahmen.

6.2   Vorgehensweise zur Prozessanalyse

Prozesse können nach einer standardisierten Vorgehensweise (Abb. 6.3) analysiert werden. Zunächst ist ein geeigneter Prozess für eine Prozessabbildung auszuwählen und ein Analyseteam zusammenzustellen. Das Team identifiziert die Prozessbeteiligten. Dann ist das Ziel des Prozesses festzulegen. Der Prozessverantwortliche ist zu bestimmen und Prozessanfang und -ende sind abzuklären. Als Nächstes ist die Art und Weise der Abwicklung zu dokumentieren, am besten mit einer Prozessabbildung. Aufbauend auf dieser Prozessabbildung können Problemfelder und Verbesserungsansätze identifiziert und dokumentiert werden.

Der erste wichtige Analyseschritt ist die Festlegung der Zielsetzung für das Projektteam, die am besten mit den Prozessverantwortlichen erfolgt. Zu den nächsten Schritten zählen eine grobe Prozessdefinition und eine motivierende Aufgabenstellung, die für das Analyseteam beschreibt, warum dieser Prozess ausgewählt wurde. Welche Erwartungen hat das Team an die Prozessverbesserung? Was sind die Ziele einer Prozessverbesserung? Was sind die erwarteten Ergebnisse aus dem Projekt? Was sind die Messgrößen, mit denen

Abb. 6.3 Vorgehensweise zur Prozessanalyse

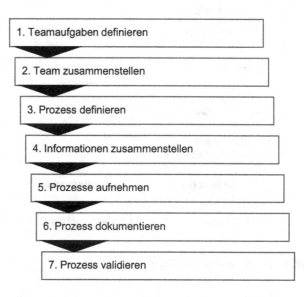

1. Teamaufgaben definieren

2. Team zusammenstellen

3. Prozess definieren

4. Informationen zusammenstellen

5. Prozesse aufnehmen

6. Prozess dokumentieren

7. Prozess validieren

der Erfolg einer Prozessverbesserung bewertet wird? Es ist festzulegen, was das Analyse-team letztendlich auf Basis der Analyse verändern kann und was nicht zu verändern ist, wo also Grenzen gesetzt sind.

Für die Prozessanalyse sind alle vorhandenen Informationen zusammentragen, um den Prozess zu verstehen und mögliche Doppelarbeiten zu vermeiden. Dazu zählen die Prozessdokumentationen nach ISO 9000 ff., vergangene Prozessanalysen, Projektab-schlussberichte, Revisionsdokumentationen, Auditergebnisse, vorhandene Kennzahlen-auswertungen oder Auswertungen von Prozessleistungen, die in den unterschiedlichsten Formen vorliegen können.

Für die Prozessdefinition sind der Name des Prozesses, die Ziele, Eingangs- und Aus-gangsgrößen, Bedingungen und notwendige Ressourcen für die Ausführung zu erfassen. Deshalb hat es sich als praktisch erwiesen, eine standardisierte Prozessbeschreibung (Abb. 6.4) aufzubauen, die folgende Inhalte hat:

- Prozessbezeichnung,
- Prozessstartsignal,
- Prozessergebnis,
- Eingangs- und Ausgangsgrößen,
- Prozessverantwortlicher,
- Prozessmessgrößen und
- Prozesskunde.

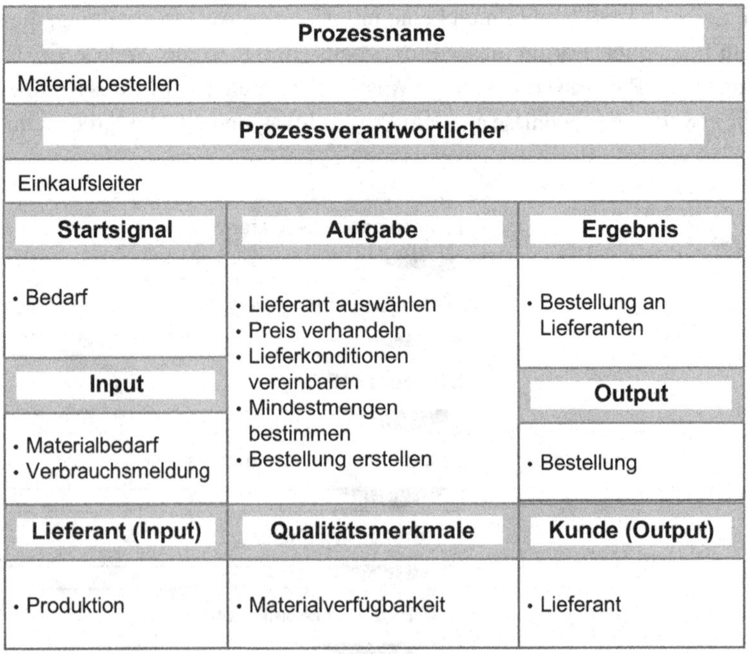

Abb. 6.4 Prozessdefinitionsblatt

Anforderungen der Prozesskunden, das heißt die Frage, was aus der Sicht der Kunden wirklich wichtig ist, sind wesentliche Eingangsgrößen für die Prozessanalyse. Manche Teams erfassen auch die Prozessziele aus der Sicht des Unternehmens, Messgrößen beziehungsweise andere Kriterien zur Beurteilung der Zielerreichung. Dazu zählen auch Festlegungen, Vorgaben oder andere Randbedingungen, die in jedem Fall zu beachten sind, sowie bereits identifizierte Verbesserungspotenziale.

Im folgenden Beschreibungsschritt „Prozesse aufnehmen" sind die wichtigsten Fragen während der Prozessabbildung zu beantworten:

- Was sind die wesentlichen Aufgaben?
- Was sind die wichtigsten Auslöser zum Starten des Prozesses?
- Was sind die wesentlichen Teilschritte des Prozesses?
- Wie lange dauert der Prozess?
- Wo sind Schnittstellen?
- Welche anderen Abteilungen sind in den Prozess eingebunden?
- Wann entstehen Wartezeiten?
- Welche Kennzahlen werden verwendet?
- Welche Risiken liegen in den Beschreibungen?

Diese Fragen sind an den Prozessverantwortlichen und alle Prozessbeteiligten zu stellen. Für eine effiziente Prozesserfassung sollen möglichst alle Beteiligten gemeinsam die Prozesse beschreiben und die Prozessdokumentation erarbeiten. Es ist immer wieder überraschend, wie oft sich bei einer gemeinsamen Prozessanalyse herausstellt, dass die Beteiligten zum ersten Mal wirklich gemeinsam den gesamten Prozess betrachten und nicht jeder nur seinen spezifischen Arbeitsbereich. Das Zusammenbringen aller an einem Prozess Beteiligten kann oft viele Verbesserungsvorschläge und Maßnahmen auslösen oder Missverständnisse beseitigen.

Nach der Einführung eines neuen EDV-Systems wurde in einem Projekt von allen Beteiligten die fehlende Möglichkeit beklagt, Kunden mit Teillieferungen zu beliefern. In Einzelinterviews wurde der Prozess analysiert und es wurden keine Probleme identifiziert. Es wurden dennoch zahlreiche Schwierigkeiten bei den anderen Beteiligten aufgezeigt. Erst als alle vermeintlichen Hinderungsgründe in einer gemeinsamen Abstimmungsrunde von den jeweiligen Betroffenen ausgeräumt wurden und am Ende kein einziges Problem offen blieb, konnte innerhalb von Tagen der Prozess geändert werden.

Für die Prozessabbildung ist es wichtig, den Prozess in der richtigen Reihenfolge aufzubauen. Es bietet sich an, mit dem Prozessauslöser zu beginnen und dann die zeitliche Reihenfolge der Prozessverarbeitung mit systematischen Fragen durchzugehen:

- Wer erhält das Ergebnis?
- Was macht der Empfänger mit dem Ergebnis?
- Wie und wann erhält der Empfänger das Ergebnis?

So lassen sich die nächsten Schritte in einem logischen und zeitlichen Sachzusammenhang darstellen. Der nächste Prozessbeteiligte erhält die Frage, ob die Informationen ausreichen oder ob weitere Informationen benötigt werden, um seine Prozessaufgabe zu erfüllen.

Bei der Darstellung der Zusammenhänge sind parallele Aktivitäten und Wiederholungen zu identifizieren und zu beschreiben. Unnötige Wartezeiten oder fehlende Eingangsgrößen sind andere aufzugreifende Probleme, auch ein Prozessabbruch wegen unvollständiger Informationen. Zur Beschleunigung der Analyse sollte das Team den Prozess während der Aufnahme dokumentieren und ihn im Entwurf darstellen. So können die Analysen mit den Prozessausführenden abgestimmt werden. Offensichtliche Fehler und Missverständnisse lassen sich zeitnah ausräumen.

Wenn Entscheidungen im Prozessablauf stattfinden oder es unterschiedliche Prozessausführungen für verschiedene Fälle gibt, müssen die alternativen Wege beschrieben und dokumentiert werden. Für diese Alternativen sind Anfang und Ende zu ermitteln. Es ist zu klären, wie die Prozessketten wieder geschlossen werden. Das Analyseteam muss kritisch bewerten, ob es sich wirklich um Alternativen oder um unwichtige Sonderfälle handelt.

Wenn der Prozess mit allen Beteiligten diskutiert und beschrieben und eine endgültige Darstellung erarbeitet worden ist, wird die gesamte Prozessabbildung mit allen Prozessbeteiligten verifiziert. In einer gemeinsamen Besprechung der Prozessanalyse lässt sich klären, ob der Prozess richtig und vollständig dokumentiert ist. Während dieser Validierung fallen häufig Fehler in der Reihenfolge auf. Es entstehen Diskussionen, welche Fälle tatsächlich der Normalfall oder welche Sonderfälle sind. Bei einigen Prozessanalysen kann die Dokumentation dazu führen, den Prozess noch einmal neu zu beschreiben, weil wichtige Teilschritte und -aspekte vergessen oder übersehen wurden. Aus diesem Grund sollte die Prozessanalyse vor der Neugestaltung immer validiert und verifiziert werden.

Wenn DV-Hilfsmittel zur Prozessanalyse eingeführt werden sollen oder genutzt werden, ist sicherzustellen, dass sie eine schnelle Abwicklung der Analyse fördern. Wenn nicht genügend Mitarbeiter vorhanden sind, die das Tool beherrschen, oder wenn zu wenige Lizenzen für das Tool verfügbar sind, lässt sich mit anderen Prozessbeschreibungsmethoden die Bearbeitungsgeschwindigkeit erhöhen. In vielen Projekten wird der Aufwand für die Prozessdokumentation vernachlässigt, der gerade wegen der häufigen Änderungen nicht unerheblich ist. Oft erfordern Änderungen ein komplettes Überarbeiten der Prozesskette und damit ein komplettes Neuerstellen der Dokumentation. In solchen Fällen ist auch die Anwendung von Prozessbeschreibungswerkzeugen mit einem sehr hohen Aufwand verbunden. Diese Engpasskapazitäten können die Projekte bei der Vorbereitung der Ergebnisse behindern.

In den folgenden Abschnitten werden die unterschiedlichen Darstellungsmethoden erläutert, mit denen Prozesse dokumentiert werden können.

6.3 Flussdiagramm

Das Flussdiagramm, das die Symbole des Programmablaufplans nach DIN 66001 (DIN 1983) verwendet, ist eine weitverbreitete Methode, um Prozesse zu beschreiben und grafisch zu dokumentieren. Obwohl es ursprünglich als Hilfsmittel für die Programmierung entstanden ist, führt die hohe Bekanntheit der eingesetzten Symbole dazu, dass auch allgemeine Prozesse mit diesem Werkzeug beschrieben werden.

6.3.1 Aufbau

Der Programmablaufplan oder das Flussdiagramm kennt folgende Symbole (Abb. 6.5):

- das Rechteck zur Beschreibung von Aktivitäten,
- die Raute zur Dokumentation von Entscheidungssituationen mit mehreren möglichen Ausgängen, die einzeln beschrieben werden,
- den gerichteten Pfeil für die Abbildung von Informations- oder Materialflüssen,
- Kreise für die Darstellung von Start und Ende einer Verweisstelle sowie
- abgerundete Rechtecke für Schnittstellen zur Außenwelt, wie Prozessanfang oder -ende.

Obwohl die Verweisdarstellung mit Kreisen als Möglichkeit zur einfacheren Dokumentation sehr hilfreich ist, erschwert sie die Übersicht. Denn mit den Verweisen wird entweder auf andere Flussdiagramme verwiesen oder es muss der Einsprungpunkt gefunden werden, auf den der Verweis gerichtet ist.

Symbol	Bezeichnung	Beispiel
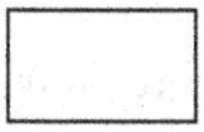 ▭	Bearbeitung, Operation	Auftrag erfassen
 ◇	Entscheidungs-situation	Wird das Produkt weiter spezifiziert?
 ⟶	Informationsfluss	Auftrag
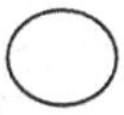 ◯	Verweis	
 ⬭	Start/Ende	

Abb. 6.5 Symbole des Flussdiagramms

In Flussdiagrammen für Programme werden zahlreiche andere Symbole verwendet, z. B. Dokumente, Schnittstellen und Datenbanken, die sehr viel seltener auch in Prozessdarstellungen genutzt werden können.

Für das Flussdiagramm werden nun die Symbole beginnend mit einem Startsymbol der Reihe nach untereinander gezeichnet und bezeichnet. Die Verarbeitungssymbole (Rechteck, Raute, Start- und Endsymbole sowie die Sprungstellen) werden mit gerichteten Pfeilen verbunden.

6.3.2   Vorgehensweise

Für eine Prozessabbildung wird der Prozess in logische Teilprozesse zerlegt. Dazu werden zusammenhängende Arbeitsinhalte als ein Teilprozess dargestellt. So kann die Bearbeitung von einem Mitarbeiter oder einem Team als Teilprozess identifiziert werden, der ein bestimmtes Zwischenergebnis erzeugt. Wenn der Teilprozessinhalt zu groß ist, kann es sinnvoll sein, ihn seinerseits wieder in mehrere Teilprozesse aufzuteilen.

Jeder Teilprozess wird mit einem Rechteck und dem Prozessnamen in Objekt-Verb-Form dokumentiert. Die Ausgangsgröße wird als Informationsfluss, also durch einen Pfeil, zum nächsten Teilprozess abgebildet. Dort ist der Informationsfluss die Eingangsgröße. Diese Art der Dokumentation wird für den gesamten Prozess fortgesetzt.

Wegen der gewählten Formen wird das Flussdiagramm im Hochformat gezeichnet (Abb. 6.6). Durch die definierten Symbole werden die Teilprozesse in ihrer logischen und zeitlichen Reihenfolge dargestellt. Da die Rechtecke in der Regel alle Tätigkeiten darstellen, erhält man mit dem Flussdiagramm einen schnellen Überblick über den Prozess.

6.3.3   Bewertung

Flussdiagramme sind ein einfaches Hilfsmittel zur Prozessbeschreibung. Sie lassen sich rasch aufbauen und ändern. Wegen ihrer einfachen Darstellung werden sie schnell verstanden, aber komplexere Prozesse oder Zusammenhänge können zu unübersichtlichen Darstellungen führen.

Das Flussdiagramm eignet sich besonders für die Darstellung einfacher Prozesse mit einem geringen Umfang und nur einem oder zwei Prozessbeteiligten. Bei größeren Prozessen und vielen Abfragen oder Sonderfällen wird die Darstellung schnell unübersichtlich. Die Möglichkeit, Sprungstellen durch Kreise zu kennzeichnen, kann einen Prozess vollkommen unübersichtlich erscheinen lassen. Damit kann die grafische Abbildung eine Komplexität vortäuschen, die nicht vorhanden ist. Da neben der Reihenfolge der Schritte keine weitere Strukturierung möglich ist, lassen sich mit der Methodik nur eindimensionale Prozesse sauber beschreiben.

Wegen des linearen Aufbaus führen die Flussdiagramme in der Regel aber zu nacheinander geschalteten Prozessen, da das Diagramm eine Parallelisierung von Prozessen nicht

Abb. 6.6 Beispiel für ein
Flussdiagramm

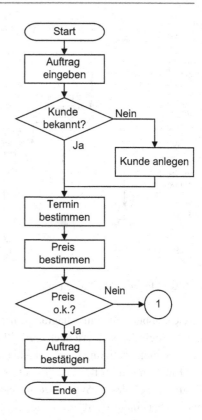

gut unterstützt. Wegen der vielen Abfragen kann es passieren, dass sich ein Team bei der Verbesserung auf Nebenschauplätze, beispielsweise Sonderfälle, konzentriert, da die Hauptprozesse nicht besonders herausgestellt werden.

Diese Art der Prozessgestaltung wurde im Bereich der Programmierung als *Spaghetti-programmierung* bekannt, weil die Programmbausteine immer länger wuchsen und immer verschlungener wurden. Dies erschwerte die Wartung und Weiterentwicklung erheblich.

Flussdiagramme können Materialflüsse und Produktionsschritte nicht einfach abbilden. Daher ist ihr Einsatz zur Prozessoptimierung in Supply Chain und Produktion hauptsächlich auf die Optimierung der Informationsverarbeitung oder die Betrachtung von Teilprozessschritten beschränkt.

6.4 Prozessablaufdiagramm

Aus dem Flussdiagramm ist das Prozessablaufdiagramm entstanden (Abb. 6.7). Dieses Diagramm verwendet die Symbole des Flussdiagramms, um neben der logischen Reihenfolge sowohl die Prozessbeteiligten als auch eine zeitliche Reihenfolge oder Parallelschaltung zu beschreiben.

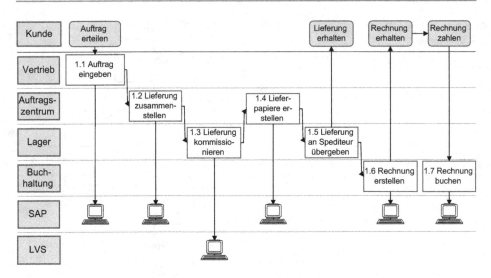

Abb. 6.7 Prozessablaufdiagramm

Gegenüber dem Flussdiagramm hat diese Darstellung den großen Vorteil, dass nicht nur die logische, sondern auch die zeitliche Reihenfolge mit einer Einteilung der Prozesse unter Berücksichtigung der unterschiedlichen Beteiligten dargestellt werden kann. Wegen der Einteilung in Zeilen für die unterschiedlichen Beteiligten wird dieses Diagramm im Englischen häufig als *Swim Lane* bezeichnet, weil die unterschiedlichen Zeilen Schwimmbahnen bei einem Wettbewerb gleichen. Als Prozessbeteiligte können Abteilungen, Personen, Datenverarbeitungssysteme, Kunden und Lieferanten dargestellt werden. In der Regel werden die Rollen beschrieben, nicht die individuellen Namen von Personen oder Abteilungen. Für Prozessanalysen hat es sich bewährt, den Kunden in der obersten Zeile aufzuführen, da viele Prozesse beim Kunden beginnen und enden und so die Kundenbedeutung betont wird. Häufig werden die Prozesse so dargestellt, dass die Prozessbeteiligten in der Reihenfolge der auftretenden Prozesse auf der linken Seite dargestellt werden, um einfachere Verbindungen zu ermöglichen und die Übersichtlichkeit zu erhöhen.

6.4.1 Aufbau

Für das Prozessablaufdiagramm werden auf der linken Seite die unterschiedlichen Prozessbeteiligten aufgeführt, für jeden Prozessbeteiligten eine Zeile. Die Zeilen werden durch gestrichelte oder gepunktete Linien unterteilt. Nun wird der Prozess analog zum Flussdiagramm in seiner zeitlichen Reihenfolge dargestellt. Weil mehr Prozessschritte als Prozessbeteiligte im Ablaufdiagramm dargestellt werden, werden die Prozessablaufdiagramme im Querformat dokumentiert.

Mit dem Prozessablaufdiagramm können also Prozesse mit unterschiedlichen Beteiligten dargestellt werden, bei denen Aufgaben parallel abgearbeitet werden. Das Diagramm beschreibt, wer welche Aktivitäten zu welchem Zeitpunkt ausführt. Außerdem werden die Abhängigkeiten zwischen den Aufgaben beschrieben.

Die Prozessablaufdiagramme haben einen großen Vorteil: Sie dokumentieren die typischen, komplexen, abteilungsübergreifenden Geschäftsprozesse deutlich besser als das Flussdiagramm. Denn sie basieren auf den allgemein akzeptierten Standardsymbolen und stellen gegenüber den Flussdiagrammen zusätzlich eine Rollenverteilung dar. Es können sowohl Kunden und Lieferanten als auch DV-Systeme dargestellt werden. Auch Entscheidungen und Entscheidungsprozesse können sichtbar gemacht werden.

Der Prozess beginnt auf der linken Seite. Die Aktivitäten werden in der sachlogischen und zeitlichen Reihenfolge den jeweiligen Prozessbeteiligten zugeordnet und nacheinander dargestellt. Die einzelnen Prozessschritte werden durch Informationsflüsse verbunden. Sie stellen dar, wer Informationen für andere Beteiligte erzeugt bzw. woher die Informationen für einen Prozessschritt stammen. Innerhalb der Prozessablaufdiagrammdarstellung werden nun Teilprozesse, Schritte oder Aktivitäten mit Boxen und Entscheidungen oder Alternativen mit Rauten in einer gesamten Prozesskette ablesbar.

6.4.2 Vorgehensweise

Für die Prozessanalyse werden zunächst die Beteiligten ermittelt und dann auf der linken Seite angeordnet. Ausgehend vom Prozessauslöser werden nun die einzelnen Schritte in ihrer zeitlichen Reihenfolge aufgenommen und den jeweiligen Beteiligten zugeordnet. Wenn eine Aufgabe unterschiedliche Beteiligte hat, werden die Prozesse in beiden Schwimmbahnen dargestellt, aber durch ein Rechteck verbunden.

Die Prozessschritte werden mit Pfeilen verbunden, um Material- oder Informationsflüsse darzustellen. Aus diesem Grundgerüst lassen sich verschiedene Abwandlungen entwickeln: So können zum Beispiel unterschiedliche Pfeile für Informations- oder Materialflüsse oder andere Symbole – in der Regel aus dem Flussdiagramm – für erweiterte Darstellungen verwendet werden.

Bei der Analyse des Istzustands bietet es sich an, bei den Prozessbeteiligten die derzeitige Aufbauorganisation zu beschreiben, sodass das Prozessablaufdiagramm sowohl die Aufbau- als auch die entsprechende Ablauforganisation beinhaltet.

6.4.3 Bewertung

Prozessablaufdiagramme eignen sich besonders, um komplexe Prozesse mit unterschiedlichen Beteiligten abzubilden. Durch die Fokussierung auf eine Reihenfolge sind Zeitabläufe und die Parallelisierung der Prozesse einfach darzustellen und zu optimieren. Die Zeitachse für Prozesse kann auch numerisch angegeben werden. Als Weiterentwicklung des Flussdiagramms sind die Symbole leicht zu verstehen. Da auch Dokumente, Speicher und andere Prozesse einfach abzubilden sind, lassen sich auch DV-Systeme gut darstellen.

Bei der Analyse fallen fehlende Eingangsgrößen, Ausgangsgrößen ohne Kunden, Prozesse mit vielen Beteiligten oder unnötige Schnittstellen auf.

Nachteilig ist, dass die Namen der Eingangs- und Ausgangsgrößen im Standard nicht genannt werden und dass sich schnell große Diagramme ergeben. Viele Verbindungen und Linien können einen Prozess sehr schnell unübersichtlich erscheinen lassen und die Anordnung der Prozessbeteiligten kann die Übersichtlichkeit der Diagramme stark beeinträchtigen. Deshalb sollten die Prozessbeteiligten logisch angeordnet werden. So sollten beispielsweise Abteilungen mit einem hohen Informationsaustausch untereinander aufgeführt werden.

In vielen Projekten hat sich gezeigt, dass das Prozessablaufdiagramm leicht verstanden und schnell angewendet werden kann. Es besteht jedoch die Gefahr, dass in einem umfangreichen Prozess zu viele Beteiligte eingebunden sind. Darunter kann die Übersichtlichkeit des Ablaufs sehr stark leiden.

Es lassen sich auch Materialflüsse darstellen, wobei es allerdings keine standardisierte Notation für eine Unterscheidung zwischen Material- und Informationsflüssen gibt. Das System hinterfragt keine Aufteilung der Prozesse.

Je mehr Beteiligte und je mehr Prozessschritte dargestellt werden, desto unübersichtlicher wird die Darstellung, die sich schnell über sechs und mehr Flipcharts beziehungsweise Seiten erstrecken kann. Das System regt an, viele Sonderfälle zu verdeutlichen. Wegen der zeitlichen Aneinanderreihung und einer fehlenden Betrachtung wichtiger und unwichtiger Prozesse kann sich das Projektteam nicht auf die Hauptprozesskette konzentrieren. Die fehlende Abbildung einer Hierarchie führt schnell zu umfangreichen Darstellungen, in denen wesentliche und unwesentliche Teile nicht unterschieden werden.

Durch die Anordnung der Prozesse bei den Abteilungen lassen sich Istzustände leicht abbilden. Bei der Optimierung bleiben die Abteilungen meist unverändert, sodass eine aus der Prozessneugestaltung resultierende oder an sich zwingende Änderung der Aufbauorganisation unterbleibt.

6.5   Ereignisgesteuerte Prozessketten

Unter der Bezeichnung *architekturintegrierte Informationssysteme (ARIS)* (Scheer und Jost 2002) entwickelten Professor August-Wilhelm Scheer und seine Mitarbeiter eine grafische Sprache, mit der Geschäftsprozesse und die zugehörigen Informationssysteme modelliert werden können. Das Ergebnis einer ARIS-Analyse ist eine vollständige Beschreibung von Geschäftsprozessen (Abb. 6.8).

Abb. 6.8 ARIS-Prozesshaus

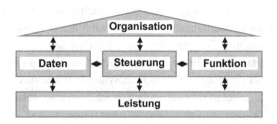

6.5.1   Aufbau

ARIS bildet alle wesentlichen Geschäftsprozesse eines Unternehmens ab, um daraus eine Architektur für DV-Systeme zu entwickeln. Um die Komplexität zu reduzieren, werden die Geschäftsprozesse in unterschiedlichen Sichten und auf verschiedenen Schichten (Abstraktionsebenen) beschrieben. Das ARIS-Prozesshaus unterteilt sich in die folgenden fünf Sichten (Abb. 6.9):

- Die Organisationssicht beschreibt Abteilungen, Stellen, Personen und ihre Beziehungen.
- Die Funktionssicht wird durch einen Funktionshierarchiebaum dargestellt und beschreibt alle Vorgänge und deren Zusammenhänge.
- In der Datensicht werden Entity-Relationship-Modelle für Daten abgebildet. Inhalte der Datensichten sind sowohl Zustände als auch Ereignisse, also Informationsobjekte.

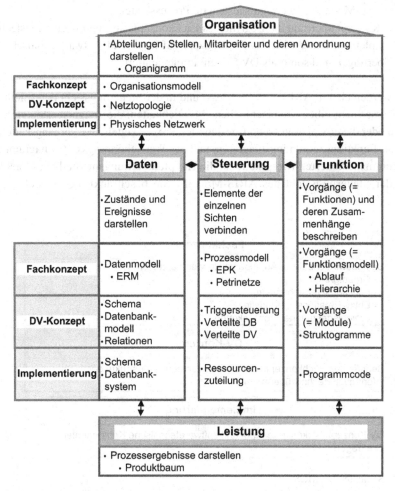

Abb. 6.9   Erweitertes ARIS-Prozesshaus

Ereignisdaten können sein: Bewegungsdaten, abwicklungsorientierte Daten, die ständig neu entstehen, oder Zustandsdaten, die das Bezugsumfeld repräsentieren, zum Beispiel die jeweiligen Kunden und deren Zustand.

- Die Steuerungssicht wird durch ereignisgesteuerte Prozessketten (EPK) dargestellt. Die Steuerungssicht ist das Bindeglied zwischen den Elementen der einzelnen Sichten. Sie verbindet die Operations- mit der Daten- und der Funktionssicht.
- Die Leistungssicht wird für die Darstellung von Messgrößen verwendet. Hier werden die Kennzahlen und deren Ergebnisse für eine Prozessüberwachung verwaltet.

Für die unterschiedlichen Anwender ist ARIS in Schichten unterteilt. ARIS verwendet als Schichten das Fachkonzept, das DV-Konzept und die Implementierung (Abb. 6.10).

- Im Fachkonzept werden Prozessproblemstellungen dargestellt. Dazu gehören neben vielen anderen Darstellungsformen Organigramm, Funktionshierarchiebaum, Entity-Relationship-Modelle und ereignisgesteuerte Prozessketten.
- Das DV-Konzept überträgt die Begriffe des Fachkonzepts auf die Informationstechnik.
- In der Implementierung wird das DV-Konzept auf hard- und softwaretechnische Elemente übertragen und somit als DV-System implementiert.

Prozesse werden also in ARIS in der Prozess- und in der Steuerungssicht dargestellt. Für diese Prozessansicht gibt es unterschiedliche Möglichkeiten: die ereignisgesteuerten Prozessketten oder die erweiterten ereignisgesteuerten Prozessketten, das Vorgangskettendiagramm, das Funktionszuordnungsdiagramm und das Wertschöpfungskettendiagramm.

Die ereignisgesteuerte Prozesskette ist die Hauptdarstellungsmethode des Fachkonzepts in der Steuerungssicht des ARIS-Modells. Sie beschränkt die Darstellung der

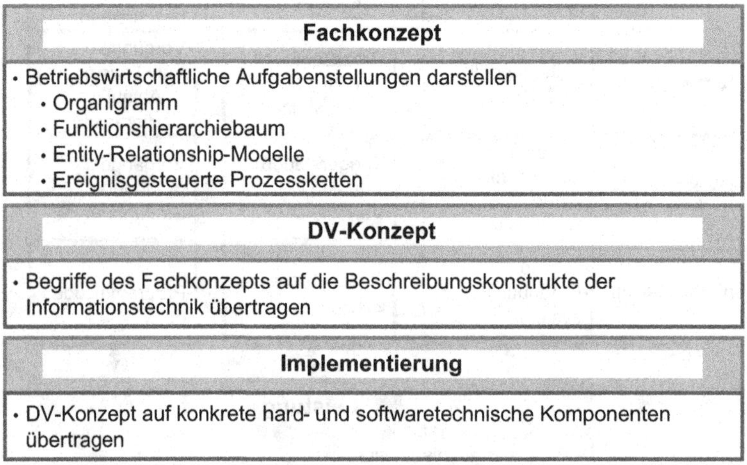

Fachkonzept

· Betriebswirtschaftliche Aufgabenstellungen darstellen
  · Organigramm
  · Funktionshierarchiebaum
  · Entity-Relationship-Modelle
  · Ereignisgesteuerte Prozessketten

DV-Konzept
· Begriffe des Fachkonzepts auf die Beschreibungskonstrukte der Informationstechnik übertragen

Implementierung
· DV-Konzept auf konkrete hard- und softwaretechnische Komponenten übertragen

Abb. 6.10 Schichten im ARIS

Beziehungen auf Funktionen und Ereignisse, während die erweiterte ereignisgesteuerte Prozesskette Elemente aller Sichten (Organisationen, Funktionen und Daten) enthält.

Eine ereignisgesteuerte Prozesskette kann mithilfe der Modelltypen Prozessketten- und Vorgangskettendiagramm abgebildet werden. Grundelemente der Prozessmodellierung sind Ereignisse und Funktionen, die durch die Operationen UND, ODER sowie XOR (exklusives Oder) verknüpft werden (Abb. 6.11). In ihrem Grundprinzip besteht die ereignisgesteuerte Prozesskette aus aktiven Komponenten (Funktionen), die etwas durchführen, und passiven Komponenten (Ereignissen), die Aktivitäten auslösen.

Ein Ereignis stellt einen eingetretenen Zustand dar, der den weiteren Ablauf eines Prozesses steuert oder beeinflusst. Ereignisse sind Auslöser von Funktionen und deren Ergebnis. Sie verbrauchen im Gegensatz zu Vorgängen weder Zeit noch Ressourcen. Das Ereignis bezeichnet sowohl ein Informationsobjekt (zum Beispiel Auftrag) als auch eine Zustandsänderung des Informationsobjekts. Ereignisse bestimmen, unter welcher Bedingung ein Vorgang gestartet wird und welcher Zustand den Abschluss einer Funktion definiert. Ereignisgesteuerte Prozessketten beginnen und enden immer mit einem Ereignis. Als syntaktische Regel für Ereignisse wird einem vorangestellten Subjektiv immer ein Partizip Perfekt des gewählten Verbs angehängt. Beispiele sind „Auftrag ist terminiert" oder „Kundenauftrag ist bestätigt".

Für die Modellierung ereignisgesteuerter Prozessketten werden gerichtete Graphen mit folgenden Elementen verwendet: Die Knoten des Graphen sind Ereignisse, die durch sechseckige Rauten dargestellt werden. Abgerundete Rechtecke bilden Vorgänge ab, die Verknüpfungsoperationen werden in Kreisen gezeichnet. Als Kanten der Graphen werden Pfeile benutzt, um die Abhängigkeiten zwischen Ereignissen und Funktionen abzubilden.

Symbol	Bezeichnung	Beispiel
 ⬡	Ereignis	Auftrag ist erfasst
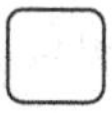 ▢	Funktion	Auftrag terminieren
 ▭	Daten	Auftrag
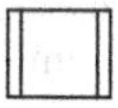 ⊟	Informationsobjekt (IT)	Datenmaske
⊖	Beziehung – logischer Operator	UND, ODER, XOR (exklusives Oder)
◖	Organisationseinheit	Vertriebsinnendienst

Abb. 6.11 Symbole für erweitere Ereignisketten

Das Diagramm beginnt mit einem Ereignis, das eine Funktion auslöst. Ereignis und Funktion werden durch einen Pfeil verbunden. Die Funktion erzeugt eines oder mehrere weitere Ereignisse, die durch Pfeile mit der Funktion verbunden werden. Jede ereignisgesteuerte Prozesskette ist daher eine Sequenz beliebig vieler Ereignisse und Funktionen, wobei zwischen den entsprechenden Ereignissen immer eine Funktion steht.

Für die Verknüpfung stehen drei unterschiedliche Operatoren zur Verfügung. Die disjunktive Verknüpfung XOR, auch Entweder-oder-Verknüpfung genannt, ermöglicht die Auswahl eines einzigen Weges unter mehreren. Die konjunktive Verknüpfung UND ermöglicht die parallele Ausführung aller Folgetypen, während bei ODER eine oder auch mehrere Alternativen ausgewählt werden können.

Ein Ereignistyp kann mehrere Funktionstypen auslösen und somit einen Prozess aufteilen. Nach dem Ereignis werden durch eine UND-Verknüpfung mehrere Funktionen angeschlossen. Nach einem Funktionstyp können aber auch mehrere Ereignistypen auftreten. Dazu werden nach den Funktionstypen mit einem UND-Symbol mehrere Ereignisse angestoßen, die unterschiedliche Funktionen haben können. Mit einer UND-Operation können auch unterschiedliche Prozesse zusammengeführt werden. Nach mehreren Ereignissen, die durch UND verknüpft sind, kann eine Funktion starten, wenn alle Ereignisse eingetreten sind. Genauso kann ein Ereignis erst eintreten, wenn alle mit UND verknüpften Funktionen ausgeführt sind.

Auch mit ODER kann eine Aufteilung in mehrere Prozessketten erreicht werden. Mit XOR wird ein alternativer Nachfolgepfad ausgewählt, mit ODER mehrere Nachfolgepfade. Unterschiedliche Prozessketten können auch wieder durch ODER-Verknüpfungen zusammenlaufen. Bei einem XOR reicht es, wenn ein Eingangssignal vorhanden ist. Falls die Verknüpfung ODER ist, können ein oder mehrere Pfade durchlaufen sein.

Nach einer Aufteilung kann die Zusammenführung jeweils nur vom gleichen Typ sein, d. h. nach einer UND-Aufteilung wieder eine UND-Verknüpfung, nach einer ODER-Aufteilung eine ODER-Verknüpfung. Das Gleiche gilt für das exklusive XOR. Es können immer mehrere Ereignisse mit einer Funktion oder mehrere Funktionen mit einem einzigen Ereignis verknüpft werden.

Im erweiterten ereignisgesteuerten Prozesskettendiagramm werden Daten durch Rechtecke und Operationseinheiten durch Ellipsen abgebildet. Die Zuordnung der Informationseinheiten wird durch durchgezogene Linien beschrieben. Wenn die Prozesse in einem weiteren EPK nochmals detailliert werden, wird die betroffene Funktion durch zusätzliche senkrechte Linien in dem abgerundeten Rechteck gekennzeichnet.

Funktionen transformieren Eingangs- in Ausgangsdaten. Eine Funktion ist eine fachliche Aufgabe bzw. Aktivität zur Unterstützung eines oder mehrerer Unternehmensziele. Die Funktionen verursachen Kosten und benötigen Zeiten. Eine Funktion entspricht einem Schritt im Prozessablaufdiagramm. Sie besteht meistens aus einer Kombination von Objekt und einer Verrichtung in Verbform in der syntaktischen Beschreibung. Eine Funktion enthält die Entscheidungskompetenz über den weiteren Ablauf. Die beiden Grundelemente Ereignisse und Funktionen werden direkt oder indirekt über verschiedene Verknüpfungsoperationen verbunden. Durch die Zuordnung von Ereignissen zu Funktionen, die wiederum ein oder mehrere Ereignisse erzeugen können, erhält man einen zusammenhängenden Prozessablauf.

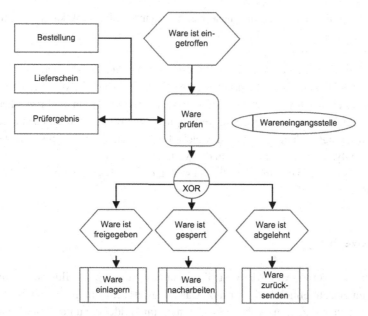

Abb. 6.12 Beispiel Wareneingangsbearbeitung

Ereignisgesteuerte Prozessketten sind eine weitverbreitete Methode, um Geschäftspro-zesse darzustellen (Abb. 6.12). Sie werden zum Beispiel von SAP eingesetzt, um den SAP Business Workflow zu modellieren. Sie sind nicht automatisierbar, weil Ereignisse nur verbal beschrieben sind und Verzweigungen nicht interpretiert werden können. Daher eig-net sich diese Methode nicht für die Ablaufsteuerung. Ereignisgesteuerte Prozessketten sind nur eingeschränkt für Simulationen einsetzbar, da die ODER-Verknüpfungen nicht eindeutig beschrieben werden. Es ist nicht klar, wie und wann welche Entscheidungen getroffen werden. Diese beiden Punkte sind Voraussetzungen für eine Modellierung und Simulation. So eignet sich die ereignisgesteuerte Prozesskette für die Modellierung auf der Fachebene. Vorteilhaft ist, dass Prozessketten über unterschiedliche Abteilungen in großen Zusammenhängen modelliert werden, auch wenn durch Schleifen und andere Möglichkeiten schnell die Übersichtlichkeit verloren geht.

Eine Wertschöpfungskette im Rahmen von ARIS beschreibt einen Vorgang, der direkt an der Wertschöpfung eines Unternehmens beteiligt ist. Wertschöpfungsketten sind vom Objekttyp *Funktion* und können auf unterschiedlichen Ebenen dargestellt werden.

Die Organisationssicht besteht aus einem Organigramm mit unterschiedlichen Symbolen, die Organisationseinheiten, Stellen, Teams, Personen oder auch Rollen beschreiben können.

6.5.2 Vorgehensweise

Für die Modellierung von Prozessen mit ARIS hat sich folgende Vorgehensweise bewährt. Zuerst wird die gesamte Wertschöpfungskette als Wertschöpfungskettendiagramm erar-beitet. Top-down werden die ereignisgesteuerten Prozessketten aufgebaut und dann die anderen Sichten und Schichten um diese Ketten ergänzt. Alternativ kann bottom-up mit den ereignisgesteuerten Prozessketten begonnen werden, die dann in ein Wertschöpfungskettendiagramm verdichtet werden.

Für den Aufbau der ereignisgesteuerten Prozessketten wird mit dem Startereignis begonnen, um dann die Funktionen der Reihe nach zu entwickeln. Bei jeder Funktion werden die Eingangsereignisse überprüft und verknüpfte Ereignisse aufgeführt. Wenn die Prozesskette beim Endereignis angekommen ist, werden die verknüpften Ereignisse von oben nach unten rückwärts vervollständigt, indem geklärt wird, welche Funktionen diese Ereignisse hervorrufen.

Je nach Analyseumfang können dann die weiteren Sichten und Schichten ergänzt werden. Wegen des hohen Aufwands empfiehlt es sich, die Analyse mit einem DV-Werkzeug zu unterstützen.

6.5.3   Bewertung

Ein wesentlicher Vorteil von ARIS ist die Gesamtdarstellung abteilungsübergreifender Prozessketten einschließlich EDV-Einsatz. Das integrierte Informationsmodell beschreibt die Prozessketten und Zusammenhänge vollständig und bildet die unterschiedlichen Sichten vollständig und konsistent ab. Wegen der Aufteilung in Spalten kann ein Prozess mit vielen Verzweigungen sehr viel Platz für die Dokumentation benötigen. Umfangreiche Prozesse werden – ganz abgesehen von dem großen Platzbedarf – leicht unübersichtlich, da unterschiedliche Verdichtungen betrachtet werden müssen. Komplexe, abteilungsübergreifende Prozessketten sind selten zusammenhängend darstellbar.

Für die Anwendung von ARIS ist ein hoher Schulungs- und Lernaufwand erforderlich, der auf den vielen unterschiedlichen Symbolen, Bedeutungen, aufwendigen Regeln und Sonderformen beruht. Die Identifikation von Ereignissen und Vorgängen fällt in der Analyse häufig schwer und die Ereignisorientierung führt zu einer Konzentration auf Sonderfälle (Abb. 6.13).

Für Materialflüsse sind keine Darstellungen definiert, die Besonderheiten abbilden. Sie können analog zu den Informationsflüssen behandelt werden. Deshalb eignet sich die Methode besser für Informationsverarbeitungsprozesse zur Auftragsabwicklung als zur Abbildung der Produktionsprozesse.

ARIS wird als Methode häufig eingesetzt, um Standardsoftware, wie zum Beispiel SAP, zu konfigurieren, die Softwareentwicklung zu unterstützen oder Prozesskostenrechnungen darzustellen. Dokumentationen nach ISO 9000 sind weitere typische Anwendungsfälle. Wegen der Komplexität werden häufig PC-gestützte Analysewerkzeuge für ARIS eingesetzt, um die Dokumentationskomplexität zu beherrschen.

6.6   Wertstromanalyse

Aus der Lean-Production-Bewegung hat sich ein Werkzeug für die Ablaufoptimierung in der Produktion etabliert. Ursprünglich bei Toyota unter dem Namen *Material- und Informationsflussanalyse* geschaffen, ist die Wertstromanalysemethode zu einem innovativen

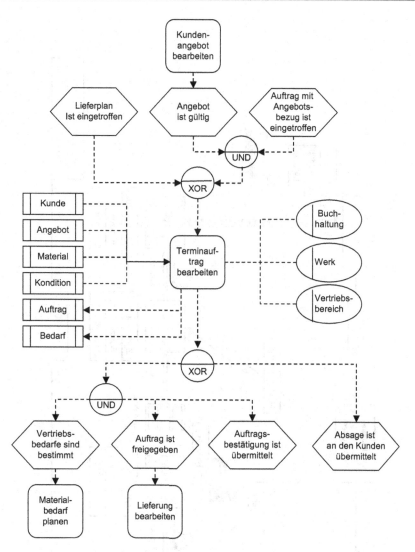

Abb. 6.13   Auftragsbearbeitung: EPK-Darstellung

Werkzeug zur Optimierung von Auftragsdurchlaufzeiten und Materialflüssen geworden. Ziel dieses Werkzeugs ist es, bestehende Prozesse in Supply Chain und Produktion zu analysieren, Schwachstellen zu identifizieren und Maßnahmen zur Beseitigung der Schwachstellen zu ermitteln und umzusetzen. Die wesentliche Aufgabe der Wertstromanalysemethode ist die transparente Darstellung der Prozesse, um den Mitarbeitern eine Kommunikation über die Prozesse zu ermöglichen (Abb. 6.14).

Mike Rother und John Shook (Rother und Shook 2003) haben das Wertstromdiagramm aus den Toyota-Ansätzen als Hilfsmittel für eine Gesamtprozessanalyse entwickelt. Es ist ein Werkzeug, um einen Prozess mit den Kundenanforderungen abzugleichen und Verbesserungspotenziale zu identifizieren. Beginnend mit der Erfassung der Kundenanforderungen

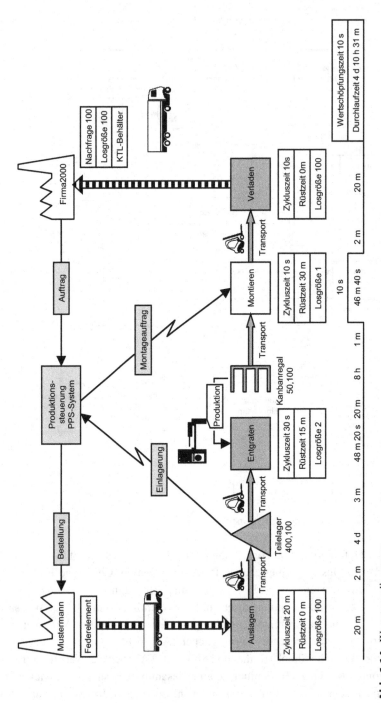

Abb. 6.14 Wertstromdiagramm

stellt das Wertstromdiagramm den gesamten Material- und Informationsfluss vom Kunden
bis zum Lieferanten in allen internen Bearbeitungs- und Produktionsschritten mit Symbolen als Grafik dar. Die Wertstromanalyse nutzt das Wertstromdiagramm, um Verschwendungen im Istzustand aufzuzeigen, z. B. unnötige Prozessschritte oder zu hohe Bestände
(Becker 2005).

6.6.1 Aufbau

Im Wertstromdiagramm repräsentieren Symbole mit definiertem Inhalt jeden Prozessschritt in der Bearbeitungsreihenfolge (Abb. 6.15). Unterschiedliche Symbolformen
beschreiben Materialtransporte, Bearbeitungsschritte und Lager sowie Informationsflüsse.
Das Wertstromdiagramm enthält die Symbole in der zeitlichen und logischen Ablaufrei-
henfolge, vom Lieferanten auf der linken bis zum Kunden auf der rechten Blattseite.
Zusätzlich werden die Prozessschritte mit einem Namen versehen und grob beschrieben.
Für jeden Prozessschritt werden standardisierte Werte für Zeiten und Auftragsmengen
erfasst, um Durchlaufzeiten und Wertschöpfungsanteile zu berechnen.

Mit Rechtecken werden Produktions- und Supply-Chain-Prozesse beschrieben. Im
Rechteck werden der Tätigkeitsname und die Art der Tätigkeit dokumentiert. Unterhalb
des Prozessrechtecks werden Datenboxen mit standardisierten Inhalten dargestellt, die die
Zykluszeit, die Rüstzeit, Losgröße, Ausfallraten oder andere wichtige Kennzahlen des

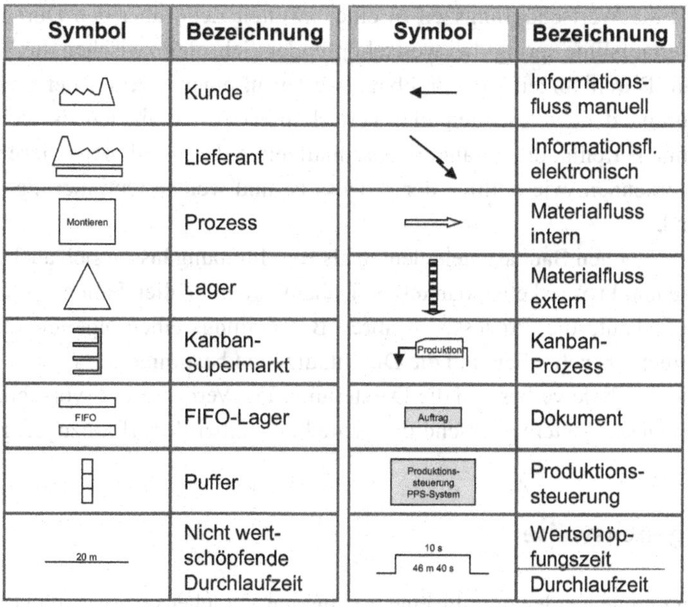

Symbol	Bezeichnung	Symbol	Bezeichnung
	Kunde		Informations-fluss manuell
	Lieferant		Informationsfl. elektronisch
Montieren	Prozess		Materialfluss intern
	Lager		Materialfluss extern
	Kanban-Supermarkt	Produktion	Kanban-Prozess
FIFO	FIFO-Lager	Auftrag	Dokument
	Puffer	Produktions-steuerung PPS-System	Produktions-steuerung
20 m	Nicht wert-schöpfende Durchlaufzeit	10 s / 46 m 40 s	Wertschöp-fungszeit Durchlaufzeit

Abb. 6.15 Symbole für das Wertstromdiagramm

Prozesses beschreiben. Mit diesen Charakteristika lassen sich die wesentlichen Parameter der Prozessauslegung abbilden.

Mit Pfeilen werden Material- und Informationsflüsse dargestellt. Ein dicker Pfeil beschreibt einen Materialfluss. Es gibt unterschiedliche Darstellungen für externe und interne Materialflüsse. Der externe Materialfluss wird durch eine breite Schraffur, der interne nur durch Doppellinien gekennzeichnet. Ein gradliniger, dünner Pfeil beschreibt einen Informationsfluss, ein gezackter, dünner Pfeil einen Informationsfluss, der von einem DV-System ausgeht.

Für Lager gibt es je nach Art unterschiedliche Darstellungen. Ein Dreieck beschreibt ein reguläres Lager. Ein kanbangesteuertes Lager, häufig als *Supermarkt* bezeichnet, wird durch ein anderes Symbol dargestellt. Ein FIFO-Lager (first in, first out) wird durch zwei parallele Linien mit dem Wort *FIFO* beschrieben.

Für Kanban-Prozesse gibt es jeweils unterschiedliche Darstellungen für einen Bewegungs-, einen Produktions- und einen Signalkanban.

Für die Darstellung wird ein DIN-A4- oder ein DIN-A3-Blatt genutzt. Oben links stellt ein Fabriksymbol den Lieferanten dar und unter der Fabrik wird der Name des von ihm gelieferten Materials in einem separaten Rechteck dargestellt. Oben rechts repräsentiert das Fabriksymbol den Kunden und wird mit dessen Namen beschriftet. Unter dem Kundensymbol werden in einem Erklärungskasten die wesentlichen Daten der Kundenanforderungen dokumentiert.

Die Material- und Produktionsprozesssymbole werden in ihrer Reihenfolge in einer Zeile im unteren Bereich des Blattes beschrieben. Unterhalb dieser Schritte wird an einer Verlaufslinie die Durchlaufzeit jedes Prozessschritts dokumentiert. Bei wertschöpfenden Schritten wird die Wertschöpfungszeit in einer zweiten Zeile über den Durchlaufzeiten notiert. Die Verlaufslinie springt bei wertschöpfenden Schritten zwischen die Wertschöpfungs- und die Durchlaufzeit. Als Ergebnis werden in einer Box auf der rechten Seite sowohl die Summe der Zykluszeiten aller wertschöpfenden Tätigkeiten als auch darunter, durch eine Linie getrennt, die gesamten Durchlaufzeiten dargestellt. Aus diesem Verhältnis lässt sich erkennen, wie optimal der Prozess ist und welche Optimierungspotenziale vorhanden sind.

Mit diesen einfachen Baukastenelementen als Beschreibung lassen sich auch sehr komplexe Prozesse und Prozessketten darstellen. Dabei werden in allen Fällen eindeutige Prozessketten aufgebaut, die Prozesse in ihrer Bearbeitungsreihenfolge dokumentieren, wichtige Parameter beschreiben und die Durchlaufzeiten bestimmen.

Zusätzliche Symbole verbessern die Darstellung. Für Verbesserungsvorschläge gibt es ein Standardsymbol. Weitere grafische Elemente können bei Bedarf hinzugefügt werden.

6.6.2 Vorgehensweise

Wertstromdiagramme werden mithilfe einer definierten Vorgehensweise erstellt (Abb. 6.16). Der erste Schritt der Wertstromanalyse ist das Erfassen der Kundenanforderungen, um

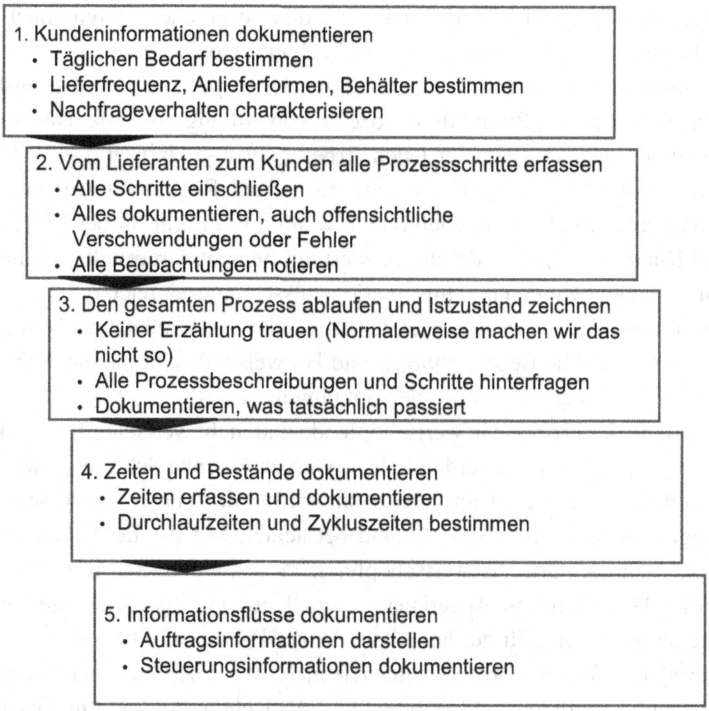

1. Kundeninformationen dokumentieren
   - Täglichen Bedarf bestimmen
   - Lieferfrequenz, Anlieferformen, Behälter bestimmen
   - Nachfrageverhalten charakterisieren

2. Vom Lieferanten zum Kunden alle Prozessschritte erfassen
   - Alle Schritte einschließen
   - Alles dokumentieren, auch offensichtliche Verschwendungen oder Fehler
   - Alle Beobachtungen notieren

3. Den gesamten Prozess ablaufen und Istzustand zeichnen
   - Keiner Erzählung trauen (Normalerweise machen wir das nicht so)
   - Alle Prozessbeschreibungen und Schritte hinterfragen
   - Dokumentieren, was tatsächlich passiert

4. Zeiten und Bestände dokumentieren
   - Zeiten erfassen und dokumentieren
   - Durchlaufzeiten und Zykluszeiten bestimmen

5. Informationsflüsse dokumentieren
   - Auftragsinformationen darstellen
   - Steuerungsinformationen dokumentieren

Abb. 6.16 Vorgehensweise zur Erstellung des Wertstromdiagramms

später jeden einzelnen Schritt auf die Kunden auszurichten. Zu den Kundenbedarfsdaten gehören die Nachfragemenge, die Frequenz der Nachfrage, das Transportmedium, typische Schwankungen des Bedarfs, Transportentfernungen und -zeiten sowie Besonderheiten wie eine Just-in-Sequence- (JIS) oder Just-in-Time-Anlieferung (JIT). Anhand einer ausgewählten, repräsentativen Teilegruppe werden alle charakteristischen Daten für die Beschreibung der Kundennachfrage und des Materialflusses zum Kunden aufgenommen und dokumentiert.

Nach Erfassen der nachfrageorientierten Parameter beschreibt der Anwender den gesamten Prozessfluss im eigenen Unternehmen. Ausgehend von der Ablieferung zum Kunden läuft er mit den Teilen entgegengesetzt zum Materialfluss durch die gesamte Prozesskette bis zum Eingang des Rohmaterials. Als „Teiletourist" begeht der Anwender beginnend von der Ablieferrampe, von der das Produkt mit dem Lkw zum Kunden transportiert wird, über alle Materialfluss- und Bearbeitungsschritte bis hin zum Wareneingang der Rohmaterialien den gesamten Prozessfluss. Mit der Kenntnis des Endprodukts kann der Wertstromanwender während dieser Begehung bei jedem vorangegangenen Arbeitsschritt prüfen, ob sich eine logische Folge der Prozessschritte ergibt.

Für jeden Prozessschritt dokumentiert der Anwender die Prozesse mit den vordefinierten Symbolen. Es werden die Art, eine Bezeichnung und die wichtigsten Bearbeitungsparameter dokumentiert, z. B. Rüst- und Zykluszeiten, Ausbeute und alle Kostentreiber. Im

Wertstromdiagramm zeichnet der Anwender mit den vorgesehenen Symbolen den Prozessfluss im Istzustand, also die tatsächlich beobachtete Arbeitsweise.

Das Ergebnis des ersten Schrittes ist eine grafische Beschreibung des Istzustands der gesamten Materialfluss- und Produktionsprozesse von Anfang bis Ende. Nun werden die Informationsflüsse ergänzt, indem für jeden Arbeitsschritt geklärt wird, wie er gestartet wird. Es wird also die Auslöserinformation ermittelt. Auch Rückmeldungen und Informationen vom und zum Kunden oder Lieferanten werden bestimmt. In der Mitte zwischen Lieferant und Kunde wird ein Produktionssteuerungselement dargestellt. Von und zu diesem Steuerungselement werden alle Informationsflüsse eingezeichnet.

Mit den erfassten Parametern errechnet der Anwender abschließend die Durchlauf- und Wertschöpfungszeiten. Alle Beobachtungen und Hinweise über Probleme, Schwierigkeiten und erste Verbesserungsansätze werden dokumentiert.

Die Unterteilung der Prozesse in wertschöpfende und nicht wertschöpfende Aktivitäten hilft, Optimierungspotenziale zu verdeutlichen. Wertschöpfende Schritte stellen Veränderungen am Produkt dar, die ein Kunde bezahlen wird. Alle anderen Prozesse werden im Wertstromdiagramm als nicht wertschöpfend betrachtet. Mit der farblichen Kennzeichnung der Prozessschritte (Grün für wertschöpfende Prozesse und Rot für nicht wertschöpfende Prozesse) lässt sich das Augenmerk schnell auf nicht wertschöpfende Schritte lenken. In vielen Analysen fällt der hohe Anteil roter Prozessschritte auf: Üblicherweise sind in der gesamten Wertstromprozesskette viele nicht wertschöpfende Schritte enthalten.

Die Wertschöpfungseffizienz als Quotient aus Wertschöpfungszeit und gesamter Prozesszeit zeigt den gesamten Wirkungsgrad der Prozesskette. Bei vielen Unternehmen ergeben sich bei einer ersten Analyse Prozesseffizienzen im niedrigen einstelligen Prozentbereich. Je kleiner die Prozesseffizienz, desto höher ist das Verbesserungspotenzial.

Das Wertstromdiagramm kann in verschiedenen Betrachtungsebenen angewandt (Abb. 6.17) und in unterschiedlichen Verdichtungen betrachtet werden. Die Wertstromanalyse lässt sich auf Arbeitsplatz- beziehungsweise Zellenebene beginnen und kann für einen Arbeitsplatz oder eine Produktionszelle beschreiben, wie die Prozesse in dieser Zelle ablaufen. In der nächsthöheren Ebene können die Prozesse innerhalb dieses Umfangs als ein Prozess aufgefasst werden, es kann also sozusagen ein interner Prozess in einem übergeordneten Prozess zusammengefasst werden. Nun wird der Prozessfluss über die einzelnen Zellen beschrieben. Diese Verdichtung lässt sich auf weiteren Ebenen fortführen, sodass auf der höchsten Ebene die unterschiedlichen beteiligten Symbole die Hauptschritte in den Prozessen darstellen.

So kann die Wertstromanalyse für unterschiedliche Aufgabenstellungen genutzt werden. Einerseits können Zellen optimiert werden, andererseits die Prozesse an einem Standort oder gar die gesamte Wertschöpfungskette vom Lieferanten über alle Wertschöpfungsstufen hinweg, auch wenn sie auf unterschiedliche Unternehmen verteilt sind, bis hin zum Kunden.

Im Rahmen der Wertstromgestaltung können die Prozesse nun auf verschiedenen Ebenen optimiert werden. Unterschiedliche Ansätze helfen hierbei, die Effizienz und Effektivität der Prozessschritte zu verbessern.

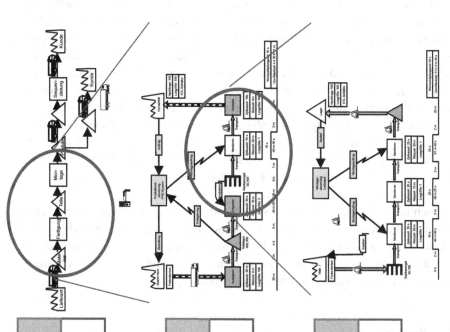

Gesamte Supply Chain

Ebene 1:
„Vom Erz bis zum Endverbraucher"

Werkswertstromdiagramm

Ebene 2:
„Vom Werkstor bis zur Rampe"

Zellenwertstrom

Ebene 3:
„Vom Hallentor bis zum Hallentor"

Abb. 6.17 Unterschiedliche Darstellungsebnen für den Wertstrom

Die Wertstrommethode eignet sich sehr gut dazu, Prozesse in Produktion und Logistik strukturiert zu erfassen und gemeinsam mit einem Team über eine bestimmte Aufgabenstellung zu beraten. Sie eignet sich besonders für materialflussintensive Aufgabenstellungen.

Die Wertstromanalyse ist am besten auf Prozesse anwendbar, bei denen sowohl Material- als auch Informationsverarbeitung stattfindet, also in klassischer Weise für Prozesse mit einem hohen Materialflussanteil. Zwar lassen sich auch die Informationsflüsse darstellen, aber Informationsverarbeitungsschritte mit komplizierten Informationsflüssen lassen sich nicht in ausreichendem Maße differenzieren. Somit eignet sich die Wertstromanalyse für viele ausführende Prozesse in einem Unternehmen, bei denen Material oder ein Teil transportiert, gehandhabt, gelagert, gefertigt oder montiert werden. Um die Übersichtlichkeit zu wahren, wird empfohlen, die gesamte Analyse auf einem DIN-A3-Blatt zu dokumentieren. Dies kann durch einen begrenzten Umfang oder durch selektive Betrachtung des Prozesses erreicht werden, beispielsweise durch intelligentes Zusammenfassen von Teilprozessen zu übergeordneten Prozessen.

Vielfach liegt der Hauptwert einer Wertstromanalyse in dem gemeinsam erarbeiteten Verständnis des Prozesses, im Entdecken von Schwachstellen und von Verbesserungsmöglichkeiten (Abb. 6.18). Im Rahmen der Wertstromgestaltung können nun auf verschiedenen Ebenen die Prozesse verbessert werden. Dazu können mit unterschiedlichen Ansätzen Effizienz und Effektivität der Prozessschritte optimiert werden.

6.6.3 Bewertung

Das Wertstromdiagramm ist ein sehr ingenieurmäßiger Ansatz für die Analyse von Produktions- und Logistikprozessen. Durch die einfache Symbolik lässt es sich vom Mitarbeiter in der Produktion bis zum Management leicht einsetzen. Der Lernaufwand ist gering, die Anforderungen für die Dokumentation sind niedrig. Die Bestimmung der Wertschöpfungs- und Durchlaufzeiten ist die komplexeste Aufgabenstellung und deshalb häufig umstritten.

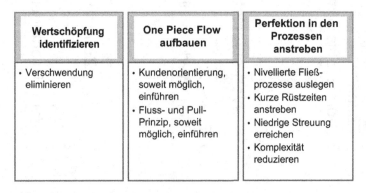

Abb. 6.18 Prozesse verbessern mit dem Wertstromdiagramm

Die Methode ist besonders geeignet, Prozesse in Produktion und Logistik strukturiert zu erfassen und gemeinsam mit einem Team eine bestimmte Aufgabenstellung zu lösen. Das Wertstromdiagramm kann in verschiedenen Verdichtungsebenen angewandt und in unterschiedlichen Verdichtungen betrachtet werden.

Es eignet sich am besten für materialflussintensive Prozesse mit zugehörigem Informationsfluss. Das Diagramm unterstützt die Einführung von Lean Production durch die Eliminierung von Verschwendung und die Einführung einer Fließfertigung mit einer möglichst geringen Losgröße, idealerweise mit Losgröße eins. Das Tool unterstützt die Analyse und die Neugestaltung, da viele Änderungen einfach abgebildet werden können.

Die Optimierung des Wertstromdiagramms zielt auf die Reduktion der Durchlaufzeiten in der Produktion durch Veränderungen des Materialflussprozesses. Der Informationsfluss ist eine Ergänzung und wird in der Systematik nur im Nebenfluss betrachtet.

Das Wertstromdiagramm kann sehr schnell unübersichtlich werden, da sehr viele Informationen betrachtet werden müssen. Mit der Begrenzung einer Wertstromanalyse auf ein DIN-A3-Blatt lässt sich ein handhabbarer Optimierungsumfang erreichen, nämlich einen bestehenden Prozess im Zusammenhang mit den übrigen Prozessen auf die Kundenanforderungen auszurichten. Durch einen hierarchischen Ansatz lässt sich die Methode in einer vollständigen Supply Chain einsetzen. Dabei ist ein geringerer Detaillierungsgrad sinnvoll.

6.7   Supply-Chain Operations Reference-model (SCOR)

Das Supply-Chain Operations Reference-model[1] (SCOR) ist ein Werkzeug zur Analyse und Optimierung von Supply-Chain-Prozessen (Becker und Geimer 2001b). Mit SCOR lassen sich komplexe Supply-Chain-Prozesse in einem Unternehmen und über Unternehmensgrenzen hinweg darstellen, analysieren und verbessern (Abb. 6.19).

Prozesse sind das Rückgrat der Supply Chain: Mit ihnen wickeln unterschiedliche Unternehmen gemeinsam Kundenaufträge effizient und schnell ab. Die Gestaltung der Prozesse beeinflusst die Leistungsfähigkeit einer Supply Chain über Unternehmensgrenzen hinweg. Erfolgreiche Unternehmen richten ihre Supply-Chain-Prozesse gemeinsam mit ihren Kunden und Lieferanten auf eine schnelle, durchgängige Abwicklung aus. Der Prozess umfasst alle Schritte von der Bestellung des Rohmaterials und der Bauteile beim Lieferanten über die Generierung von Produktionsaufträgen, Fertigung und Montage mit Material- und Fertigwarenlager bis hin zur Lieferung der Aufträge an die Kunden, gegebenenfalls über die verschiedenen Vertriebspartner.

Weil die oben dargestellten Prozessbeschreibungen die Komplexität der Supply Chain nicht vollständig erfassen können, wurde SCOR als Prozessreferenzmodell spezifisch für die Supply Chain entwickelt. Es entstand aus intensiven Diskussionen über Analysen zur Supply Chain und zur Produktion. Bei diesen Untersuchungen stießen die Unternehmen immer wieder auf die gleichen Schwierigkeiten. Sie konnten keine geeigneten Softwaresysteme für

---

[1] Die Schreibweise entspricht dem geschützten Markennamen.

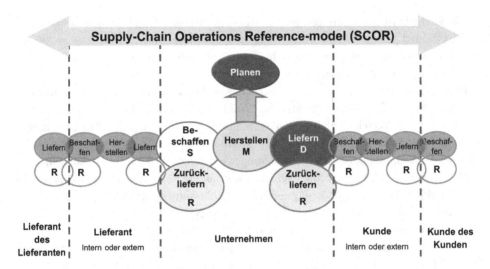

Abb. 6.19 SCOR zur Darstellung einer integrierten Supply Chain

die Supply Chain auswählen und implementieren, weil die Prozesse nicht einfach zu dokumentieren waren. Fehler bei komplexen Supply-Chain-Projekten stellten sich erst zu spät in
der Implementierung heraus. In Beratungsprojekten hatte sich bei den Diskussionen von
Supply-Chain-Ansätzen über Unternehmensgrenzen hinweg immer wieder herausgestellt,
dass eine einheitliche Sprache für die Beschreibung der Prozesse unerlässlich ist.

Im Jahr 1996 trafen sich Vertreter von Industrieunternehmen, um gemeinsam ein Prozessreferenzmodell für die Supply Chain zu entwickeln. Ziel der Zusammenarbeit war es,
die unterschiedlichen Erfahrungen und Ausgangspunkte der Teilnehmer zur Entwicklung
eines anwendungsorientierten Hilfsmittels zu nutzen. Im November 1996 wurde das erste
Supply-Chain Operations Reference-model vorgestellt.

Ziel der SCOR-Entwicklung war das Schaffen einer Basis für die unternehmensüber-
greifende Konzeption von Supply Chains mit einer einheitlichen Beschreibung aus Anwen-
dersicht. Es beschreibt über alle Softwaresysteme hinweg die grundlegende Funktionalität
zur Gestaltung wettbewerbsfähiger Supply Chains und bildet die Grundlage für die Analyse, Neugestaltung und Umsetzung von Verbesserungen in Supply-Chain-Prozessen.

Zur Weiterentwicklung des Modells und als organisatorische Unterstützung wurde das
Supply Chain Council (SCC) als ein Verein gegründet. Dabei standen die Praktikabilität
und die branchenübergreifende Anwendbarkeit im Vordergrund. Durch Vereinfachung
und laufende Veränderungen ist dieses Referenzmodell über mehrere Versionen weiterentwickelt worden, zuletzt ist im Jahr 2012 die Version 11 entstanden (Supply Chain Council
2012). Inzwischen hat der APICS Verein (The Association for Operations Management –
ursprünglich American Production and Inventory Control Society) die Weiterentwicklung
von SCOR übernommen. So existiert eine SCOR App für die Inhalte des Referenzmo-
dells, die in den gängigen App-Stores gekauft werden kann. Alle folgenden Erläuterungen
basieren auf der Version 11.

6.7.1 Aufbau

SCOR unterscheidet drei Prozesstypen: Ausführung, Planung und Befähigung (Abb. 6.20).

- Die Ausführungsprozesse beschreiben alle Aktivitäten für die Auftragsabwicklung, also den gesamten Informations-, Material- und Wertefluss. In den Ausführungsprozessen findet die konkrete Auftragsbearbeitung statt. Dazu verwendet SCOR die Prozesse Beschaffen, Herstellen, Liefern und Zurückliefern.
- Die Planungsprozesse umfassen alle Tätigkeiten für die zukünftigen Material-, Informations- und Werteflüsse, um die Supply Chain auf eine kommende Nachfrage vorzubereiten. Planungsprozesse gleichen eine mangelnde Reaktionsfähigkeit auf Kundenaufträge aus, indem sie Kapazitäten planen oder Bestand aufbauen, z. B. für Produkte mit langen Lieferzeiten oder Langläufermaterial. Ein Beispiel für einen Planungsprozess ist die Vertriebsprognose. Diese Prozesskategorie wird durch die Prozessklasse *Planen* beschrieben.
- Befähigungsprozesse fassen die Elemente zusammen, die zur Vorbereitung und Gestaltung der Supply Chain oder für Sondersituationen in der Supply Chain erforderlich sind. Diese Prozesse schaffen alle Voraussetzungen für einen reibungslosen Ablauf der Supply Chain. So gehört zum Beispiel die Auswahl eines neuen Lieferanten zu den Befähigungsprozessen. Die Selektion der Lieferanten wird einmal benötigt, um die Supply Chain zu konfigurieren und die Daten in den Einkaufssystemen zu erstellen. Für die Abwicklung der Aufträge, also für die Ausführungsprozesse, wird auf diese einmalige Definition zurückgegriffen. Durch die Abtrennung der Befähigungsprozesse lassen sich die Ausführungsprozesse leichter gestalten und realisieren. Die Befähigungsprozesse lassen sich nach anderen Zielsetzungen optimieren. Die Ergebnisse der in der ersten SCOR-Version als *Infrastrukturprozesse* bezeichneten Befähigungsprozesse können beliebig häufig wiederverwendet werden. Sie sind nicht mit jeder Auftragsausführung direkt verbunden.

Art	Kennzeichen der Prozessarten
Planung	• Informationen für zukünftige Aufträge bearbeiten • Kapazitäten planen
Ausführung	• Auftragsinformationen bearbeiten und Kundenaufträge abwickeln • Material lagern und bearbeiten
Befähigung	• Supply-Chain-Ausführung und -Planung vorbereiten • Supply Chain verwalten und gestalten

Abb. 6.20 Übersicht über die SCOR-Prozessarten

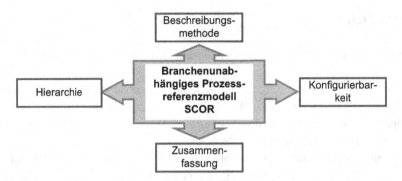

Abb. 6.21 Aufbau von SCOR

Als Grundüberlegung ordnet das Prozessreferenzmodell SCOR alle Supply-Chain-Aufgabenstellungen und -Aktivitäten fünf grundlegenden Supply-Chain-Prozessen zu, nämlich Planen, Beschaffen, Herstellen, Liefern und Zurückliefern. Diese Prozesse beschreiben alle Elemente der Supply-Chain-Prozesskette, vom Erfassen der Marktbedürfnisse über die Produktlieferung bis hin zum Ersatzteilgeschäft.

Mit SCOR lassen sich Aufbau und Inhalt von Supply-Chain-Prozessen definieren. Die Aufbaubeschreibung von SCOR enthält folgende Komponenten (Abb. 6.21):

- Prozessbeschreibungsmethode
  SCOR beschreibt alle Prozesse, die zur Dokumentation der komplexen Supply-Chain-Informations-, -Material- und -Werteflüsse erforderlich sind. Es lassen sich vollständige Prozessketten, aber auch einzelne Prozessschritte darstellen. Das Gleiche gilt für die übergreifenden Informations-, Material- und Werteflüsse, jeweils mit ihren Quellen und Empfängern.
- Konfigurierbarkeit
  Aus den fünf Prozessbausteinen Planen, Beschaffen, Herstellen, Liefern und Zurückliefern lassen sich alle Supply-Chain-Prozessketten konfigurieren. Diese Konfigurationsmöglichkeiten ermöglichen den Einsatz über die Branchengrenzen hinweg.
- Prozesshierarchie
  Das Modell bildet mit vier hierarchischen Ebenen die Grundlage für die Beherrschung der Supply-Chain-Komplexität. Die oberste Ebene beschreibt die gesamte Supply Chain, jede nachfolgende Ebene ist eine Detaillierung der vorangegangenen. Ab Ebene 3 werden einzelne, eng abgegrenzte Zusammenhänge dargestellt. Abhängig vom Detaillierungsgrad lassen sich auf den Ebenen unterschiedliche Aufgabenstellungen bearbeiten.
- Prozesszusammenfassung
  Die unterschiedlichen Arten der Planprozesse in der Supply-Chain-Prozesskette erfordern die Beschreibung durch einen Aggregationsmechanismus. So können Teilprozesse für unterschiedliche Planungsaufgaben zu einem Gesamtplanungsprozess verknüpft werden. Jedes Unternehmen kann durch die SCOR-interne Aggregationslogik diese Zusammenhänge abbilden und verdeutlichen.

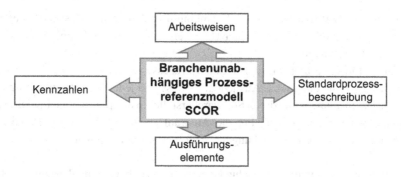

Abb. 6.22 Referenzinhalt von SCOR

Unternehmen können mit der SCOR-Prozessbeschreibungsmethode schnell die Abläufe in allen Supply-Chain-Prozessen vom Kunden bis zum Lieferanten darstellen. Dabei lässt sich je nach Verwendungszweck die Hierarchieebene variieren, um Diskussionen über unterschiedliche Aufgabenstellungen zu ermöglichen oder bestimmte Teilprozesse genauer zu betrachten. Durch den hierarchischen Aufbau können Übersicht und Detail getrennt dargestellt werden. Mit dieser Analysemethode ist darüber hinaus eine hervorragende Ausgangsbasis geschaffen, mit der Unternehmen ihre Supply-Chain-Prozesse an geänderte Randbedingungen anpassen können, da sich die Prozesse mit SCOR schnell beschreiben und optimieren lassen.

Während die oben beschriebenen Aspekte ein Hilfsmittel zur Beschreibung beliebiger Prozesse darstellen, unterscheidet sich SCOR von anderen Prozessbeschreibungsmethoden wie Prozessablauf- oder Flussdiagrammen durch die Festlegung und Definition folgender Supply-Chain-Referenzinhalte (Abb. 6.22):

- Standardprozessbeschreibung
  Der SCOR-Anwender kann mit der Standardprozessbeschreibung die einzelnen Prozesse und deren Inhalte verstehen. Die Beschreibungen bilden ein allgemeingültiges, softwareunabhängiges Gerüst für sämtliche Supply-Chain-Teilprozesse. Diese Standardprozessbeschreibung dient zwei Anwendungsfällen: Einerseits lassen sich mit diesen Inhalten Unterschiede zwischen Ist- und Referenzsituationen herausarbeiten, andererseits lassen sich mit den Referenzprozessen schnell neue Sollprozesse entwerfen.
- Best Practices
  Die Best Practices dokumentieren in der Praxis erfolgreiche Ansätze für die optimale Ausführung der einzelnen Prozesse. Bei der Neugestaltung von Prozessen soll geprüft werden, ob die Best Practices eingesetzt werden können. Mit diesen Hinweisen können die Anwender auch Ansätze zur Optimierung der Supply-Chain-Leistungsfähigkeit identifizieren.
- Messgrößen
  In SCOR liegen standardisierte Messgrößendefinitionen vor, mit denen alle Prozesse gemessen und gesteuert werden können. Damit lassen sich die Leistungen der Supply-Chain-Prozesse auf unterschiedlichen Ebenen messen und Ansatzpunkte zur

Verbesserung identifizieren. Diese allgemeingültig definierten Messgrößen erleichtern ein Benchmarking verschiedener Unternehmen und deren Supply Chains.

- Softwareanforderungen
  Für eine Automatisierung der Supply-Chain-Prozesse werden üblicherweise leistungsfähige DV-Systeme eingesetzt. Aus jedem Prozess und jeder Best Practice lassen sich Anforderungen ableiten, die durch Softwarehersteller in entsprechenden Funktionalitäten umgesetzt werden können. Für die Auswahl geeigneter Softwaresysteme bietet SCOR daher eine erste Beschreibung der Anforderungsdefinitionen.

SCOR besteht aus vier inhaltlich verschiedenen Hierarchieebenen, mit denen unterschiedliche Zielsetzungen verfolgt werden. Bei der Standardisierung wurden nur die oberen drei Ebenen betrachtet (Abb. 6.23).

Die Ebenen 1 und 2 betrachten die gesamte Supply Chain im Überblick und dienen strategischen Aufgaben, Gesamtanalysen und ganzheitlichen Gestaltungsaufgaben. In Ebene 3 und 4 liegt der Schwerpunkt auf einzelnen Teilprozessen. Daher sind diese Ebenen für deren Optimierung geeignet.

Ebene 1 dient der Beschreibung des betrachteten Supply-Chain-Umfangs, hier werden die zu analysierenden Standorte der Supply Chain definiert. Die Beschreibung beinhaltet die Prozesse Planen, Beschaffen, Herstellen, Liefern, Zurückliefern und Befähigen, die in der nächsten Ebene weiter detailliert werden (Abb. 6.24). Die Prozesse werden durch Anfangsbuchstaben beschrieben, denen ein kleines S für SCOR vorangestellt wird: sP – Plan, sS – Source, sM – Make, sD – Deliver, sR – Return, sE – Enable.

Mit der Ebene 1 lassen sich somit die Bilanzhülle der betrachten Supply Chain, die beteiligten Unternehmen einer durchgängigen Supply Chain und die Verknüpfung der anderen Prozesse und Standorte beschreiben. An dieser Stelle muss die Bedeutung dieser Umfangsdefinition hervorgehoben werden, da nur eine Gesamtbetrachtung die Optimierung

Ebene	Name	Umfang	Aufgabe
1	Prozess-typen	Gesamte Supply Chain	• Umfang definieren • Gesamtprozess klären • Beteiligte festlegen
2	Prozess-kategorien	Gesamte Supply Chain	• Gesamtprozess optimieren • Lagerstufen reduzieren • Integration der Partner verbessern
3	Prozess-elemente	Einzelne Prozess-kategorien	• Prozesse gestalten • Schnittstellen verbessern

Abb. 6.23 Mit SCOR beschriebene Hierarchieebenen

Abb. 6.24 SCOR-Prozesse auf Ebene 1

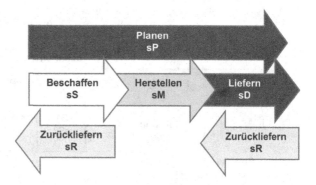

und Abstimmung der einzelnen Supply-Chain-Partner ermöglicht. Die Beschreibung einer vollständigen Supply Chain umfasst beispielsweise die wichtigsten Lieferanten oder Lieferantenklassen, also Lieferanten mit hohem Liefervolumen oder langer Lieferzeit auf der einen Seite und die Hauptkundengruppen auf der anderen. Auf Ebene 1 werden bereits die wesentlichen Segmentierungen der Supply Chain durchgeführt und die Supply-Chain-Strategie diskutiert und angepasst.

Die SCOR-Prozesse auf Ebene 1 bilden die Prozesse zur Planung und Auftragsabwicklung ab. Für die Ausführungsprozesse wird zunächst der auftragsbezogene Informationsfluss betrachtet. Der Kunde erteilt einen Auftrag, der vom Prozess *Liefern* bearbeitet wird. Daraus kann ein Produktionsauftrag entstehen, der einen Materialbereitstellungsauftrag auslöst. Für den Nachschub wird daraufhin eine Materialbestellung an den Lieferanten ausgelöst. Der Materialfluss läuft nun genau entgegensetzt zum Informationsfluss. Der Lieferant liefert das Material. Der Prozess *Beschaffen* endet mit dem Materiallager, aus dem die Produktion versorgt wird. Die Produktion stellt daraus die Produkte nach Produktionsaufträgen her. Durch den Lieferprozess wird anschließend aus unterschiedlichen Produkten der Kundenauftrag kommissioniert, gepackt und an den Kunden geliefert.

Bei vielen Unternehmen sind die Auftragsdurchlaufzeiten länger als die vom Kunden geforderten Lieferzeiten. Deshalb lassen sich die Prozesse nicht erst bei Eintreffen eines Kundenauftrags aktivieren. Stattdessen müssen die Supply-Chain-Material- und Produktbestände gefüllt sein, um die vom Kunden erwarteten Reaktionszeiten sicherzustellen. Die Planungsprozesse antizipieren die zukünftigen Ereignisse, indem unter Annahmen über die zukünftigen Auftragseingänge diese Bestände dimensioniert und bestimmt werden. Zusätzlich werden die Informationen für Bestellungen benötigt, um lange Reaktionszeiten der Lieferanten abzupuffern.

Dazu werden die Fähigkeiten in der Beschaffung, in der Produktion und im Lieferbereich zu den Supply-Chain-Fähigkeiten zusammengefasst. Zusammen mit der Marktprognose ergeben sich eine Beschaffungsprognose und ein Gesamtplan, der den Grundstein für die Aktivitäten in einem Teilbereich bildet.

SCOR-Prozesse				
Planen	**Be-schaffen**	**Her-stellen**	**Liefern**	**Zurück-liefern**

Prozess-arten		Planen	Be-schaffen	Her-stellen	Liefern	Zurück-liefern
	Planung	sP1	sP2	sP3	sP4	sP5
	Ausführung		sS1–sS3	sM1–sM3	sD1–sD4	sDR1–sDR3 sSR1–sSR3
	Befähigung			sE1 sE2 sE3 sE4 sE5 sE6 sE7 sE8 sE9		

Abb. 6.25 Zuordnung der Prozesskategorien zu Prozessen und Prozessarten

In Ebene 2 werden die Prozesse in Prozesskategorien aufgeteilt (Abb. 6.25) und die gesamte Supply Chain wird mit allen Teilprozessen dargestellt, immer jeweils vom Lieferanten bis zum Kunden. Die Prozesskategorien unterscheiden sich bei den Ausführungsprozessen nach der Auftragsart, d. h. danach, ob auf Lager produziert, auftragsbezogen oder für eine Kundeneinzelfertigung mit auftragsspezifischen Anpassungen gearbeitet wird. Die Planungsprozesse werden nach den zugehörigen Ausführungsprozessen untergliedert. Prozesse der Ebene 2 werden durch das vorangestellte s für SCOR, den Anfangsbuchstaben der Ebene 1 und eine weitere Nummerierung eindeutig identifiziert, z. B. sP1 (Abb. 6.26).

Hauptaufgabe der Ebene 2 ist die Detaillierung der gesamten Konfiguration und die Verknüpfung der Teilprozessketten. Die systematische Beschreibung verdeutlicht eine ganze Reihe potenzieller Probleme, wie zum Beispiel offene Schnittstellen, unterschiedliche Steuerungsmechanismen oder Doppelaktivitäten. Die Aussagekraft dieser Ebene überrascht viele Anwender immer wieder, da mit wenigen Mitteln die gesamte Supply Chain transparent dargestellt wird und viele Aspekte der Supply Chain in einem Gesamtbild betrachtet werden können (Abb. 6.27).

In Ebene 3 werden die Prozesselemente für jede Prozesskategorie einzeln dokumentiert und die Prozessschritte, deren Reihenfolge und die Eingangs- und Ausgangsinformationen getrennt dargestellt (Abb. 6.28). Die Prozesselemente erweitern die Bezeichnung der Ebene 2 um eine weitere Numerierung, die mit einem Punkt hinter die bestehende Bezeichnung gesetzt wird, z. B. sS1.1.

Auf Ebene 3 werden zu jedem Prozess Referenzinhalte dokumentiert (Abb. 6.29). In diesen Inhalten werden die Prozesse detailliert beschrieben, die Best Practices dargestellt und daraus Softwareanforderungen abgeleitet. Für alle Prozesselemente werden die möglichen Kennzahlen und deren Definitionen dargestellt.

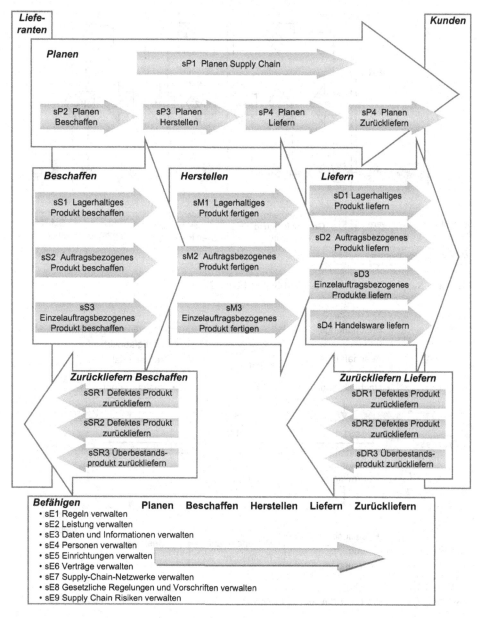

Abb. 6.26 SCOR Prozesskategorien auf Ebene 2 (nach Supply Chain Council)

In Ebene 4 werden über Flussdiagramme oder andere Darstellungsformen alle weiteren Verfeinerungen zusammengefasst. SCOR beinhaltet für Ebene 4 keine Referenzinhalte, da auf dieser Ebene keine branchenunabhängige Betrachtung möglich ist. Unternehmen nutzen die Ebene 4, um Arbeitsanweisungen zu erstellen, die später auch die Ausgangsbasis für eine Prozessbeschreibung nach ISO 9000 ff. sind.

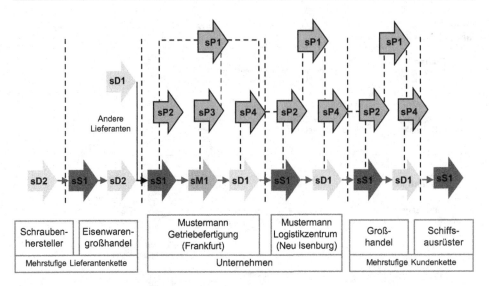

Abb. 6.27 Supply-Chain-Darstellung auf SCOR Ebene 2

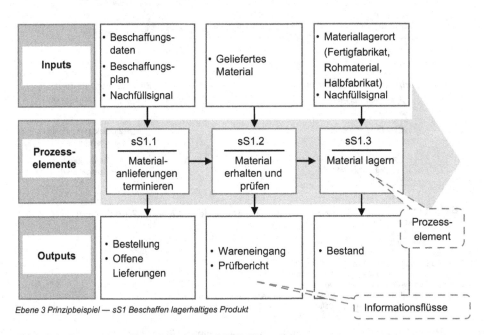

Abb. 6.28 Prozessdarstellungsbeispiel für SCOR Ebene 3

6.7.2 Vorgehensweise

Nach der allgemeinen Einführung wird nun beschrieben, wie sich Prozesse mit SCOR dokumentieren lassen. Mit dem hier dargestellten Ansatz (Abb. 6.30) lassen sich Supply Chains beliebiger Komplexität betrachten. Die Analyse erfordert das Durchlaufen der folgenden Schritte:

Abb.6.29 Inhaltsbeschreibung
für Ebene 3 Prozesselemente

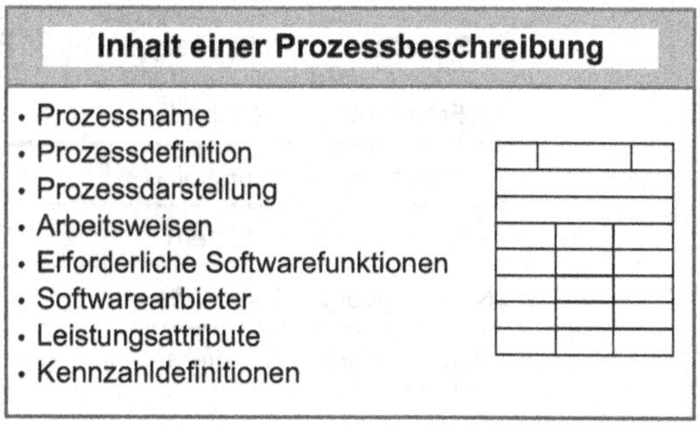

Inhalt einer Prozessbeschreibung

- Prozessname
- Prozessdefinition
- Prozessdarstellung
- Arbeitsweisen
- Erforderliche Softwarefunktionen
- Softwareanbieter
- Leistungsattribute
- Kennzahldefinitionen

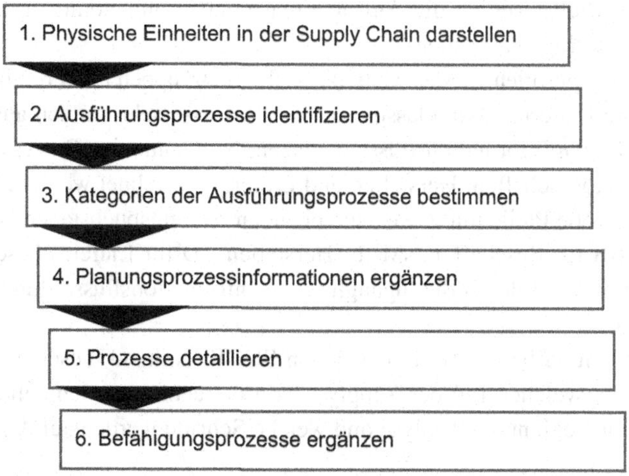

1. Physische Einheiten in der Supply Chain darstellen

2. Ausführungsprozesse identifizieren

3. Kategorien der Ausführungsprozesse bestimmen

4. Planungsprozessinformationen ergänzen

5. Prozesse detaillieren

6. Befähigungsprozesse ergänzen

Abb. 6.30 Vorgehensweise für eine SCOR-Prozessanalyse

- Physische Einheiten in der Supply Chain identifizieren

  Dazu beantwortet der Anwender folgende Fragen: Welche Werke, Verwaltungen, Niederlassungen sind als Bestandteil des Unternehmens in die Prozesskette eingebunden? Wer sind die wichtigsten Kunden und Lieferanten? Dazu werden die Standorte der an der Supply Chain beteiligten Unternehmen ermittelt und in der ersten Spalte der beiliegenden Tabelle (Abb. 6.31) dokumentiert.
- Ausführungsprozesse identifizieren

  Die Ergebnisse der folgenden Fragen werden in der nächsten Spalte der Tabelle beschrieben:
  - An welche Stellen liefern die Lieferanten das Material (Beschaffen)?
  - Wo sitzt der Einkauf, der die Materialanlieferung steuert (Beschaffen)?
  - In welchem Werk werden aus Material Teile, aus Teilen Baugruppen und Produkte (Herstellen)?
  - Von welchem Standort werden Produkte an den Kunden geliefert (Liefern – Ware verteilen)?

Standort	Prozesstyp	Prozesskategorie
Frankfurt	Beschaffen	sS1, sS2
Frankfurt	Herstellen	sM1
Frankfurt	Liefern	sD1
Neu-Isenburg	Beschaffen	sS1
Neu-Isenburg	Liefern	sD1

Abb. 6.31 Tabelle zur Datenermittlung für die SCOR-Prozessdarstellung

- An welcher Stelle werden die Aufträge der Kunden angenommen und bearbeitet (Liefern – Aufträge bearbeiten)?
- An welchen Lagerorten werden Material, Teile, Baugruppen und Produkte gelagert?

Ausgehend von Materialflüssen lassen sich die Prozesse sehr einfach aufnehmen und um die zugehörigen Informationsflüsse ergänzen. Nun kann eine Prozesskette aus den Prozessschritten Beschaffen, Herstellen und Liefern gezeichnet werden. Die Prozesse werden durch große Pfeile mit den entsprechenden Anfangsbuchstaben der Prozessbezeichnungen (sS für Beschaffen, sM für Herstellen, sD für Liefern) beschrieben. Die Materialflüsse werden durch durchgängige, die Informationsflüsse durch gestrichelte Linien ergänzt.

Diese Darstellung beschreibt Ebene 1 von SCOR. Anhand dieser Abbildung lässt sich diskutieren, welcher Teil der Supply Chain betrachtet werden soll: Mit welcher Lieferantenstufe beginnt die Analyse und welche Schritte werden auf der Kundenseite betrachtet?

- Kategorien der Ausführungsprozesse erkennen

Für eine Betrachtung der Ebene 2 wird die Tabelle (Abb. 6.31) um die Kategorien der einzelnen Prozessschritte an den Standorten ergänzt. Dabei ist die Art der Steuerung zu klären: Wird auf Lager gefertigt, wird auf Auftrag gefertigt oder besteht ein spezifischer Einzelauftrag, auf den gefertigt wird? Diese Unterteilung wird analog bei den Prozessen *Beschaffen*, *Liefern* und *Zurückliefern* ergänzt. Dabei steigt vielfach die Anzahl der Prozesse, die an einem Standort stattfinden, da für unterschiedliche Anwendungsfälle verschiedene Prozesse definiert oder genutzt werden.

Nun kann die Darstellung aus Ebene 1 in eine Darstellung der Ebene 2 überführt werden, indem die Prozesssymbole ergänzt werden. Anstelle der Prozessbezeichnungen mit den Anfangbuchstaben wird nun die Ausführungsart der Prozesse mit einer Zahl für die entsprechende Ausführung ergänzt (vgl. auch Abb. 6.27).

Die Ebene 2 kann auch in einer Landkarte dargestellt werden, um die geografischen Abhängigkeiten zu dokumentieren und daraus Aussagen zu gewinnen.

Sie kann genutzt werden, um die Komplexität der Material- und zugehörigen Informationsflüsse zu beschreiben, zu analysieren und zu verbessern. Wesentliche Aspekte der Supply Chain können hier optimiert werden:

– Warum gibt es von der Produktion bis zum Endkunden so viele Lagerstufen?
– Warum sind so viele Prozessschritte erforderlich, um einen Kundenauftrag auszulie-
  fern?

Die Frage: „Warum gibt es so viele unterschiedliche Prozessausprägungen?" ist häufig
Gegenstand von Diskussionen, die bei einer Betrachtung der Ergebnisse auf Ebene 2
beginnen.

• Planungsinformationen ergänzen

Nachdem die Ausführungsprozesse beschrieben sind, lassen sich nun einfach die Planungsinformationen ergänzen.

– Wer nimmt die Planung der Ausführungsschritte vor?
– Wer ist für die Vertriebsprognose zuständig?
– Wer erstellt das Produktionsprogramm und plant die Auslastung der Produktionska-
  pazität?
– Wo werden die Planungen für die Materialbeschaffungen durchgeführt?
– Wo werden die Produktions-, Beschaffungs- und Vertriebspläne miteinander
  abgeglichen?

Die Tabelle der Standorte wird nun um die Planung ergänzt, in der im Bedarfsfall weitere Verwaltungsstandorte hinzuzufügen sind. Nun werden Planprozesse und deren
Ausprägungen eingetragen. Während die Ausführungsprozesse nach den Ausführungs-
arten differenziert werden, unterscheiden sich die Planungsprozesse nach dem Betrachtungsumfang und sind den Prozessen *Beschaffen*, *Herstellen* und *Liefern* zugeordnet.
Zusätzlich wird die Planungskoordination ergänzt. Bei vielen Analysen können diese
Gesamtkoordination oder andere Planungsprozesse nicht identifiziert werden. Es kann
durchaus vorkommen, dass diese Prozesse im Istzustand nicht vorhanden sind.

Die Planungsprozesse werden in der grafischen Darstellung der Ebenen 1 und 2
ergänzt, um die Gesamtprozesse darzustellen. Sie können auch der geografischen Darstellung hinzugefügt werden. Diese Gesamtabbildung der Supply Chain kann nun als
Ausgangsbasis für die Analyse und Gestaltung genutzt werden.

• Detaillierung der Prozesse

Die Ebenen 1 und 2 sind ein Gesamtüberblick über die Supply Chain, während die
Ebene 3 nur Teilbereiche betrachtet. In Ebene 3 wird jeder Pfeil aus Ebene 2 als sepa-
rates Prozessdiagramm aufbereitet. In jedem Diagramm werden die Teilprozesse mit
den Schritten und Ein-/Ausgangsgrößen (Bezeichnung und Quelle/Empfänger) dargestellt. Jeder Teilprozess wird mit einem Rechteck, mehrere Prozessschritte in der sachlogischen Reihenfolge dargestellt. Jedes Prozessrechteck wird nummeriert, indem die
Prozessnummer des betrachteten Prozesses (z. B. M1) um eine laufende Unternummer
ergänzt wird (M1.1). Mit Pfeilen von oben nach unten werden die Eingangsgrößen zu
jedem Teilprozess beschrieben. Zu jeder Eingangsgröße wird die Quelle aufgeführt,
also in Klammern der Ursprungsprozess, ein Lieferant oder ein Kunde genannt. Falls
keiner dieser Eingangsquellen genannt werden kann, fehlt die Darstellung eines Prozesses. Es ist zu überprüfen, ob ein weiterer (Teil-)Prozess ergänzt werden muss.

Während der Analyse wird auch hier der Istzustand dargestellt. Dieser lässt sich mit dem Referenzprozess vergleichen und bei Unterschieden lässt sich überprüfen, ob der Referenzzustand zu Verbesserungen führt. Gleichzeitig werden unterbrochene Informationsflüsse oder fehlende Prozessschritte deutlich.

- Befähigungsprozesse ergänzen
  Parallel zu den Planungs- und Ausführungsprozessen werden die Befähigungsprozesse erfasst. Hier sind Einmalaktivitäten beschrieben, z. B. die Qualifizierung eines neuen Lieferanten. Es bietet sich an, die Liste der jeweiligen Befähigungsprozesse aus dem SCOR-Referenzmaterial zu nutzen und auf Vollständigkeit zu überprüfen.

6.7.3 Bewertung

SCOR eignet sich hervorragend, um komplexe Supply-Chain-Prozesse zu visualisieren (Abb. 6.32). Die Übersichtsdarstellungen ermöglichen eine Gesamtbetrachtung. Wegen der hohen Informationsverdichtung können komplexe Prozessketten im Format DIN A4 dargestellt werden. Mit dem Übergang auf Ebene 3 geht die Übersichtlichkeit verloren. Auf Ebene 3 ist die Informationsflussbetrachtung einfacher als die Materialflussbetrachtung.

Die starke Verdichtung auf die Hauptprozesse hilft, Supply-Chain-Prozesse gut zu strukturieren. Die Lieferprozesse mit den getrennten Teilprozessketten für die informationsflussorientierte Auftragsabwicklung und den Materialfluss führen bei den Erstnutzern zu Verständnisschwierigkeiten und sind teilweise verwirrend. Die implizite Anordnung

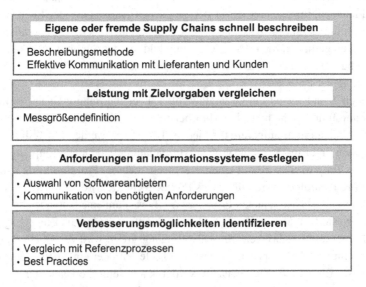

Abb. 6.32 Einsatz von SCOR

von Material- und Fertigfabrikatelager in der Ebene 3 hilft, die Prozesse anzuordnen. Die unzureichende Berücksichtigung von Halbfabrikatebeständen schränkt jedoch die Anwendbarkeit der Methode ein oder erfordert einige Anpassungen.

Die Abtrennung der Infrastrukturprozesse hilft, Sonderfälle entsprechend ihrer niedrigeren Bedeutung nachrangig zu betrachten und sich auf die Standardfälle zu konzentrieren.

Prinzipiell ist die Unterscheidung in Planung und Ausführung sehr hilfreich, führt aber in der Anwendung zunächst zu einer erheblichen Verwirrung. Denn die Steuerungsprozesse werden der Planung oder der Ausführung zugeordnet. Die Steuerung von Aufträgen und Produktionen ist in SCOR nicht einfach darzustellen. SCOR ist besser für die Informationsflussmodellierung als für Materialflussabbildungen auf den unteren Ebenen einsetzbar.

Ein Schlüsselproblem bei der SCOR-Anwendung ist, dass ihr Ursprung in der Elektronikfertigung mit geringer Fertigungstiefe, also mit einem einfachen zugrunde liegenden Produktionsprozess liegt. Komplexe Produktionsprozesse mit mehreren Produktionsstufen sind daher schwierig zu modellieren.

SCOR-Diagramme können das umfassende Verständnis der Prozesse erleichtern und so dabei helfen, Verbesserungsansätze für den gesamten Prozess zu identifizieren.

Der Referenzinhalt von SCOR – branchenübergreifende Prozessbeschreibungen, Best Practices und Kennzahlendefinitionen – geben Hinweise auf Verbesserungen oder einzusetzende Arbeitsweisen. Das Referenzmaterial enthält nur einen groben Überblick über die Kennzahlen und eine erste Definition, aber nicht genug Details für eine Realisierung. Aus historischen Gründen fehlen wesentliche Kennzahlen im Bereich Produktion.

6.8 Auswahl geeigneter Prozessanalysewerkzeuge

Alle Prozessanalysemethoden können für unterschiedliche Aufgabenstellungen eingesetzt werden (Abb. 6.33). Je nach Inhalt und Umfang lassen sich verschiedene Methoden als geeignete Ansätze auswählen.

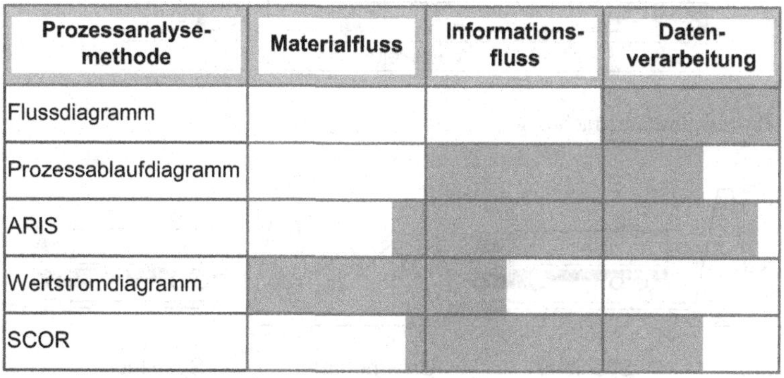

Prozessanalyse-methode	Materialfluss	Informations-fluss	Daten-verarbeitung
Flussdiagramm			■
Prozessablaufdiagramm		■	■
ARIS		■	■
Wertstromdiagramm	■	■	
SCOR		■	

Abb. 6.33 Auswahlhilfe für Prozessanalysemethoden

Ist der Schwerpunkt der Analyseprozesse die Informationsverarbeitung in der gesamten Supply Chain, so kann das Referenzmodell SCOR verwendet werden. Wenn Materialflussprozesse im Vordergrund stehen, ist die Wertstromanalyse am besten geeignet. Falls DV-Anwendungen der wesentliche Analysefokus sind, eignet sich ARIS am besten. Wenn die Informationsverarbeitungsprozesse betrachtet werden sollen, kann auch das Prozessablaufdiagramm eine ausreichende Darstellung sein.

6.9   Prozessmodell zur Gesamtanalyse

Bei der Optimierung von Supply-Chain- und Produktionsprozessen sind Management-, Gestaltungs-, Planungs-, Steuerungs-, Ausführungs- und Vorbereitungsprozesse zu betrachten (Abb. 6.34). Die oben beschriebenen Methoden decken jeweils Teilumfänge ab, aber nicht die komplette Prozesskette mit allen Facetten, also Informations- und Materialfluss. Für eine Betrachtung der kompletten Supply Chain fehlt das Transportelement, also das interne und externe Versorgen mit Material. Um einen Gesamtprozess zu analysieren, müssen die bestehenden Methoden miteinander kombiniert werden. Eine derartige Kombination erfordert einige Anpassungen.

Deshalb wird ein praxisbewährter Vorschlag für die Optimierung der Gesamtprozesse dargestellt. Bei der Betrachtung der Gesamtprozesse wird die vollständige Supply Chain mit allen Partnern, also inklusive der Transportprozesse (Versorgen), berücksichtigt (Abb. 6.35).

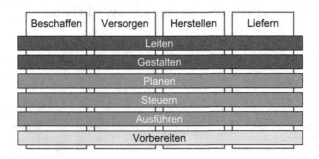

Abb. 6.34 Prozessgesamtbetrachtung

Abb. 6.35 Gesamte Supply Chain Prozesskette

Aus der Bewertung der bestehenden Methoden leitet sich die Eignung des Wertstromdiagramms als bestes Hilfsmittel für die Ausführungs- und besonders für die Materialflussprozesse ab. Der hierarchische Aufbau und die übersichtliche Darstellung von SCOR auf den oberen Ebenen eignen sich besonders für die Schaffung eines Überblicks und die Abbildung von Informationsflüssen, während die normale Anwendung des Wertstromdiagramms zu viele Details beinhaltet.

Das Modell zur **k**onsequent **a**usgerichteten **bet**rieblichen **O**ptimierung (Kabeto) nutzt einen hierarchischen Aufbau in drei Ebenen. Auf der obersten Ebene wird die gesamte Prozesskette dargestellt und in den darunter liegenden Ebenen verfeinert. In der untersten Ebene werden einzelne Elemente separat betrachtet.

Im Kabeto-Modell werden die SCOR-Prozesse um eine Management- und eine Steuerungsebene erweitert. Aus der Wertstromanalyse werden die Materialflusssymbole übernommen. Als wesentlicher Prozess auf der obersten Ebene wird ein zusätzlicher Prozess *Versorgen* definiert, der den internen oder externen Materialfluss abbildet und so auch die Transporte zwischen unterschiedlichen Standorten berücksichtigt.

6.9.1   Aufbau

Folgende Prozessarten (Abb. 6.36) werden unterschieden:

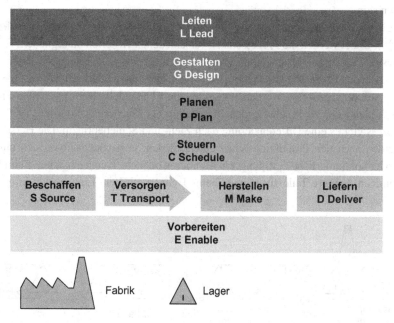

Abb. 6.36   Elemente der Kabeto-Ebene 1

- *Leitung* beschreibt alle Aktivitäten, die zum effektiven Management, zur Verwaltung und zur Kontrolle der Prozesse erforderlich sind.
- *Gestaltung* beschreibt alle Aktivitäten, mit denen die Prozesse und Einrichtungen ausgelegt und verbessert werden.
- *Planung* beschreibt alle Informationsflussaktivitäten, die wegen zukünftiger oder erwarteter Bedarfe gestartet werden. Hier werden Kapazitäten und Ressourcenmengen geplant. Typische Beispiele sind Vertriebsprognosen oder Grobabrufe der Kunden, die eine Vorschau auf die zukünftige Auftragsbelastung geben.
- *Steuerung* beschreibt alle Informationsflussaktivitäten, die nach Eingang von (Kunden-)Aufträgen bearbeitet werden. Die Kennzeichen von Aufträgen ist die Vorgabe eines definierten Produkts, einer Menge und eines Termins.
- *Ausführung* beschreibt alle physischen Materialfluss- und Verarbeitungsprozesse, die zur Verarbeitung des Materials zu Produkten erforderlich sind.
- *Vorbereitung* beschreibt alle Prozesse, die benötigt werden, um die Prozesse aufzustellen oder um ein sicheres Abwickeln der Prozesse darzustellen.

Auf Ebene 1 werden die Prozesse mit allen Beteiligten beschrieben (Abb. 6.37). Im Materialfluss werden unterschiedliche Standorte mit Fabriksymbolen, Lagersymbolen bei Ein- und Ausgängen sowie Transportvorgänge zwischen den Standorten abgebildet. Zum Materialfluss werden die Informationsflüsse mit den Standardprozessen beschrieben. Zu jedem Ausführungsprozess gibt es einen Steuerungsprozess und es kann einen zugehörigen Planungsprozess geben. Für Planung und Steuerung können Koordinationsfunktionen vorhanden sein.

Auf Ebene 2 werden die Prozesse in unterschiedliche Prozesskategorien aufgeteilt (Abb. 6.38). Dabei werden die Prozesse nach verschiedenen Kriterien untergliedert. Ein Teil der Prozesse, wie Leiten, Gestalten und Planen, wird nach den Ausführungsprozessen unterteilt, also nach den Prozessen Beschaffen, Versorgen, Herstellen und Liefern (Abb. 6.39).

Die Ausführungsprozesse werden unterschiedlich behandelt. Der Beschaffen-Prozess nutzt die Teileart der zu beschaffenden Materialien als Gliederungskriterien. Im Versorgungsprozess gibt es eine Differenzierung nach Zieh- und Schiebeprinzip. Die Herstellprozesse werden nach den Produktionstypen unterschieden, je nachdem ob es sich um eine diskrete oder kontinuierliche Fertigung, ein Montieren oder ein Trennen handelt. Beim Montieren kommen mehrere Teile zusammen, beim Trennen wird ein Eingangsteil in mehrere

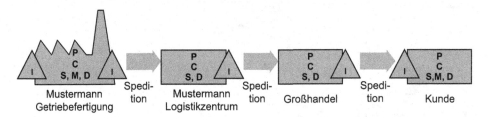

Abb. 6.37 Supply-Chain-Darstellung mit Kabeto auf Ebene 1

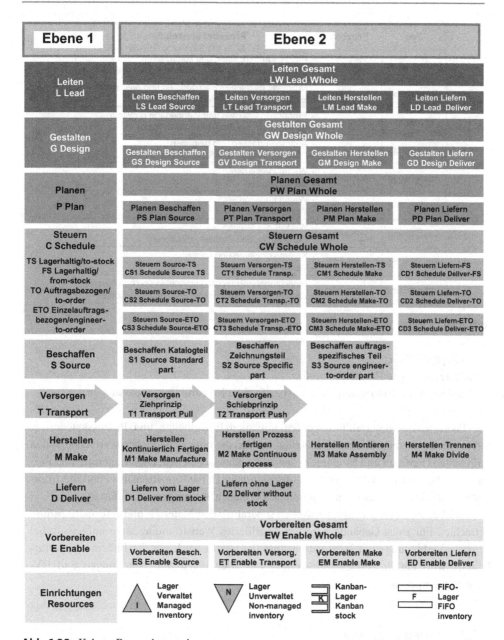

Abb. 6.38 Kabeto-Prozesskategorien

gleiche oder verschiedene Teile aufgeteilt. Beim Liefern wird nach der Art der Prozessabwicklung – vom Lager, auftragsbezogen oder kundenauftragsspezifisch – differenziert.

Die Steuerungsprozesse sind ein Hybrid. Sie unterteilen sich nach den Ausführungsprozessen und der Art der Auftragssteuerung. Dabei werden folgende Unterscheidungs-
merkmale eingesetzt:

Typ	Prozess	Prozesskennzeichen
Management	Leiten	• Prozess führen, leiten und kontrollieren • Entscheidungen treffen und Maßnahmen einleiten
Gestaltung	Gestalten	• Prozesse definieren, konfigurieren und auslegen • Einrichtungen auswählen und auslegen
Planung	Planen	• Prognosen erstellen und Planbedarfe ermitteln • Kapazitäten und Bestandshöhen planen
Steuerung	Steuern	• Aufträge erfassen und freigeben • Prioritäten bilden und Reihenfolgen bilden
Ausführung	Beschaffen	• Waren identifizieren • Waren buchen
Ausführung	Versorgen	• Waren transportieren • Waren lagern
Ausführung	Herstellen	• Werkstücke fertigen • Baugruppen und Produkte montieren
Ausführung	Liefern	• Kommissionieren und packen • Versandbereit machen
Vorbereitung	Befähigen	• Einrichtungen/Prozesse vorbereiten und qualifizieren • Lieferanten/Produkte vorbereiten und qualifizieren

Abb. 6.39 Supply-Chain-Darstellung auf Kabeto-Ebene 2

• Lagerproduktion,
• auftragsbezogene Produktion und
• Kundeneinzelfertigung mit auftragsspezifischen Konstruktionsanpassungen.

Die Prozesse im Materialfluss werden mit allen Einzelheiten und Prozesskategorien, intern wie extern, beschrieben. Zusätzlich werden die unterschiedlichen wertschöpfenden Tätigkeiten (Fertigen und Montieren) sowie die dazwischen liegenden Lagerorte und Puffer mit entsprechenden Transporten aufgenommen. Der Informationsfluss und die Informationsverarbeitung werden in den unterschiedlichen Ausprägungen ergänzt.

Auf Ebene 3 werden Teilprozessketten separat für den Material- und Informationsfluss betrachtet. Für jedes Gebäude wird ein detailliertes Wertstromdiagramm aufgebaut, bei dem die Verbindung zum Informationsfluss dargestellt wird. Für die Informationsverarbeitung wird ein Prozessablaufdiagramm mit allen beteiligten Abteilungen und DV-Systemen aufgebaut.

6.9.2 Vorgehensweise

Für die Gesamtprozessanalyse wird zunächst der Material- und Bearbeitungsfluss vom Kunden zum Lieferanten in Ebene 1 aufgenommen und alle betroffenen Standorte werden

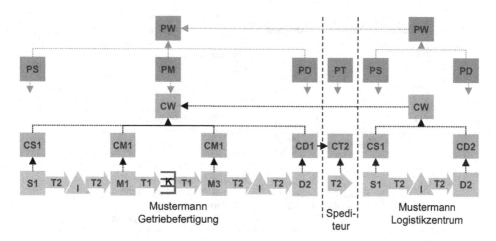

Abb. 6.40 Prozesskategorien auf Kabeto-Ebene 2

ermittelt. Aufbauend auf dem physischen Fluss wird die Steuerungs- und Planungsebene ergänzt. Für diese Ebenen wird geprüft, ob eine zentrale Koordination stattfindet oder nicht. Die zugehörigen Managementstandorte werden ergänzt (Abb. 6.40).

Auf Basis der Ebene 1 kann nun die Ebene 2 erarbeitet werden. Hier werden für die einzelnen Standorte die betroffenen Gebäude ermittelt und dargestellt. Dabei werden die Transporte von und zu den Gebäuden aufgezeigt. Für die Wertschöpfungsprozesse werden Reihenfolgen ermittelt und wichtige Lagerstufen dargestellt. Dann werden die Steuerungs- und Planungsprozesse ergänzt. Die Materialfluss-, Bearbeitungs- und Informationsverarbeitungsprozesse werden durch Informationsflüsse ergänzt.

In Ebene 3 werden nur Teilbereiche dargestellt, die in Ebene 2 durch entsprechende Ausschnitte markiert werden. In Ebene 3 wird für die Materialflussprozesse das Wertstromdiagramm verwendet, für Informationsflüsse das Prozessablaufdiagramm mit den Kunden, betroffenen Abteilungen, Lieferanten und DV-Systemen.

Für Teilaufgaben kann auch ein Ebene-3-Diagramm separat aufgebaut werden. Statt Ebene 1 und 2 vollständig zu durchlaufen, reicht es, in den Ebenen 1 oder 2 grob den Umfang der Betrachtung abzugrenzen und dann direkt die Bearbeitung auf Ebene 3 beginnen zu lassen.

6.9.3 Bewertung

Die Darstellungsmethode Kabeto stellt Supply Chains mit Material- und Informationsflüssen für verschiedene Ebenen dar. Mit unterschiedlichen Ebenen lassen sich Informationen

Ebene	Name	Umfang	Aufgabe
1 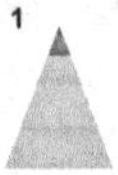	Prozess-typen	Gesamte Supply Chain	• Prozesse • Lager
2 	Prozess-kategorien	Gesamte Supply Chain	• Prozesskategorien • Lagertypen

3 	Prozess-elemente	Supply-Chain-Teile	• Ausführungsprozesse:
			   • Wertstromdiagramme
			• Andere Prozesse:
			   • Prozessablaufdiagramme

Abb. 6.41 Kabeto-Beispiel für Ebene 2

für verschiedene Aufgaben beschreiben (Abb. 6.41). Durch den umfangreichen Baukasten aus Prozesskategorien lassen sich auch komplexe Supply-Chain-Konfigurationen abbilden. Mit der Verknüpfung zur Wertstromanalyse und zum Prozessablaufdiagramm lassen sich unterschiedliche Optimierungsschwerpunkte für material- und informationsflusslastige Aufgabenstellungen bearbeiten.

Prozessbewertung 7

Zusammenfassung

Ein wichtiger Baustein für eine Prozessoptimierung ist die Bewertung von Leistungen. Es werden Bewertungsmethoden für Prozesse diskutiert, angefangen bei qualitativen bis hin zu quantitativen Bewertungsmethoden. Dazu zählen Ansätze, wie der Best-Practice-Vergleich mit den 20 Keys, das EFQM-Modell zur gesamthaften Qualitätsbewertung, Fähigkeitsbewertung nach SPICE, und wesentliche Kennzahlen zur Leistungsbewertung in den Supply Chain und Produktionsprozessen.

Prozesse lassen sich qualitativ und quantitativ bewerten (Abb. 7.1). Bei der qualitativen Bewertung stehen die Prozessfähigkeiten und das Vorhandensein bestimmter Prozessmerkmale im Vordergrund, während mit der quantitativen Bewertung Prozessleistungen gemessen werden. Für beide Bewertungsverfahren gibt es unterschiedliche Möglichkeiten.

Ziele der Prozessbewertung sind eine Einschätzung der Leistungen und Fähigkeiten und der Vergleich mit einer gewünschten Leistung oder den Wunschfähigkeiten. Eine systematische Prozessbewertung dient der Einordnung des Istzustands und der Ableitung des Handlungsbedarfs. Die Prozessbewertung eignet sich hervorragend, um Projektfortschritte sichtbar zu machen.

7.1 Qualitative Bewertungsmethoden

Qualitative Bewertungsmethoden beurteilen Prozesse nach ihren Fähigkeiten. Dabei kann entweder geprüft werden, ob bestimmte Arbeitsweisen vorhanden sind (Best-Practice-Vergleich), oder es wird geprüft, ob das Unternehmen eine angestrebte Fähigkeitsstufe über ein standardisiertes Bewertungsschema erreicht.

Qualitative Bewertung	Quantitative Bewertung

• Vorhandensein ermitteln
• Mit Prozessbeschreibung vergleichen
• Art der Prozessbeschreibung bewerten
• Prozessleistungsmessung bestimmen
• Optimierungsansätze bewerten
	• Prozessleistung messen
	• Leistungsstreuung messen
	• Prozessfähigkeit bestimmen
	• Leistung vergleichen
	  • Mit Wettbewerb (Benchmarking)
	  • Mit Kundenanforderungen
	  • Mit Unternehmenszielen (Plan, Budget, Spezifikation)

• 20 Keys • European Foundation for Quality Management • SPICE	• Kennzahlen • Qualitätsregelkarte • Benchmarking • Scorecard

Abb. 7.1 Qualitative und quantitative Bewertung

Fähigkeitsstufen helfen einem Unternehmen bei der Analyse, welche Verbesserungen es zuerst ausführen soll. Sie werden entweder durch eine Zahl „Stufe 1" oder durch eine Bezeichnung „Stufe Weltklasse" repräsentiert. Wenn die Bezeichnung anstelle der Zahlen benutzt wird, ist die Fähigkeitsstufe allgemein verständlicher.

Für Produktion und Supply Chain gibt es neben der Bewertung nach der European Foundation for Quality Management (EFQM-Bewertung) die Methode 20 Keys von Iwao Kobayashi für Lean Production und viele unternehmensspezifische Bewertungsmethoden. Im Folgenden werden die Ansätze des EFQM und 20 Keys als Beispiele für einen Best-Practice-Vergleich beschrieben.

Aus der Softwareentwicklung sind durch das Capability Maturity Model (CMM) und die Weiterentwicklungen zu BOOTSTRAP und Software Process Improvement & Capability Determination (SPICE) Fähigkeitsbewertungen vorangetrieben worden. Aufbauend auf diesen Methoden lässt sich eine Fähigkeitsbewertung für Prozesse entwickeln.

7.1.1 Best-Practice-Vergleich mit 20 Keys

Iwao Kobayashi (2000) hat mit dem System 20 Keys (Abb. 7.2) ein qualitatives Benchmarking entwickelt, mit dem Unternehmen den Einführungsstand von Lean Production bewerten können. In 20 unterschiedlichen Disziplinen (Keys) gibt es festgelegte Kriterien, anhand derer eine Produktion bewertet wird. Jede Disziplin ist in fünf Stufen unterteilt, für die jeweils bestimmte Kriterien beschrieben sind. Dabei kennzeichnet Stufe 1 die schlechteste und Stufe 5 die beste Leistung. Da bei vielen Übersetzungen der 20 Keys vom Japanischen ins Deutsche der Umweg über die englische Sprache genommen wurde, sind die deutschen Kriterien teilweise unterschiedlich definiert. In Abb. 7.2 sind die in diesem Buch verwendeten Kriterien dargestellt.

Gruppen, Abteilungen, Werke und Bereiche vergleichen	Mit Diagrammen Benchmarking-Ergebnis verdeutlichen
• Zu jedem Key existiert eine Checkliste mit ca. 25 Benchmarking-Fragen • Jede Hierarchiestufe einer Firma beantwortet die Benchmarking-Fragen	• Viele Unternehmen nutzen 20 Keys als Führungsinstrument

1. Arbeit erleichtern durch Ordnung und Sauberkeit
2. Ziele strukturieren und vereinbaren
3. Mit Verbesserungsgruppen arbeiten
4. Bestände reduzieren
5. Rüsten beschleunigen
6. Prozesse analysieren und verbessern
7. Prozesse überwachungsfrei gestalten
8. Prozess koppeln
9. Instandhaltung produktiv machen
10. Disziplin am Arbeitsplatz einhalten
11. Qualität erzeugen und sichern
12. Lieferanten einbinden und entwickeln
13. Verschwendung beseitigen
14. Verbesserungen selbst umsetzen
15. Mitarbeiter vielseitig qualifizieren
16. Aufträge planen und steuern
17. Effizienz selbst steigern und regeln
18. Informationstechnologie zielgerecht einsetzen
19. Energie und Material einsparen
20. Technologien und Unternehmens-Know how sichern

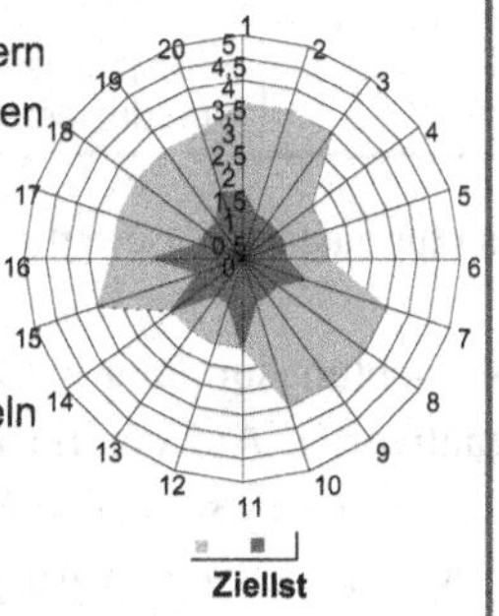

Abb. 7.2 20 Keys

Wenn die 20 Keys mit den Konzepten von Lean Production verglichen werden, stellt sich eine Überdeckung mit fast allen Bereichen der Lean Production heraus. Kobayashi hat in seinem Buch darauf hingewiesen, dass hinter den 20 Keys ein System mit gegenseitigen Abhängigkeiten steht.

Bei der Selbstbewertung erreichen viele Unternehmen bei den Kennzahlen nur Stufe 1,5 bis 2. Nur mit einer vom Management getragenen und von den Mitarbeitern akzeptierten Anstrengung in Richtung Lean Production können die Unternehmen die Stufen 3, 4 oder 5 erreichen.

7.1.1.1 Vorgehensweise

Die Anwendung von 20 Keys führt zu einer Selbstbewertung des Unternehmens. Zu jedem Kriterium gibt es eine Checkliste mit etwa 25 Benchmarking-Fragen. Das Unternehmen legt fest, ob es Gruppen, Abteilungen, Werke oder Bereiche bewerten möchte. Für jeden

Ebene	Beschreibung
1	• Losgrößen sollen so groß wie möglich sein, um die Anzahl der Rüstvorgänge zu reduzieren
2	• Einige Mitarbeiter verstehen die Methoden zum Schnellwechsel. • Rüstzeiten sind bei Engpasseinrichtungen um 90 % reduziert worden.
3	• Alle Mitarbeiter sind in der Schnellwechselmethode geschult worden. • Rüstzeiten sind bei allen Einrichtungen um 90 % reduziert worden.
4	• Rüstzeiten sind bei allen Einrichtungen auf unter 10 Minuten reduziert worden.
5	• Rüstzeit ist kleiner als die Zeit, ein Teil zu produzieren.

Abb. 7.3 Beispiel für qualitative Bewertung bei 20 Keys

gewünschten Betrachtungsumfang wird ein Verantwortlicher benannt, der die Benchmarking-Fragen beantwortet. Auf der Basis des detaillierten Kriterienkatalogs ermittelt ein Unternehmen für jeden Key seine eigene Position.

Da für jeden Key die einzelnen Ausprägungsstufen von 1 bis 5 detailliert beschrieben sind, lässt sich die jeweils erreichte Ausprägungsstufe bestimmen. Ein Radar-Chart (auch *Spinnweb-Diagramm* genannt) verdeutlicht das Bewertungsergebnis, das auf den jeweiligen Achsen in den Bewertungsstufen dargestellt ist. Je weiter die Fläche vom Mittelpunkt entfernt ist, desto besser ist die Leistung.

Viele Manager nutzen 20 Keys als Führungsinstrument für ihr Unternehmen. Auf der Grundlage der Ausgangsbewertung stellen sie die Leistungsfähigkeit fest und definieren eine Zielstufe, die sie innerhalb einer bestimmten Zeit erreichen wollen. Für jeden Key lässt sich der Handlungsbedarf und aus den fehlenden Kriterien ein Maßnahmenpaket ableiten (Abb. 7.3).

7.1.1.2 Bewertung
20 Keys ist eine standardisierte Bewertungsmethode zur Überprüfung, ob ein Unternehmen die Lean-Prinzipien verinnerlicht hat. Die Methode eignet sich hervorragend, um eine Lean-Einführung zu starten oder zu beschleunigen. Sie unterstützt einen kontinuierlichen Verbesserungsansatz in Richtung Lean Production. Elemente, die mit den 20 Keys nicht abgebildet werden, können nicht standardisiert bewertet werden. Die häufige Forderung, die 20 Keys auch im Büro einzusetzen, zeigt, dass der Bewertungsschwerpunkt in der Produktion und nicht in der Auftragsabwicklung liegt.

Da die Methode nur qualitative Bewertungen beinhaltet, hilft sie nicht, Prioritäten im Sinne einer messbaren Leistungsverbesserung zu setzen. Die 20 Keys bieten bei der

Identifizierung von Handlungsfeldern mit Verbesserungsbedarf und bei der Verfolgung des Fortschritts Unterstützung. Durch die Vielzahl der Maßnahmen kann die Methode jedoch leicht die Veränderungsfähigkeit eines Unternehmens überfordern, da zu viele Verbesserungen gleichzeitig angestrebt werden.

7.1.2 European Foundation of Quality Management (EFQM)

Während die Methode 20 Keys aus der Lean Production entstanden ist, hat sich das EFQM-Modell aus der Total-Quality-Management-Bewegung entwickelt. Es basiert auf anderen Qualitätsbewertungssystemen, etwa dem Deming-Preis in Japan oder dem Malcolm Baltridge Award. Als öffentlichkeitswirksamer Schritt wird zur weiteren Verbreitung des Modells seit 1992 ein Preis, der European Quality Award (EQA), vergeben, der alle Verbesserungen eines Unternehmens als Qualitätsoffensive bewertet.

7.1.2.1 Aufbau

Das EFQM-Modell hat neun Hauptkriterien (Abb. 7.4), die in unterschiedlich viele Teilkriterien unterteilt sind. Unternehmen können die eigene Leistung im Hinblick auf die einzelnen Kriterien systematisch messen. Das Modell stellt Bewertungsmaßstäbe für eine Selbstüberprüfung und Lösungsansätze für die erfolgreiche Umsetzung von Total Quality Management (TQM) zur Verfügung und geht damit über die Supply Chain und Produktion hinaus.

Das EFQM-Modell basiert auf acht Eckpfeilern (Abb. 7.5):

- Ergebnisorientierung
  Die Interessen aller relevanten Interessengruppen – Anteilseigner, Kunden, Mitarbeiter, Lieferanten und die Gesellschaft – sollen in ein ausgewogenes Verhältnis gebracht werden.
- Kundenorientierung
  Die Kunden entscheiden über die Qualität von Produkten und Dienstleistungen. Marktanteil und Kundenzufriedenheit lassen sich am besten durch eine klare Ausrichtung auf bestehende und potenzielle Kunden steigern.
- Führung und Zielkonsequenz
  Die Unternehmensführung schafft durch ihr Verhalten Klarheit hinsichtlich der Ausrichtung und des Zwecks der Firma. Mit der Dauerhaftigkeit, mit der die Ziele verfolgt werden, lässt sich die Nachhaltigkeit der Ausrichtung bewerten.
- Management mit Prozessen und Fakten
  Unternehmen funktionieren effektiver und effizienter, wenn alle Prozesse systematisch gemanagt werden. Für Entscheidungen sind zuverlässige Informationen erforderlich. Aus der Kombination dieser beiden Bereiche lassen sich systematische Verbesserungen aufbauen.

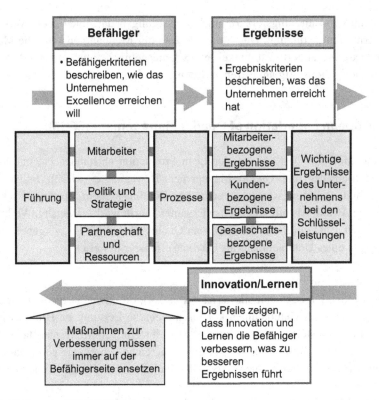

Abb. 7.4 Aufbau des EFQM-Modells

- Mitarbeiterentwicklung und -beteiligung
  Das volle Potenzial von Mitarbeitern wird freigesetzt, wenn die Mitarbeiter entsprechend ihren Fähigkeiten eingesetzt und für ihre Aufgaben qualifiziert werden.
- Kontinuierliches Lernen, Innovation und Verbesserung
  Die Unternehmensleistung steigt, wenn das Unternehmen kontinuierliche Verbesserungen einführt.
- Aufbau von Partnerschaften
  Ein Unternehmen arbeitet effektiver, wenn es mit seinen Partnern für beide Seiten vorteilhafte Kooperationen eingeht.
- Verantwortung gegenüber der Öffentlichkeit
  Den langfristigen Interessen des Unternehmens und seiner Mitarbeiter ist am besten gedient, wenn es eine unangreifbare Ethik verfolgt sowie Gesetze und Vorschriften einhält.

Das EFQM-Modell beschreibt fünf Befähiger- und vier Ergebniskriterien. Zu den Befähigerkriterien zählen:

- Führung
  Wie entwickelt die Unternehmensführung einen umfassenden Ansatz und eine Kultur der ständigen Verbesserung?

Excellence			
Ergebnis-orientierung	**Führung und Zielkonsequenz**	**Mitarbeiterent-wicklung und -beteiligung**	**Aufbau von Partnerschaften**
• Interessen aller relevanten Anteils-gruppen gegenei-nander abwiegen (Mitarbeiter, Kun-den, Lieferanten und die Gesellschaft sowie diejenigen mit finanziellem Inte-resse)	• Klarheit und Einig-keit hinsichtlich des Zwecks schaffen • Umfeld zu optima-ler Leistungsent-faltung aufbauen	• Gemeinsame Werte und eine Vertrau-enskultur setzen volles Mitarbeiter-potenzial frei • Alle Mitarbeiter ermutigen mitzu-arbeiten	• Beziehungen mit Partnern auf Ver-trauen, Austausch von Wissen und Integration gründen
Kunden-orientierung	**Management mit Prozessen und Fakten**	**Lernen, Innovation und Verbesserung**	**Verantwortung gegenüber der Öffentlichkeit**
• Meinung des Kun-den entscheidet über die Qualität von Produkten und Dienstleistungen. • Kundenloyalität, Kundenbindung und Marktanteil werden am besten durch eine klare Ausrichtung auf die Kunden optimiert.	• Miteinander ver-knüpfte Aktivitäten verstehen und systematisch managen • Zuverlässige Informationen sind die Basis von Ent-scheidungen über Aktivitäten und Verbesserungen.	• Management und Austausch von Wissen, kontinuierliches Lernen, Innovation und Verbesserung fördern	• Ethisch korrekte Vorgehensweise ausführen • Gesellschaftliche Erwartungen und Vorschriften im weitesten Sinne übertreffen

Abb. 7.5 Eckpfeiler des EFQM-Modells

- Strategie
  Wie wird die Unternehmensstrategie entwickelt, kommuniziert und umgesetzt?
- Mitarbeiter
  Wie nutzt das Unternehmen das gesamte Mitarbeiterpotenzial zu seinem Vorteil?
- Partnerschaft und Ressourcen
  Wie setzt das Unternehmen seine Ressourcen und die externen Partner ein?
- Prozesse
  Wie gut sind die Geschäftsprozesse eingerichtet, wie werden sie betrieben und regel-mäßig verbessert?

Diese Kriterien beschreiben die Bereiche, die ein Verbesserungsteam bearbeiten und beeinflussen kann.

Die Ergebniskriterien sind:

- Kundenbezogene Ergebnisse
  Welche Anforderungen der Kunden an das Unternehmen sind bekannt und aus welchen Messgrößen lässt sich die Kundenzufriedenheit ableiten?

- Mitarbeiterbezogene Ergebnisse
  Wie schließt das Unternehmen auf die Mitarbeiterzufriedenheit?
- Gesellschaftsbezogene Ergebnisse
  Wie misst das Unternehmen das Image in der Gesellschaft?
- Wichtige Ergebnisse der Unternehmen bei den Schlüsselleistungen
  Welche Finanzergebnisse hat das Unternehmen erreicht und welche nichtfinanziellen
  Ergebnisse signalisieren einen nachhaltigen Erfolg?

Jedes Kriterium wird in Teilkriterien untergliedert, die am Beispiel des Befähigerkriteri-
ums 5 *Prozesse* erläutert werden.

Dieses Kriterium beschreibt, wie das Unternehmen seine Prozesse gestaltet, plant,
steuert, ausführt und verbessert, um die Unternehmensstrategie zu unterstützen und seine
Kunden und andere Interessengruppen zufriedenzustellen. Dazu sind fünf Teilkriterien
definiert:

- Prozesse werden systematisch gestaltet und gemanagt.
- Prozesse werden, wenn nötig, verbessert, wobei Innovation eingesetzt wird, um Kun-
  den und andere Interessengruppen vollständig zufriedenzustellen und die Wertschöp-
  fung zu steigern.
- Produkte und Dienstleistungen werden anhand der Bedürfnisse und Erwartungen von
  Kunden entworfen und entwickelt.
- Produkte und Dienstleistungen werden hergestellt, geliefert und gewartet.
- Kundenbeziehungen werden gemanagt und vertieft.

Das erste Teilkriterium *Prozesse werden systematisch gestaltet und gemanagt* beschreibt,
wie das Unternehmen seine Prozesse einschließlich der Schlüsselprozesse, die für die
Umsetzung der Unternehmensstrategie erforderlich sind, gestaltet oder auch wie es das zu
verwendende Prozessmanagementsystem festlegt, Systemnormen anwendet, zum Beispiel
ISO 9000 ff., und wie es Prozessmessgrößen einführt und Leistungsziele festlegt. Dazu
gehört auch, wie es Schnittstellenprobleme innerhalb des Unternehmens und mit externen
Partnern bereinigt, um Prozesse vom Kunden bis zum Kunden effektiv zu managen.

Für jedes Kriterium sind unterschiedliche Teilkriterien definiert, nach denen entweder
das ganze Unternehmen als Gesamtsystem bewertet werden kann oder auch nur Teilbereiche, wie Produktion und Supply Chain.

Um die Prozesse im Unternehmen zu bewerten, wird eine Selbstbewertung mithilfe des
Modells durchgeführt. Unter *Selbstbewertung* wird eine systematische Überprüfung der
Tätigkeiten und Ergebnisse im Unternehmen verstanden. Die Selbstbewertung strebt
neben der Überprüfung der eigenen Fähigkeiten eine ständige Verbesserung der Aktivitäten im Unternehmen an. Der Fortschritt des Unternehmens wird bei der nächsten Selbstbewertung überprüft.

Die Selbstbewertung führt zu einer quantitativen Aussage, um die Unternehmensposi-
tion auf dem Weg zur Spitzenleistung zu bestimmen. Dazu wird der Erfüllungsgrad der

einzelnen Kriterien über eine Bewertungsmatrix ermittelt, die einen einheitlichen Bewertungskriterienkatalog, einen einheitlichen Maßstab und eine Umsetzung in Prozentzahlen beinhaltet. Damit lassen sich angestrebte Zielwerte definieren, Fortschritte quantitativ bewerten und Fähigkeiten mit denen anderer Unternehmen vergleichen.

Der Nachweis durch Dokumente und Aufzeichnungen ist die Basis für die Bewertung. Für jedes Kriterium werden die Teilkriterien betrachtet, beispielsweise für Kriterium 5 die fünf oben beschriebenen.

Die einzelnen Teilkriterien werden nach dem *RADAR-System* bewertet, das aus vier Elementen besteht:

- **R**esults (Resultate),
- **A**pproach (Ansatz),
- **D**eployment (Umsetzung) sowie
- **A**ssessment and **R**eview (Bewertung und Überprüfung).

Dieses logische Konzept besagt, dass ein Unternehmen Folgendes tun muss:

Das Unternehmen bestimmt die Resultate, die es mit dem Strategieprozess erzielen will. Diese Ergebnisse enthalten die Unternehmensleistung in finanzieller und operativer Hinsicht. Es definiert einen Ansatz, um jetzt und zukünftig die geforderten Resultate zu erzielen, und setzt diesen um. Regelmäßig wird bewertet, ob die Resultate auch erreicht sind.

Die Ansatzpunkte dienen als *Checkliste*. Der Erfüllungsgrad der Teilkriterien wird anhand der Bewertungsmatrix ermittelt und die gefundenen Prozentwerte werden zu einem Einzelwert je Kriterium addiert. Aus den einzelnen Kriterienwerten lässt sich über eine Gewichtung eine Gesamtpunktzahl ermitteln, die maximal 1000 Punkte beträgt (Tab. 7.1).

Die Befähiger- und die Ergebniskriterien werden jeweils mit insgesamt 500 Punkten bewertet. Diese Punkte werden wiederum auf die einzelnen Kriterien heruntergebrochen. Durch die Gewichtung der Kriterien wird verhindert, dass weniger wichtige Kriterien das Gesamtergebnis verfälschen.

Tab. 7.1 EFQM-Bewertung

Kriterium	Bewertung	Punkte
Führung	10 %	100
Politik und Strategie	8 %	80
Mitarbeiter	9 %	90
Partnerschaft und Ressourcen	9 %	90
Prozesse	14 %	140
Kundenbezogene Ergebnisse	20 %	200
Mitarbeiterbezogene Ergebnisse	9 %	90
Gesellschaftsbezogene Ergebnisse	6 %	60
Wichtige Ergebnisse der Unternehmen bei den Schlüsselleistungen	15 %	150

7.1.2.2 Vorgehensweise

Zur Selbstbewertung können unterschiedliche Vorgehensweisen gewählt werden. Anhand des Bewerbungsformulars für den European Quality Award können die Kriterien und Teilkriterien in Workshops oder Mitarbeitergesprächen bewertet werden.

Anhand des Fragebogens werden die Nachweise für die Leistungsfähigkeiten in jedem Teilkriterium bestimmt. Nach den Rechenvorschriften werden die Prozentsätze der neun Kriterien ermittelt. Wenn alle Kriterien bewertet sind, wird die Gesamtpunktzahl berechnet. Die maximal erreichte Punktzahl jedes Kriteriums wird mit dem Gewicht des Kriteriums multipliziert und die Summe über alle Kriterien gebildet. Bei der Bewertung können alle Prozentwerte zwischen 0 und 100 verwendet werden, jedoch keine Kommazahlen.

Im Zuge der Selbstwertung lassen sich Verbesserungsvorschläge dokumentieren, die während der Bearbeitung auffallen.

7.1.2.3 Bewertung

Der aus dem Total Quality Management stammende Gesamtansatz führt zu einer vollständigen Bewertung mit Berücksichtigung der wesentlichen Beteiligten. Vorteilhaft ist auch die Zusammenfassung der Einschätzung aller Bewertungen in einen Zahlenwert, der ein Gesamtbild ergibt. Durch den Vergleich mit dem Idealmaßstab 1000 Punkte lässt sich das mögliche Verbesserungspotenzial einfach bestimmen.

Obwohl das EFQM-Modell einige Leistungsgrößen beinhaltet, bewertet es ausschließlich Fähigkeiten und keine Leistungen. Nachteilig ist die teilweise Subjektivität der Erfüllungsbestimmung, die bei einer externen Bewertung häufig zu sehr viel schlechteren Ergebniswerten führt. Wegen des fehlenden standardisierten Ansatzes für die Durchführung kann die Bewertung nicht als hundertprozentig reproduzierbar angesehen werden.

7.1.3   Fähigkeitsbewertung auf der Grundlage von SPICE

Aus der Softwareentwicklung ist die SPICE-Methode entstanden, um den Prozess der Programmierung zu bewerten. Kern von SPICE ist eine Prozessbewertung, die einerseits die Fähigkeiten bewertet und andererseits Prozessverbesserungen anstößt, die auch aus der Bewertung motiviert werden. Diese Methode kann auf andere Prozesse übertragen werden.

Mit Fähigkeitsstufen werden analog zu Schulnoten die Leistungen eines Unternehmens in einem Prozess bewertet (Abb. 7.6). Je höher die Fähigkeitsstufe, desto besser der Leistungsstand. Fähigkeitsstufen helfen einem Unternehmen bei der Analyse, welche Verbesserungen zuerst auszuführen sind. Sie können entweder durch eine Zahl oder durch eine Bezeichnung repräsentiert werden. Es bietet sich an, die Bezeichnung anstelle der Zahlen zu benutzen, weil sie beschreibender ist.

Für das Erreichen einer Fähigkeitsstufe ist die vollständige Erfüllung aller Kriterien der untergeordneten Stufe erforderlich. Für jeden einzelnen Prozess gibt es eine separate Fähigkeitsstufe. Da es Abhängigkeiten zwischen Prozessen gibt, kann die erfolgreiche Erreichung einer Fähigkeitsstufe innerhalb eines Prozesses Unterstützung von einem anderen Prozess benötigen.

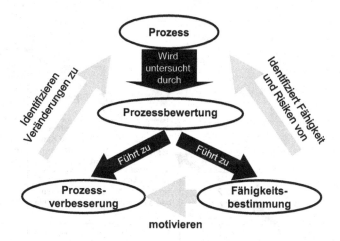

Abb. 7.6 Prozessbewertung nach SPICE

Die einzelnen Fähigkeitsstufen sind die folgenden (Abb. 7.7):

- Unvollständig (0)
  Der Prozess wird nicht oder nur teilweise ausgeführt. Es lassen sich keine Prozessar-
  beitsergebnisse identifizieren, nur die einfachsten Vorgehensweisen des Prozesses wer-
  den ausgeführt.
- Ausgeführt (1)
  Der Prozess wird ausgeführt, wie seine Arbeitsergebnisse bezeugen. Die Prozessaus-
  führung hängt vom individuellen Wissen und der Anstrengung der ausführenden Mitarbeiter ab. Obwohl Individuen innerhalb des Unternehmens die Ausführung des
  Prozesses einsehen, sind sich viele Mitarbeiter nicht einig, ob dieser Prozess ausgeführt
  wird und ob er erforderlich ist.
- Etabliert (2)
  Der Prozess wird nach festgelegter Anweisung ausgeführt. Der Ablauf des Prozesses
  wird geplant und die Ausführung wird entsprechend der Pläne überprüft. Die erzielten
  Arbeitsergebnisse entsprechen den Vorgaben und den Anforderungen. Im Unterschied
  zur Ausgeführt-Stufe wird die Ausführung des Prozesses geplant und die gewünschten
  Arbeitsergebnisse sind vorhanden. Der Prozess wird betrachtet und entwickelt sich zu
  einem beherrschten Prozess weiter.
- Beherrscht (3)
  Der Prozess ist in unterschiedlichen Prozessklassen beschrieben, für die Anwendungs-
  fälle definiert sind. Je nach Anwendungsfall wird die definierte Prozessklasse bei der
  Ausführung verwendet. Anders als in der Etabliert-Stufe wird der Prozess in dieser
  Stufe geplant und reproduzierbar ausgeführt. Ein unternehmensweiter dokumentierter
  Prozess wird eingesetzt.
- Fähig (4)
  Detaillierte Messwerte der Prozessausführung werden gesammelt und mit den Kunden-
  anforderungen und Unternehmenszielen verglichen. Dies führt zu einem quantitativen

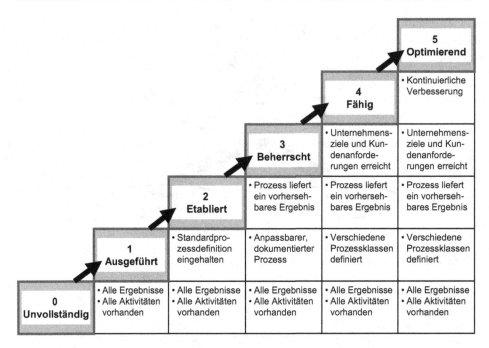

Abb. 7.7 Fähigkeitsstufen nach SPICE

Verständnis der Prozessfähigkeit und bietet die Möglichkeit, die Prozessausführung sicher vorherzusagen. Der Arbeitsergebnisstand ist jederzeit quantitativ bekannt. Im Unterschied zur Beherrscht-Stufe wird der definierte Prozess quantitativ verstanden und kontrolliert.

• Optimierend (5)
Die Prozesse werden ständig überprüft und verbessert. Bei der Überprüfung wird die Prozesswirksamkeit gemessen und für jeden Prozess werden Leistungsfähigkeitsziele (Ziele) auf der Basis der Unternehmensziele definiert. Regelmäßige Messungen ermöglichen die kontinuierliche Prozessverbesserung im Vergleich zu den Zielen, um neue Methoden und innovative Ideen einzuführen. Im Unterschied zur Beherrscht-Stufe werden der definierte Prozess und die Prozessausführung kontinuierlich verfeinert und verbessert.

Während einer Fähigkeitsbewertung werden generische Arbeitsweisen benutzt und entsprechend den üblichen Merkmalen und der Fähigkeitsstufe gruppiert, um die Fähigkeit eines jeden Prozesses zu bestimmen.

Prozessfähigkeitsbewertungen können eine erste Übersicht über den Leistungsstand eines Unternehmens geben. Zusammen mit einem Prozessmodell, z. B. dem SCOR, helfen sie, die wesentlichen Prozesse hinsichtlich ihrer Leistungsfähigkeit standardisiert zu bewerten, wenn die Prozessbewertungen von internen oder externen Fachleuten ausgeführt werden. In den meisten Fällen ergeben sich Differenzen in der Leistungsbewertung, weil Externe die Leistungen kritischer beurteilen.

7.2   Kennzahlen zur Prozessbewertung

Der Begriff *Kennzahlen* ist weitverbreitet. Es werden auch andere Begriffe wie *Kennziffer*, *Kontrollziffer*, *Messgröße*, *Richtzahl*, *Schlüsselziffer* oder *Messzahl* verwendet. Kennzahlen, wie man sie im heutigen Sprachgebrauch und im unternehmensbezogenen Denken und Handeln zu verstehen pflegt, sind Verhältniszahlen, die relevante Aussagen über Faktoren, Vorgänge, Tendenzen, Ziele und Ergebnisse ermöglichen. Prozesskennzahlen sind also Zahlen, die Informationen über Prozesstatbestände beinhalten.

Kennzahlen sind für Unternehmen multifunktional und unabdingbar (Abb. 7.8). Sie beinhalten Zielfunktionen, d. h. zu jeder Kennzahl gehört ein Zielwert als Richtschnur für betriebliche Aktivitäten. Realistische Ziele für Kennzahlen helfen, das Unternehmen auf die wesentlichen Aufgaben zu lenken. Die Steuerungsfunktion der Kennzahlen hilft Unternehmen, Stärken und Schwächen zu erkennen und Handlungsnotwendigkeiten abzuleiten. Mit den Kontrollfunktionen lässt sich überprüfen, ob eingeleitete Maßnahmen die gewünschten Auswirkungen haben. So können Erfolge sichtbar gemacht oder Misserfolge schnell identifiziert werden. Kennzahlen ermöglichen Unternehmen, ihre Leistungen mit anderen Einheiten zu vergleichen, sowohl inner- als auch überbetrieblich.

Die wichtigste Herausforderung bei der Arbeit mit Kennzahlen ist die Auswahl geeigneter Größen (Abb. 7.9), um ein Unternehmen zu steuern. Mit Leistungskennzahlen werden die Leistungen der betrachteten Einheiten ermittelt. Diese Daten ermöglichen einen Leistungsvergleich von Soll-, gegebenenfalls Plan- oder Zielwerten und den Leistungen anderer Abteilungen oder Standorte. Zu diesen Kennzahlen gehören die Auftragsabwicklungszeit oder die Bestandsreichweite.

Diagnosekennzahlen beschreiben, wie sich der Zustand verändert, um eine Leistung zu verbessern. Sie sind in der Regel geeignet, Maßnahmen zu verfolgen und deren

Vergleichsfunktion	**Zielfunktion**
• Effizienz mit anderen Unternehmen oder Standorten vergleichen • Standortvorteile hervorheben • Abteilungen vergleichen	• Realistische Ziele setzen • Ziele verfolgen • Betriebliche Aktivitäten bewerten
Steuerungsfunktion	**Kontrollfunktion**
• Abweichungen feststellen • Stärken und Schwächen erkennen • Handlungsnotwendigkeiten erkennen	• Auswirkungen betrieblicher Handlungsweisen visualisieren • Erfolge und Misserfolge verdeutlichen

Abb. 7.8 Funktionen von Kennzahlen

Leistung	Diagnose	Konfiguration
• Leistung der betrachteten Einheiten ermitteln • Soll-, Budget- oder Plan-/Istwerte vergleichen • Für direkte Vergleiche einsetzen	• Leistungsursachen beschreiben • Plan-/Istwerte vergleichen • Maßnahmenumsetzung verfolgen	• Komplexität beschreiben

Abb. 7.9 Arten von Kennzahlen

Umsetzungsgrad zu kontrollieren, und bieten sich an, um z. B. Plan- und Istwerte miteinander zu vergleichen. Als Beispiel kann bei der Einführung einer elektronischen Auftragsabwicklung mit EDI (Electronic Data Interchange) eine Diagnosekennzahl definiert werden, die beschreibt, wie hoch der Prozentsatz der EDI-Aufträge an der Gesamtauftragszahl ist. Wenn die geforderte Höhe der Kennzahl erreicht ist, weiß das Projektteam, dass es die Aufgabenstellung gelöst hat.

Konfigurationskennzahlen beschreiben die Komplexität in einem Unternehmen d. h. sie beschreiben Ursache und Wirkung und haben eher deskriptiven Charakter. Sie können helfen, Unterschiede in Prozessen und Prozessleistungen zu verdeutlichen. Ein Beispiel für eine Konfigurationskennzahl ist die Anzahl der Produktvarianten, die eine Supply Chain liefern kann.

Das Management benötigt Kennzahlen zum Planen, Steuern, Regeln und Überwachen. Mit ihnen kann es das laufende Betriebsgeschehen bewerten, Wesentliches von Unwesentlichem trennen und wirtschaftliche Tatbestände und Zusammenhänge transparent machen. Die richtigen Kennzahlen unterstützen Entscheidungen und Verbesserungen für die Zukunft. Dazu sind aussagekräftige Kennzahlen mit hoher Validität erforderlich. Kennzahlen verdichten Informationen, sie können daher Zusammenhänge einzelner Vorgänge knapp und konzentriert darstellen.

Monetäre Kennzahlen, wie sie in der Bilanz, Kostenrechnung oder Finanzwirtschaft verwendet werden, sind wichtig, um die finanziellen Leistungen eines Unternehmens zu bewerten. Neben der finanziellen Leistungsfähigkeit gibt es verschiedene andere Dimensionen, wie Zeit, Qualität und Flexibilität, die wesentlich für die Beschreibung der Unternehmensleistung sind. Damit wird das gesamte Leistungsvermögen eines Unternehmens beschrieben. Finanzielle Kennzahlen sind weitestgehend nachlaufend und ermöglichen nur eingeschränkt die Beeinflussung von Parametern in Richtung Zukunft. Mit nicht monetären Kennzahlen können Leistungsprozesse eines Unternehmens direkt gemessen und deren Effizienz und Effektivität abgebildet werden.

Um eine Unternehmensstrategie umzusetzen, müssen geeignete Kennzahlen ausgewählt und strategiekonforme Ziele definiert werden. Während der Umsetzung sind die Kennzahlen regelmäßig zu erheben, um sicherzustellen, dass die Strategie erfolgreich eingeführt wird.

Mit Kennzahlen kann überprüft werden, ob Kundenerwartungen durch einen Prozess erfüllt werden. Wenn die Erwartungen nicht erfüllt werden, kann durch regelmäßiges Erfassen der Kennzahlen und Ableiten von Maßnahmen darauf hingewirkt werden, die Kundenanforderungen besser zu erfüllen.

7.2.1 Kennzahlensysteme

Bei der Verfolgung einer einzigen Kennzahl kann die Leistung für das definierte Ziel systematisch verbessert werden. Es können sich aber andere Leistungen zugunsten der gewählten Kennzahl verschlechtern. Um diesen Effekt zu vermeiden, werden Kennzahlensysteme verwendet, die mehrere Aspekte gleichzeitig abdecken. Ältere Kennzahlensysteme beschreiben auch eine Gesamtheit von Kennzahlen, die in einer Beziehung zueinander stehen, sich gegenseitig ergänzen und erklären und so ein vollständiges Bild ergeben. Damit werden alle Aspekte eines Unternehmens erfasst und beschrieben. Zu den bekannten Kennzahlensystemen gehören das DuPont-System (Botta 1997) und das ZVEI-Kennzahlensystem (ZVEI 1989).

Beim DuPont-System steht beispielsweise die Gewinnmaximierung im Vordergrund. Daher ist die Hauptkennzahl der Return on Investment. Mit diesem System können einzelne Ergebnisse analysiert, die Rentabilität des Unternehmens geprüft und langfristig unterschiedliche Bereiche verglichen werden. Nachteilig sind die Nutzung von Spätindikatoren und der Fokus auf kurzfristige Gewinnmaximierung. Langfristige Effekte, etwa Auswirkungen von Innovationen, werden derzeit nicht ausreichend berücksichtigt.

Eine andere Darstellung ist das Kennzahlencockpit. Darin werden verschiedene Messgrößen dargestellt. Wie in einem Cockpit ist eine Gesamtübersicht über das Unternehmen gegeben. Neben der reinen Aufzählung von Werten und Vergleichswerten ist es wichtig, unterschiedliche Kennzahlen abzubilden. Es werden häufig auch aus dem Cockpit eines Flugzeugs bekannte Darstellungen, zum Beispiel Rundinstrumente, verwendet, um sich dem Begriff anzunähern. Mit der Cockpitdarstellung lassen sich schnell die momentane Lage und die Abweichung vom Ziel erfassen, aber es sind keine Trends nachvollziehbar. Viele Unternehmen ersetzen die Anzeigeinstrumentedarstellung mit einer grafischen Zeitreihenbetrachtung, die viel aussagekräftiger sind.

Der Nutzen eines Kennzahlensystems liegt nicht nur darin, die Kennzahlen aufzunehmen und zu verarbeiten, komplexe Zusammenhänge transparent darzustellen, diese Zusammenhänge zu verdichten, unterschiedliche Vergleiche zu ermöglichen und im Zeitvergleich Trends zu beobachten, um die Leistungsentwicklung zu beurteilen. Sie ermöglichen es auch, den Istwert mit einem Sollwert zu vergleichen. Prinzipiell kann ein Sollwert sowohl ein Budget- als auch ein definierter Zielwert sein. Mit Vergleichen kann festgestellt werden, ob das Unternehmen die erforderlichen Ziele erreichen kann. Kennzahlen ermöglichen auch Vergleiche zwischen unterschiedlichen Einheiten, etwa unterschiedlichen Standorten und Abteilungen, oder auch Vergleiche zwischen Unternehmen. Aufbauend auf unbefriedigenden Leistungen oder starken Abweichungen von den Sollwerten können Ansätze zur Verbesserung identifiziert werden.

Mit der richtigen Auswahl von Kennzahlen werden Entscheidungen sicherer, schneller und einfacher, weil die Kennzahlen ein wertvolles Instrument darstellen, mit dem auf Basis einer koordinierten Informationsaufbereitung eine einheitliche Planung, Steuerung und Kontrolle möglich ist.

7.2.2 Einsatz der Kennzahlen

Für Prozesse in Produktion und Logistik werden häufig Leistungs-, Qualitäts-, Kosten-, Flexibilitäts- und Mitarbeiterziele gemessen. Zu den Leistungs- und Qualitätszielen gehören Liefertermin und Lieferzeit, Durchlaufzeit, Auslastung, Bestandsreichweite und Produktqualität, während zu den Kostenzielen die Wertschöpfung je Mitarbeiter, die Qualitätskosten, Garantiekosten, Nacharbeitskostenanteil, indirekte Tätigkeitsquote und Kosten je montiertes Bauelement gehören. Bei den Mitarbeiterzielen sind Mitarbeiterfluktuation, Krankenquote, Anzahl der Verbesserungsvorschläge und Anzahl der Trainingsstunden mögliche Messgrößen, um Motivation und Leistung zu messen und mit definierten Zielen zu vergleichen.

Es bietet sich an, jede Kennzahl eindeutig und standardisiert zu beschreiben und deren Zielwerte zu festzulegen. In eine standardisierte Kennzahlbeschreibung (Abb. 7.10)

Kennzahlenbeschreibung		
Firma	Firma X	
Umfang	Standort 1	**Funktionsbereich** Einkauf
Bezeichnung der Kennzahl	• Wiederbeschaffungszeit [Tage]	
Beschreibung der Kennzahl	• Diese Kennzahl gibt an, wie schnell die Lieferanten die Produktion versorgen können.	
Ziel/Aussage der Kennzahl	• Diese Kennzahl misst die Zeit und beschreibt die Reaktionsgeschwindigkeit der Anlieferungen.	
Formel	• Maximum der Wiederbeschaffungszeiten für 80 % des Materialvolumens	

Formel-beschreibung	• Wiederbeschaffungszeiten
	  • Im SAP gepflegte Wiederbeschaffungszeiten
	• 80 % des Materialwerts
	  • Kumulation aller Sachnummern, die 80 % des Beschaffungsvolumens im laufenden Jahr repräsentieren, sortiert nach Materialwert	

Bemerkungen		

Abb. 7.10 Standardisiertes Kennzahlenbeschreibungsblatt

gehören die Bezeichnung der Kennzahl, die Beschreibung, die Darstellung der Ziele, die Aussage der Kennzahl, die Berechnungsformel und die integrierte Beschreibung der einzelnen Bestandteile der Formel sowie Bemerkungen und Kommentare, zum Beispiel über die Anwendbarkeit der Kennzahl. Die Berechnungsformel muss eindeutig beschreiben, wie die Kennzahl mit den Eingangsgrößen berechnet wird. Dazu werden möglichst eindeutige Felder aus dem DV-System verwendet.

So will ein Unternehmen zum Vergleich unterschiedlicher Standorte die jeweilige Wiederbeschaffungszeit in Tagen ermitteln. Dazu werden für alle Kaufteile die im DV-System hinterlegten Wiederbeschaffungszeiten zusammengetragen. Dann wird das Einkaufsvolumen bestimmt und die Kaufteile werden nach steigendem Einkaufswert sortiert. Es wird ermittelt, in welcher Zeit 80 % des kumulierten Einkaufswerts beschafft werden können. Bei dem Vergleich fallen deutliche Unterschiede im Beschaffungsverhalten und in der Produktstruktur auf.

Die Kennzahlen müssen mit Leben gefüllt werden. Es darf keine Kennzahl erfasst werden, die nicht berichtet wird. Es gibt keine Berichterstattung ohne Analyse und keine Analyse ohne nachfolgend eingeleitete Maßnahmen. Für ein Unternehmen bedeutet dies: Es sollen nur so viele Kennzahlen erfasst werden, wie auch hinterher weiterverarbeitet werden können. Neben der Definition und Ermittlung der Kennzahl muss der Umgang mit den Kennzahlen im Unternehmen geklärt werden. Eine Kennzahl lebt mit der Nutzung, d. h. das Kennzahlensystem muss in die Berichte eingefügt werden und bei Unternehmen müssen die entsprechenden Kennzahlen in Sitzungen oder Ergebnisdurchsprachen stets behandelt werden.

Kennzahlen sind im Sinne einer kontinuierlichen Verbesserung einzuführen. Es geht bei der Nutzung von Kennzahlen immer um Leistungsverbesserung. Daher muss der Umgang mit den Kennzahlen sachlich und fortschrittsorientiert sein. Die Kennzahlen sollen regelmäßig dahin gehend überprüft werden, ob sie mit den Unternehmenszielen übereinstimmen.

Die richtige Auswahl von Kennzahlen ist für ein Unternehmen extrem schwierig, da Kennzahlen Verhalten auslösen. Es ist wichtig, dass die Kennzahlen das richtige Verhalten erzeugen. Dazu gibt es zahlreiche Beispiele.

Im ersten Beispiel erhalten die Vertriebsmitarbeiter eine jährliche Umsatzprovision: Je höher der Umsatz, desto höher die Provision. Über die Jahre haben sich die Kunden an dieses Provisionsverhalten gewöhnt. Anstatt die Aufträge gleichmäßig einzulasten, stellten die Kunden fest, dass die Vertriebsmitarbeiter zu größeren Preisnachlässen kurz vor Geschäftsjahresende bereit waren. Deshalb wurden Aufträge für über 40 % der Jahresumsätze des Unternehmens im letzten Monat des Geschäftsjahres angenommen und abgewickelt. Das löste eine erhebliche Spitzenbelastung für Produktion und Logistik aus. Durch eine andere Kennzahl, z. B. bei einer Provision auf der Basis von Monats- oder Quartalsumsätzen, könnte das Unternehmen eine gleichmäßigere Belastung für Produktion oder Logistik schaffen.

In einem zweiten Fall sollte in einem Projekt die Liefertreue gemessen werden. Da aus dem eingesetzten DV-System die Kennzahlen nicht einfach ableitbar waren, wurde als Annäherung die Dicke des ausgedruckten Auftragsrückstandsstapels gemessen. Dazu wurde

Vertrauen	Verantwortung	Verhalten
• Wenn Kennzahlen nur zu Schuldzuweisungen genutzt werden, dann verfehlen Kennzahlen ihren Zweck • Kennzahlen offen kommunizieren	• Verantwortlichen definieren • Ziele vereinbaren • Fortschritt abstimmen	• Sicherstellen, dass die Kennzahl das richtige Verhalten erzeugt

Abb. 7.11 Einsatz von Kennzahlen

jeden Tag der Rückstand an Aufträgen in Papierform ausgedruckt und mit einem Millimetermaß gemessen. Durch die Reduzierung des Millimeterstands als analoge Beschreibung des Rückstands konnten erhebliche Verbesserungen erreicht werden. Eines Tages jedoch halbierte sich der Wert, ohne dass klare Ursachen für eine derartige Verbesserung erkennbar waren. Eine Überprüfung der Messung ergab, dass eine andere Papiersorte, nämlich ein dünneres Papier, verwendet und so versucht wurde, die Messgrößen zu beeinflussen. An diesem Beispiel lässt sich verdeutlichen, dass das Messen einen erheblichen Einfluss auf das Verhalten hat. Hier wurde ein Teil der Kreativität darauf verwendet, die eingesetzten Messgrößen zu beeinflussen, anstatt die darunter liegenden Prozess zu verbessern. Aus diesem Grund ist es extrem wichtig, vor dem Einsatz einer Kennzahl zu beurteilen, welches Verhalten mit den Messgrößen erzeugt werden kann und erreicht werden soll.

Peter Drucker hat einmal gesagt: „Nur was gemessen wird, kann gesteuert werden." Auch der Satz: „Ohne Ziel ist jeder Schuss ein Treffer" deutet die Notwendigkeit an, Ziele für Kennzahlen zu vereinbaren.

Kennzahlen fördern eine Kultur der ständigen Verbesserung (Abb. 7.11). Wenn Kennzahlen allerdings nur zu Schuldzuweisungen genutzt werden, verfehlen sie ihren Zweck. Daher muss auch über alle Kennzahlen kommuniziert werden. Im Rahmen einer Vertrauenskultur müssen diese Kennzahlen gesteuert werden. Dazu muss ein Unternehmen für jede Kennzahl einen Mitarbeiter bestimmen, der für die Verbesserung der jeweiligen Prozessleistung verantwortlich ist.

Für unterschiedliche Zielgruppen gibt es verschiedene verdichtete Kennzahlen. Auf mehreren Ebenen können Analysen nach diversen Kriterien und Aspekten aufbereitet werden.

7.2.3 SCOR-Kennzahlensystem

In Produktion und Supply Chain gibt es zahlreiche Kennzahlensysteme. Die Aufgabe der Kennzahlen ist es, die aktuelle Leistung eines Prozesses zu bestimmen und mit den Zielen zu vergleichen.

Das im vorhergehenden Kapitel beschriebene Prozessreferenzmodell SCOR enthält ein umfangreiches Kennzahlensystem (Abb. 7.12), mit dem sich die Supply Chain effektiv steuern lässt (Becker und Geimer 1999). Es ist analog zur Prozessmodellhierarchie in verschiedene Ebenen unterteilt, wobei die Struktur den unterschiedlichen Steuerungs- und Informationsbedürfnissen der Organisation Rechnung trägt.

Auf der höchsten Ebene werden die Prozesse aus der Managementperspektive über die gesamte Supply Chain betrachtet, während auf der zweiten Ebene die Leistung der konfigurierten Prozesse gemessen wird. Diese Kennzahlen sind besonders für die Prozessverantwortlichen wichtig. Kennzahlen der Ebene 3 ermöglichen die Festlegung von Verbesserungsansätzen und dienen zur Verfolgung der Verbesserungsmaßnahmen.

Auf Ebene 1 sind die Messgrößen um fünf Hauptachsen herum gruppiert: Zuverlässigkeit, Antwortzeit, Flexibilität, Kosten und Kapital. Während die ersten drei Bereiche kundenorientiert sind, beschreiben die beiden anderen unternehmensinterne Perspektiven. Diese Kennzahlen stellen somit die verschiedenen Leistungsperspektiven dar, die das Gleichgewicht zwischen den verschiedenen Zielsetzungen gewährleisten. Dieses Gleichgewicht ist für den Gesamterfolg des Unternehmens wichtig. Es wäre zum Beispiel wenig hilfreich, die Lieferzeiten zu verkürzen, ohne Auswirkungen auf die Bestandsreichweite zu berücksichtigen.

Ebene 1 Messgrößen	Kundensicht			Unternehmenssicht	
	Zuverläs-sigkeit	Antwort-zeit	Flexi-bilität	Kosten	Kapital
Perfekte Auftragsabwicklung	■				
Auftragsdurchlaufzeit		■			
Supply-Chain-Steigerungsflexibilität			■		
Supply Chain Steigerungsanpassbarkeit			■		
Supply Chain Senkungsanpassbarkeit			■		
Supply-Chain-Management-Kosten				■	
Herstellkosten				■	
Cash-to-Cash-Zykluszeit					■
Supply Chain Anlagenkapitalrendite					■

Abb. 7.12 Kennzahlenübersicht nach SCOR

Wichtig für einen effektiven Einsatz ist die eindeutige Definition der verwendeten Kennzahlen. Im Bereich der Lieferleistung gehören Lieferzeit und Lieferfähigkeit für Lagerware sowie die Liefertreue für auftragsbezogene Produktion zu den Standardgrößen. Die Messgröße „fehlerlose Auftragsausführung" gibt an, wie hoch der Anteil der Ausführungen ist, bei denen die Kunden zum Kundenwunschtermin ohne Reklamationen oder Fehler in Auftragsbestätigung, Lieferpapieren oder Rechnungen beliefert wurden. Diese Kennzahl wird selten verwendet, da ihr Einsatz erst sinnvoll ist, wenn eine hohe Kundenwunschliefertreue erreicht ist. Mit der Supply-Chain-Steigerungsflexibilität und der Anpassbarkeit wird gemessen, wie schnell sich ein Unternehmen auf Veränderungen einstellen kann.

Bei den Kosten werden sowohl die Supply-Chain-Management-Kosten als auch die Herstellkosten betrachtet. Während die erste Größe eine Zusammenfassung aller Supply-Chain-relevanten Kostenelemente darstellt, gibt die zweite Kennzahl eine Übersicht über den verursachten Aufwand in der Supply Chain.

Mit der Cash-to-Cash-Zykluszeit wird gemessen, wie lange ein Unternehmen von der Bezahlung des Lieferanten bis zum Erhalt des Rechnungsbetrags vom Kunden benötigt. Diese aggregierte Größe ist ein hervorragender Bewertungsmaßstab für die Effizienz in der gesamten Auftragsabwicklung. Weitere häufig verwendete Kenngrößen sind Wertschöpfungsproduktivität, Bestandsreichweite und Kapitalumschlag.

Für die Entwicklung einer Supply Chain werden zunächst die Kennzahlen definiert, mit denen die Supply-Chain-Leistung bewertet wird. Diese Kennzahlen und deren Zielwerte unterscheiden sich je nach Produktfamilie, Vertriebskanal oder Kundengruppe. Spezifische interne Faktoren eines Unternehmens können die Kriteriengewichtung und damit die Auslegung der Supply-Chain-Prozesse beeinflussen. So wird zum Beispiel ein Unternehmen, das nur marktgängige Technologien einsetzt und dessen Produkte einen geringen Bekanntheitsgrad haben, Aufträge verlieren, wenn es die marktübliche Lieferzeit nicht einhalten kann. Dagegen wird ein Unternehmen mit patentrechtlich geschützter Produktionstechnologie oder mit einem hohen Markenbekanntheitsgrad wenig Druck verspüren, Lieferzeiten zu verkürzen. Beim zweiten Unternehmen werden die Lieferfristen keine ausschlaggebenden Erfolgsfaktoren sein, wohingegen für das erste Unternehmen eine Strategie der hohen Produktverfügbarkeit ein wesentlicher Vorteil sein kann. Solche Überlegungen und die damit verbundenen Entscheidungen sind typische Ergebnisse der Supply-Chain-Prozessentwicklung und müssen in regelmäßigen Abständen überprüft werden.

Nachdem ein Unternehmen die Leistungskriterien seiner Supply Chain definiert hat, legt das Management ein quantitatives Leistungsziel für jedes Kriterium fest. Beispielsweise kann die Lieferzeit entscheidend für die Produktfamilie A sein. Soll sie drei Wochen oder einen Tag betragen? Diese Entscheidung hat einen erheblichen Einfluss auf die Lagerbestände und die Supply-Chain-Kosten.

Diese Leistungsziele können aus unterschiedlichen Quellen stammen. Im Vordergrund stehen zunächst die Kundenanforderungen. Hierbei müssen besonders die ungefilterten Ziele erfasst werden, die vom Vertrieb als unmöglich angesehen werden. Falls die Kunden die Belieferung innerhalb von 24 Stunden wünschen, der Vertrieb jedoch eine Zeit von drei Tagen als machbar ansieht, muss dennoch das Ziel 24 Stunden dokumentiert werden. Ziele dürfen nicht auf das vermeintlich Machbare in der Zieldefinition angepasst werden. Informationen zu Markt- und Kundenwünschen im Hinblick auf geforderte Lieferzeiten und Liefertreue sind schwierig zu erhalten. Für andere Kennzahlen lassen sich oft gar keine Marktdaten ermitteln. Hier kann Benchmarking helfen, wettbewerbsfähige Ziele zu setzen.

7.2.4 Kennzahlendefinition am Beispiel Liefertreue

Für einen effektiven Einsatz sind die verwendeten Kennzahlen eindeutig zu definieren. Beispielsweise muss bei Beobachtung der Liefertreue als entscheidende Messgröße für den Kundenservice im Unternehmen bekannt sein, mit welcher Messgenauigkeit, mit welchem Bezugstermin für die Sollkenngröße und mit welchem Termin für die Istwerte gerechnet wird. Neben der Kalkulationsformel ist festzulegen, wie die vom Kunden und vom Unternehmen verursachten Abweichungen zu bewerten sind.

Zunächst ist die Genauigkeit der Liefertreue zu bestimmen, zum Beispiel, ob Soll- und Isttermine wochen-, tages- oder stundengenau bestimmt werden müssen. Es ist zu klären, ob vollständige Aufträge, Auftragspositionen oder gelieferte Stückzahlen gemessen werden und wie Abweichungen in Form von Teillieferungen zu bewerten sind.

Ebenso muss eindeutig geklärt sein, gegen welchen Solltermin Liefertreue als Referenz gemessen wird. Während die Messung der Liefertreue zum Kundenwunschtermin die wichtigste Aussage – Kundenwunschliefertreue – darstellt, ist diese Messung nicht bei vielen Unternehmen verbreitet. Denn der Kundenwunschtermin kann von den DV-Systemen entweder nicht erfasst werden oder er wird bei der Auftragserfassung nicht mit der notwendigen Sorgfalt bestimmt. Bei einer Messung der Liefertreue gegenüber dem bestätigten Termin ist genau zu definieren, ob es sich um den Auftragsbestätigungstermin, also den ersten bestätigten Termin, oder um den letzten bestätigten Termin handelt. Außerdem ist bei der Definition die Kundenanlieferung genau festzulegen. Wird dafür der Termin der Versandfertigstellung, der Übergabetermin an den Frachtführer oder der Eintrefftermin beim Kunden verwendet? Wenn der Kunde die Ware selbst abholen lässt, gilt dann der Termin der Versandfertigmeldung oder derjenige der Abholung durch den Kunden?

Viele Unternehmen müssen auch klären, wie das Vorziehen und das Verschieben eines Auftrags vom Kunden zu bewerten und in der Berechnung zu berücksichtigen sind. Dabei ist festzulegen, welcher Termin des Kunden nun als Wunschliefertermin gilt. Außerdem sind unterschiedliche Abwicklungsformen zu berücksichtigen, etwa Sammellieferungen, die Abwicklung von Rahmenaufträgen und Kundenabrufen über Lieferplan.

Nach zahlreichen Projekterfahrungen setzen die Unternehmen, die einen großen Wert auf die Liefertreue legen, bei der Messung die Kundenwunschliefertreue an. Sie messen den Eintrefftermin beim Kunden mindestens tagesgenau und werten zu frühe und zu späte Lieferungen als lieferuntreu. Die Definition korreliert mit der erreichten Liefertreue: Je enger die Definition ist, desto besser ist als Ergebnis die Liefertreue. Die Unternehmen mit der härtesten Definition der Kennzahl haben in der Kundenliefertreue meist einen deutlichen Vorsprung gegenüber ihren Wettbewerbern.

7.2.5 Diagnosekennzahlen

Neben Leistungs- und Kostenkennzahlen sind weitere Kennzahlen notwendig, um die Veränderungen der Supply-Chain-Prozesse im Detail zu verfolgen. Diese Kennzahlen geben bezogen auf die Prozesse Planen, Beschaffen, Transport, Herstellen und Liefern Hinweise auf vorhandene Komplexität, Strukturprobleme und Arbeitsweisen. Wertvolle Diagnosekennzahlen sind z. B. Anteil der Auftragsänderungen, Überalterung der Bestände, Plangenauigkeit, Wiederbeschaffungszeiten.

Wegen der Vielzahl der möglichen Aufgabenstellungen ist eine vollständige Betrachtung der Kennzahlen nicht möglich. Für einen sinnvollen Einsatz sind die Ziele, die mit einer Maßnahme erreicht werden sollen, zu klären und die wesentlichen Leistungstreiber für diese Kennzahl sind zu eruieren. Dann können für diese Leistungstreiber die Diagnosekennzahlen ermittelt werden.

7.3   Qualitätsregelkarte für Kennzahlen

Für die Verfolgung von Kennzahlen haben sich unterschiedliche Möglichkeiten eingebürgert. Neben der reinen tabellarischen Darstellung, wie sie im Wesentlichen aus der Kostenberichterstattung bekannt sind, gibt es verschiedene grafische Darstellungsformen. Die Verfügbarkeit von Tabellenkalkulationsprogrammen mit integrierten Diagrammfähigkeiten hat zu einer Explosion von Linien-, Balken- und Tortengrafiken geführt, die Unternehmen für die Verfolgung von Leistungen verwenden.

Nach Wheeler (1993) sind für die Darstellung von Kennzahlen Ist-, Durchschnitts- oder Zielwerte, aber auch Vergleichswerte aus der Vergangenheit möglich. Einzelne Wertepaare lassen sich schlecht vergleichen. Um eine Kennzahl zu bewerten, ist eine grafische Zeitreihendarstellung unerlässlich.

Da jeder Prozess natürlichen Schwankungen unterworfen ist, verhindert die Prozessstreuung einen einfachen Vergleich von Zahlenwerten. Unterschiede lassen sich in den Kennzahlwerten nur dann als signifikant ableiten, wenn die Abweichungen die natürlichen Schwankungen überschreiten.

Aus der Qualitätskontrolle kommt die Qualitätsregelkarte (Abb. 7.13) als ein Hilfsmittel, um die Streuung von Prozessen zu verfolgen. Sie ergänzt die Zeitreihe der Kennzahlwerte um drei Linien:

- Der Durchschnitt gibt die durchschnittliche Leistung an.
- Die obere Prozessgrenze gibt einen Oberwert an, den der Prozess in den meisten Fällen einhält.
- Die untere Prozessgrenze gibt einen Unterwert an, den der Prozess selten unterschreitet.

Diese Linien zeigen an, wie sich der Prozess verhält. Solange er innerhalb der Prozessgrenzen verläuft, ist er stabil. Wenn er die Prozessgrenzen über- oder unterschreitet, ist er

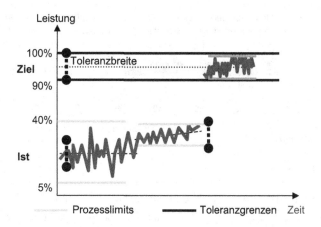

Abb. 7.13 Qualitätsregelkartenkonzept

unstabil oder er hat sich geändert. Wenn der Prozess unstabil wird, ist ein Eingreifen erforderlich.

Bei konsequenter Nutzung der Qualitätsregelkarte können sich viele Eingriffe in die Prozesse als unnötig herausstellen. Denn bei den beobachteten Leistungsunterschieden handelt es sich lediglich um die natürliche Streuung des Prozesses. Die Handlungen führen weitere Verschiebungen in den Prozess ein, die Prozessgrenzen wandern weiter nach außen.

Bei der Aufstellung einer Qualitätsregelkarte für Prozesskennzahlen, z. B. Liefertreue oder Auftragsdurchlaufzeit, fallen in der Regel hohe Schwankungsbreiten der Daten auf, die sich in einem großen Abstand der beiden Prozessgrenzen niederschlagen. In vielen Prozessen könnte die Leistung bereits erheblich verbessert werden, wenn diese Streubreite halbiert werden könnte und sich das untere Prozesslimit entsprechend nach oben verschieben würde.

Bei einem Vergleich mit den Zielwerten kann festgestellt werden, ob der Prozess die Ziele erreicht. Wenn statt eines Zielwerts ein akzeptabler unterer Zielwert, ein Hauptziel und ein anspornender oberer Zielwert (im Englischen als *Stretch goal* bezeichnet) definiert werden, kann der Prozess sehr viel besser dahin gehend geprüft werden, ob er die Anforderungen erfüllt. Aus der Betrachtung der Streubreite und der Lage der Maximal- und Durchschnittswerte lässt sich ablesen, ob Verbesserungsanstrengungen in Richtung Leistungsverbesserung oder in Richtung besserer Prozessbeherrschung mit niedrigerer Streuung initiiert werden müssen.

7.4 Bulletgraph

Der Bulletgraph (Few 2013) (Abb. 7.14) ist eine komprimierte Form der Darstellung von Leistungen. Die Grafik zeigt mit einem schwarzen Balken den aktuellen Wert an, der von der Skala abgelesen werden kann. Der Hintergrund ist in drei Blöcke mit unterschiedlichen

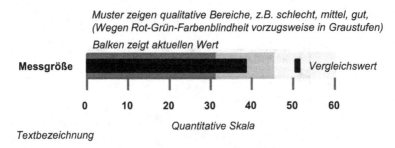

Abb. 7.14 Bulletgraph

Schraffuren unterteilt. Der erste Block zeigt schlechte, der zweite Block zufriedenstellende Werte und der letzte Block gute Werte an. Der Zielwert steht an der Grenze zwischen zufriedenstellenden Werte und den guten Werten. Der Vergleichswert zeigt den Vergleich mit anderen Ergebnissen, z. B. mit den Vorperioden oder den Zielen.

Also ist für die dargestellte Kennzahl der Wert zufriedenstellend, aber schlechter als das Ziel.

Für die Einführung von Bulletgraphen ist es also erforderlich, die Kennzahlen mit einer Bewertung zu betrachten. Dazu sind die Leistungen in gute, zufriedenstellende und schlechte Bereiche einzuteilen. Das Ziel ist zu definieren.

So können mit einem Blick nicht nur wie üblich mit einer qualitativen Ampel, sondern mit einer quantitativen Darstellung die aktuelle Leistung dargestellt und bewertet werden. Mit mehreren Bulletgraphen können die Leistungen verschiedener Kennzahlen sehr schnell dargestellt werden. Der Bulletgraph wird sich allerdings erst in den Unternehmen durchsetzen, wenn die Standardtabellenkalkulationsprogramme diese Darstellungsform aufnehmen.

7.5   Benchmarking

Der Begriff des Benchmarking kommt aus der Landvermessungskunde. Ein *Benchmark* ist dort eine Höhenlinie, die als Bezugspunkt dient. Der Begriff des Benchmarking wurde als ein Vergleich auch auf das Messen von Prozessen übertragen. Es ist ein kontinuierlicher Prozess, bei dem messbare oder operative Kennzahlenwerte eines Unternehmens mit den Werten anderer Unternehmen verglichen werden (Abb. 7.15).

7.5.1   Zielsetzung des Benchmarking

Ziel des Benchmarking ist es, einen Vergleichsmaßstab zu erhalten, die eigene Position zu verstehen und von anderen zu lernen. Benchmarking ist ein externer Blick auf interne Aktivitäten, Funktionen oder Verfahren, um einen Ansatz zur Verbesserung zu finden. Wenn

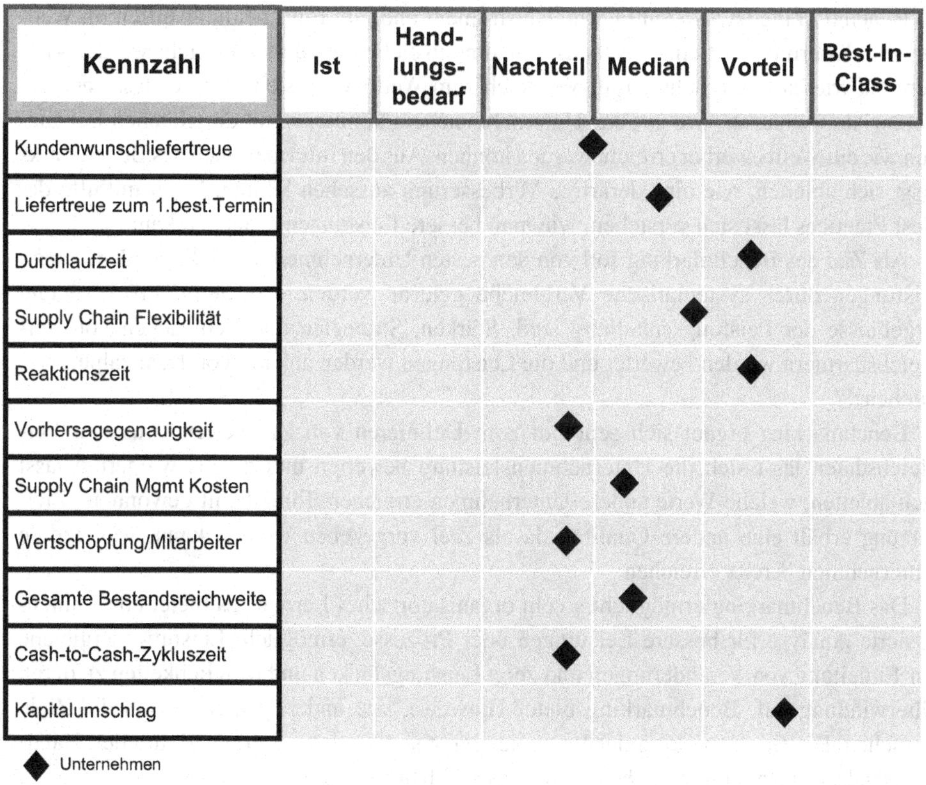

Kennzahl	Ist	Hand-lungs-bedarf	Nachteil	Median	Vorteil	Best-In-Class
Kundenwunschliefertreue			◆			
Liefertreue zum 1.best.Termin				◆		
Durchlaufzeit					◆	
Supply Chain Flexibilität				◆		
Reaktionszeit					◆	
Vorhersagegenauigkeit			◆			
Supply Chain Mgmt Kosten			◆			
Wertschöpfung/Mitarbeiter			◆			
Gesamte Bestandsreichweite			◆			
Cash-to-Cash-Zykluszeit			◆			
Kapitalumschlag						◆

◆ Unternehmen

Abb. 7.15 Benchmarkingübersicht in Scorecardform

existierende Prozesse und Aktivitäten verstanden werden sollen, lässt sich ein externer Bezugsmaßstab identifizieren, wie die eigene Aktivität gemessen und beurteilt werden kann.

Ein solcher Benchmark lässt sich auf jeder Ebene der Organisation in jedem funktionellen Bereich ermitteln. Das Endziel ist einfach: besser zu werden als die besten, also einen Wettbewerbsvorteil zu erreichen.

Robert C. Camp (1989), einer der Pioniere der Methode, definierte Benchmarking als kontinuierlichen Prozess, um Produkte, Dienstleistungen und Arbeitsweisen an den stärksten Wettbewerbern oder an den Unternehmen zu messen, die als Industrie- und Branchenführer anerkannt sind. Benchmarking ist für ihn die Suche nach den besten branchenbezogenen Arbeitsweisen (Best Practices), die zur höchsten Leistung führen.

Benchmarking wird auch als unternehmensinterner oder -übergreifender Vergleich von Kennzahlen mit festgelegten Richtwerten oder (oft innerhalb der Branche) als Instrument zur Ableitung von Verbesserungsmaßnahmen und -zielen verstanden. Dabei ist ein Benchmark ein Schüsselindikator zum Vergleich von Produkten, Dienstleistungen, Prozessen oder Funktionen eines Unternehmens mit vergleichbaren Leistungen anderer Unternehmen, in der gleichen Branche oder branchenübergreifend.

Benchmarking ist also ein Führungsinstrument und gibt Entscheidungshilfen im Wettbewerb. Es ermöglicht eine Bestandsaufnahme, welche Leistungen erreicht werden können und wie das Unternehmen im Vergleich zum Wettbewerb steht. Daraus lässt sich ein Potenzial abschätzen, wie gut das Unternehmen sein könnte, wenn die gleichen Leistungen wie ein Wettbewerber erreicht werden können. Aus den Informationen des Benchmarks lässt sich ableiten, wie eine derartige Verbesserung aussehen könnte. Denn mithilfe der Best Practices lässt sich verstehen, wie man bessere Leistungen erreichen kann.

Als Ziel des Benchmarking soll von den besten Unternehmen, Produkten oder Dienstleistungen durch systematische Vergleiche gelernt werden, wie deren Prozesse und Ergebnisse der Leistungserstellung sind. Stärken, Strategien und Schwächen von Vergleichspartnern werden bewertet und die Leistungen werden anhand von Kennzahlen verglichen.

Benchmarking eignet sich sehr gut zum Definieren von Zielwerten. Aus den Vergleichsdaten lässt sich die Unternehmensleistung bewerten und daraus wiederum lässt sich ableiten, welche Werte andere Unternehmen erreichen. Eine damit gewonnene Zielsetzung erhält eine andere Qualität, da als Ziel vorgegeben werden kann, was andere Unternehmen bereits erreichen.

Das Benchmarking ermöglicht so ein organisatorisches Lernen. Es bietet eine zahlenbasierte Analyse für bessere Leistungen oder Prozesse, ermöglicht Leistungsvergleiche zur Einleitung von Veränderungen und zeigt Leistungslücken und Möglichkeiten zu deren Überwindung auf. Benchmarking bietet Hinweise, wie andere Unternehmen die Ziele erreichen. Ein Benchmarking der Prozesse eignet sich auch hervorragend, um den Handlungsbedarf in einem Unternehmen zu verdeutlichen.

7.5.2 Benchmarking-Verfahren

Es gibt unterschiedliche Verfahren, um ein Benchmarking durchzuführen (Abb. 7.16). Ein Unternehmen kann sich extern, also über Unternehmensgrenzen hinweg, mit Kennzahlen oder Kosten anderer Unternehmen, also quantitativ vergleichen. Es kann aber auch qualitative Prozessstärken und -schwächen vergleichen. Ein quantitativer oder qualitativer Vergleich ist aber auch oft innerhalb eines Konzerns möglich. Von IBM ist bekannt, dass über Jahrzehnte alle wichtigen Produkte in zwei Werken gefertigt wurden. So konnte mit einem

Inhalt	Objekt	Zeithorizont	Zielsetzung
• Qualitativ • Quantitativ	• Produkt • Dienstleistung • Prozess	• Strategie • Taktik • Operative Ergebnisse	• Kosten • Leistung • Qualität

Abb. 7.16 Benchmarking-Vergleich

internen Benchmarking der Wettbewerb gewährleistet werden, wo das Produkt günstiger hergestellt wurde.

Es gibt verschiedene Arten des Benchmarking. Je nach Benchmarking-Objekten werden Prozess-, Dienstleistungs- oder Produkt-Benchmarking unterschieden. Bei einem Produkt-Benchmarking werden die Leistungen unterschiedlicher Produkte einander gegenübergestellt. Beim Prozess- und Dienstleistungs-Benchmarking werden die wesentlichen Prozesskennzahlen nebeneinander bewertet.

Eine weitere Differenzierung ist der betrachtete Zeithorizont. Es können Strategien, Taktiken oder operative Leistungen durch Benchmarks verglichen werden. Es gibt auch unterschiedliche Zielsetzungen bei Benchmarking-Projekten. Es können zum Beispiel nur Kosten oder Qualitätsgrößen als Benchmark ermittelt oder sämtliche Leistungsparameter betrachtet werden.

Je nach Auswahl der Vergleichspartner sind auch unterschiedliche Benchmarks möglich. An der Vielzahl der Unterscheidungen lässt sich erkennen, dass der Begriff *Benchmarking* in den letzten Jahren zu vielen Interpretationen geführt hat. Häufig wird ein Benchmarking als Vergleich mit einem anderen Unternehmen angesehen, um daraus detaillierte Erfahrungen abzuleiten oder um festzustellen, ob eine neue Lösung erfolgreich eingeführt werden kann. Auch Besuche bei anderen Unternehmen als Erfahrungsaustausch werden häufig als *Benchmark* bezeichnet.

In der Reihenfolge der Wirksamkeit ergeben sich aber unterschiedliche Möglichkeiten, ein Benchmarking erfolgreich durchzuführen (Abb. 7.17). Die Aussagekraft des Benchmarking ist bei einem Vergleichsbesuch am niedrigsten, steigt mit der Ermittlung von Kennzahlen aus öffentlichen Quellen oder bei einem gemeinsamen Gedankenaustausch („runder Tisch") und ist am höchsten bei einer Benchmarking-Studie mit mindestens hundert Teilnehmern. So lassen sich mit dem Benchmarking unterschiedliche Zielsetzungen verfolgen. In verschiedenen Projekten hat sich ein quantitatives und qualitatives Benchmarking innerhalb einer Branche als am aussagekräftigsten und als bester Ansatz erwiesen. Wenn mindestens 15 bis 20 Unternehmen teilnehmen, lassen sich statistische Werte repräsentativ ermitteln. Anhand der quantitativen Kennzahlen wird in vielen Benchmarking-Studien ein Best-in-Class-(BIC)-Wert ermittelt, der dem Durchschnittswert der besten 20 Perzentil entspricht.

Dadurch hat ein Unternehmen einen Vergleichsmaßstab zu anderen Unternehmen, anhand dessen es seine eigene Leistungsfähigkeit bewerten kann. In den jeweiligen

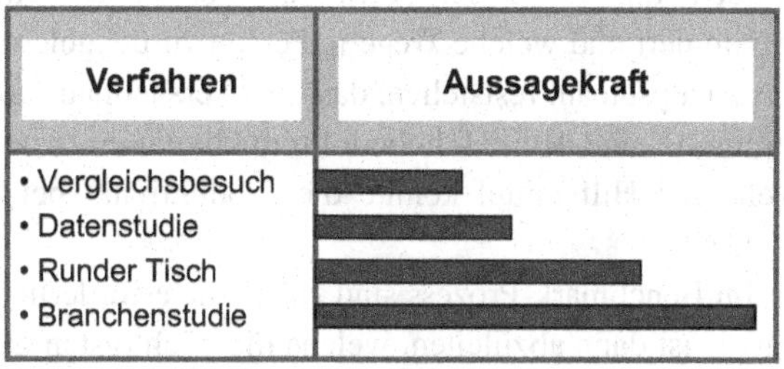

Abb. 7.17 Unterschiedliche Benchmarking-Verfahren

Verfahren	Aussagekraft
• Vergleichsbesuch	
• Datenstudie	
• Runder Tisch	
• Branchenstudie	

Messgrößen kann ein Unternehmen seine eigenen Leistungen mit den Best-in-Class-Werten vergleichen. Ein zweiter wichtiger Vergleichswert ist entweder der Durchschnittswert oder der Median der Vergleichsgruppe. Wenn in einem derartigen Benchmark nun unterschiedliche Messgrößen aufgeführt sind, kann das Unternehmen einen Gesamtüberblick über seine Leistungen innerhalb der Branche erreichen und daraus ableiten, wie es im direkten Wettbewerb bei seinen Kunden steht. Es kann bestimmen, in welchen Messgrößen es erfolgreich sein will, und eigene Stärken ermitteln. Im Sinne eines Zehnkampfes gilt es, nicht unbedingt in allen Werten Best-in-Class-Leistungen zu erreichen, sondern nur in ausgewählten Bereichen. In den anderen Messgrößen sollen mindestens durchschnittliche Leistungen erreicht werden. Im Gegensatz zum Zehnkämpfer kann ein Unternehmen selbst bestimmen, in welchen Disziplinen es gute Leistungen erbringen will und in welchen es Spitzenleistungen, sprich Best-in-Class-Werte, benötigt, um Wettbewerbsvorteile zu erzielen. Aus der Festlegung der Ziele lässt sich ein Verbesserungspotenzial ermitteln und teilweise quantifizieren. Die Entscheidung bestimmt – wie beim Zehnkämpfer der Trainingsansatz –, wie mit relativ geringem Einsatz von Finanzmitteln die Erkenntnis umgesetzt wird.

Wenn neben einem quantitativen auch ein qualitatives Benchmarking mit einer ausreichenden Aussagekraft vorhanden ist, wenn also gemessen wird, wie die Leistung erreicht wird, lässt sich aus dem Benchmarking der Handlungsbedarf ableiten. Best Practices sind die Arbeitsweisen, mit denen die besten Unternehmen ihre Ziele erreichen. Eine Best Practice muss verifiziert werden, d. h. die Anwender dieser Arbeitsweise gehören zu den besten Unternehmen und die Arbeitsweise muss eine entsprechend höhere Leistung als Folge haben. Allerdings werden in der Literatur häufig Best Practices genannt, die nicht eindeutig mit einem quantitativen Benchmarking analytisch ermittelt wurden.

Nach einem Vergleich in der Branche und dem Erreichen von Best-in-Class-Leistungen in der eigenen Branche kann es sich anbieten, branchenübergreifende Vergleiche durchzuführen. So hat zum Beispiel der Kopiererhersteller Xerox seine Versandprozesse mit denen des Versandhauses LL Bean verglichen, um festzustellen, ob die Versandabwicklung optimal abgebildet war. Dieser Vergleich war aber erst sinnvoll, nachdem Xerox die beste Leistung in der eigenen Branche erreicht hatte. Es war deutlich geworden, dass in der Logistikabwicklung bei Xerox nur eine geringe Produktivitätssteigerung erkennbar wurde und durch diese schlechte Leistung die Konkurrenzfähigkeit gefährdet war. Da sich die Materialbereitstellung als schwächstes Glied in der Logistikkette erwies, wurde das Versandhaus als geeignetes Vorbild identifiziert. Dabei wurden unterschiedliche Messgrößen betrachtet, z. B. wie viele Aufträge je Person bearbeitet, welche Stückzahl je Person kommissioniert und welche Wege je Person zurückgelegt worden waren. Im Ergebnis konnte das Analyseteam feststellen, dass das Versandhaus durch einen umfangreicheren Computereinsatz eine deutlich höhere Produktivität erreichen konnte. Nach Einführung der notwendigen Hilfsmittel konnte die Produktivität bei Xerox um zehn Prozent gesteigert werden

Im Benchmark-Prozess sind zuerst die erforderlichen Entscheidungen festzulegen und daraus ist dann abzuleiten, welche die wichtigsten Benchmark-Größen werden sollen. Je nach Umfang des Projekts sollten zunächst ein Team gebildet und dann die Art des Benchmarks definiert werden. Wenn keine öffentlichen Informationen beschafft werden können, eignet sich eine Fragebogenaktion zur Datenermittlung. Gegebenenfalls ist ein externer Partner einzuschalten, der verdichtete Informationen weitergibt, um die Vertraulichkeit der Daten sicherzustellen. Andernfalls können öffentliche Datenquellen genutzt werden oder die Informationen müssen durch Gespräche mit einem oder wenigen anderen Unternehmen zusammengetragen werden. Gerade bei der Ermittlung quantitativer Daten, die eine hohe Sensibilität aufweisen, bietet sich die Einbindung einer neutralen Stelle, zum Beispiel eines zur Vertraulichkeit verpflichteten Beraters, an.

7.5.3 Vorgehensweise für das Benchmarking

Der Benchmark-Prozess besteht aus den Schritten Planung, Analyse, Implementierung und Handlung (Abb. 7.18). Im Rahmen der Planung werden das Benchmarking-Objekt festgelegt und Vergleichsunternehmen ausgewählt. Zusätzlich werden die gewünschten Kennzahlen definiert und es wird überprüft, welche Arbeitsweisen in den Zielunternehmen typisch sind. Um einen qualitativen Vergleich zu ermöglichen, sind im Rahmen der Analyse die Daten der unterschiedlichen Teilnehmer zu erfassen. Nach Versenden des so entwickelten Fragebogens und Auswertung der Rückläufer, durch Analysen aufgrund öffentlicher Informationen oder durch Telefoninterviews werden die Daten ausgewertet und das aktuelle Leistungsniveau dargestellt. Dann werden die Leistungen des eigenen Unternehmens dem Vergleichsmaßstab gegenübergestellt und daraus Schlüsse gezogen. Im Rahmen der Implementierung werden Ziele festgelegt und die Ergebnisse der

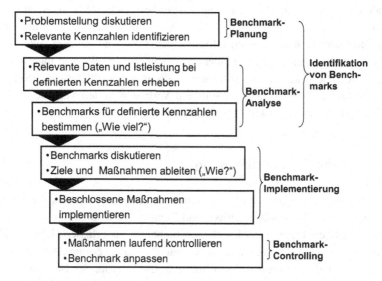

Abb. 7.18 Benchmarking-Vorgehensweise

Benchmark-Studie im Hause diskutiert, um Akzeptanz zu schaffen. Aus der Differenz zwischen Ist und Soll werden Aktionen abgeleitet. Dazu werden die Zielwerte abgestimmt, Aktionspläne erstellt und umgesetzt. Wenn die Maßnahmen Wirkung zeigen, lässt sich mit einem erneuten Benchmarking feststellen, ob sich das Unternehmen im Vergleich zum Wettbewerb verbessert hat oder nicht.

Es können sowohl monetäre als auch nicht monetäre Kennzahlen, wie zum Beispiel Liefertreue, Durchlaufzeiten, Fehleranzahl, Bestandsreichweite oder Wertschöpfung je Mitarbeiter, ermittelt werden. Bei der Definition der Kennzahlen ist darauf zu achten, dass auf der einen Seite nicht zu viele, auf der anderen Seite aber aussagekräftige Leistungskennzahlen und ein erheblicher Anteil von Diagnose- und Konfigurationskennzahlen beschafft werden, um einen tragfähigen und vollständigen Vergleich zu erreichen.

Im Rahmen des Kosten-Benchmarks werden hauptsächlich Kostengrößen ermittelt. Das heißt, das Kosten-Benchmarking wird durchgeführt, wenn ein Unternehmen feststellt, dass es die allgemeinen Kostenpositionen nicht erreicht hat, aber das Ziel verfolgt, seine Kostenpositionen zu verbessern. Dazu wird als Benchmarking-Objekt zum Beispiel die eigene Branche ausgewählt und überprüft, wie andere Unternehmen ihre Kostenvorteile erzielen. So lässt sich feststellen, ob eine geringere Anzahl von Mitarbeitern die Prozesse günstiger abgewickelt. Es werden die Unterschiede identifiziert und festgelegt, wo Lücken und Schwachstellen im eigenen Prozess sind. Danach können dann unterschiedliche Prozessoptimierungen erarbeitet werden.

Ein erfolgreiches Benchmarking liefert aussagekräftige Informationen über den Istzustand und den eventuellen Handlungsbedarf. Es thematisiert Prozesse und vergleicht sie mit definierten Messgrößen und Fragen. Durch eine strukturierte Beschreibung erhalten die Benchmarking-Teilnehmer eine Transparenz von Prozessen, Leistungen und Anregungen für andere Problemlösungsformen. Häufig ist es besonders wertvoll, einen Nachweis zu haben, dass andere Leistungen möglich sind. Dies kann bei der Überwindung innerbetrieblicher Blockaden außerordentlich hilfreich sein. Probleme ergeben sich, wenn die Datenbasis für strukturierte Vergleiche nicht ausreicht, Daten teilweise nicht vorhanden sind oder eine Vergleichbarkeit abgestritten wird. Falls unterschiedliche Randbedingungen, Kulturen oder Terminologien vorliegen oder ein Vertrauen in den Vergleichswert nicht gegeben ist, nutzt die Benchmarking-Information wenig.

7.5.4 Bewertung des Benchmarking

Um ein Benchmarking erfolgreich durchzuführen, sind Gegenstand und Ziele eindeutig zu definieren, die verwendeten Messgrößen und Kennzahlen verbindlich festzulegen und mit sauber definierten Fragen vergleichbare Ergebnisse zu erfassen. Eine sorgfältige Datenermittlung bei allen Beteiligten und eine gute Datenauswertung sind weitere wichtige Kriterien. Je mehr Teilnehmer, desto besser ist die Qualität des Benchmarking und der Vergleichsgrößen.

Benchmarking wird vielfach überschätzt, da einige Unternehmen aus den Vergleichs-maßstäben bereits eine Verbesserung ableiten. Häufig stehen keine geeigneten Benchmar-king-Partner zur Verfügung oder die Benchmarks werden mit zu wenigen Partnern ermittelt, als dass sie statistisch relevant wären. Nach anfänglicher Euphorie können viele Unternehmen die erforderlichen Informationen nicht beschaffen. Der Wert eines Benchmar-king ergibt sich aus den erfolgreich umgesetzten Verbesserungen, die dadurch angestoßen wurden. Mit dem Benchmark-Prozess lassen sich über Vergleiche mit anderen Unterneh-men neue Arbeitsweisen identifizieren, bewährte Denkmuster aufbrechen und neue Ziele setzen. Diese sind i. d. R. erreichbar, da sie von anderen Unternehmen in der gleichen Branche erreicht werden. Je höher die Anzahl der beteiligten Unternehmen am Benchmar-king, desto besser sind die sich ergebenden quantitativen Vergleichsgrößen und die Bewer-tung der Position des Unternehmens im Verhältnis zu den besten und zu durchschnittlichen Unternehmen.

7.6 Scorecards

Die Balanced Scorecard (Kaplan und Norton 1997) entstand aus der Unzufriedenheit mit traditionellen Kennzahlensystemen. Die Scorecard möchte monetäre und nicht monetäre, operative und strategische Kennzahlen sowie Spät- und Frühindikatoren gleichzeitig bewerten und aus unterschiedlichen Perspektiven eine Gesamtübersicht erhalten.

Die Balanced Scorecard (BSC) ist ein Managementsystem zur strategischen Führung eines Unternehmens mit einem Kennzahlensystem (Gehringer und Michel 2000). Die Scorecard ist ein Kennzahlensystem mit mehreren Perspektiven, z. B. Zeit, Qualität, Kos-ten, mit vorlaufenden Indikatoren und der Darstellung der Zusammenhänge in Ursache-Wirkungs-Ketten. Sie dient zur Umsetzung von Unternehmenszielen auf allen Ebenen des Betriebs und ermöglicht ein strategisches Feedback. Sie schließt die Umsetzungslücke zwischen Unternehmens- bzw. Bereichsstrategie und Tagesgeschäft.

7.6.1 Aufbau der Scorecards

Die vier klassischen Perspektiven nach Kaplan und Norton (Abb. 7.19) sind:

- Finanzwirtschaftliche Perspektive
  In der Finanzperspektive wird ein Überblick über die finanzielle Lage gegeben. Die finanzwirtschaftlichen Ziele sind immer mit der Rentabilität verbunden. Es wird gefragt, welchen finanziellen Erfolg ein Unternehmen hat. Die Finanzperspektive kann strategische Ziele wie die Erhaltung der Selbstständigkeit, Gewinnerzielung, Kosten-senkung oder Zahlungsfähigkeit unterstützen. Typische Kennzahlen sind die Eigenka-pitalquote, der Deckungsbeitrag, die Liquidität und der Gewinn.

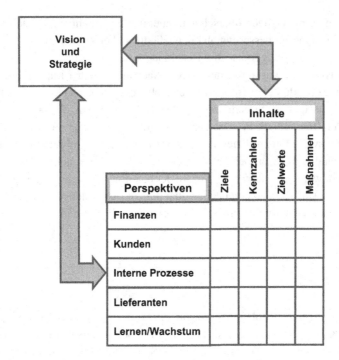

Abb. 7.19 Perspektiven der Balanced Scorecard

- Kundenperspektive
  In der Kundenperspektive werden Kennzahlen in Bezug auf Kunden und Marktsegmente abgebildet, z. B. Kundenzufriedenheit oder Marktanteile als mögliche Messgrößen. Es werden außerdem wesentliche Kennzahlen in den Beziehungen zu externen Partnern dargestellt, zum Beispiel der Aufbau von Kundenbeziehungen, die Kundenbindung oder die Einbindung in den Kundenprozess. Zu den typischen Messgrößen zählen der Restlebenszyklus der Produkte, der Anteil des Neukundenumsatzes oder die Anzahl der Kunden mit ihren Umsatzgrößen.
- Interne Prozessperspektive
  Bei der internen Prozessperspektive werden auf der einen Seite die Innovationsfähigkeit des Unternehmens, auf der anderen Seite die Prozessleistungen zur Erfüllung der Kundenwünsche dargestellt. Mit der Prozessperspektive wird sichergestellt, dass die Kundenwünsche erfüllt werden. Strategische Ziele können beispielsweise sein, die Prozessqualität zu erhöhen, Prozesszeiten zu verkürzen, Liefertreue oder Qualität und Zuverlässigkeit zu verbessern. Typische Messgrößen sind First Pass Yield, Durchlaufzeiten, Kundenwunschliefertreue, Reklamationsquote.
- Lern- und Wachstumsperspektive
  Mit der Lern- und Wachstumsperspektive messen Unternehmen das Potenzial und die Motivation ihrer Mitarbeiter. In dieser Perspektive wird gemessen, wie sich ein Unternehmen auf die Zukunft einstellen kann. Dazu gehört zum Beispiel das Ziel,

Technologieführerschaft zu erreichen oder eine hohe Mitarbeiterzufriedenheit. Typische Messgrößen sind Umsatzanteil neuer Produkte, Anzahl der Fortbildungsveranstaltungen, Anzahl der Verbesserungsvorschläge oder Fluktuationsrate.

Da die Balanced Scorecard für Banken und Versicherungen konzipiert war, fehlt für produzierende und handelnde Unternehmen eine wichtige Perspektive, nämlich die der Lieferanten. Bei Unternehmen, die mehr als 50 % der Kosten beim Material und damit bei den Lieferanten ausweisen, sind die Lieferanten ein strategisch wichtiger Partner. Für die Lieferanten können Preisentwicklung, Liefertreue und Wiederbeschaffungszeiten betrachtet werden. Deshalb sind bei vielen produzierenden Unternehmen in einer Scorecard auch die Lieferanten abgebildet.

Die Balanced Scorecard wurde eingeführt, weil in der Praxis immer wieder Unzufriedenheit über das traditionelle Kennzahlensystem geäußert wird. Das Ziel der Balanced Scorecard ist es, für strategische Entscheidungen ein Früherkennungssystem zu haben, Ziele und Strategien des Unternehmens messbar zu machen, Ziele zu kommunizieren, zu planen und zu kontrollieren. Entscheidend ist der Wunsch, das gesamte Unternehmen und alle Mitarbeiter in diese Prozesse einzubinden.

Die Definition der Scorecard beginnt mit der Klärung der strategischen Ziele. Die Kennzahlen werden anhand von Zielen erarbeitet, die die Strategien abbilden. Die Scorecard ist mehr als ein Kennzahlensystem; sie ist ein integriertes Managementsystem, das die strategischen Ziele mit Steuerung verknüpft. Ziele werden dadurch überprüfbar und lassen sich an unterschiedliche Ergebnisse anpassen. Die Scorecard ermöglicht ein zielorientiertes Reporting und eine zukunftsorientierte Berichterstattung.

Jedes Unternehmen braucht eine individuelle Scorecard, da jedes Unternehmen individuelle Stärken und Schwächen und spezifische Ziele hat. Es muss zweckmäßige Kennzahlen für die Perspektiven finden, die zu entsprechenden Strategien passen. Es geht darum, die vorhandenen Strategien zu implementieren, nicht darum, neue Strategien zu entwickeln.

7.6.2 Vorgehensweise zum Aufbau einer Scorecard

Um eine Scorecard zu entwickeln, sind aus den strategischen Zielen Kennzahlen abzuleiten, zu definieren und eine regelmäßige Erfassung einzuführen. Insgesamt ergibt sich folgender Ablauf: Aus der Vision werden die Strategie bzw. die strategischen Stoßrichtungen abgeleitet. Aus der Strategie werden die Perspektiven ausgewählt und den Perspektiven die strategischen Ziele zugeordnet. Aus den Ursache-Wirkungs-Ketten werden wichtige Kennzahlen ausgewählt, Zielwerte als Vorgaben für die Messgrößen definiert und dann Maßnahmen abgeleitet.

Im nächsten Schritt gilt es, die Perspektiven auszuwählen. Die Strategielandkarte kann aufgebaut und damit gezeigt werden, wie die Strategien zu den Perspektiven gehören. Dann lassen sich die strategischen Ziele aus den Stoßrichtungen ableiten. Eine Messbarkeit der Ziele steht bei diesem Schritt noch nicht im Vordergrund. In der Strategielandkarte lassen sich die Zusammenhänge zwischen den strategischen Zielen durch Ursache-Wirkungs-Beziehungen visualisieren und kommunizieren. Bei der Verknüpfung steht die Frage im Vordergrund, wie die untergeordneten Ziele zur Erreichung eines übergeordneten Ziels führen.

Es lassen sich die geeigneten Messgrößen für die unterschiedlichen Perspektiven auswählen. Für die einzelnen Kennzahlen ist, wie im vorangegangenen Kapitel bereits beschrieben, jeweils eine eindeutige Definition erforderlich.

Das Unternehmen wird eindeutige Zielvorgaben festlegen und darüber bestimmen, wie die Ziele erreicht werden können. Mit einer Darstellung in der Scorecard lässt sich nun ermitteln, wo das Unternehmen Handlungsbedarf sieht und in welchen Bereichen Verbesserungen möglich sind.

7.6.3 Bewertung der Scorecard

Die Balanced Scorecard hat sich als Hilfsmittel für die vollständige Bewertung von Prozessleistungen bewährt. Statt einzelne Kennzahlen zu optimieren, werden alle gemeinsam betrachtet. Die unterschiedlichen Perspektiven eignen sich hervorragend, um die Gesamtbewertung im Hinblick auf alle wichtigen Kriterien und Gesichtspunkte zu kontrollieren.

Leider hat sich noch keine Standarddarstellung für die Balanced Scorecard etabliert. Viele Unternehmen können die Informationen nicht einfach erfassen und darstellen. Präsentationen, die mit hohem manuellen Aufwand erstellt werden müssen, sind häufig die Basis für eine Balanced Scorecard.

Bei der Bewertung bestehender Scorecards in Unternehmen fällt immer wieder die starke Betonung der finanziellen Kennzahlen auf. Ein Hauptgrund für dieses Ungleichgewicht ist die hohe Verfügbarkeit dieser Werte. Damit sorgen sie dennoch für ein Problem: Die Finanzkennzahlen sind meist nacheilend und können deshalb die aktuelle Situation nicht ausreichend darstellen.

7.7 Gesamtprozessbewertung

Die unterschiedlichen Ansätze lassen sich zu einer Gesamtprozessbewertung kombinieren. Mit der Kombination aus Scorecard, Benchmarking und Qualitätsregelkarte lässt sich eine Gesamtübersicht über die quantitativen Leistungen darstellen, die sich sowohl für das Setzen von Zielen als auch für die Verfolgung von Leistungen verwenden lässt.

7.7.1 Aufbau der Gesamtprozessbewertung

Die Gesamtbewertung besteht aus einer integrierten qualitativen und quantitativen Bewertung. Die qualitative Bewertung analog zur oben beschriebenen Prozessbewertung bildet die Basis für die Gesamtbewertung.

Für jeden Prozess werden die Bewertungsstufen nach SPICE verwendet. Die qualitative Bewertung reicht bis zur Stufe „durchgeführt". Die Bewertungsstufen „beherrscht" und „fähig" werden aus der quantitativen Bewertung abgeleitet. Dazu sind für jeden Prozess Kennzahlen im Hinblick auf Zeit, Qualität, Flexibilität, Kosten und Mitarbeiter zu bestimmen. Für die Kennzahlen werden die Istwerte über einen bestimmten Zeitraum ermittelt. Für die Leistungen werden Minimal-, Maximal- und Durchschnittswerte berechnet. Für die Ziele werden unterer Zielwert, Planzielwert und oberer Zielwert definiert. Der untere Zielwert ist die gerade noch akzeptable Abweichung vom Zielwert, das Planziel die gewünschte Zielerreichung. Der obere Zielwert stellt ein optimistisches Ziel dar, das bei optimalen Bedingungen erreicht werden kann. Mit diesen Werten kann nur analytisch bestimmt werden, ob der Prozess im Sinne der Qualitätsregelkarte fähig oder beherrscht ist.

Die quantitative Bewertung kann auch allein genutzt werden, um die Leistung zu beurteilen. Dazu wird die Scorecard- von einer Benchmark-Darstellung überlagert (Abb. 7.20). Aus den strategischen und operativen Zielen werden die erforderlichen Kennzahlen abgeleitet. Aus einem Benchmarking oder einer Leistungseinschätzung wird zu jeder Kennzahl

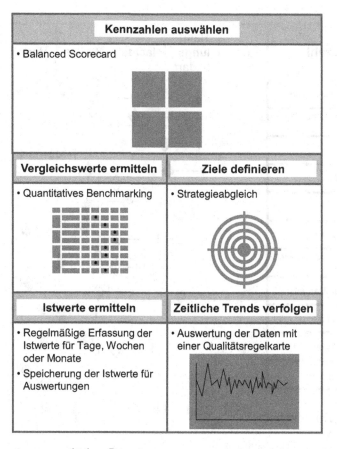

Abb. 7.20 Ansatz zur quantitativen Bewertung

eine Leistungsverteilung ermittelt, indem die Werte der besten, der mittleren und der schlechtesten Unternehmen berechnet werden. Diese Werte werden in Perzentilen berechnet, auf denen nun die gesamte Diagrammbasis beruht. Nun können die Ist- und die Zielwerte in der Perzentildarstellung in der Übersicht dargestellt werden.

Zunächst werden die wichtigsten Kennzahlen analog zum Scorecard-Prozess ausgewählt. Diese werden im nächsten Schritt den Perspektiven einer Scorecard zugeordnet (Abb. 7.21). Für jede Kennzahl werden die aktuelle Leistung und ein Vergleichswert aus der Vergangenheit ermittelt.

Zusätzlich wird aus einem Benchmarking oder einer Leistungseinschätzung zu jeder Kennzahl eine Leistungsverteilung ermittelt, indem die Werte der besten, der mittleren und der schlechtesten Unternehmen berechnet werden. Mit einer Perzentildarstellung können die Leistungswerte in der Übersicht dargestellt werden. So ist auf einem Blick eine Leistungsübersicht möglich.

Im Detail können dann die Qualitätsregelkarten der einzelnen Kennzahlen einen tieferen Einblick gewähren (Abb. 7.22). Zusammen mit dem Zeitverlauf lassen sich Trends oder Verschiebungen identifizieren.

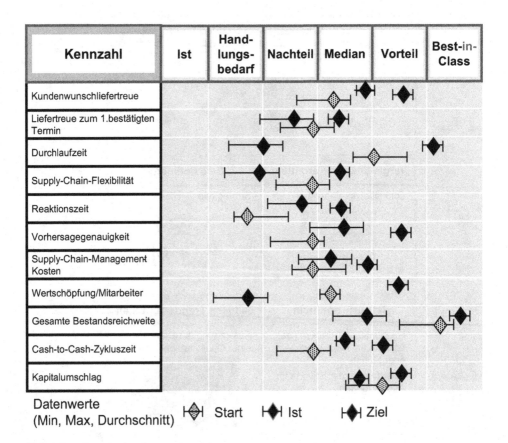

Abb. 7.21 Quantitative Gesamtübersicht

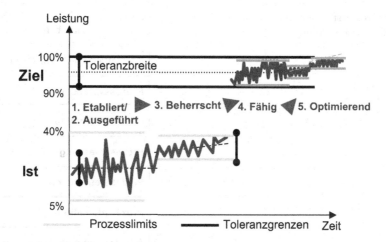

Abb. 7.22 Qualitätsregelkarte mit Bewertungsstufen

Mit der Betrachtung von der Streubreite der Istwerte und von den Zielwerten lässt sich die Prozessbeherrschung und -fähigkeit bewerten. Wenn der Prozess fähig und beherrscht ist, befinden sich alle Istwerte innerhalb des Zielkorridors. Wenn der Prozess außerhalb des Zielkorridors streut, die Streubreite der Istwerte die Breite des Zielkorridors übertrifft oder den Zielkorridor nicht erreicht, ist der Prozess zu verbessern.

Die Bewertungsstufen „Prozess ist fähig", „Prozess ist beherrscht" und „Prozess ist optimierend" lassen sich aus den Kennzahlen nach den oben beschriebenen Regeln ableiten.

7.7.2   Vorgehensweise zur Gesamtbewertung

Zunächst wird der Prozess qualitativ bewertet. Er wird anhand der Prozessattribute beschrieben (Abb. 7.23) und die Leistung wird überprüft. Für jedes Attribut muss der Erfüllungsgrad durch den Nachweis eines Dokuments oder einer im DV-System nachvollziehbaren Abwicklung belegt werden können.

Für die Bewertung wird ein festgelegtes Bewertungsschema verwendet, das von unbefriedigend bis vollständig befriedigend reicht (Abb. 7.24). Die Bewertungsskala ergibt sich aus einer prozentualen Bewertung der einzelnen Attribute.

Um die Fähigkeitsstufe zu ermitteln, werden nun alle Prozessattribute bewertet. Jedes Attribut wird einzeln bewertet. Für die Fähigkeitsstufe *etabliert* müssen die Kriterien Prozessleistung, Leistungsmanagement und Arbeitsergebnismanagement erfüllt sein (Abb. 7.25), also eine Bewertung von vollständig befriedigend erreichen.

Um bestimmte Fähigkeitsstufen zu erreichen, müssen definierte Attribute den Status *vollständig befriedigend* haben. Dabei steigen die Anforderungen mit höheren Fähigkeitsstufen an. Bei der Bewertung ist zu beachten, dass eine Fähigkeitsstufe nur erreicht wird, wenn alle definierten Attribute die geforderte Bewertung erhalten. Falls ein Attribut nur eine geringere Bewertung erhält, kann nur eine niedrigere Fähigkeitsstufe erreicht werden.

Abb. 7.23 Prozessattribute
für die qualitative Bewertung

Attribute
Kontinuierliche Verbesserung
Prozessveränderung
Prozesssteuerung
Prozessmessung
Prozessressourcen
Prozessdefinition
Arbeitsergebnismanagement
Leistungsmanagement
Prozessleistung

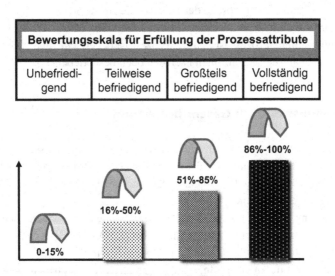

Bewertungsskala für Erfüllung der Prozessattribute			
Unbefriedi-gend	Teilweise befriedigend	Großteils befriedigend	Vollständig befriedigend

0-15%   16%-50%   51%-85%   86%-100%

Abb. 7.24 Bewertung der Prozessattribute

Wenn in den Basisattributen Prozessleistung, Leistungsmanagement und Arbeitsergebnismanagement etwas fehlt, wird der Prozess nie eine Fähigkeitsstufe *etabliert* erreichen.

Für alle Prozessattribute sind die Erfüllungsgrade für das Erreichen einer Fähigkeitsstufe definiert (Abb. 7.26). Es fällt auf, dass die Anforderungen an die Erfüllung der
Prozessattribute rapide steigen. Das Verfahren kann nun genutzt werden, um Prozesse zu
bewerten (Abb. 7.27).

Attribute	Bewertung
Kontinuierliche Verbesserung	Unbefriedigend
Prozessveränderung	Unbefriedigend
Prozesssteuerung	Unbefriedigend
Prozessmessung	Unbefriedigend
Prozessressourcen	Teilweise befriedigend
Prozessdefinition	Großteils befriedigend
Arbeitsergebnismanagement	Vollständig befriedigend
Leistungsmanagement	Vollständig befriedigend
Prozessleistung	Vollständig befriedigend

2
Etabliert

Abb. 7.25 Beispiel für eine Prozessbewertung Stufe 2

	0 Unvollständig	1 Ausgeführt	2 Etabliert	3 Beherrscht	4 Fähig	5 Optimierend
Prozessleistung		Großteils oder Vollständig	Vollständig	Vollständig	Vollständig	Vollständig
Leistungs- management			Großteils oder Vollständig	Vollständig	Vollständig	Vollständig
Arbeitsergebnis- management			Großteils oder Vollständig	Vollständig	Vollständig	Vollständig
Prozess- definition				Großteils oder Vollständig	Vollständig	Vollständig
Prozess- ressourcen				Großteils oder Vollständig	Vollständig	Vollständig
Prozess- messung					Großteils oder Vollständig	Vollständig
Prozess- steuerung					Großteils oder Vollständig	Vollständig
Prozess- veränderung						Großteils oder Vollständig
Kontinuierliche Verbesserung						Großteils oder Vollständig

Abb. 7.26 Prozessfähigkeitsstufen und Prozessattribute

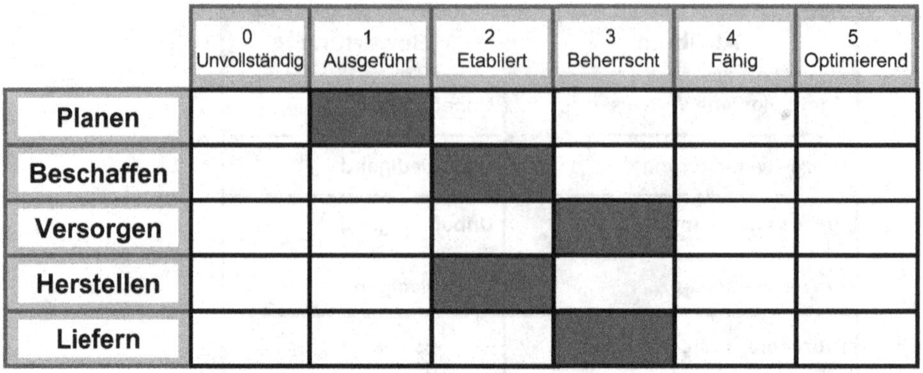

	0 Unvollständig	1 Ausgeführt	2 Etabliert	3 Beherrscht	4 Fähig	5 Optimierend
Planen		███				
Beschaffen			███			
Versorgen				███		
Herstellen			███			
Liefern				███		

Abb. 7.27 Prozessbewertung mit Fähigkeitsstufen

Während der qualitativen Bewertung wird festgestellt, ob für jeden Prozess die notwendigen Kennzahlen definiert sind. Wenn die Kennzahlen die Prozessleistung ausreichend bewerten, wird die Prozessleistung jeder Kennzahl bestimmt. Die verwendeten Kennzahlen werden den Perspektiven der Prozess-Scorecard zugeordnet. Für jede Kennzahl wird entweder aus dem Benchmarking oder aus einer Leistungseinschätzung die Perzentilverteilung berechnet und als Basis für die Darstellung verwendet.

Für jede Kennzahl wird die aktuelle Leistung über den Zeitraum eines Quartals oder Jahres ermittelt und die charakteristischen Prozesswerte werden berechnet. Nun werden die Istwerte mit Minimum, Maximum und Durchschnitt in der Prozess-Scorecard dargestellt. Wenn bei dem Prozess für alle Kennzahlen die Streuung der Istwerte kleiner als die Spannweite der Zielwerte ist, dann ist auch die Stufe „fähig" erreicht (Abb. 7.28). Wenn die Werte nur innerhalb der unteren und oberen Zielwerte streuen, ist der Prozess als „beherrscht" anzusehen. Wenn innerhalb der beherrschten Prozesse die durchschnittliche Leistung zunimmt, ist die Stufe „optimierend" erreicht.

Bei der Interpretation der Werte können nun aus der Bewertung unterschiedliche Prozessoptimierungen resultieren. Dazu werden zwei Kennwerte berechnet:

- Spannweite der Prozesswerte, die Differenz Maximum minus Minimum;
- Leistungslücke des Prozesses, die Differenz zwischen Zielwert und Durchschnittswert.

Es wird bestimmt, was größer ist: die Leistungslücke oder die Spannweite. Daraus ergeben sich folgende Handlungsvorschläge:

- Wenn die Spannweite größer als die Leistungslücke ist, sollte sich die Verbesserung darauf richten, die Schwankung des Prozesses zu verbessern. Hierzu sind Prozessoptimierungen oder KVP-Aktivitäten zu starten.
- Wenn die Leistungslücke größer als die Spannweite ist, sollte die Verbesserung der Prozessleistung im Vordergrund stehen. Abhängig von der Größe der Veränderung werden ein Prozessreengineering oder eine Prozessoptimierung erforderlich.

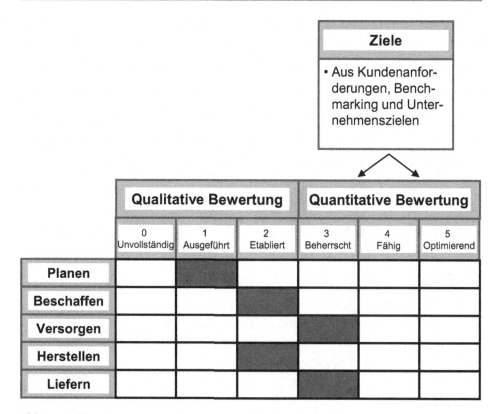

Abb. 7.28 Kombination aus quantitativer und qualitativer Bewertung

7.7.3 Beurteilung der Gesamtbewertung

Mit dieser Kombination aus quantitativen und qualitativen Bewertungen lässt sich ein
Gesamtbild der Prozessleistungen ermitteln. Aus den Kennzahlen lassen sich die Leis-
tungsdefizite ableiten, aus den qualitativen Bewertungen erste Ansatzpunkte für Verbesserungen.

Während die quantitative Aussage deutliche Nachweise der Verbesserungen liefert,
bleibt die teilweise subjektive Beschreibung der qualitativen Prozessbewertung immer ein
Kritikpunkt. Nur wenn sich Kennzahlen zu jeder Prozessausprägung zuordnen lassen,
können auch diese qualitativen Prozessbewertungen objektiviert werden.

Prozesskosten berechnen

8

Zusammenfassung

Die Supply Chain und Produktionsprozesse optimieren die Gemeinkostenbereiche, also nicht direkte Kostenbereiche, wie Material- oder Lohnkosten, die in der Herstellkostenkalkulation im Mittelpunkt stehen. Vielmehr steht die Optimierung der indirekten Bereiche im Vordergrund, die sich bei einer klassischen Herstellkostenbewertung in den Zuschlagsätzen versteckt. Viele Prozessoptimierungsprojekte scheitern bei der Ermittlung der Kosteneinsparungen. Daher werden verschiedene Ansätze zur Bestimmung der Prozesskosten beschrieben, damit die Wirtschaftlichkeit der Prozessverbesserungen ermittelt werden kann. Ein Schwerpunkt ist die Präsentation unterschiedlicher Konzepte für die Prozesskostenrechnung, die sich für verschiedene Aufgabenstellungen eignen.

Ein wesentliches Optimierungskriterium sind die Prozesskosten. Ein Prozess mit niedrigeren Kosten ist bei mindestens gleicher Leistung einem anderen vorzuziehen. Dabei ist das Ziel einer Prozesskostenbetrachtung, Ist- und Sollzustand monetär zu vergleichen und potenzielle Einsparungen zu ermitteln. Die Prozesskostenrechnung ist daher das Hilfsmittel, Prozesse monetär zu bewerten.

Die Prozessoptimierung ist letztendlich abhängig von der Bestimmung der Wirtschaftlichkeit der eingeleiteten Maßnahmen. Der bessere Prozess zu niedrigeren Kosten – das ist das Ziel der Prozessoptimierung. Im Rahmen einer Wirtschaftlichkeitsrechnung kann auf Basis der Prozesskosteneinsparungen und des Einführungsaufwands der finanzielle Effekt von Prozessverbesserungen berechnet werden.

Die klassische Herstellkostenrechnung (Abb. 8.1) berücksichtigt Material-, Materialgemein-, Fertigungs- und Fertigungsgemein- sowie Verwaltungsgemeinkosten. In dieser Kalkulation sind die Prozesskosten nur indirekt berücksichtigt. Die Prozesskosten werden über die Zuschlagsätze dem Material oder dem Fertigungslohn oder anderen

© Springer-Verlag GmbH Deutschland 2018
T. Becker, *Prozesse in Produktion und Supply Chain optimieren*,
https://doi.org/10.1007/978-3-662-49075-4_8

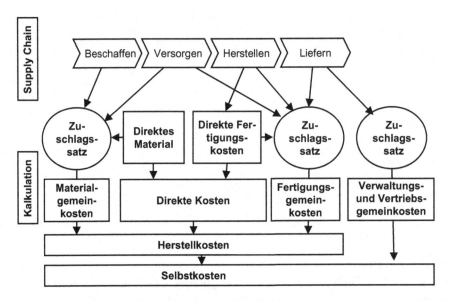

Abb. 8.1 Prozesskostenrechnung mit Herstellkostenrechnung

zusammengesetzten Elementen zugeordnet. Typischerweise beinhalten der Fertigungslohn nur direkte Tätigkeiten, die direkt zur Wertschöpfung beitragen. Viele Materialflussaktivitäten, die zur Herstellung erforderlich sind, sind im Fertigungslohn häufig nicht berücksichtigt. Die Herstellkostenkalkulation ist daher denkbar ungeeignet, Prozesskosten zu bewerten, da sich die Veränderung der Ablaufprozesse meist nur indirekt in den Zuschlägen niederschlägt. Die Gemeinkostenzuschläge werden bei der Herstellkostenrechnung aber als fix angesehen oder für eine bestimmte Zeit, meist ein Wirtschaftsjahr, als fix definiert.

Auch die Teilkostenrechnung, die aus Umsatz minus variable Kosten den Deckungsbeitrag in verschiedenen Formen berechnet, kann die Prozesskosten nur unzureichend betrachten. Denn die Rechnungen beruhen im Wesentlichen auf den gleichen Grundlagen wie die Herstellkosten.

Während in den klassischen Kalkulationsansätzen die Kosten der Fertigungsprozesse detailliert betrachtet werden, werden die Kosten der Ablaufprozesse nur über Durchschnittszahlen in den Zuschlägen abgebildet. Über die Jahre sind viele Fertigungsprozesse rationalisiert und automatisiert worden, da diese Kosten sehr transparent in den Unternehmen sind. Mit den Rationalisierungsfortschritten sinkt der Teil der direkten Kosten in den Unternehmen immer weiter, der Anteil der indirekten Kosten steigt. Gerade die in diesem Buch im Vordergrund stehenden Ablaufprozesse finden sich in den indirekten Kosten wieder. Mit der Prozesskostenrechnung werden diese indirekten Kostenblöcke in Kosten, die Prozessen zuzuordnen sind, und Fixkosten unterteilt.

Ein typisches Beispiel für die indirekten Prozesskosten sind die Materialflusskosten. Die Kosten für innerbetriebliche Transporte werden selten erfasst. Auf die Frage: „Was kostet der Transport einer Palette über eine Wegstrecke von 350 Metern mit einem Gabelstapler?"

können viele Unternehmen keine erschöpfende Antwort geben. Dabei können die Auflade-, die Fahr- und die Absetzzeiten geschätzt werden und mit den Kosten für den Fahrer und den Gabelstapler multipliziert werden. Damit ergeben sich die Prozesskosten für den beschriebenen Palettentransport.

In den Achtzigerjahren sind zahlreiche Ansätze entstanden, eine Prozesskostenrechnung einzuführen. Diese werden in den folgenden Abschnitten erklärt und beschrieben. Abschließend wird auf einen speziellen Ansatz zur Optimierung der Prozesskosten eingegangen.

8.1 Ansätze

Unter dem Schlagwort *Prozesskostenrechnung* sind verschiedene Ansätze (Abb. 8.2) bekannt geworden, mit denen sich die Prozesskosten bestimmen lassen. Bei der Standardprozesskostenrechnung wird für jeden Prozess der Ressourcenverbrauch bestimmt und die Kosten werden mit Ressourcenkostensätzen nach Verbrauch ermittelt. Die Prozesskostenrechnung ermöglicht so eine verursachungsgerechtere Zuordnung der Kosten zu den Prozessen und letztendlich – durch eine Zusammenfassung – zu entsprechenden Geschäftsvorfällen. Mit

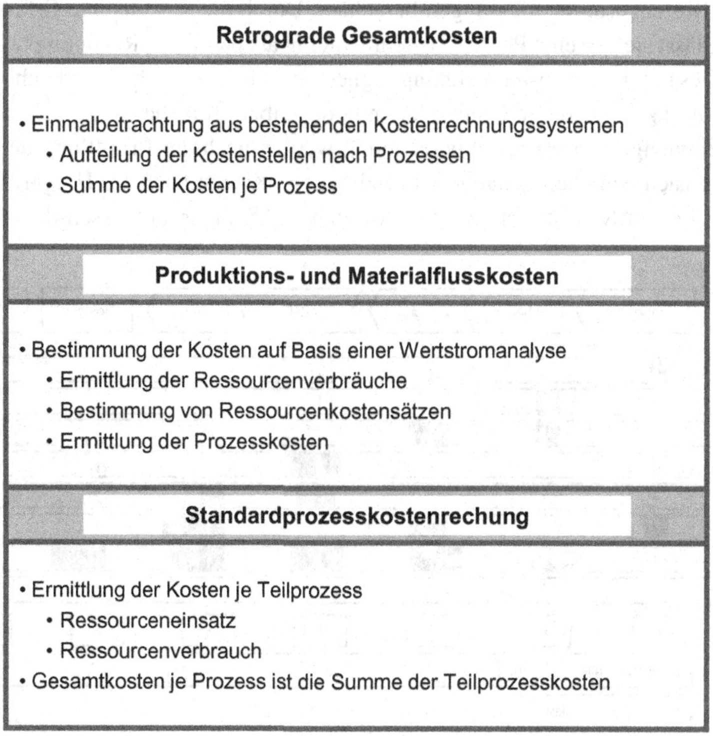

Retrograde Gesamtkosten

- Einmalbetrachtung aus bestehenden Kostenrechnungssystemen
  - Aufteilung der Kostenstellen nach Prozessen
  - Summe der Kosten je Prozess

Produktions- und Materialflusskosten

- Bestimmung der Kosten auf Basis einer Wertstromanalyse
  - Ermittlung der Ressourcenverbräuche
  - Bestimmung von Ressourcenkostensätzen
  - Ermittlung der Prozesskosten

Standardprozesskostenrechung

- Ermittlung der Kosten je Teilprozess
  - Ressourceneinsatz
  - Ressourcenverbrauch
- Gesamtkosten je Prozess ist die Summe der Teilprozesskosten

Abb. 8.2 Prozesskostenrechenverfahren

einer prozessorientierten Kostenrechnung lässt sich berechnen, was die Abwicklung eines Kundenauftrags oder einer Bestellung kostet.

Für unterschiedliche Aufgabenstellungen bieten sich jeweils darauf abgestimmte Verfahren besser an. Während einer Prozessanalyse und Optimierungsaufgabe ist daher zu klären, inwieweit eine regelmäßige Prozessbewertung erforderlich ist und ob eine Einmalbetrachtung ausreicht, um die Vorteile der gewählten Lösung zu bestimmen. Andernfalls ist eine Standardkostenrechnung aufzubauen, die regelmäßig durchzuführen ist.

Man unterscheidet verschiedene Verfahren zur Prozesskostenrechnung, die in den folgenden Abschnitten detailliert erläutert werden.

8.2   Gesamtprozesskostenrechnung

Bei der Gesamtprozesskostenrechnung werden in einem großen Zeitraum (Monat, Quartal, Jahr) alle Kosten im Rahmen der bestehenden Kostenrechnung ermittelt. Die bestehenden Kostenelemente aus Kostenstellen- und Kostenträgerrechnung werden zu neuen, prozessorientierten Einheiten zusammengefasst, die detaillierter sind als die bestehenden Kostenzusammenfassungen (Abb. 8.3).

Nach Abschluss des Zeitraums werden die Kosten ermittelt und in den neuen Zuordnungen der Kostenzusammenfassungen berechnet. Durch die regelmäßige Erfassung und Berechnung lässt sich so eine Prozesskostenrechnung als paralleles Rechnungswesen führen. Diese Gesamtprozesskostenrechnung eignet sich für historische Vergleiche oder für ein Benchmarking mit anderen Unternehmen in derselben Branche.

Für die einmalige Prozesskostenberechnung werden nach der Ermittlung der Kostenstellenkosten nach den oben genannten Prinzipien die Kosten nach der Hauptressourcenbelastung je Kostenstelle aufgeteilt. Dazu werden mit Standardprozessen die jeweiligen

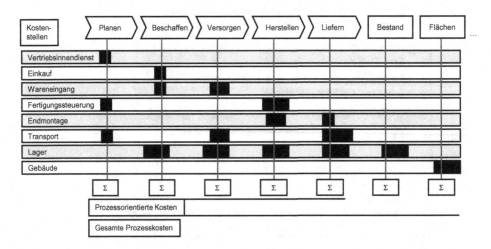

Abb. 8.3 Gesamtprozesskostenrechnung

Teilprozessumfänge beschrieben und es wird eindeutig definiert, welche Aktivitäten zu welchen Teilprozessen gehören. Für die einzelnen Kostenstellen wird ermittelt, welche Ressourcen in welchem Umfang für die einzelnen Teilprozesse erforderlich sind. Die Kosten der Kostenstelle werden nach Ressourcenverbrauch auf die einzelnen Prozesse verteilt. Der Hauptzweck einer derartigen Untersuchung ist die Ermittlung von Potenzialen zur Kostenreduzierung und deren Bedeutung.

Die Prozesskostenrechnung kann zur Prozesskonfiguration, zur Prozessoptimierung, zur Auswahl alternativer Ausführungsformen und zur Ausführung genutzt werden. Der Controller kann damit Betriebsergebnisse berechnen, Stückkosten kalkulieren oder ein regelmäßiges Controlling durchführen.

Es ergeben sich zwei Alternativen für die Prozesskostenrechnung: entweder bottom-up oder top-down.

Bottom-up heißt, es werden Prozesse und Aktivitäten bestimmt und die Kostentreiber ermittelt. Prozesse werden aus mehreren sachlich zusammenhängenden Teilprozessen kostenstellenübergreifend zusammengefasst.

Top-down beginnt mit einer Prozessbeschreibung, die in Teilprozesse gegliedert wird. Den Teilprozessen werden Kosten und Ressourcentreiber zugeordnet. Dann werden für die Ausgangsdaten Ressourcentreiber definiert. Damit wird eine Prozesskalkulation aufgebaut.

8.3   Materialflussprozesskostenrechnung

Aufbauend auf einer Wertstromanalyse lassen sich die Kosten für die Materialfluss- und Produktionsprozesse auf Basis von Ressourcen und Zeiten detailliert ermitteln (Abb. 8.4). Dazu werden Ressourcenstundensätze und für jeden Prozess die zeitliche Ressourcennutzung bestimmt. Über die bisherigen Ansätze hinaus werden auch die Logistikprozessschritte und Lagerprozesse erfasst und in der Kostenermittlung berücksichtigt. Damit wird eine Annäherung an die Prozesskosten erreicht, die jedoch nur den Materialfluss- und Prozessbearbeitungsanteil beinhaltet.

8.4   Total Cost of Ownership

Total Cost of Ownership (TCO) ist ein prozessorientiertes Verfahren zur Bewertung von Beschaffungs- und Investitionsprojekten (Abb. 8.5) und kann als eine Materialflusspozesskostenrechnung über Unternehmensgrenzen hinweg betrachtet werden. TCO beschreibt die gesamten beschaffungsrelevanten Kosten vom Lieferanten bis zum Verwendungsort inklusive aller Materialopportunitätskosten. Bei Total-Lifecycle-Cost-Verfahren werden noch die Kosten während der Nutzung und der Entsorgung hinzugerechnet.

Diese Methode unterscheidet indirekte und direkte, einmalige und mehrfache Kosten. Beispiele für einmalige Kosten sind die Kosten für die Auswahl oder Auslegung der Verpackung, mehrfache Kosten fallen für Elemente, die bei jeder Ausführung des Teilprozesses

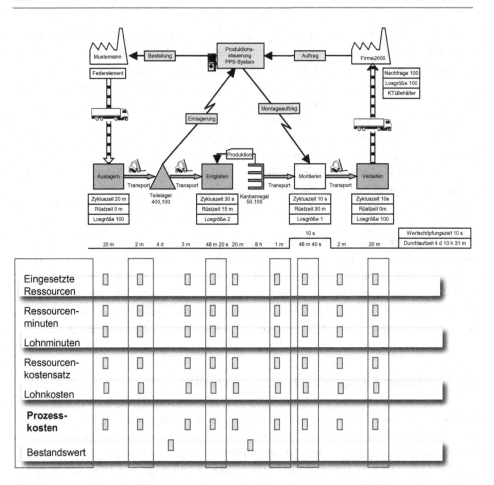

Abb. 8.4 Materialflussprozesskostenrechnung

Total Cost of Ownership			
Direkte, identifizierbare und planbare Kosten		Indirekte, verborgene und ungeplante Kosten	
Laufend	Einmalig	Personal	Ressourcen

• Material
• Verpackung
• Transport
• Skonto
	• Lagergebäude
	• Bestands-
	  aufbau
	• Leerbehälter
		• Nacharbeit
		• Reparatur
		• Garantie
		• Buchung in den
		  DV-Systemen
			• Transport-
			  fläche
			• Transportgerät
			• Einrichtungen
			• DV-Systeme

Abb. 8.5 Total Cost of Ownership

auftreten, an. Direkte Kosten sind laufende Kosten wie Lagerfinanzierung und Qualitätskosten. Indirekte verborgene oder ungeplante Kosten sind zum Beispiel Kosten für Personal und Ressourcen für Nacharbeiten, Reparaturen oder Garantieaufwendungen. Ziel der
Erhebung dieser Kosten ist es, bessere und vollständigere Vergleiche im Rahmen von
Beschaffungsprozessen zu ermöglichen und nicht einzelne Ausschnitte zu bewerten.

8.5   Standardprozesskostenrechnung

Wegen der hohen Gemeinkostenanteile gewinnt die Standardprozesskostenrechnung immer
mehr an Bedeutung. Da sich die Wertschöpfungsstrukturen zu vorbereitenden, planenden
und steuernden Tätigkeiten verschieben, verändern sich auch die Kostenstrukturen. Eine
nicht verursachungsgerechte Kostenumlage führt zu Fehlern bei der Angebotspreisermitt-
lung und kann den Erfolg strategischer und operativer Entscheidungen gefährden. Dazu
erschwert eine falsche Kostenzuordnung jede Prozessoptimierung. Deshalb wird das traditionelle Kalkulationsverfahren bei der Prozessoptimierung immer stärker durch die Prozesskostenrechnung abgelöst.

Mithilfe von Prozessmodellen bauen Unternehmen Prozesskostenrechnungen im
Sinne eines Activity Based Costing (ABC) auf. In dieser Prozesskostenrechnung wer-
den die Kosten für einzelne Prozesse bestimmt, indem die wesentlichen Kosten für den
Prozess ermittelt und über Umrechnungsfaktoren nach der Prozessbelastung auf die
einzelne Prozessausführung umgerechnet werden. Die indirekten Kosten, die die Stan-
dardzuschlagskalkulation als fix ansieht, werden so als variabel betrachtet. Mit dieser
Parallelrechnung zum konventionellen Rechnungswesen erhält man nun die Kosten der
Prozesse. Diese Kostenwerte bilden die Basis für die Ermittlung der Istkosten. Gleichzeitig lassen sich Kosten planen, Plan-Ist-Vergleiche durchführen und Kostenabwei-
chungen bestimmen.

Die wesentlichen Schritte zur Einführung einer Prozesskostenrechnung sind daher:

- Alle Prozesse definieren
- Prozesse in Teilprozesse und Schritte unterteilen
- Kosteneinflüsse auf diese Prozesselemente bestimmen
- Ressourcensätze und Ressourcenverbrauch festlegen

Für jedes Prozesselement wird eine sogenannte Kostenfunktion abgebildet. Mit den Kostenfunktionen lässt sich die Ausführung der Prozesse kostenmäßig bewerten.

Für die Vereinfachung der Prozessbetrachtung bietet sich die Nutzung eines Standardprozessmodells an, z. B. das in diesem Buch beschriebene Prozessmodell Kabeto oder
SCOR. Mit dem Prozessmodell kann sichergestellt werden, dass die gesamte Prozesskette
in sinnvollen Abschnitten betrachtet werden kann und dass alle wesentlichen Prozesse
berücksichtigt werden.

Auf der Basis des Standardprozessmodells werden die betrachteten Standardprozess-
elemente definiert. Für jedes Element wird nun eine Kostenfunktion aufgebaut. Diese
Kostenfunktion beschreibt, von welchen Einflussgrößen die Kosten des Prozesses abhängen (Abb. 8.6). Die Kostenfunktionen können beliebige mathematische Zusammenhänge
abbilden, meist lineare, aber auch andere Ansätze. Für den die Kosten beeinflussenden
Parameter hat sich der Begriff *Kostentreiber* eingebürgert. Für jeden Kostentreiber wird
mit der Kostenfunktion ein Ressourcensatz und ein Ressourcenverbrauch bestimmt.

Bei der Ermittlung der Kostenfunktionen wird zwischen leistungsmengenneutralen und
leistungsmengenabhängigen Kosten unterschieden. Fixkosten oder andere Kosten, die
nicht von den Leistungsmengen abhängen, werden nicht in den Kostensätzen, sondern

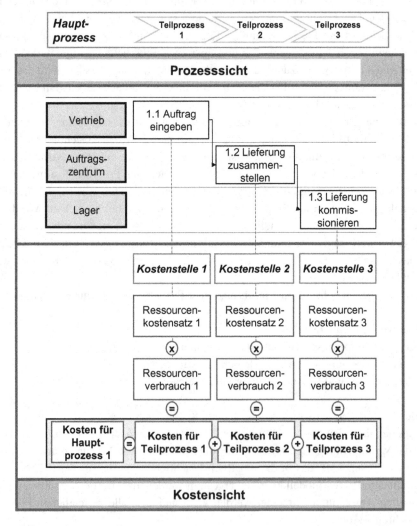

Abb. 8.6 Prozesskostenzuordnung

über Zuschläge verrechnet. Bei den leistungsmengenabhängigen Kosten ergeben sich vielfach auch sprungfixe Kosten als Verläufe.

Für eine prozessorientierte Kostenrechnung sind die Prozesse zu definieren, für die dann die erforderlichen Ressourcen zu bestimmen und Ressourcenkostensätze zu ermitteln sind. Dann können auf Basis der Ressourcenkostenfunktionen und des Ressourcenverbrauchs die Istkosten bestimmt oder Budgetkosten geplant werden.

Voraussetzung für diese Zuordnung ist ein Prozesskostenmodell, das als Basis für die Betrachtungen dient. Alle Prozesse, Teilprozesse und ihre Ausprägungen werden den Kostenstellen zugeordnet und es wird überprüft, welche Kostenstelle in welche Prozesse eingebunden ist. Für jede Kostenstelle werden für die Prozesse die wesentlichen Kostentreiber identifiziert (Abb. 8.7), z. B. Personaleinsatz, Einsatz von Einrichtungen, Bestand oder Flächen. Die Auswahl der Kostentreiber kann von Kostenstelle zu Kostenstelle variieren. Um den Aufwand für die Prozesskostenrechnung zu minimieren, sollte die Anzahl der verwendeten Kostentreiber niedrig gehalten werden.

Für die einzelnen Kostenstellen werden aus dem Betriebsabrechnungsbogen (BAB) die Gesamtkosten bestimmt und auf die ausgewählten Kostentreiber verteilt. Dazu werden die Aufwendungen für eine durchschnittliche Teilprozessausführung in der Kostenstelle berechnet.

Bei vielen Kostenstellen mit hohem Personaleinsatz wird das Personal durch Schätzung auf die unterschiedlichen Teilprozesse aufgeteilt, und zwar nach Kopfzahl (Vollzeitäquivalent – VZÄ). Damit wird für jeden Teilprozess ein Ressourcenfaktor ermittelt. Die Gesamtkosten der Kostenstelle werden auf die Kopfzahl umgelegt, wodurch sich der Kostensatz je Vollzeitäquivalent ergibt. Je Teilprozess wird die Häufigkeit der Ausführung in der Kostenstelle bestimmt. Die Kosten für die Ausführung eines Teilprozesses werden berechnet, indem der Ressourcenfaktor mit dem Kostensatz je Vollzeitäquivalent multipliziert und das Ergebnis durch die Häufigkeit der Ausführung geteilt wird.

Für einen Gesamtprozess ergeben sich die Kosten als Summe der Teilprozesskosten über alle Kostenstellen. Je nach Ressourcenbelastung können sich unterschiedliche Kriterien für die Bewertung ergeben. Das Ergebnis beschreibt, wie sich die Kosten zusammensetzen, und gibt einen sehr viel genaueren Aufschluss über die Prozesskosten, als es in der Herstellkostenkalkulation mit Zuschlägen möglich ist. Ein Prozess, der viele Rüstvorgänge erfordert und in kleinen Losgrößen bearbeitet wird, ist aufwendiger als ein Standardprozess mit wenigen kurzen Rüstvorgängen.

Wie identifiziert man nun Prozesse in einem Unternehmen? Durch die in den vorangegangenen Kapiteln beschriebenen Prozessmodelle lassen sich die Prozesse beschreiben. Für eine Prozesskostenrechnung muss sichergestellt sein, dass die Prozesse alle Aktivitäten einer Kostenstelle beschreiben und dass es eine saubere Abgrenzung des Betrachtungsumfangs gibt.

Die Prozesskosten für diese Informationen werden durch Erhebung der Kosten in den einzelnen Abteilungen ermittelt. Dazu wird in jeder Abteilung aufgeschrieben, mit wie vielen Mitarbeitern in den wesentlichen Teilprozessen gearbeitet wird (Abb. 8.8). Es werden folgende Werte ermittelt:

(Teil-)Prozesse	Kostentreiber
Bestellanforderung bearbeiten	Zeit je Bestellanforderungen
Material bestellen	Anzahl Lieferanten
Materiallieferung empfangen	Entladezeit
Material identifizieren	Qualität der Beschriftung
Wareneingang kontrollieren	Umfang der Prüfungen
Material einlagern	Anzahl und Art der Lagerpositionen
Material lagern	Lagerraum und Lagerzeit

Abb. 8.7   Prozesse und Kostentreiber identifizieren

Abteilung	Einkauf	Kostenstelle	7043

Teilprozesse	Mitarbeiter	Personal- & Sachkosten (T€)
Roh-/Hilfs-/Betriebsstoffe bestellen	2,5	290
Investitionsgüter bestellen	1,2	140
Büromaterial bestellen	1	52
Summe outputbezogener Prozesse	4,7	482
Sonstige Verwaltung	0,5	60
Summe Gesamt	5,2	542

Abb. 8.8   Prozesskostenberechnung

- Anzahl der Mitarbeiter
- Auftretende Prozesselemente
- Zuordnung der Mitarbeiter zu den Prozesselementen

Am Beispiel des Teilprozesses „Material bestellen" lässt sich die Vorgehensweise verdeutlichen. Die Kosten für eine Materialbestellung hängen vom Aufwand bei der Erfassung der Bestellung und vom Aufwand bei der Anlieferung ab. Bei Übernahme der Transportkosten sind diese auch abhängig von Gewicht/Größe und Anzahl der Lieferungen sowie von der Anlieferentfernung. Der Vorgang „Material bestellen" ist in die einzelnen Prozessschritte unterteilt und für jeden Teilprozess sind die wesentlichen Einflussgrößen betrachtet worden.

Mit der Standardprozessbeschreibung und der oben dargestellten Vorgehensweise lassen sich wiederholt Prozesskosten berechnen. Je stabiler und vollständiger die Definition des verwendeten Prozessmodells, desto besser die Qualität der Prozesskostenrechnung. Für diese Auswertung lassen sich entweder ein Tabellenkalkulationsprogramm wie Excel oder eine integrierte Auswertung in einem Standard-ERP-System einsetzen. Eine derartige Analyse lässt die Ansatzpunkte für Verbesserungen erkennen und erlaubt zudem die Ausrichtung auf besonders kostensenkende Verbesserungsmaßnahmen.

8.6   Prozesskostenoptimierung

Mit den unterschiedlichen Verfahren zur Prozesskostenrechnung lassen sich die Prozesskosten der Ist- und Sollprozesse bestimmen. Aus der Differenz lassen sich die potenziellen Einsparungen berechnen. Damit können die monetären Vorteile einer Prozessoptimierung quantitativ belegt werden.

Mit der höheren Kostentransparenz lassen sich nun kostenspezifische Optimierungsmaßnahmen herleiten. Zu diesen Maßnahmen (Abb. 8.9) zählen

- Ressourcensatz verringern;
- Prozesse zu einer Abteilung verschieben, die einen geringeren Ressourcensatz besitzt und
- Ressourcenverbrauch verringern

Bei der Verringerung des Ressourcensatzes werden die Kostenelemente des Ressourcensatzes überprüft und deren Höhe reduziert. So kann durch Verlagerung einer Abteilung in

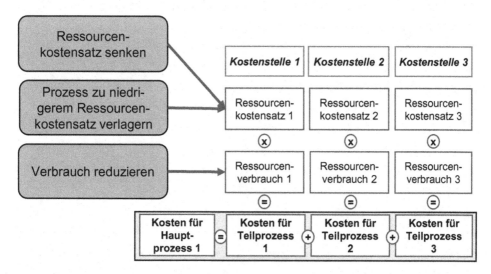

Abb. 8.9   Ansätze zur Prozesskostenoptimierung

ein anderes Gebäude mit einer niedrigeren Miete sich der Kostensatz reduzieren. Somit werden die Prozesskosten verringert. Ein anderes Beispiel ist die Nutzung eines kleineren Gabelstaplers mit einem niedrigeren Kostensatz als der derzeit eingesetzte große Gabelstapler für einen definierten Materialtransport.

Die Verschiebung eines Prozesses zu einer Abteilung mit einem niedrigeren Ressourcensatz wird geprüft, ob die Tätigkeit bei gleicher Ausführungsqualität auf eine andere Ausführungsstelle verschoben werden kann. Dieser Ansatz ist z. B. bei dem Outsourcing von Lagerdienstleistungen ein häufig gewählter Weg, da bei einem anderen Tarifvertrag mit höherer Stundenanzahl und niedrigeren Tariflöhnen die Lohnkostensätze sinken können.

Bei der Reduzierung des Ressourcenverbrauchs wird geprüft, ob durch Hilfsmittel, wie Formulare, Checklisten oder andere Ansätze, beispielsweise die Bearbeitungszeit verkürzt werden kann. Im Materialfluss wird geprüft, ob die Transportwege verkürzt werden können, z. B. durch eine Lagerorganisation, bei der die häufig benötigten Produkte schneller erreichbar sind als weniger häufig benötigte Produkte.

Die Transparenz über Prozesskosten bietet somit einen weiteren Ansatzpunkt zur Prozessverbesserung. Mit den beschriebenen Ansätzen lassen sich Prozessablaufoptimierungen noch in einer weiteren Dimension, den Kosten, verbessern.

Prozessgestaltung

9

Zusammenfassung

Grundsätze und Vorgehensweise zur Prozessgestaltung und damit zur Verbesserung sind die Schwerpunkte dieses Kapitels. Mithilfe welcher konkreten Vorgehensmodelle und Ansätze können Prozesse schneller, besser und kostengünstiger ausgelegt werden? Der Leser erhält wertvolle Ratschläge, wie er Prozesse neu gestalten oder überarbeiten kann. Dazu werden verschiedene Methoden von Elementen der Theory of Constraints bis zu den Verschwendungen, die aus dem Lean Management stammen, vorgestellt.

Prozessgestaltung ist ein Prozess, nicht eine Kunst. Dieser Prozess kann beschrieben werden, indem Standardvorgehensweisen und die zugehörigen Methoden dargestellt werden. Der Gestaltungsprozess beginnt nach der Analyse des Istzustands und entwickelt Lösungen, mit denen die erkannten Defizite, Schwachstellen, Kostenüberschreitungen oder Qualitätsmängel abgestellt werden können.

9.1 Ansatzpunkte identifizieren

Nach der Analyse und Abbildung der Prozesse sind die Probleme und Schwachstellen zu identifizieren. Schwachstellen sind die Summen der Abweichungen zwischen Ist- und Zielleistungen, die aus Unternehmenszielen abgeleitet oder aus den Kundenanforderungen ermittelt werden.

9.1.1 Ansatzpunkte mit Checklisten identifizieren

Probleme lassen sich an verschiedenen Stellen erkennen:

- nicht erfüllte Kundenanforderungen,
- nicht erreichte Unternehmenszielsetzungen,
- fehlende Eingangsinformationen,
- Ausgangsinformationen, die in der Prozessbearbeitung nicht benötigt werden,
- Prozesse ohne Nachfolger oder ohne Ergebnis,
- Prozessbearbeitung in der falschen Reihenfolge,
- lange Wartezeiten,
- Doppelarbeiten oder Redundanz,
- unvollständige Ergebnisse,
- fehlende Ergebnisse,
- fehlende Ressourcen,
- fehlende Kapazitäten,
- fehlende Qualifizierung.

Zusätzlich wird die Notwendigkeit des Prozesses geprüft.

- Gibt es einen Kunden für den Prozess?
- Wird der Prozess zu diesem Zeitpunkt benötigt?
- Wird der Prozess an diesem Arbeitsplatz benötigt?

Diese drei Fragen dienen zur Bestimmung der Notwendigkeit der zeitlichen und organisatorischen Anordnung des Prozesses. Nach Klärung dieser Punkte bewertet der Analyseverantwortliche die Prozessschritte anhand der folgenden Kriterien:

- Welcher Aufwand ist erforderlich?
- Werden die Mittel richtig eingesetzt?
- Lässt sich das Verfahren vereinfachen?
- Ist die Funktion doppelt vorgesehen?
- Fehlt eine Funktion?

Für das erarbeite Ergebnis:

- Steht der Zeitaufwand im richtigen Verhältnis zum Arbeitsinhalt?
- Wäre ein externer Kunde bereit, dafür zu bezahlen?
- Welche Störfaktoren gibt es?
- Welche Schwachstellen gibt es?

Neben diesen Punkten ermöglichen auch die Grundsätze guter Prozesse eine Bewertung.

Diese Checklisten ermitteln typische Probleme, die bei dieser Analyse als Ergebnis dokumentiert werden können. Im Rahmen der Analyse werden so zahlreiche Schwachstellen identifiziert, die nun in wichtige und unwichtige Themen zu unterteilen sind. Dafür sind die Probleme zu gewichten und das wichtigste Problem auszuwählen.

9.1.2 Ansatzpunkte mit der Theory of Constraints identifizieren

Die Theory of Constraints (TOC) geht zunächst einen anderen Weg. TOC konzentriert sich auf die wesentlichen Probleme und Zielsetzungen. Zuerst werden die Hauptprobleme identifiziert und gelöst, um den Engpass im System auszuweiten. Erst wenn der Engpass aufgelöst ist, wird der nächste Engpass identifiziert und dort die Probleme jeweils als Hauptprobleme bearbeitet.

In der Projektarbeit wird aus den Zielen das Hauptziel ausgewählt und die Erfüllung des Ziels durch das System abgebildet. Im Ablauf der Prozesse werden die kritischen Komponenten markiert, die für die Erzielung der Leistungen oder deren Nichterreichung verantwortlich sind. Wenn möglich, werden der kritische Pfad für die zeitliche Abwicklung und die Engpässe ermittelt.

Die Kapazität, der Durchsatz und das Zeitverhalten des Systems werden im Istzustand eruiert. Dann wird das mögliche Systempotenzial bestimmt, das sich bei Auflösung des ersten Engpasses in Richtung des Hauptziels ergibt. Zur Eliminierung dieses Engpasses werden Ansatzpunkte für Verbesserungen identifiziert. In der Regel sind dies nur wenige und daher auch nur wenige Lösungen, die auf die Hauptprobleme fokussiert sind. Nach der Einführung der Lösung werden das nächste Hauptproblem oder der nächste Prozess gesucht und der beschriebene Prozess wird wiederholt, bis alle Ziele erreicht sind.

9.1.3 Ansatzpunkte mit Lean Production identifizieren

Die Hauptgestaltungsregel zur Prozessverbesserung im Rahmen von Lean Production heißt „Verschwendung vermeiden" (Abb. 9.1). Lean Production zielt auf das Entfallen verschiedener Verschwendungsarten, also auf eine veränderte Prozesskette mit überwiegend wertschöpfenden Prozessen und kurzen Reaktionszeiten. Negative Auswirkungen der Verschwendungen, wie Kosten, Qualitätsprobleme und Zeitverlust, sollen mit dem Entfallen der Verschwendungsursachen beseitigt werden soll.

Lean Production identifiziert verschiedene Arten der Verschwendung, um Prozesse zu verbessern:

- Transport
  Unnötig weite Transportwege, Umlade- und Umpackvorgänge führen zur Verschwendung von Zeit und Ressourcen. Eine Verkettung von Transportschritten ohne zwischengeschaltete Bearbeitungsprozesse, weite Transportstrecken oder lange Transportzeiten

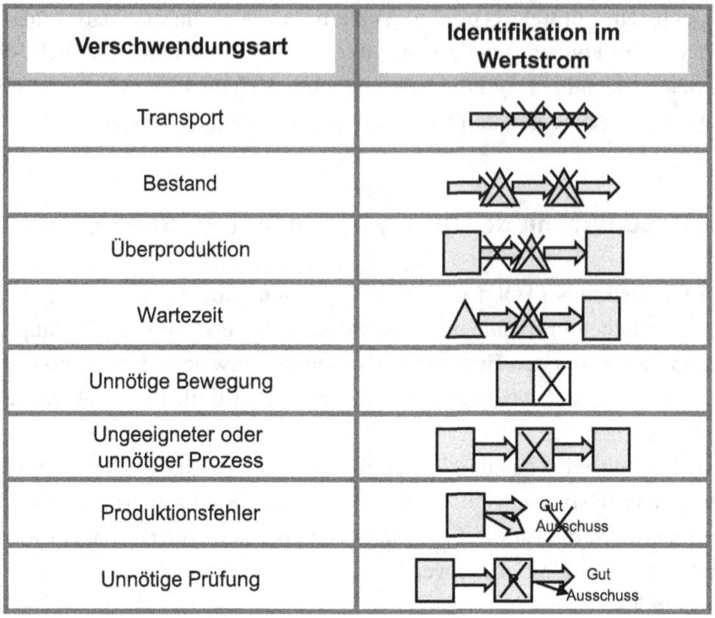

Verschwendungsart	Identifikation im Wertstrom
Transport	
Bestand	
Überproduktion	
Wartezeit	
Unnötige Bewegung	
Ungeeigneter oder unnötiger Prozess	
Produktionsfehler	
Unnötige Prüfung	

Abb. 9.1 Vermeidung von Verschwendung

deuten auf eine potenzielle Verschwendungsquelle hin. Um die Verschwendung zu vermeiden, soll der Transportschritt entfallen, z. B. durch eine Fließ- statt einer Werkstattfertigung. Zur Reduktion dieser Verschwendung sollten die Wege verkürzt werden.

- Bestände
  Bestände im gesamten Prozess entstehen durch nicht abgestimmte Produktionsschritte oder Losoptimierungen in Teilprozessen. Daraus resultieren ein hoher Platzbedarf, Kosten für den Warentransport, die Verschrottungsgefahr für überalterte Teile und unnötige Verwaltungstätigkeiten. Bestände können verringert werden, wenn die Prozesse in gleicher Taktzeit arbeiten, Qualitätsprobleme in den Prozessen beseitigt, Rüstzeiten verkürzt und die Auslegungsrichtlinien von Maschinen auf die Taktzeit des Kunden ausgerichtet werden.

- Überproduktion
  Teile oder Produkte entstehen vor dem benötigten Termin oder in zu hoher Menge durch falsche Planung und Steuerung. Häufig läuft wegen eines Sicherheitsdenkens oder wegen der Materialausnutzung eine eingerichtete Maschine länger, es wird mehr als vorgesehenen produziert („Man kann ja nie wissen, ob die Restmenge nicht doch gebraucht wird."). Überproduktion erfordert zusätzliche Ressourcen, z. B. Material oder Maschinenkapazität, und führt zu Beständen. Meistens sind Überproduktionen Folgen nicht beherrschter Produktionsprozesse oder langer Rüstzeiten, also die Ursachen, die zum Vermeiden dieser Verschwendungsart beseitigt werden müssen.

- Wartezeiten
  Wartezeiten entstehen infolge schlecht synchronisierter Prozessflüsse oder wenn Ressourcen unerwartet ausfallen. Häufig sind Puffer oder mehrere kleine Lagerstufen Kennzeichen dieser Wartezeiten, aber auch unterschiedliche Losgrößen in aufeinanderfolgenden Bearbeitungsschritten erzeugen Wartezeiten. Diese lassen sich reduzieren, indem die Prozesse besser synchronisiert und die Produktionsmaschinen so ausgelegt werden, dass die Prozesse möglichst ohne manuelle Eingriffe möglich sind. Wenn Prozesse kein Einlegen oder Herausnehmen erfordern, können die Maschinenführer mehrere Maschinen gleichzeitig bedienen.
- Ungeeignete oder unnötige Prozesse
  Verschwendungen aufgrund ungeeigneter oder unnötiger Prozesse entstehen bei Verwendung ungeeigneter oder falscher Materialien oder Fertigungs- bzw. Steuerungstechnologien. Beispiele für derartige Prozesse sind Entgraten und Auswuchten, da sie bei entsprechender Beherrschung der vorhergehenden Teilprozesse entfallen könnten.
- Unnötige Bewegungen
  Schlecht organisierte und unergonomische Arbeitsplätze führen zu einem verschwendungsbehafteten Arbeitsablauf. Mitarbeiter verbringen unnötige Zeit mit der Suche nach Dokumentationen oder haben nicht alle erforderlichen Hilfsmittel in Reichweite. Sie müssen vom Arbeitsplatz aufstehen, um diese zu holen. Eine geeignete Arbeitsplatz- und Prozessgestaltung kann viele unnötige Bewegungen beseitigen.
- Prozessfehler
  Niedrige Qualität in Produktionsprozessen führt zu Fehlern, die aufwendig behoben werden müssen. Ein Produktionsfehler ist umso teurer, je später er im Produktionsablauf entsteht oder entdeckt wird. Produktionsfehler bedeuten Nacharbeit, gegebenenfalls Ausschuss, Produktionsstörung und zusätzliches Transportaufkommen. In jedem Fall entstehen Mehrkosten. Qualitätsverbesserungsmaßnahmen führen dazu, dass diese Verschwendungen entfallen.
- Unnötige Prüfung
  Qualitätsprüfungen sind in der Regel nicht wertschöpfend. Für alle Prüfungen ist zu klären, ob durch geeignete Prozessüberwachung oder Vorrichtungen (Sicherstellung der Qualität durch Gestaltung der Arbeitshilfsmittel, im Japanischen *Poka Yoke* genannt) während der vorgelagerten Produktionsprozesse zusätzliche Prüfarbeitsgänge abgeschafft werden können.

Die Methoden zur Vermeidung von Verschwendung wurden ursprünglich in der Produktion erprobt, die Ansätze lassen sich aber auf alle Prozesse verallgemeinern. Denn die Ansätze, Verschwendung zu benennen und zu identifizieren, und die Verschwendungsarten lassen sich auf andere Prozesse analog übertragen. So sind für DV-Prozesse eine Auftrags- oder eine offene Bestellungsliste als Bestand anzusehen, der für eine schnellere Abwicklung entfallen sollte. Oder es ist zu klären, ob alle Prüfungen im Ablauf erforderlich sind.

9.2   Verbesserungen gestalten

Wenn die Ansatzpunkte identifiziert sind, müssen Lösungen gefunden werden, mit denen sich die Prozesse verbessern lassen. Es gibt unterschiedliche Ansätze für das Optimieren von Prozessen, die aus verschiedenen Quellen stammen. Dazu gehören das Entwickeln von Lösungen, Phasen in der Verbesserung und zugehörige Lösungsmöglichkeiten.

Neben den bekannten Kreativitätstechniken wie Brainstorming und morphologischen Kästen gibt es einige systematische Ansätze zur Entwicklung von Lösungen. Bei der Auswertung von Patenten entdeckte Altshuller (1996) einige wesentliche Gemeinsamkeiten bei den Innovationen. Mit TRIZ, der Theorie des erfinderischen Problemlösens, hat er die Auswertung der Gemeinsamkeiten zusammengetragen und beschrieben. Er definiert einen Widerspruch bei der Optimierung, wenn bei der Optimierung einer Größe eine andere Größe schlechter wird. Um diese immer wieder auftretenden Widersprüche aufzulösen, hat er die Optimierungsprinzipien systematisiert und für die möglichen Widersprüche allgemeingültige Lösungen abgeleitet.

Da die Prinzipien für die Produktentwicklung aufgestellt wurden, lassen sich nicht alle Optimierungsprinzipien auch zur Prozessverbesserung verwenden. Hier einige, die sich für die Prozessoptimierung eignen:

- Geschwindigkeit
- Leistung
- Energieverschwendung
- Informationsverlust
- Zeitverschwendung
- Zuverlässigkeit
- Messgenauigkeit
- Äußere negative Einflüsse auf das Objekt
- Schädliche Nebeneffekte des Objekts
- Benutzerfreundlichkeit
- Anpassungsfähigkeit
- Komplexität in der Struktur
- Komplexität in der Kontrolle/Steuerung
- Automatisierungsgrad
- Produktivität

Aus der Widerspruchstabelle, die eine Matrix der Optimierungsprinzipien darstellt, lassen sich Lösungen ableiten. In der Matrix sind in den Zeilen die gewünschten Optimierungen, in den Spalten die möglichen Auswirkungen dargestellt. In den Feldern der Matrix sind an den Kreuzungspunkten von Spalten und Zeilen mögliche Verbesserungsansätze aufgeführt. Mögliche Lösungen beinhalten neben anderen Ansätzen

- Separation,
- Extraktion,
- lokale Qualität,

- Zusammenfassung,
- Allgemeingültigkeit,
- frühere Gegenaktion,
- frühere Aktion,
- Abdecken im Voraus,
- Umkehrung,
- teilweise oder übertriebene Aktionsausführung,
- periodische Aktion,
- kontinuierliches Ausführen einer nützlichen Aktion,
- Ausführung bei höherer Geschwindigkeit,
- Selbstbedienung,
- Kopieren,
- Gleichmäßigkeit.

Bei der Anwendung von TRIZ werden nun nach der Aufgabenstellung für jeden Widerspruch die betroffenen Optimierungsprinzipien ausgewählt. Aus der Lösungsmatrix werden die möglichen Lösungen selektiert und auf den Widerspruch angewandt. Unter Zuhilfenahme von Checklisten werden die Lösungen in Richtung eines idealen Systems weiter optimiert.

9.3   Prozessverbesserungsansätze

Unter *Prozessverbesserung* werden sehr unterschiedliche Ansätze verstanden. Meist handelt es sich dabei um Beschreibungen einer Vorgehensweise für Verbesserungsprojekte. Es gibt wenige Hinweise, wie die Prozesse konkret verändert werden können. Zwei unterschiedliche Phasen zur Verbesserung lassen sich unterscheiden (Abb. 9.2):

- Rationalisieren, d. h. den Prozess effektiver und effizienter gestalten,
- Stabilisieren, d. h. die Schwankungen des Prozesses beherrschen.

Während das Prozess-Reengineering auf das Rationalisieren zielt, wird bei der Prozessoptimierung neben der Effektivitäts- und Effizienzsteigerung in einem geringeren Umfang auch die Stabilisierung angestrebt. Der kontinuierliche Verbesserungsprozess zielt in erster Linie auf die Beherrschung der Schwankungen und weniger auf die Rationalisierung.

9.4   Prozessverbesserungsmethoden

Aus den verschiedenen Ansätzen (Harrington 1991; Hammer und Champy 2004; Rummler und Brache 1990) lassen sich viele parallele Lösungsmethoden zur Prozessverbesserung erkennen. Wenn die Gemeinsamkeiten betrachtet werden, lassen sich acht Hauptprinzipien identifizieren, mit denen Prozessleistungen zu steigern sind:

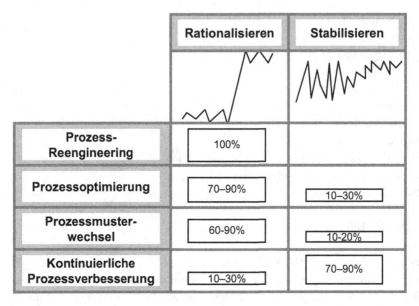

Abb. 9.2 Verbesserungsansätze

- Vereinfachen (Wertschöpfung)
- Verkürzen (Zeit)
- Verbilligen (Kosten)
- Vollkommenheit verbessern (Qualität)
- Variieren (Fälle unterscheiden)
- Vereinheitlichen (Ausführung und Dokumentation)
- Vorsorge treffen (Stabilisieren)
- Vorbereiten (Infrastruktur schaffen)

Mit diesen Grundsätzen lassen sich Prozesse so verändern, dass sie in kürzerer Zeit, zu niedrigeren Kosten, mit geringerem Kapitaleinsatz, mehr Flexibilität und höherer Qualität auszuführen sind. Falls keine dieser Veränderungen im Prozess umgesetzt wird und beispielsweise Durchlaufzeiten nur mit Druck aus der Führungsspitze verringert werden, ist dies keine tatsächliche Prozessveränderung. Das führt zu einer Erhöhung der Prozessstreuung in Richtung besserer Leistung, die aber nicht reproduzierbar erreicht und bei Entfallen des Drucks nicht beibehalten wird.

In den folgenden Abschnitten werden die einzelnen Grundsätze detailliert beschrieben.

9.4.1 Vereinfachen

Ziel des Vereinfachens ist das Schaffen eines möglichst einfachen Prozesses, der die Aufgaben erfüllt. Keep it smart & simple (KISS) war als Abwandlung von anderen Prinzipien bereits häufig in aller Munde. Die Umsetzung des Vereinfachens stellt sich in der Praxis als sehr schwierig heraus.

Es gibt drei unterschiedliche Bereiche für das Vereinfachen (Abb. 9.3): Überflüssiges eliminieren, die Anzahl der Schnittstellen reduzieren und die Komplexität verringern.

9.4.1.1 Überflüssiges eliminieren

Für ein Vereinfachen lassen sich drei wesentliche Ansatzpunkte identifizieren: Zwischen- und Endergebnisse reduzieren, nicht wertschöpfende Tätigkeiten und Doppelarbeiten eliminieren.

Der erste und wichtigste Punkt beim Wegfall von Überflüssigem ist das Infragestellen der erarbeiteten Ergebnisse. Werden die Ergebnisse tatsächlich benötigt, und zwar in der vorliegenden Form und zur beschriebenen Zeit? Wenn diese Frage sowohl an die externen Prozesskunden als auch an die internen Prozessbeteiligten gerichtet wird, lassen sich einige Prozessergebnisse identifizieren, die nicht mehr benötigt werden. Alle überflüssigen Ergebnisse bewirken Ballast im Prozess und deren Wegfall entschlackt die Prozesse erheblich. Denn aus den Prozessen können alle Aktivitäten zur Erzeugung der Ergebnisse entfallen. Ergebnisse in unterschiedlichen Formen sind eine Sonderform dieses Punktes. Falls Ergebnisse in unterschiedlichen Formen aufbereitet werden, ist zu prüfen, ob alle Formen tatsächlich benötigt werden oder ob eine oder mehrere der Formen entfallen oder die Formen so angeglichen werden können, dass sie alle aus einem Ursprungsdokument automatisch erzeugt werden können.

Nichtwertschöpfendes verringern bedeutet, den Prozess auf die Kundenbelange zu optimieren. Wertschöpfende Prozesse sind Prozesse, die Arbeitsergebnisse erzeugen, für die der Kunde zu zahlen bereit ist. Alle anderen Prozesse sind nicht wertschöpfend und daher Ansatzpunkte zur Verbesserung.

Ein Teilaspekt zur Verbesserung der Wertschöpfung ist die Eliminierung bürokratischer Abläufe. Wie viele Unterschriften sind tatsächlich erforderlich und wie viele Prüfungen sind zur Genehmigung notwendig? Können Genehmigungen zusammengefasst

Überflüssiges eliminieren	Anzahl Schnittstellen reduzieren	Komplexität verringern
• Zwischen- und Endergebnisse reduzieren • Nichtwertschöpfendes verringern • Doppelarbeiten entfallen lassen	• Jobs zusammenfassen • Horizontal: gleiche Aufgaben zusammensetzen • Vertikal: Aufgaben auf eine niedrigere Ebene delegieren • Reihenfolge ändern	• Schätzungen nutzen • Pauschalisierungen nutzen

Abb. 9.3 Ansätze für Prozessvereinfachung

werden? Können alle Entscheidungen zeitgerecht gefällt werden? Werden unnötige Kopien von Papieren erzeugt und abgelegt? Durch die einfache Möglichkeit, E-Mails an zahlreiche Personen zu verteilen, entsteht erheblicher Aufwand bei allen Beteiligten, um die E-Mail-Flut zu beherrschen.

Doppelarbeiten lassen ist in der Regel schwieriger identifizieren. Häufig erkennt man jedoch ähnliche Arbeitsergebnisse in unterschiedlichen Formaten oder die Abbildung gleicher Vorgehensweisen in unterschiedlichen DV-Systemen, vorzugsweise einmal in einem PC-Programm, z. B. einer Tabellenkalkulation oder einem Datenbankprogramm, und später in einer Großrechneranwendung.

9.4.1.2 Anzahl der Schnittstellen reduzieren

Bei der Reduktion der Schnittstellen handelt es sich um einen Ansatz, um Transfer- und Einarbeitungszeiten zu reduzieren und die Kopplung von Prozessen zu verringern. Mit jeder entfallenden Kopplung reduziert sich der Aufwand für die Steuerung und Koordination. Gleichzeitig verkürzen sich die Wartezeitanteile im Prozess.

Mit der horizontalen Prozesszusammenfassung werden nachfolgende Schritte von verschiedenen Prozessbeteiligten auf einen einzigen Prozessausführenden oder ein Team übertragen. Neben der Weitergabe mit einem möglichen Eingangsstapel als Wartezeit entfällt die geistige Rüstzeit für die Vorbereitung auf den Auftrag. Voraussetzung hierfür ist die Schulung der Mitarbeiter in erweiterten Aufgabenstellungen. Der Arbeitsinhalt des Mitarbeiters erhöht sich, der Mitarbeiter benötigt zusätzliche Qualifikationen. Im gleichen Maße steigt auch die Mitarbeiterzufriedenheit, da der Mitarbeiter eine Arbeit über einen längeren Prozess begleitet und zusätzliche Entwicklungsschritte des Ergebnisses beobachten kann. Diese höhere Identifikation mit dem Arbeitsergebnis kann und wird die Qualität steigern.

Mit der vertikalen Prozesszusammenfassung werden Aufgaben von verschiedenen Ebenen (Management und Sachbearbeitung) auf die untere Ebene verlagert und dort vollständig ausgeführt. Als Voraussetzung muss die obere Ebene bereit sein, die Verantwortung abzugeben, während die ausführende Ebene mehr Verantwortung übernehmen muss. Wenn durch geeignete Regeln und Grundsätze die Voraussetzungen für eine derartige Delegation nach unten geschaffen sind, lassen sich Prozesse erheblich vereinfachen.

9.4.1.3 Komplexität verringern

Komplexität verringern heißt, Prozesse weitgehend so zu standardisieren, dass unterschiedliche Arbeitsweisen und Ausführungen möglichst spät im Prozess auftreten. Anstatt unterschiedliche Prozessketten direkt am Anfang zu separieren, werden gleichartige Prozessschritte am Anfang gestartet und unterschiedliche Ausführungsformen nach hinten verlagert. Dazu wird die Reihenfolge von Prozessschritten geändert und die gemeinsame Ausführung von Prozessschritten wird gefördert.

Komplexität kann auch durch andere Ansätze reduziert werden. Anstatt Einzelfälle zu betrachten, sind Pauschallösungen möglich – anstatt Frachtkosten für einzelne Transporte zu ermitteln, kann es sinnvoller sein, Frachtpauschalen nach Entfernungszonen zu bestimmen.

Schätzungen können detaillierte Berechnungen ersetzen, da sie weniger Aufwand erfordern. Wegen der hohen Verfügbarkeit von Rechnerleistungen sind wir heute eher gewillt, mit viel Aufwand eine detaillierte Tabellenkalkulation zu erstellen, als eine grobe Annäherung zu ermitteln.

9.4.2 Verkürzen

Neben dem Wegfall von Teilprozessen lassen sich Prozesszeiten durch unterschiedliche Konzepte verkürzen (Abb. 9.4). Das Bearbeiten einzelner Fälle, das Abtakten, die Reduktion von Transferzeiten, das Parallelisieren, das Entkoppeln und das Eliminieren von Wartezeiten sind typische Vorgehensweisen, die den Zeitverbrauch von Prozessen minimieren

9.4.2.1 Bearbeiten einzelner Fälle

Wenn Teilprozesse darauf ausgelegt sind, einzelne Objekte zu bearbeiten, verkürzen sich die Durchlaufzeiten des Prozesses erheblich. Statt darauf zu warten, dass genügend gleichartige Objekte vorhanden sind, wird jedes Objekt direkt bearbeitet.

Dieses Konzept lässt sich am besten am Beispiel der Datenverarbeitung verdeutlichen. Anstatt Aufträge jede Nacht im Batch zu bearbeiten, werden sie direkt bei Eintreffen verarbeitet und die Informationen liegen sofort und nicht erst am nächsten Tag vor.

Voraussetzung für die Einzelbearbeitung ist, dass die Teilprozesse keine umfangreichen Vorbereitungen benötigen und dass die Prozesse auf ein effizientes Bearbeiten kleiner Mengen ausgerichtet sind.

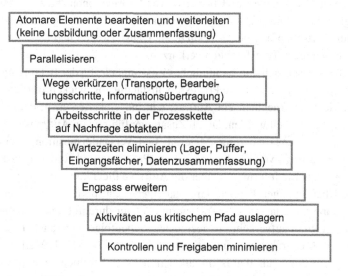

Abb. 9.4 Ansätze zur Zeitverkürzung

9.4.2.2 Abtakten

Wenn alle Teilprozesse die gleiche Zeit benötigen, ist der Durchlauf durch den Prozess problemlos, der Prozess „fließt". Bei einer derartigen Taktung entfällt der Bedarf für eine Prozesssteuerung, da die aufeinanderfolgenden Prozesse zeitlich abgestimmt Ergebnisse produzieren und auf das nächste zu bearbeitende Objekt warten. Das Abtakten eines Prozesses ist schwierig, da viele Optimierungen auf das Verkürzen einzelner Prozessschritte ausgerichtet sind und somit eine Teiloptimierung in einigen Gliedern der Prozesskette reicht.

Ausgehend vom Mengengerüst der Kundenbedarfe wird festgelegt, wie lange die einzelnen Teilprozesse dauern dürfen. In Anlehnung an die Musik wird eine Taktzeit festgelegt, die für einen Bearbeitungsrhythmus sorgt. Als Nächstes ermitteln wir den Bedarf an notwendigen Prozessstationen. Wir identifizieren die Dauer der einzelnen Prozessschritte und berechnen aus der Summe der Prozessbearbeitungszeiten, wie viele Stationen benötigt werden.

Nun werden alle Teilprozesse auf diese Stationen und die Taktzeit ausgerichtet. Die Prozesskette wird in der Durchlaufzeit an den Taktzeiten aufgebrochen und die Arbeitsinhalte werden an den einzelnen Stationen beschrieben. Da sich die Aufgabeninhalte üblicherweise nicht in die Taktzeiten untergliedern, müssen wir versuchen, durch Reihenfolgeänderung, also Vorziehen von Arbeitsinhalten oder Verschieben in spätere Arbeitsstationen, die Bearbeitungszeiten auf die Taktzeit zu nivellieren. Nach der ersten Untergliederung nutzen wir für eine weitere Verbesserung einen Taktzeitgraphen, der die Dauer der einzelnen Prozessschritte über die Anzahl der Stationen darstellt. Für eine weitere Optimierung betrachten wir nun den Engpass, d. h. den Prozess mit der längsten Taktzeit, und optimieren diesen Prozess, bis er nicht mehr die längste Taktzeit hat.

9.4.2.3 Reduktion von Transferzeiten

Transferzeiten sind Zeiten, die zum Übertragen von Informationen und zum Materialtransport benötigt werden. Diese Übertragungszeiten beeinflussen die Durchlaufzeit, tragen aber nicht zur Wertschöpfung bei. Mit kürzeren Transferwegen und häufigeren Übertragungen lassen sich diese Transferzeiten verkürzen.

Kürzere Wege lassen sich durch räumliches Zusammenlegen der Beteiligten erreichen, also ein Prozesszentrum, in dem die Prozesse vollständig abgewickelt werden.

So haben viele Unternehmen ein Auftragszentrum eingerichtet, in dem Kundenaufträge komplett abgewickelt werden. Durch Zusammenführen von Auftragsannahme, Auftragssteuerung, Fertigungssteuerung, Material- und Versanddisposition in einem Raum kann ein Team Aufträge vollständig bearbeiten. Probleme und Rückfragen können auf Zuruf gelöst werden, die Information über die Aufträge fließt kontinuierlich.

Häufigere Übertragungen können durch häufigere Transporte erreicht werden. Wenn die Wege verkürzt sind, lassen sich Transporte häufiger durchführen. Andernfalls ist zu prüfen, ob durch Rundlaufverkehre in geeigneter Reihenfolge nicht auch Transportzeiten verkürzt werden. Moderne Kommunikationsmittel, z. B. Fax oder E-Mail, können auch gezielt eingesetzt werden, um den Informationstransfer zu beschleunigen, indem Unterlagen nicht physisch, sondern auf elektronischem Weg weitergeleitet werden.

9.4.2.4 Parallelisieren und Entkoppeln

Durchlaufzeiten lassen sich auch durch paralleles Bearbeiten von Teilprozessen verkürzen. Bei der Analyse der Prozesskette wird der kritische Pfad, d. h. welche Folge der Teilprozesse die Prozessdauer beeinflusst, ermittelt. Nun wird für jeden Teilprozess geprüft, ob er in der benötigten Sequenz erforderlich ist und ob einige Aktivitäten eliminiert oder aus dem kritischen Pfad ausgelagert werden können. Durch Auslagern von Aktivitäten aus dem kritischen Pfad wird der Prozess verkürzt.

Ein Ansatz dazu ist auch das Parallelisieren, d. h. der Aufbau zusätzlicher Teilprozessketten mit dem Ziel, die Prozesskette zu verkürzen. Wenn sich unabhängige Teilprozessketten ermitteln lassen, können parallel Ketten geschaffen werden. Wenn der Vorteil einer kürzeren Prozesszeit den Nachteil der höheren Koordination überwiegt, kann das Parallelisieren Zeiten erheblich verkürzen.

Für die Ermittlung der kürzesten Prozesszeit im kritischen Pfad sind für jeden dort ablaufenden Teilprozess die Aktivitäten zu bestimmen. Für jede Aktivität ist zu prüfen, ob sie nicht früher, mit unvollständigen Informationen oder vielleicht nach Weitergabe der Ergebnisse an die Folgestation durchführbar ist.

Dieser Ansatz hat sich bei Rüstoptimierungen sehr bewährt. Der Ansatz SMED (Single Minute Exchange of Die) basiert auf der Vorstellung, dass die Zeit in der Bearbeitungsmaschine, also dem kritischen Pfad, reduziert wird. Durch Auslagern von Prozessen aus der Maschine in eine Vor- und in eine Nachbereitung außerhalb der Maschine kann die Auftragsdurchlaufzeit erheblich reduziert werden.

Ein Extremfall des Parallelisierens ist die Zusammenfassung aller Aktivitäten auf einen Ausführenden. Je nach benötigter Kapazität wird dann die Anzahl der Ausführenden auf die Bearbeitungsmenge abgestimmt.

Mit diesen Ansätzen lassen sich Durchlaufzeiten reduzieren und durch geringere Bearbeitungszeiten auch die Prozesszeiten beeinflussen.

9.4.2.5 Eliminieren von Wartezeiten

Lagerorte und Puffer für Material sowie Eingangskörbe und Bearbeitungsstapel sind typische Formen für Wartezeiten, die in einem Prozess zu einer Verlängerung der Durchlaufzeit führen. Um Wartezeiten zu reduzieren, sind diese Bestände zu hinterfragen. Die Gründe für das Entstehen dieser Zwischenlagerorte sind typische Kennzeichen für zeitliche Prozessprobleme und ein Hinweis auf ungeplante Kapazitäten oder Engpässe.

Die Ursachen für Wartezeiten sind meist an anderen Stellen zu suchen, z. B. eine fehlende Austaktung, unterschiedliche Anwesenheitszeiten, eine fehlende Kapazitätsplanung oder eine unzureichende Prozesssteuerung. Hier sind Wartezeiten nur zu eliminieren, wenn die Ursachen bekämpft werden.

Häufig treten Wartezeiten im Zusammenhang mit Freigaben und Kontrollen auf, da für diese Tätigkeiten auf andere Prozessausführende gewartet werden muss. Diese Wartezeiten lassen sich durch Verlagerung auf den Prozessausführenden, Zusammenfassung von Kontrollen, durch regelmäßiges Messen oder durch Einsatz abgestimmter Regeln und Grundsätze vermindern. Bei der Verlagerung der Kontrolle auf den Prozessausführenden, im Bereich der Produktion unter dem Schlagwort *Werkerselbstprüfung* bekannt, wird der Prozess so gestaltet, dass der Mitarbeiter seine eigene Arbeit prüft. Mit Regeln und Grundsätzen können Kontrollen auf eine niedrigere Ebene delegiert werden, sodass in der laufenden Prozessbetrachtung die Standardfälle überprüft werden können und nur die aufwendigeren Kontrollen mit Wartezeiten versehen sind. Anstatt jeden einzelnen Teilprozess zu kontrollieren, können Stichproben geprüft oder eine Gesamtprüfung am Ende definiert werden. Freigaben am Anfang eines Prozesses und die Vorgabe von Leitlinien, bei deren Einhaltung keine weitere Kontrolle oder Freigabe erforderlich sind, sind andere Möglichkeiten, diese Wartezeiten zu eliminieren oder zu verkürzen.

9.4.3 Verbilligen

Durch Vereinfachen und Verkürzen werden schon zahlreiche Kosten gesenkt. Das Verbilligen zielt auf das Senken der Kosten nach dem Vereinfachen und Verkürzen.

Für das Verbilligen bieten sich mehrere Strategien an (Abb. 9.5):

- Stückzahleffekte
- Ressourceneinsatzänderung
- Andere Kostenstrukturen

Mit Stückzahleffekten wird die Lernkurve ausgenutzt, die eine Reduzierung der Kosten um 15 % bei einer Verdoppelung der Stückzahlen als Basis hat. Je höher die Stückzahl, desto niedriger die Kosten, weil durch den Wiederholeffekt und durch Mechanisierung oder Automatisierung andere Kostenstrukturen entstehen können.

Mit Ressourcenveränderungen können Einsparungen erreicht werden, wenn billigere Ressourcen eingesetzt werden, um die gleichen Ergebnisse zu erzielen. Bei Einsatz hochwertiger Ressourcen können auch Prozesszeiten reduziert werden. Es besteht jedoch die

Kosten- strukturen verändern	Mit geringeren Kostensätzen durchführen	Stückzahleffekte erzielen
• Niedrigere Einstandspreise • Durch Mechanisierung Kosten senken • Andere Kostenfaktoren • Indirekte Kosten in direkte umwandeln	• Durch Standardisierung Anforderungen reduzieren • Durch Mechanisieren Fähigkeiten ersetzen • In Niedriglohnland verlagern • An Externe mit anderer Kostenstruktur verlagern	• Mit anderen Prozess ausführungen oder Produkten zusammenlegen

Abb. 9.5 Ansätze zur Kostensenkung

Gefahr, dass sich die Abtaktung des Prozesses verändert und nun Wartezeiten und Steuerungsaufwand entstehen.

Verlagerung von Tätigkeiten in Niedriglohnländer oder an Externe führen zu niedrigeren Kostenstrukturen. Bei der Verlagerung an Externe ist darauf zu achten, dass tatsächlich Unterschiede in den Kostenfaktoren entstehen und so langfristig eine Einsparung erzielt werden kann. Diese Einsparung kann z. B. aus längerer Arbeitszeit bei gleichem Lohn in einem anderen Tarifvertrag resultieren. Bei Verlagerung in Niedriglohnländer ist darauf zu achten, dass die Transport- und Handlingkosten mit berücksichtigt werden und dass die Transferzeiten innerhalb der Kundenanforderungen an die Prozesse liegen.

9.4.4 Variieren (Fälle unterscheiden)

Wie bereits im Kapitel zur Prozessbewertung ausgeführt, lassen sich zahlreiche Kundenanforderungen nicht mit einem einzigen Prozess erfüllen. Daher sind unterschiedliche Ausführungsformen je Prozess zu definieren, die mit Prozessklassen bezeichnet werden (Abb. 9.6). Typische Beispiele für unterschiedliche Prozessklassen sind Express- und Normalprozesse, unterschiedliche Ausführungsformen oder unterschiedliche Prozessklassen für verschiedene Kundengruppen oder eine Sonderprozessklasse für Sonderabwicklungen.

Je nach Prozess, Teilprozessuntergliederung und Prozessumfang können unterschiedliche Prozessklassen gebildet werden. Im Referenzmodell SCOR werden verschiedene Klassen für die Prozesse Beschaffen, Herstellen und Liefern definiert, die nach Ausführungsformen (auf Lager, auftragsbezogen, kundenauftragsbezogen) unterschieden werden.

Für die Bildung von Prozessklassen sind die Kundenanforderungen genau zu analysieren. Dabei soll untersucht werden, ob es unterschiedliche Gruppen von Kundenbedarfen gibt. Wenn dies der Fall ist, soll für jede dieser Kundengruppen ein eigener Prozess definiert und aufbereitet werden. Wenn die Prozesse definiert sind, sollte überprüft werden, ob sie komplett unterschiedlich sind oder in Teilbereichen vereinheitlicht werden können, um letztendlich die Prozessausführung zu vereinfachen.

Abb. 9.6 Ansätze zur Prozessvariation

Unterschiedliche Prozessklassen einführen	Regelung für Sonderfälle
• Normal- und Sonderprozess • Schnell- und Normalabwicklung • Unterschiedliche Ausführungsformen • Unterschiedliche Kundenklassen	• Start- und Endabwicklung • Sondervereinbarung • Notfallprozess • Musterproduktionsprozess

Prozessklassen können dazu führen, dass Standardprozesse erheblich entschlackt werden und nur Sonderprozesse einen höheren Aufwand erfordern. Wenn die Prozessklassen geschickt gestaltet sind und sich fast alle Fälle als Standard abbilden lassen, können erhebliche Vereinfachungen für den Standardfall erreicht werden.

9.4.5 Vereinheitlichen

Mit dem Vereinheitlichen (Abb. 9.7) wird angestrebt, die Ausführung von Mitarbeiter zu Mitarbeiter und von Mitarbeitern zur Dokumentation zur Deckung zu bringen. Wenn Mitarbeiter unterschiedlich arbeiten, sind unterschiedliche Prozessleistungen die Folge. Die Standardisierung auf die Leistung der besten Mitarbeiter kann bereits die Prozessleistung signifikant verbessern.

Statt Einzelentscheidungen zu treffen, können Regeln erstellt werden, die Entscheidungen vereinheitlichen. Wenn die Regeln automatisch angewandt werden, können EDV-Programme die Arbeiten übernehmen und diese Regeln konsequent anwenden. Das bedeutet aber, dass diese Regeln dokumentiert, abgestimmt und regelmäßig überprüft sind.

Das Vereinheitlichen von Ausführung und Dokumentation dient der Standardisierung der Prozesse. Wenn anders gearbeitet wird, als es dokumentiert ist, lassen sich die Auswirkungen von Veränderungen schwer nachvollziehen. Falls die Vorgehensweise in der Dokumentation besser ist, sollte die dokumentierte Vorgehensweise verwendet werden. Falls die geänderte Ausführungsform zu höherer Leistung führt, ist die Dokumentation zu aktualisieren.

9.4.6 Vollkommenheit verbessern

Mit der Vollkommenheit soll die Qualität der Prozesse verbessert werden (Abb. 9.8). Dabei sind Fehler zu eliminieren, das Ergebnis ist den Anforderungen anzupassen und Prozessstreuungen sind zu verringern.

Prozesse dokumentieren	Prozess-ausführung vereinheitlichen	Prozesse schulen
• Prozessablaufdiagramm erstellen • Prozessklassen definieren • Prozesse pilotieren • Prozesse abstimmen	• Formulare • Checklisten • Vorrichtungen	• Ziele • Inhalte • Vorgehensweisen • Motivation • Grundsätze • Sonderregelungen

Abb. 9.7 Ansätze zur Vereinheitlichung

Güte	Streuung	Qualität
• Leistung an Kundenanforderungen anpassen • Informationen an Kundenbedürfnissen ausrichten	• Streuung der Prozessleistung verringern • Prozesse absichern • Ausreißer eliminieren	• Fehlerursachen ermitteln und entfallen lassen • Vorbeugende Fehlervermeidung einführen • Kontrollen definieren

Abb. 9.8 Ansätze zur Verbesserung der Vollkommenheit

Bei der Eliminierung von Fehlern können zahlreiche Ansätze aus der Qualitätssicherung auf die Prozesse übertragen werden. Dabei wird der Ist- mit dem Sollzustand verglichen und mögliche Abweichungen werden analysiert, um deren Ursachen zu bestimmen. Mit der Bekämpfung der Ursachen lassen sich die Fehler reduzieren oder ganz beseitigen. Dazu lassen sich gängige Methoden aus Six Sigma (DMAIC) oder der 8D-Report einsetzen, also systematische Fehlerbeseitigungsansätze.

Häufig entspricht das Arbeitsergebnis eines Prozesses oder Teilprozesses nicht den Anforderungen der Kunden. Deshalb sind der Gehalt der Informationsflüsse oder die Güte der Produktergebnisse zu hinterfragen und entweder zu verringern oder zu verbessern. Häufig ist ein Teil der Ergebnisse zu hochwertig und es ist schwierig, ein einmal erreichtes Qualitätsniveau in Richtung schlechterer Qualität zu verschieben. Viele mühsame Qualitätsanstrengungen der Vergangenheit müssen rückgängig gemacht werden. Genauso schwierig ist der andere Weg, zu gleichen Kosten eine höhere Qualität zu erreichen, da nur eine systematische Abweichungsanalyse helfen kann, die höhere Qualität zu erreichen.

Eine Verbesserung der Qualität bedeutet in vielen Fällen auch eine Verringerung der Streuung der Leistungsgrößen. Wenn Prozessleistungen weniger schwanken, ist die Qualität gleichmäßiger und für den Kunden vorhersagbarer. Zu den Werkzeugen zur Reduzierung der Streuung zählen die Shainin-Werkzeuge, die Ursachen von Qualitätsabweichungen ermitteln und helfen, Prozesse zu beherrschen. Die effizienten Shainin-Werkzeuge sind wegen urheberrechtlicher Probleme nicht weit verbreitet. Es gibt nur wenige Bücher, die diese Vorgehensweisen beschreiben (Bhote und Bhote 2000). Mit unterschiedlichen Werkzeugen – Komponententausch, Multi-Vari-Bild, paarweiser Vergleich, Variablenvergleich, vollständiger Versuch, A zu B und Streudiagramme – werden die Hauptursachen ermittelt und so die Streuung begrenzt. Auch die Qualitätsregelkarte nach Shewhart (Bhote und Bhote 2000) ist ein Hilfsmittel, um die Prozessstreuung zu begrenzen, aber ein Werkzeug, das sich besser für die Einhaltung einer bekannten Prozessstreuung als für eine Prozessverbesserung eignet.

9.4.7 Vorsorge treffen

Um die Prozesse und deren Leistung zu stabilisieren, sind Prozessverantwortliche einzusetzen und Messgrößen einzuführen. Der Prozessverantwortliche treibt die Verbesserung des Prozesses: Er erhält alle Informationen über die Leistungen und Probleme des Prozesses und kann so die Prozessveränderung anregen und steuern.

Eine erfolgreiche Prozessstabilisierung benötigt ein Verfahren, um Abweichungen zu erkennen und deren Bearbeitung zu definieren. Auch Verbesserungsvorschläge müssen genutzt werden.

9.4.8 Vorbereiten

Um Prozesse erfolgreich auszuführen, müssen alle Voraussetzungen geklärt sein. Die erforderlichen Ressourcen sind vorhanden, die Ansprechpartner geklärt, die Informationen aufbereitet, der Arbeitsplatz vorbereitet. Um diese infrastrukturellen Aktivitäten drehen sich die Aufgaben der Vorbereitung.

Diese Infrastrukturtätigkeiten können erheblich dabei helfen, Prozessballast abzuwerfen. Anstatt Aktivitäten bei jeder Prozessausführung abzuwickeln, sind einige Aktivitäten lediglich einmal zur Vorbereitung erforderlich. Dazu gehört beispielsweise das Erstellen der Prozessdokumentation und der Schulungsunterlagen. Aber auch in der Supply Chain lassen sich einige Aufgaben als Infrastruktur identifizieren. Wenn ein Lieferant für ein neues Teil qualifiziert ist, muss nicht jedes Mal bei einer Teilelieferung der gesamte Qualifikationsprozess durchlaufen werden. Auch die Auswahl eines neuen Lieferanten stellt eine derartige Einmaltätigkeit dar: Wenn der Lieferant einmalig ausgewählt ist, können die Teile immer bei diesem Lieferanten bestellt werden.

9.5 Lösung optimieren

Mit den Lösungsmethoden lässt sich eine neue Lösung entwickeln und beschreiben. Bevor nun die Lösung eingeführt werden kann, sollte sie überprüft werden. Neben einer Simulation der Lösung sollten alle Einzelheiten des Sollzustands hinterfragt werden. Eine Methode dazu ist das Sollzustandsdiagramm.

Das Sollzustandsdiagramm (Abb. 9.9) ist ein Werkzeug aus dem Thinking Process von Goldratt (1994; Dettmer 1997; Scheinkopf 1999) und zeigt den Weg von den Tatsachen mit allen Veränderungen zu gewünschten Auswirkungen, der Lösung oder dem Sollzustand, an der Spitze. Das Diagramm basiert auf der Wenn-dann-Logik und die einzelnen Elemente werden wie folgt gelesen: Wenn Tatsache und Veränderung, dann Auswirkung. Die untergeordneten Kästen zeigen den Wenn-Ast, der übergeordnete Kasten den Dann-Ast der Aussage.

Das Sollzustandsdiagramm zeigt also die derzeitige Realität an den Endkästen des Diagramms. Jede Tatsache führt mit einer Veränderung zu einer Auswirkung und jede

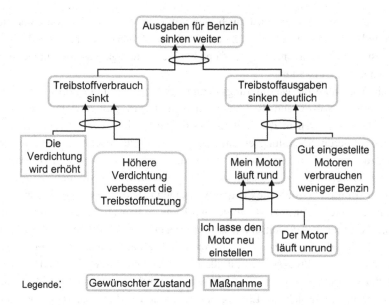

Abb. 9.9 Sollzustandsbaum

Auswirkung mit weiteren Veränderungen zu einer Folgeauswirkung. Das Netzwerk der Auswirkungen beschreibt die gesamte Kette von der Ausgangstatsache bis zur gewünschten Lösung und beschreibt so alle erforderlichen Veränderungen.

Für die Entwicklung eines Sollzustandsbaums werden zunächst die Lösung, die erste Veränderungsidee, die gewünschten Auswirkungen und unerwünschte Nebeneffekte benötigt. Die Veränderungsidee wird mit einem kompletten Satz beschrieben. Die gewünschten Auswirkungen, also die Gründe, die für die Veränderung sprechen, werden in einer Tabelle zusammengestellt. Die unerwünschten Nebeneffekte unterteilen sich in zwei Arten: Hindernisse und negative Auswirkungen. Die Hindernisse werden im Voraussetzungsbaum behandelt, die negativen Auswirkungen im Sollzustandsbaum berücksichtigt.

Alle gewünschten Auswirkungen werden im Präsens beschrieben, Konjunktive werden vermieden, um sich mental stärker auf die geänderte Situation einzustellen. Wenn Konjunktive oder Einschränkungen wie „vielleicht" auftreten, ist die Auswirkung nicht vollständig bedacht und muss präzisiert werden.

Nun wird die Lösung als gewünschte Auswirkung oben im Diagramm, die erste Veränderungsidee darunter dargestellt. Es wird überprüft, ob eine „Wenn-Veränderungsidee-dann-Auswirkung"-Beziehung besteht. Wenn nicht, müssen weitere Auswirkungen und Veränderungsideen ergänzt werden, immer in einer Wenn-dann-Beziehung. So entsteht ein komplettes Netzwerk aus Veränderungsvorschlägen für das Erreichen der Lösung. Nun kann dieses Netzwerk mit einer analogen Vorgehensweise um alle weiteren Zielsetzungen und gewünschten Effekte ergänzt werden. Dazu werden geeignete Auswirkungen ausgewählt und mit dem existierenden Diagramm verbunden. Mit dem Sollzustandsdiagramm entsteht so eine logische, nachvollziehbare Vorgehensweise, um aus dem Istzustand den Sollzustand aufzubauen.

Das Sollzustandsdiagramm wird am besten von einer Person oder von einer kleinen Gruppe erstellt und dann in einer größeren Gruppe verfeinert. Während der Diskussion wird der Lösungsvorschlag untersucht, offene Punkte werden geklärt und um weitere Veränderungsvorschläge erweitert.

Wenn ein Vorschlag für Veränderungsideen erarbeitet und in der Form eines anscheinend vollständigen Sollzustandsdiagramms dargestellt wird, gibt es viele Bedenken oder Vorbehalte. Diese müssen in das Sollzustandsdiagramm integriert werden. Es müssen Maßnahmen zu deren Abstellung ergänzt werden, weil sie den Sollzustand verhindern können. Dazu wird der Vorbehalt an der passenden Stelle hinzugefügt, z. B. wenn diese Veränderung erfolgt, ergibt sich dieser unerwünschte Effekt. Nun können weitere Veränderungsideen ermittelt werden, die die unerwünschten Effekte beseitigen. Wenn eine Veränderungsmöglichkeit identifiziert wurde, wird das Sollzustandsdiagramm modifiziert und die sich ergebenden gewünschten Auswirkungen werden dokumentiert. Die unerwünschten Effekte dürfen nicht mehr auftreten und können daher aus dem Diagramm entfernt werden. Dieser Prozess wird für alle Bedenken und Vorbehalte wiederholt.

Das Sollzustandsdiagramm ist eine Was-wäre-wenn-Übung zur Lösungsoptimierung im Vorfeld. Damit lässt sich die Lösung auswerten und verbessern, bevor sie realisiert wird. Es lassen sich fehlende Elemente einer Lösung bestimmen oder Bedenken und Vorbehalte minimieren. Falls nicht alle notwendigen und hinreichenden Bedingungen identifiziert sind, um die gewünschte Wirkung zu erreichen, fehlen einige Veränderungen, die dann noch zu ergänzen sind.

Prozessverbesserungen erfolgreich umsetzen

10

Zusammenfassung

Das Gesamtsystem besteht aus den einzelnen Bausteinen aus den vorangegangenen Kapiteln. In diesem Kapitel werden Vorgehensweisen zusammengeführt, um Projekte erfolgreich abzuwickeln. Es werden Ansätze beschrieben, die zur Umsetzungsverfolgung verwendet werden. Abschließend wird zusammenfassend ein Prozess für die Umsetzung von Prozessverbesserungen beschrieben, mit dem sich einfache oder radikale Änderungen im Unternehmen einführen lassen. Es werden die organisatorischen Auswirkungen und Aufgaben für die Prozessverbesserung diskutiert. Dabei steht die Organisation der Verbesserungsansätze im Vordergrund, inklusive aktueller Vorgehensweise aus dem agilen Projektmanagement.

Das Projektteam hat einen neuen Prozess entwickelt und das Management hat der Veränderung zugestimmt. Doch die Veränderung will sich nicht einstellen. Die erwarteten Verbesserungen kommen nicht. Viele Ideen bleiben im Konzeptstadium hängen und schaffen nicht den Sprung in die Umsetzung. Neben zahlreichen anderen Gründen fehlt es in vielen Unternehmen an einer systematischen Vorgehensweise für Prozessverbesserungen.

Während viele Projekte zahlreiche Prozessverbesserungen identifizieren, trennt sich die Spreu vom Weizen, wenn die erfolgreiche Umsetzung gemessen wird. Mit der Umsetzung ist der Schritt vom Konzept bis zur messbaren Leistungsverbesserung oder Kostenreduzierung gemeint. Bossidy (Bossidy und Charan 2002) beschreibt in seinem Buch „Execution" zahlreiche Beispiele nicht umgesetzter Konzepte oder Probleme bei der Einführung.

Warum scheitern so viele Projekte bei der Umsetzung der Prozessveränderungen? Die Ursachen sind vielfältig und im Nachhinein meist sehr gut nachvollziehbar. Es sind zahlreiche Theorien aufgestellt worden, warum Veränderungen scheitern (Senge 1990; Kotter

© Springer-Verlag GmbH Deutschland 2018
T. Becker, *Prozesse in Produktion und Supply Chain optimieren*,
https://doi.org/10.1007/978-3-662-49075-4_10

1996). Der folgende Abschnitt beschreibt typische Hürden, die als Ursachen für mangelnde Umsetzung herhalten müssen. Aus der Kenntnis der Ursachen lassen sich Maßnahmen ableiten, mit denen sich die Barrieren zur Einführung beseitigen lassen, die in weiteren Abschnitten erläutert werden.

10.1 Hürden bei der Umsetzung von Verbesserungen

Bei großen Veränderungen gibt es unterschiedliche Hürden, die bewältigt werden müssen:

- **Es gibt kein Problem.**
  Übliche Bemerkungen wie: „Es gibt kein Problem" oder: „Die gegenwärtige Situation ist ausreichend" sind ein Alarmzeichen für jeden Veränderungsprozess. Die Veränderung kann erst beginnen, wenn alle Beteiligten akzeptieren, dass der derzeitige Zustand unbefriedigend ist. Dazu ist eine abgestimmte Problemdefinition erforderlich, die alle Beteiligten akzeptieren. Sie beinhaltet Istzustand, Ziele und Differenzen zwischen Ist- und Zielzustand. Es kann unterschiedliche Interpretationen der Istleistung und verschiedene Zielvorstellungen geben, die zuerst auf einen gemeinsamen Nenner gebracht werden müssen. Je besser die Problemdefinition, desto besser die daraus resultierenden Handlungen.
  Für die Projektarbeit bedeutet dies, die Istleistung der Prozesse zu ermitteln und mit den Unternehmenszielen und Kundenanforderungen zu vergleichen. Gleichzeitig müssen unerwünschte Nebenwirkungen erfasst werden.
- **Das Problem ist anders.**
  Mit der Anzahl der Prozess- und Projektbeteiligten steigt die Wahrscheinlichkeit, auf diese Hürde zu treffen. Jeder Beteiligte sieht den Prozess aus einem anderen Blickwinkel und kann ein anderes Teilproblem als sein Hauptproblem identifizieren. Die Aufgabe bei der Überwindung dieser Hürde ist es, die unterschiedlichen Vorstellungen und Anforderungen in eine gemeinsame Richtung zu vereinen. Die Problemdefinition soll daher für alle Beteiligten nachvollziehbar sein und auch aus deren Sicht beschreiben, welches Problem zu lösen ist.
  Im Projektteam ist dieser Schritt extrem wichtig, um die Projektzielsetzung zu verabschieden.
- **Ich bin für das Problem und die Lösung nicht verantwortlich.**
  Ein Problem kann nur gelöst werden, wenn sich jemand dessen bewusst ist und die Verantwortung für die Problemlösung akzeptiert. Bei der Lösung von Prozessproblemen tritt diese Hürde sehr häufig auf, weil bei einer Abteilungsorganisation selten eine Person für den gesamten Prozess und daher auch nur für einen Teil des Problems verantwortlich ist.
  Für die Lösung der Prozessprobleme sind daher Projektteams zu bestimmen und ein Projektleiter ist mit dem Team dafür verantwortlich zu machen, das gesamte

Problem zu lösen. Für eine sinnvolle Projektarbeit ist daher das Zusammenstellen der Annahmen eines jeden Teammitglieds wichtig, um eine gemeinsame Ausrichtung zu erreichen.

- **Es gibt keine Lösung für das Problem.**

Eine wichtige Hürde, die es zu nehmen gilt, ist diese Denkblockade: Das Ausschließen einer möglichen Lösung. Auch wenn das Problem identifiziert ist, kann es bei der vorherrschenden Meinung, dass keine Lösung existiere, zu keiner Veränderung kommen.

Um diesen Totpunkt für eine Prozessverbesserung zu überwinden, sind unterschiedliche Lösungsansätze möglich: Dokumentation der Annahmen und der bisherigen Lösungsvorschläge, Entwicklung von Alternativen, Besuch von anderen Firmen mit ähnlichen Problemen, kurzum eine Änderung der Lösungsvorgehensweise und Schulung oder eine andere Form der Wissenserweiterung.

Häufig wird diese Hürde nicht deutlich gemacht, sondern zeigt sich nur indirekt, indem eine andere Hürde aufgestellt wird. So kann z. B. eine Randbedingung formuliert werden, die als Hindernis für mögliche Veränderungen angesehen wird.

- **Es gibt eine andere Lösungsrichtung.**

Das Vorhandensein anderer Lösungsrichtungen wird häufig als Hindernis dargestellt. Die andere Lösungsrichtung zeigt jedoch, dass bereits die ersten vier Hürden überwunden sind und nun die Einigkeit für den Lösungsansatz fehlt. Mit anderen Lösungsvorschlägen können bestehende Lösungen überprüft, verglichen und bei Bedarf verbessert werden.

Wichtig ist das Vermeiden von Positionsstreitigkeiten zugunsten der Ausrichtung auf die Ziele und Anforderungen. Im Vordergrund muss die beste Erfüllung dieser Vorgaben stehen, nicht die Lösung.

- **Der gewählte Ansatz löst nicht das ganze Problem.**

Die Lösung wird als unzureichend angesehen, alle Aspekte des Problems zu lösen. Bei dieser Betrachtung treten häufig neue Punkte auf, die bei der Problemdefinition nicht erfasst wurden oder bei der Lösungsentwicklung nicht berücksichtigt werden konnten.

Für diese Hürde gibt es verschiedene Lösungsmöglichkeiten: Einerseits kann bewertet werden, ob die Lösung für einen Großteil der Anwendungsfälle bereits eine Verbesserung zum Istzustand bringt und daher für bestimmte und klar definierte Aufgaben umgesetzt wird. Andererseits ist zu bewerten, ob die anderen Punkte mit in die Problemdefinition aufgenommen werden und eine neue Lösung erarbeitet werden soll.

- **Die Ziele sind unrealistisch oder nicht erreichbar.**

Ein wesentlicher Grund für fehlende Umsetzung sind unrealistische Leistungsziele. Falls unrealistische Zielwerte gesetzt werden, kann das Team die Lösung oder Umsetzung verhindern, weil die Ziele als nicht erreichbar gelten. Gerade im letzten Fall müssen die Ziele nur den Teammitgliedern als unrealistisch erscheinen, um den Start des Veränderungsprozesses zu verzögern.

Deshalb sind die Ziele mit den Umsetzungsteams zu vereinbaren, d. h. die Umsetzungsteams akzeptieren die Zielsetzungen und sind überzeugt, dass diese erreichbar sind.

- **Die Lösung hat negative Nebeneffekte.**

Falls negative Nebeneffekte die positiven Wirkungen überwiegen, kann ein Unternehmen die Lösung nicht einsetzen. Bei der Lösungsentwicklung kann es sinnvoll sein, alle Nebeneffekte zu dokumentieren und Lösungsvorschläge zu entwickeln, wie diese beseitigt werden können. Für die Umsetzung sind die Nebeneffekte zu erfassen und es ist zu bewerten, welchen Einfluss sie auf die Lösung haben.

Meistens lassen sich Verbesserungen in den Lösungen erarbeiten, die unerwünschte Nebeneffekte vermeiden.

- **Die Lösung kann nicht umgesetzt werden.**

Wenn zu viele Veränderungen erforderlich sind, kann dies eine Umsetzung der neuen Lösung verhindern. Es reicht, wenn die Veränderung als zu umfangreich empfunden wird. Wegen des hohen Risikos und vieler schlechter Erfahrungen bei der Umsetzung von Veränderungen kann dieser Punkt den Projektfortschritt wirkungsvoll behindern.

Für ein sinnvolles Arbeiten ist es notwendig, alle Voraussetzungen für die Lösung zu erarbeiten und zu beschreiben. Dann sind Maßnahmen für das Schaffen der Voraussetzungen zu definieren. Es kann sinnvoller sein, große Veränderungen in mehreren Schritten umzusetzen, als die Umsetzung gar nicht zu beginnen.

- **Es gibt keinen Weg, die Lösung einzuführen.**

Wenn keine Vorgehensweise identifiziert werden kann, wie eine Veränderung eingeführt werden kann, ist das Projekt kurz vor der Ziellinie zum Scheitern verurteilt. Es kann nicht nur Veränderungserfahrung mangeln, sondern auch am entsprechenden Methoden-Know-how.

Bei der Einführung können über unterschiedliche Wege andere Denkweisen erreicht werden. Über Teileinführungen oder Einführungen großer Veränderungen in Ausgründungen oder durch Herunterbrechen in Teilschritte lassen sich alternative Möglichkeiten entwickeln.

- **Die Prozessbeteiligten haben Angst.**

Ein Haupthindernis bei der Umsetzung von Veränderungen ist die Angst der Prozessbeteiligten. Angst vor der Veränderung tritt auf, weil viele Mitarbeiter ihre gewohnte Arbeit verlassen müssen. Statt bekannte Prozesse zu beherrschen, müssen neue Prozesse gelernt und verstanden werden. Das bestehende Macht- und Wissensgefüge in einer Abteilung ist in Gefahr, da alle Mitarbeiter nun mit dem gleichen Erfahrungsschatz beginnen und jüngere Mitarbeiter plötzlich die Know-how-Träger werden.

Die Ängste der Mitarbeiter äußern sich indirekt und die Beteiligten spüren selten, ob es sich um Angst handelt. Vielfach werden andere Hürden aufgestellt, um die Angst zu verstecken.

Ohne eine Nutzenargumentation, also eine klare Beschreibung der Vorteile für jeden Betroffenen, lassen sich viele Angstpunkte nicht überwinden. Zusätzlich müssen die Betroffenen zu Beteiligten gemacht werden, um die Veränderungen gemeinsam zu erarbeiten und im Rahmen der Erarbeitung Ängste abzubauen oder auszusprechen. Für diesen Teil der Umsetzung ist eine hohe Sozialkompetenz erforderlich.

Jeder hat diese oder ähnliche Punkte bereits in zahlreichen Projekten gehört oder miterlebt. Viele Projekte scheitern, wenn diese Hürden nicht systematisch beseitigt und in der Projektarbeit aktiv angesprochen werden.

10.2   Prozessverbesserungen einführen

Viele Prozessverbesserungsprojekte scheitern in der Praxis, da die entwickelten Ansätze und Lösungen nicht umgesetzt werden. Aus Verbesserungsprojekten resultieren lange Listen erforderlicher Verbesserungsmaßnahmen, aber es fehlen ein Gesamtkonzept und eine Vorgehensweise, mit denen die Veränderungen umgesetzt werden können. Viele Projekte unterstützen den Aufwand für die Umsetzung, weil lediglich gut klingende Konzepte diskutiert werden, aber keine Gesamtlösung entwickelt wird. Das Entwickeln eines möglichen Lösungskonzepts oder das teilweise Umsetzen reichen manchmal schon aus, um eine Projektarbeit als Erfolg darzustellen.

Einige Unternehmen veranschlagen auch zu wenig Zeit für die Einführung umfangreicher Veränderungen. Während Analyse- und Konzeptphasen mit viel Aufwand und langen Zeitdauern geplant werden, wird die Umsetzung manchmal unterschätzt: In einem Bruchteil der eigentlich erforderlichen Zeit sollen umfangreiche Veränderungen von vielen Mitarbeitern genutzt werden. Daraus folgen unvollständige Einführungen und die geplanten Ergebnisse werden nicht erreicht.

Nach Kotter (1996) gibt es wichtige Elemente, die bei der Umsetzung von Veränderungen zu beachten sind. Dazu zählen:

- Notwendigkeit für die erforderliche Veränderung darlegen
- Verbündete und Mitstreiter finden
- Klare Vision und Ziele definieren
- Die Vision kommunizieren
- Team und Teammitglieder befähigen, Widerstände zu überwinden
- Schnell Erfolge erzielen
- Erfolge konsolidieren und weitertreiben
- Neue Ansätze verankern

Diese Elemente helfen, einen Großteil der Hürden zu überwinden und die Veränderung voranzutreiben. Viele Unternehmen nutzen die Machbarkeitsphase eines Projekts nicht, um neben der neuen Lösung die Gründe für den Veränderungsbedarf verständlich zu dokumentieren.

> Mit dokumentierten Kundenanforderungen und Benchmarks den Handlungsbedarf belegen.

Als Hilfsmittel für die Kommunikation des Veränderungsbedarfs haben sich Benchmarks oder schriftlich dokumentierte Kundenanforderungen bewährt, da diese nachvollziehbar geänderte Rahmenbedingungen demonstrieren. Damit lässt sich auch das Problem eindeutig definieren und belegen.

> Während die Vision das Denkbare darstellen sollte, müssen die abgeleiteten Ziele machbar sein.

Die Ziele für das Projekt müssen mit den Projektbeteiligten abgestimmt werden, da das Projekt sonst an einigen der genannten Hürden scheitert, etwa an unrealistischen Zielen. Bei der Entwicklung und Kommunikation der Vision ist darauf zu achten, dass die Mitarbeiter und Projektteammitglieder die Langfristigkeit der Vision verstehen. Wenn die Vision nur als kurzfristige Zielsetzung gesehen wird, kann das Projekt scheitern.

> Nichts ist erfolgreicher als der Erfolg: Erfolge von Sofortmaßnahmen als Beschleuniger für andere Projektaufgaben nutzen.

Anfangserfolge sind sowohl für die Moral des Veränderungsteams als auch als Zeichen der Aufbruchsstimmung im Unternehmen wichtig. Viele Projekte scheitern, weil die Veränderungen wegen langer Analysephasen immer wieder aufgeschoben werden oder nur als ganzes Paket umgesetzt werden sollen. Um größere Veränderungen erfolgreich einzuführen, sollten einige kleinere Teilaufgaben schnell und kurzfristig am Anfang gelöst werden. Aus vielen kleinen Veränderungen lassen sich erste Ergebnisse erzielen, die den Erfolg der Umsetzung unterstützen. Deshalb sollte ein Projekt nur in den seltensten Fällen eine Big-Bang-Umstellung anstreben, sondern die Veränderung in kleinere Aufgabenblöcke unterteilen.

> Mit den richtigen Beteiligten Widerstände systematisch überwinden.

Bei einem großen Projekt teilen sich die Mitarbeiter in drei gleich große Blöcke bezüglich der Veränderung auf: Das eine Drittel ist dafür, das zweite dagegen und das dritte wartet ab, welches Drittel gewinnt. Im Projektteam sollten möglichst viele Mitglieder aus dem ersten Drittel stammen, da nur diese die Arbeiten vorantreiben. Im späteren Projektverlauf sind die Skeptiker wichtig, um die Lösung zu verbessern.

> Das Zurückfallen in alte Arbeitsweisen verhindern.

Viele Veränderungen verhindern nicht, dass die alten Arbeitsweisen noch möglich bleiben. Wenn die Veränderung erfolgreich erprobt wurde, sollten alle Anstrengungen unternommen werden, die neuen Prozesse und Arbeitsweisen zu dokumentieren und zu schulen. Soweit es möglich ist, sollte das Arbeiten nach dem bisherigen Ablauf systematisch unterbunden werden. Häufig wird der Übergang von einem auf den anderen Prozess nicht definiert, sodass in dieser Phase alle Vorgänge schnell wieder in das alte, bekannte Abwicklungsmuster überführt werden können. In der Übergangsphase sind die Betreuung der Betroffenen und die Lösung auftretender Probleme sehr wichtig, um beim Auftreten von Schwierigkeiten den Rückfall in die alten Prozesse auszuschließen.

Aus Fehlern und Misserfolgen lernen.

Zu jedem Veränderungsprojekt gehört ein Projekt-Review, in dem die guten und schlechten Erfahrungen systematisch gesammelt werden. Nur durch das Sammeln dieses Knowhows können Projekte zukünftig erfolgreicher abgewickelt werden. Im Unternehmen ist eine Veränderungskultur zu etablieren, damit allgemein anerkannt bleibt, dass Projekte auch scheitern können und dass auch gescheiterte Projekte bei entsprechender Aufbereitung einen wesentlichen Beitrag für die langfristige Verbesserung leisten können.

Wenn allerdings mehr Projekte scheitern, als erfolgreiche Projekte umgesetzt werden, oder Projekte deutlich länger dauern als geplant oder die angestrebten Ergebnisse oft verfehlt werden, ist dies ein Alarmzeichen für die Veränderungskultur eines Unternehmens. Das Unternehmen muss klären, wie es erfolgreiche Veränderungen erreichen kann, um die Zukunft zu sichern.

10.3 Projektvorgehensweise entwickeln

Neben der Lösungsentwicklung ist es also eine wesentliche Aufgabe des Projektteams, eine Vorgehensweise zu entwickeln, mit der die Lösung erfolgreich eingeführt werden kann. Dafür gibt es einige Methoden, die in den folgenden Abschnitten am Beispiel des Voraussetzungsdiagramms verdeutlicht werden.

Für die Entwicklung der Vorgehensweise sind die erforderlichen Veränderungen zu bestimmen, mit denen der Ist- in den Sollzustand überführt wird. Üblicherweise treten bei der Umsetzung Probleme und Risiken auf. Daher müssen weitere Maßnahmen aufgezeigt werden, wie diese Hindernisse beseitigt werden können. Alle Veränderungen sind Teil der gefundenen Lösung.

10.3.1 Voraussetzungsdiagramm

Das Voraussetzungsdiagramm ist ein Werkzeug aus dem Thinking Process von Goldratt (1994; Dettmer 1997; Scheinkopf 1999) zur Bewältigung von Hindernissen zur Einführung der Lösung.

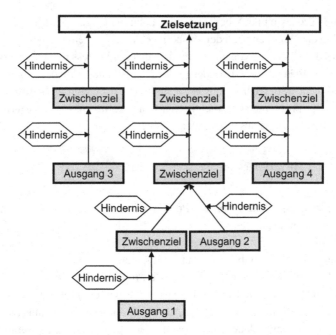

Abb. 10.1   Voraussetzungsdiagramm

Zweck des Voraussetzungsdiagramms ist die Identifikation aller benötigten Schritte, um ein so ehrgeiziges Ziel wie die gewählte Lösung zu erreichen. Das Voraussetzungsdiagramm besteht aus zwei Elementen: einem Hindernis und einem Zwischenziel (Abb. 10.1). Das Zwischenziel ist die Aktion, der wir uns verpflichten müssen, um das Hindernis zu überwinden.

Um das Voraussetzungsdiagramm zu entwickeln, werden anfangs alle Hindernisse aufgelistet, die zwischen dem Istzustand und der angestrebten Lösung stehen. Dann wird für jedes Hindernis eine Bedingung identifiziert, unter der das Hindernis genommen wird. Dies ist üblicherweise eine ausschließende Bedingung.

Das Voraussetzungsdiagramm ist ein ausgezeichneter Gruppenprozess, der die natürliche menschliche Neigung und Fähigkeit ausnutzt, darauf hinzuweisen, warum etwas nicht gemacht werden kann. Als erster Schritt bei der Entwicklung eines Voraussetzungsdiagramms werden alle Hindernisse gesammelt, die sich die Gruppe ausdenken kann. Dann identifiziert jedes Individuum, das ein Hindernis genannt hat, ein Zwischenziel, welches das Hindernis überwinden oder es unschädlich machen würde. Diese dazwischenliegenden Ziele sind Meilensteine, also nicht Aktionen, die erreicht sein müssen, um die Hindernisse zu lösen.

Das Voraussetzungsdiagramm ist eine wichtige Darstellung im Thinking Process. Mit ihm lassen sich die Hindernisse nehmen, die uns von der Realisierung der Pläne abhalten. Aus dem Voraussetzungsdiagramm entsteht der Projektplan mit Zeitachsen und Verantwortlichen.

10.3.2 Übergangsdiagramm

Das Übergangsdiagramm ist ein weiteres Werkzeug des Thinking Process von Goldratt (1994; Dettmer 1997; Scheinkopf 1999). Dieses Ursache-Wirkungs-Werkzeug identifiziert und ordnet notwendige Aktionen in einer logischen und zeitlichen Reihenfolge, um ein Ziel zu erreichen. Jeder Übergang stellt einen Zwischenzustand dar, um von der gegenwärtigen Situation zum angestrebten Ziel zu gelangen (Abb. 10.2).

Das Übergangsdiagramm ist eine Analogie zur Fertigung: Jede Herstellung fängt mit mindestens einem Material von einem Lieferanten an. Jede Wertschöpfung ist eine Handlung auf dem Weg durch die Produktion, bei der das Material seine Gestalt oder seinen Zustand in Richtung seiner künftigen Form verändert. Von jedem Zustand führt die nächste Bearbeitung mit einem bestimmten Prozessschritt zur nächsten Veränderung. Dies setzt sich fort, bis ein verkaufsfähiges Produkt entstanden ist. Das Material stellt den Ausgangszustand dar und alle Bearbeitungsschritte sind die Aktionen, die zu einem Zwischenzustand oder Zwischenziel und letztendlich zum Sollzustand, also zum fertigen Produkt führen.

Mit dem Übergangsdiagramm lässt sich der Veränderungsprozess entwerfen, der die notwendigen Übergänge vom Ist- zum Sollzustand beschreibt. Die allgemeinen Schritte zum Erstellen des Übergangsdiagramms sind:

- Anwendungsbereich des Übergangsdiagramms feststellen
- Istzustandselemente auswählen
- Maßnahmen und Zwischenzustände identifizieren
- Maßnahmen und Zustände verbinden
- Unerwünschte Konsequenzen identifizieren und neue Maßnahmen entwickeln, um den nächsten Zustand zu ermitteln
- Plan realisieren

Das Übergangsdiagramm wird von unten nach oben aufgebaut. Das erste Istzustandselement wird ausgewählt und es wird die passende Aktion gesucht, um diesen Istzustand zu verlassen und einen stabilen Zwischenzustand zu erreichen. Von dort wird die nächste Aktion gesucht, um die nächste Verbesserung zu realisieren. In manchen Schritten können mehrere Zwischenzustände oder Aktionen erforderlich sein, um ein übergeordnetes Ziel zu erreichen. Dann ist für die weiteren Zwischenzustände zu prüfen, wie sich diese aus dem Istzustand entwickeln lassen, und so das Übergangsdiagramm zu erweitern.

Die Aktionen müssen für den Istzustand der Organisation und Umgebung sinnvoll sein. Daher lässt sich mit jedem Element des Übergangsdiagramms erkennen, welche Aktion auszuführen ist, warum die Aktion benötigt wird und warum sie hinreichend ist, um den gewollten Zustand zu erreichen. Der Aufwand für die Erstellung eines Übergangsdiagramms bringt mehr als den offensichtlichen Nutzen, einen gründlichen Plan zu haben. Weil das Übergangsdiagramm den Grund für jede geplante Aktion identifiziert, lassen sich damit auch Abschnitte des Plans an Mitarbeiter delegieren. Wenn Abschnitte des Übergangsdiagramms delegiert werden, lässt sich der Übergangsbaum für Erläuterungen

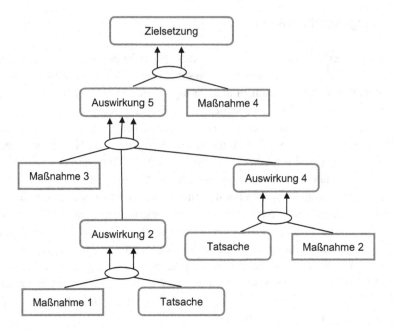

Abb. 10.2 Übergangsdiagramm

der notwendigen Veränderungsschritte und deren Gründe für die Mitarbeiter verwenden. Dieses mächtige Merkmal der Übergangsdiagramme hilft, den sich ändernden Widerstand zu überwinden. Neu identifizierte Hürden oder Widerstand erweitern das Übergangsdiagramm und es lassen sich daraus neue Aktionen ableiten.

Das Übergangsdiagramm ist somit ein stufenweiser Durchführungsplan in der zeitlichen Reihenfolge vom Ist- zum gewünschten künftigen Sollzustand. Damit ist es ein Hilfsmittel, um die Veränderungen zu ermitteln und nach jeder Veränderung festzustellen, ob der Zwischenzustand stabil ist. Es kann nicht nur die Entwicklung einer Vorgehensweise unterstützt, sondern auch die Reihenfolge und die Inhalte einer Veränderung können kommuniziert werden. Das Übergangsdiagramm bietet eine hohe Sicherheit, dass die gewünschten Ergebnisse tatsächlich umgesetzt werden können. Als einfaches, mächtiges Werkzeug beschreibt es nicht nur das Wie, sondern auch das Warum einer Vorgehensweise.

10.4   Veränderungsorganisation

Zur Einführung von Veränderungen hat sich ein Ansatz bewährt, der aus unterschiedlichen Gremien besteht, die in Abhängigkeit von der Aufgabenstellung angepasst werden können.

Der Projektsponsor, häufig auch der *Projektchampion* genannt, ist der Manager, der für den Start und die Umsetzung der Prozessverbesserung verantwortlich ist und die Budgetverantwortung für das Projekt trägt. Er ist daher Mitglied und in der Regel auch Vorsitzender des Lenkungskreises. Er wählt den Projektleiter aus und sorgt für die Ausstattung mit den richtigen Befugnissen.

Der Lenkungskreis ist für die Steuerung des Projekts verantwortlich und setzt sich aus den entscheidungsbefugten Verantwortlichen der beteiligten Organisationseinheiten zusammen. Er hat die Befugnis, einem Projekt neue Aufgabenstellungen zu genehmigen und den Projektfortschritt sowie die Pläne für die nächste Phase zu bewerten. Letztendlich soll der Lenkungskreis dem Projekt Budget und Ressourcen zur Verfügung stellen. Die Funktion eines Lenkungskreises lässt sich mit dem aktiven Aufsichtsrat eines Aktienunternehmens vergleichen, der zu regelmäßigen Zeiten kurz und umfassend über den Arbeitsfortschritt informiert wird und dann bei wichtigen Richtungen mitbestimmt und über den Einsatz der Unternehmensmittel diskutiert. Damit wird das Projekt als Investition in eine bessere Zukunft verstanden und so gemanagt.

Für ein erfolgreiches Funktionieren eines Lenkungskreises müssen die Spielregeln in Zusammenarbeit mit den Projektteams und der Projektleitung definiert sein. In den Spielregeln sind Entscheidungsspielräume und Kompetenzen definiert.

Derartige Lenkungskreissitzungen haben den Charakter von Entscheidungssitzungen. Der Lenkungskreis erhält vom Projektteam einen detaillierten Projektüberblick und Entscheidungsempfehlungen. Die Mitglieder des Lenkungskreises können sich vor der Sitzung einarbeiten. Im Lenkungskreis werden dann die Informationen zusammengefasst vorgetragen und die Entscheidungen diskutiert.

In manchen Firmen mutieren Lenkungskreissitzungen zu einer reinen Berichtsveranstaltung, um die Informationsbedürfnisse aller Beteiligten abzudecken. Wegen fehlender Spielregeln und Informationen können in den Lenkungskreisen vielfach keine Entscheidungen gefällt werden. Um erfolgreich steuern zu können, muss das Projektteam die Unterlagen für den Lenkungskreis rechtzeitig aufbereiten und möglichst eine Woche vorher den Entscheidungsträgern im Entwurf zukommen zu lassen. In der Vorbereitungszeit können offene Punkte geklärt und so die Sitzung zur Entscheidungsdiskussion genutzt werden.

Der Projektleiter ist für die Projektdurchführung und die Umsetzung der Ergebnisse verantwortlich. Im Rahmen der Spielregeln sind seine Aufgaben und Befugnisse eindeutig geregelt. Er leitet das Projekt mit Unterstützung seines Teams. Je nach Größe des Projekts ist er ganz oder teilweise für diese Arbeit freigestellt, Vollzeit-Projektmitglieder berichten fachlich und disziplinarisch an ihn. Er ist für die Einberufung und Vorbereitung der Lenkungskreise verantwortlich und leitet die Projektteamsitzungen. Zwischen den Lenkungskreissitzungen stimmt er sich regelmäßig mit dem Projektsponsor ab. Bei größeren Abweichungen und Problemen ist er für die Einberufung von Sonderlenkungskreisen verantwortlich.

Das Projektkernteam (häufig auch *Programmteam* genannt) ist für die Koordination der Projektaktivitäten verantwortlich. Es besteht aus dem Projektleiter und den Teilprojektleitern, die die zugehörigen Teilprojekte steuern. Im Bedarfsfall werden ein Projektcontroller und ein Projektassistent in das Team integriert. Das Projektkernteam ist für die Umsetzung der Projektaufgaben verantwortlich. In den Kernteamsitzungen wird der Status der einzelnen Projekte berichtet und die teilprojektübergreifenden Themen und offenen Punkte werden geklärt.

Die Teilprojektleiter sind für die Durchführung der Projektaufgaben verantwortlich. Mit ihren Teams schaffen sie die Voraussetzungen für die erfolgreiche Umsetzung von Veränderungen. Im Rahmen des Projektauftrags sind sie dafür verantwortlich, die Teilprojektaufgabe zu lösen und den abgestimmten Zeitplan umzusetzen.

Die Teammitglieder sind für die Vertretung der Abteilungsinteressen verantwortlich, aus denen sie stammen, und sollen die Teamarbeiten ausführen. Sie nehmen an den Teamsitzungen teil und sind für die Aufgabenausführung verantwortlich. Häufig fällt es den Projektteammitgliedern schwer, die Arbeitsergebnisse und den Arbeitsstand mit der Abteilung abzustimmen. Neben einem Ressourcenverfügbarkeitsproblem, bei dem nicht ausreichend Zeit zur Verfügung steht, sind es häufig der ungewohnte Informationsaustausch vom Mitarbeiter zum Chef und der hohe Zeitdruck, die diesem Informationsfluss entgegenstehen.

In großen, abteilungsübergreifenden Projekten sind zwei weitere Rollen im Projektteam zu besetzen. Ein Moderator begleitet den Teamentwicklungsprozess und hilft, Spannungen, Dissonanzen und Missstimmungen zwischen den Teammitgliedern abzubauen und die Teamarbeit zu unterstützen. Je nach Aufgabenteilung mit dem Projektleiter moderiert er als fachlich unabhängiges Projektmitglied Sitzungen und führt Konsentscheidungen im Team herbei. Die Rolle des fachlichen Experten ist eine Sonderrolle, die Wissen in das Projektteam transportiert und fachliche Hintergründe erläutert. Bei neuen Projektideen oder -ansätzen bietet der Fachexperte das notwendige Know-how für das Fachgebiet und möglichst auch die Umsetzungserfahrung.

Häufig wird für die Projekte ein fachlicher Beirat benötigt, der die Arbeitsergebnisse validiert. Im Rahmen der Abstimmungen mit dem Beirat werden inhaltliche und fachliche Themen diskutiert und mit den Beteiligten geklärt.

Für ein Funktionieren dieser Konstruktion sind klare Entscheidungsstrukturen erforderlich und auch klar definierte Verantwortungen Voraussetzung. So ist in den Teamaufgaben zu klären, welche Entscheidungen ein Team eigenständig treffen darf und wann der Lenkungskreis einberufen werden muss.

10.5   Projekte steuern

Eine wesentliche Aufgabe in der Projektabwicklung sind die effiziente Projektkontrolle und Entscheidungsfindung. Im Folgenden werden einige Ansätze vorgestellt, wie Projekterfolg gemessen werden kann und wie Lenkungskreise erfolgreich organisiert werden können.

10.5.1 Projektstatusreport

In vielen Unternehmen sind Projektstatusreports ein erprobtes Hilfsmittel für den Fortschrittsbericht. Nach einem allgemein abgestimmten Standardschema wird über den Projektfortschritt und aufgetretene Probleme, Risiken und offene Punkte berichtet.

Wie ein Wochenbericht fasst der Statusbericht den aktuellen Projektstand zusammen. Es werden die Erfolge und offenen Punkte beschrieben. Für ein schnelles Feedback beinhaltet der Bericht häufig eine Ampel, der mit den Farben Rot, Gelb oder Grün den aktuellen Stand bewertet. Bei Rot gibt es massive Probleme, bei Gelb sind die Probleme beherrschbar und bei Grün ist das Projekt voll im Zielkorridor.

Der Projektzeitplan wird als Ganttplan berichtet und die Ergebnisse werden beschrieben. Die Standardisierung ermöglicht eine gleichartige Bewertung aller Projekte, die unterschiedlichen Inhalte machen eine Bewertung jedoch sehr schwierig.

10.5.2 Projektwetterbericht

Die Projektstatusampel mit den drei Farben ist häufig nicht aussagefähig, da Projekte immer wieder Gelb berichten und die Bewertung sehr subjektiv ist. Wenn ein Projekt in der Bewertung auf Gelb gestellt wird, ist nicht nachvollziehbar, ob die Projekttermine oder die Projektinhalte gefährdet sind.

Daher ist der Projektwetterbericht (Rothmann 2007) als Berichtshilfsmittel entstanden (Abb. 10.3). Mit ihm wird auf der einen Seite die Termineinhaltung und auf der anderen Seite die Einhaltung von Projektzielen aufgetragen. Mit Wettersymbolen werden die Informationen beschrieben – wenn die Sonne strahlt, ist alles in Ordnung, wenn es bedeckt ist und regnet, sind Ziele und Terminplan nicht erreichbar.

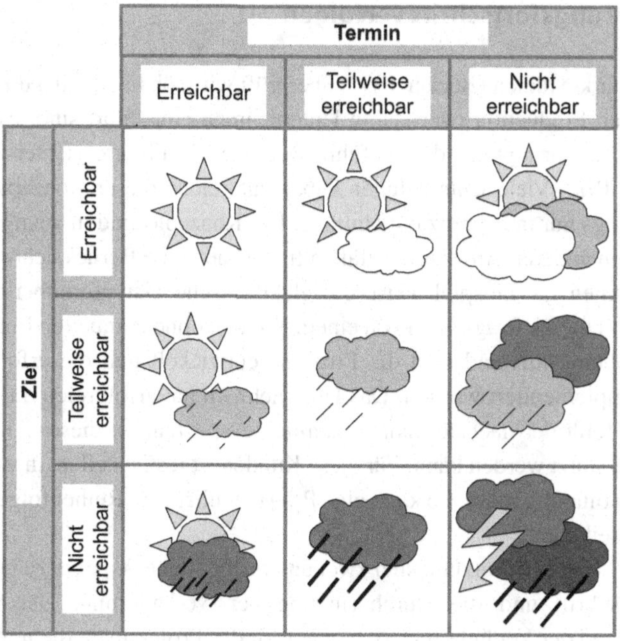

Abb. 10.3 Projektwetterbericht

Die Symbole ermöglichen eine differenziertere Betrachtung des Projektstatus. Gegenüber der Ampel lassen sich zwischen Grün und Rot sieben Zwischenwerte mit unterschiedlichem Aussageinhalt darstellen. Der Lenkungskreis oder der Projektsponsor können sehr viel schneller sehen, mit welcher Steuerung sie das Projekt wieder in einen positiveren Status bringen können.

10.5.3 Earned Value

Aus der Abwicklung militärischer Projekte kommt der *Earned Value*. Für die Bewertung des Projekts handelt es sich dabei um die geleisteten Stunden im Verhältnis zur geplanten Anzahl. Mit dieser Zahl kann gekennzeichnet werden, welcher Teil des Gesamtaufwands bereits geleistet wurde. Aus dem Projektplan lässt sich zu jedem Zeitpunkt bestimmen, wie hoch der Earned Value sein soll. Aus dem Soll-Ist-Vergleich ist der Projektfortschritt bewertbar.

Die Kennzahl eignet sich für gut strukturierte Projekte mit geringem Risiko, bei denen die geplanten Stunden früh und mit hoher Sicherheit bestimmt werden können. Die Zahl bewertet jedoch nicht die inhaltliche Erfüllung der Anforderungen, sondern nur den geleisteten Aufwand.

Daher eignet sich diese Kennzahl für den Projektleiter zur Verfolgung des Projektbudgets, nicht jedoch zur Bewertung des inhaltlichen Projektfortschritts.

10.5.4 Einführungsfortschritt verfolgen

Wenn in Benchmark-Studien (Becker 1997) überprüft wird, ob häufig diskutierte Konzepte wie Kanban, Lean Production oder JIT in Unternehmen eingeführt sind, ist die Antwort eindeutig: Ja, diese Konzepte sind eingeführt. Bei einer detaillierten Untersuchung ergibt sich ein anderes Bild. Viele Unternehmen haben zahlreiche dieser Konzepte bereits verwirklicht, allerdings nur in begrenztem Umfang. Die Konzepte sind in wenigen Beispielen realisiert, in vielen anderen Anwendungsfällen finden sie keine Berücksichtigung.

Ein Unternehmen hat beispielsweise die elektronische Datenfernübertragung (EDI) implementiert, um die Auftragsdaten von einem Kunden ohne manuellen Eingriff zu übernehmen. Mit hohem Aufwand sind die Prozesse entwickelt und die erforderliche DV-Unterstützung implementiert worden. Das Unternehmen hat erfolgreich die neue Lösung eingeführt. Nun fehlt der nächste Schritt, nämlich zu prüfen, ob dieser Ansatz auch für andere Kunden genutzt werden kann. Für diese Kunden ist festzustellen, in welchen Fällen sich eine EDI-Anbindung lohnt. So kann eine Prioritätenliste die Reihenfolge der Kundenansprache beschreiben.

Für den Erfolg einer Umsetzung sind zwei unterschiedliche Aspekte zu betrachten: der inhaltliche Fortschritt und die Durchdringung der Veränderung. Der erste Aspekt beschreibt den Grad der Veränderung, d. h. wie weit das Projektteam die notwendige Veränderung vorangetrieben hat. Der zweite Aspekt betrachtet, in wie vielen Fällen ein neues

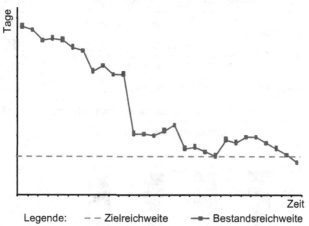

Abb. 10.4 Fortschrittsverfolgung mit Diagnosekennzahlen

Konzept genutzt wird. Mit Diagnosekennzahlen wird der Fortschritt der wichtigen Kennzahlen über den Zeitlauf verfolgt (Abb. 10.4).

Um den Fortschritt der Umsetzung des oben beschriebenen EDI-Projekts zu messen, werden zwei Diagnosekennzahlen eingeführt. Die erste Messgröße beschreibt, welcher Prozentsatz aller Aufträge über die EDI-Anbindung läuft. Damit wird die Bedeutung der neuen Lösung beschrieben. Die zweite Messgröße gibt an, wie viele der möglichen Kunden die elektronische Anbindung bereits im operativen Geschäft nutzen.

Für das Unternehmen ist nun der erste Schritt zur Verfolgung des Umsetzungsfortschritts erreicht. Neben dem Ursprungskunden hat es die Verbesserungen weitestgehend eingeführt, zumindest auf der Kundenseite. Die Umsetzung ist dennoch unvollständig: Wenn der neue Prozess Vorteile für den Kunden bringt, warum sollte das Unternehmen dieses Konzept nicht auch für die Anbindung von Lieferanten verwenden? Gerade in der Supply Chain lassen sich die Konzepte aus dem Kunden-Lieferanten-Verhältnis zum Abnehmer auch auf die eigenen Zulieferer übertragen.

Für eine Prozessverbesserung ist neben der inhaltlichen Lösung eine Umsetzung in der Breite notwendig, um den Nutzen für das Unternehmen zu maximieren. Die folgenden Abschnitte beschreiben daher Vorgehensweisen, mit denen die Verfolgung dieser beiden Dimensionen verbessert werden kann.

10.5.5 Härtegradsystematik

Ein weiterer Lösungsansatz zur besseren Umsetzung von Prozessoptimierungen sind Messgrößen zur Verfolgung des Fortschritts. Von vielen Beratungsunternehmen unter dem Schlagwort *Härtegrad* propagiert, wird mit diesem Ansatz der inhaltliche Umsetzungsfortschritt gemessen (Abb. 10.5).

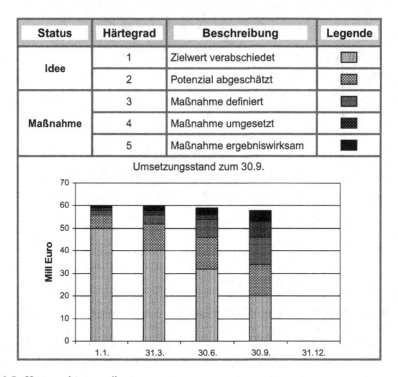

Status	Härtegrad	Beschreibung	Legende
Idee	1	Zielwert verabschiedet	
	2	Potenzial abgeschätzt	
Maßnahme	3	Maßnahme definiert	
	4	Maßnahme umgesetzt	
	5	Maßnahme ergebniswirksam	

Abb. 10.5 Härtegradsystematik

Dazu wird für jede Verbesserung zunächst eine Idee, dann eine Maßnahme definiert. Für jede Idee-Maßnahmen-Kombination wird der Verlauf nach bestimmten Kriterien beschrieben und mit definierten Graden verfolgt, vom Vorschlag bis zur Umsetzung. Die einzelnen Stufen sind dabei beispielsweise wie folgt definiert:

- Härtegrad 1: Zielwert verabschiedet
- Härtegrad 2: Potenzial abgeschätzt
- Härtegrad 3: Maßnahme definiert
- Härtegrad 4: Maßnahme umgesetzt
- Härtegrad 5: Maßnahme ergebniswirksam

Die Härtegrade 1 und 2 beschreiben das Ideenpotenzial. Dazu werden mögliche Verbesserungen und deren Ergebnisse diskutiert. Für Härtegrad 1 wird eine Idee entwickelt und ein Ziel für Einsparungen definiert, die mit der Idee erreichbar ist. Dieses Ziel kann aus einem Benchmarking abgeleitet sein, aus einer Kundenforderung stammen oder auf einem Budgetplan basieren.

Im nächsten Härtegrad wird das Einsparpotenzial aus der Idee abgeschätzt, also welche Einsparungen aus der Idee tatsächlich erreichbar scheinen. Dieses wird grob bestimmt. Wenn die Idee genügend Potenzial aufweist, wird ein Mitarbeiter festgelegt, der für die

Umsetzung der Idee in einer Maßnahme verantwortlich ist. Zusätzlich wird ein Termin festgelegt, zu welchem Zeitpunkt die Maßnahme umgesetzt sein soll.

Für Maßnahmen im Härtegrad 3 sind alle Umsetzungsvoraussetzungen bestimmt und ein Projektplan für die Umsetzung ist erstellt. Der Projektplan beschreibt die notwendigen Aktivitäten und legt Termine und Meilensteine fest, auch für die Erreichung der nächsten Härtegradstufe. Aus den Aktivitäten und dem Fortschritt bei der Maßnahmenbearbeitung lassen sich die Einsparpotenziale detailliert ableiten, sodass zu diesem Zeitpunkt klar wird, wie die Maßnahme wirken wird.

Im folgenden Härtegrad 4 wird mit der Umsetzung des Projektplans begonnen, wenn alle Umsetzungsvoraussetzungen erfüllt sind. Während der Maßnahmenumsetzung wird die Ergebniswirksamkeit regelmäßig überprüft und der Termin für die tatsächliche Erreichung der Ergebnisse wird nachgehalten.

Für den Härtegrad 5 „Maßnahme wirksam" müssen sich die Veränderungen in den Unternehmenssystemen ablesen lassen. Wenn es um Kostenreduzierungen geht, müssen die Kosteneinsparungen in der Gewinn- und Verlustrechnung identifizierbar sein.

Für das Controlling des Maßnahmenfortschritts wird zunächst eine Gesamteinsparung festgelegt und für alle identifizierten Maßnahmen wird bestimmt, wie viel sie zum Einsparungsergebnis beitragen. Über den Verlauf eines Geschäftsjahres lässt sich verfolgen, ob sich die Einsparungen gleichmäßig durch die Härtegrade weiterentwickeln.

Die Härtegradsystematik ermöglicht ein Umsetzungscontrolling für Maßnahmen. Für Unternehmen mit unterschiedlichen Projekten oder großen Projekten mit vielen Maßnahmen kann mit der Härtegradsystematik ein wesentlicher Fortschritt zur Erhöhung der Umsetzungsqualität erreicht werden.

Die Härtegradsystematik in der oben beschriebenen Form eignet sich besser für die Planung von Maßnahmen als für die Verfolgung der Umsetzung, da die Härtegrade sehr stark den Umsetzungsanfang betreffen und die aufwendige Veränderungsphase nicht ausreichend unterteilt ist. Auch die Durchdringung der Maßnahmen und die Dauer der Umsetzung lassen sich mit der Methode nur schwer erfassen. Da in der Regel die Umsetzungsvoraussetzungen nicht in die Verantwortung des Projektleiters fallen, können diese Punkte zu einer erheblichen Verlängerung führen.

10.5.6 Projektlenkungskreis

In der Produktentwicklung (McGrath 1996) hat sich in den letzten Jahren die Erkenntnis durchgesetzt, dass die Entwicklungsprojekte einen Wiederholcharakter haben und daher ein Prozess für die Entwicklungsabwicklung zu definieren ist. Viele Unternehmen haben einen phasenorientierten Meilensteinprozess (Becker und Jagdt 2000) eingeführt, der zu den Meilensteinen einen festgelegten Projekt-Review-Prozess und so gezielte Entscheidungen ermöglicht. Obwohl häufig nur als Quality Gate (Hawlitzky 2002) eingeführt, führt die umfassende Betrachtung als Projekt-Review zu einer besseren Entscheidungsgrundlage.

Auch die Prozessverbesserungen sind regelmäßige Aufgaben mit hohem Wiederholcharakter. Unternehmen können ihre Verbesserungsprozesse stärker strukturieren und so erhebliche Verbesserungspotenziale erschließen. So wie die Produktentwicklungsaufgaben in Plattform-, Produkt- und Anpassungsentwicklung unterteilt sind, können unterschiedliche Prozessverbesserungen je nach Umfang in Prozess-Reengineering-, Prozessoptimierung- oder KVP-Projekte unterteilt werden. Angefangen bei Reengineering- oder Optimierungsprojekten wird nun ein Standardprojektplan entwickelt, der die wesentlichen Aufgaben für eine Verbesserung umfasst. Aus der Schrittfolge werden logische Phasen gebildet, zu deren Ende ein Projekt-Review definiert wird. Für jedes Review lassen sich die Kriterien ableiten, die ein Entscheidungsgremium für eine effiziente Entscheidungsfindung benötigt.

In jeder Phase werden die Hauptprozesse definiert und die zugehörigen Teilprozesse grob beschrieben (Abb. 10.6). So können auch die erwarteten Ergebnisse definiert werden.

Der phasenorientierte Projekt-Review-Prozess standardisiert die Abwicklung von Projekten und ermöglicht eine systematische Steuerung von Verbesserungsprozessen. Durch eine Anpassung der Inhalte an unterschiedliche Aufgabenkomplexitäten können alle Projektleiter bei der Umsetzung unterstützt werden.

Ein Projekt-Review (Abb. 10.7) findet dann am Ende jeder Projektphase wie folgt statt: Das Projektteam bereitet dem Lenkungskreis die Ergebnisse der abgelaufenen Projektphase auf und stellt die Pläne für die Projektausführung für das Gesamtprojekt und detaillierte Pläne für die nächste Phase vor. Das notwendige Budget wird aus Zeitplan und Ressourcenbedarf bestimmt. Zusätzlich werden die erforderlichen Investitionen bestimmt. Der Lenkungskreis erhält diese Unterlagen vor dem Review. Das Projektteam bereitet die Präsentation für das Review auf. Während des Reviews werden die Projektergebnisse,

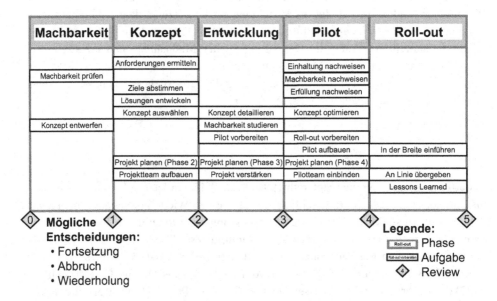

Abb. 10.6 Standardprojektplan

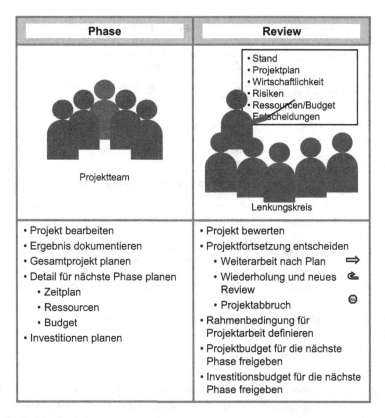

Phase	Review
Projektteam	• Stand • Projektplan • Wirtschaftlichkeit • Risiken • Ressourcen/Budget • Entscheidungen Lenkungskreis

• Projekt bearbeiten
• Ergebnis dokumentieren
• Gesamtprojekt planen
• Detail für nächste Phase planen
  • Zeitplan
  • Ressourcen
  • Budget
• Investitionen planen
	• Projekt bewerten
	• Projektfortsetzung entscheiden
	  • Weiterarbeit nach Plan ⇨
	  • Wiederholung und neues ⤶
	    Review
	  • Projektabbruch ⊖
	• Rahmenbedingung für
	  Projektarbeit definieren
	• Projektbudget für die nächste
	  Phase freigeben
	• Investitionsbudget für die nächste
	  Phase freigeben

Abb. 10.7 Projekt-Review

Pläne, Budgets und erforderlichen Entscheidungen nach einem Standardschema präsentiert. Da für jedes Projekt-Review ein Kriterienkatalog (Abb. 10.8) zur Überprüfung definiert ist, wird die Entscheidungsqualität verbessert; dadurch werden alle wichtigen Aspekte berücksichtigt. Die Projektteams können die Kriterienkataloge nutzen, um die Präsentation vorzubereiten und die erforderlichen Fragen zu beantworten.

Während des Projekt-Reviews wird das Projekt aus allen Perspektiven betrachtet. Neben einem kurzen inhaltlichen Review werden die Einhaltung des Zeitplans und des Budgets, die Pläne für die restliche Projektabwicklung und die geplanten Aufwendungen für die nächste Phase betrachtet. Ein weiterer wesentlicher Punkt sind Betrachtung und Dokumentation aller Risiken, die mit dem Projekt verbunden sind.

Während des Reviews werden vom Projekt die notwendigen Entscheidungen erläutert und dokumentiert. Das Team gibt eine Empfehlung für jede Entscheidung ab. Dazu gehört auch die Entscheidung, wie mit dem Projekt weiterverfahren wird, also ob das Projekt nach Plan fortgesetzt werden soll, ob es nach der Umsetzung einiger definierter Zusatzumfänge erneut für ein Review antreten oder ob es gestoppt werden soll.

Alle Entscheidungen werden im Review diskutiert und besprochen. Wichtig ist, dass die Entscheidungen innerhalb der Sitzung gefällt werden. Für das Projektteam werden bei

Kriterien	Entwicklungsphase
Strategie	Stimmt das Projekt mit der strategischen Zielsetzung überein?
Anforderungen	Werden die Kundenanforderungen im Pilot erfüllt?
Ziele	Werden die Ziele im Pilot erfüllt werden?
Lösungsansatz	Ist der Lösungsansatz analytisch nachgewiesen?
Projektorganisation	Kann das Projektteam die Ergebnisse erreichen?
Projektplan	Ist der Projektplan realistisch und machbar?
Projektressourcen	Sind die erforderlichen Personen zum richtigen Zeitpunkt vorhanden?
Investitionen	Erfüllt die Investition die Firmenvorgaben?
Risiken	Sind die Risiken beherrschbar?

Abb. 10.8 Auszug aus dem Kriterienkatalog

Fortsetzung und Wiederholung die Randbedingungen mitgegeben, mit denen es arbeiten kann. Dazu gehört die Bereitstellung von Ressourcen und Geldmitteln für die Projektarbeit sowie der erforderlichen Investitionsmittel.

Die phasenweise Freigabe von Mitteln führt zu einem hohen Druck, die Projekte in den Phasen zeitgerecht und ergebnisorientiert abzuwickeln. Auf der anderen Seite müssen die Lenkungskreise aber auch befugt sein, Entscheidungen über Budgets, Budgetüberschreitungen und Investitionen zu fällen oder die Mittel freizugeben. Häufig ergeben sich hier Konflikte zwischen den Unterschriftsregelungen (Wer darf was unterschreiben?) und den benötigen Befugnissen im Lenkungskreis. Deshalb kann es sich anbieten, zu bestimmten Lenkungskreisen den Teilnehmerkreis zu erweitern, um alle erforderlichen Entscheidungen treffen zu können und die weitere Mittelverwendung dann auf den Lenkungskreis und das Projektteam zu delegieren.

Die Konzentration wesentlicher Entscheidungen auf die Projekt-Review-Sitzungen kann die Projektabwicklung wesentlich beschleunigen. Voraussetzung ist ein richtig konzipierter Standardprojektplan, der alle erforderlichen Entscheidungen zur rechten Zeit erfordert.

Für eine gezielte Ausführung von Verbesserungsprojekten bietet sich die Entwicklung von Standardprozessen mit Projekt-Reviews an. Mit der Methode kann einerseits die Projektplanung der Projektteams und andererseits die Entscheidungsfindung deutlich verbessert werden.

Die Projekt-Reviews können auch anstelle der Härtegrade genutzt werden, um den Projektfortschritt zu messen (Abb. 10.9). Dabei wird das Projekt-Review dem Härtegrad

Status	Phasen	Härtegrad
Idee	Machbarkeit	1. Identifiziert
Idee	Konzept	2. Definiert
Idee	Konzept	3. Konzipiert
Maßnahme	Entwicklung	4. Lösung entwickelt
Maßnahme	Prototyp	5. Funktionsfähigkeit nachgewiesen
Maßnahme	Prototyp	6. Anforderungen erfüllt
Maßnahme	Prototyp	7. Verbesserungen/Einsparungen im Pilot belegt
Maßnahme	Roll-out	8. Ergebniswirksam an 50 % der Standorte
Maßnahme	Roll-out	9. Ergebniswirksam an allen Standorten

Abb. 10.9 Projekt-Reviews mit Härtegraden

gleichgesetzt und die Projekte und Maßnahmen werden entsprechend den Projekt-Reviews gewertet. Erst wenn ein Projekt-Review erfolgreich abgeschlossen ist, wird das Projekt in den nächsten Status überführt.

Einige Unternehmen verwenden Härtegrade, die sich analog zu den Projekt-Reviews in den ersten Phasen befinden und ab der Phase „Pilotierung" detaillierter unterteilt sind. Mit dieser Untergliederung soll der Fokus auf die Ergebniswirksamkeit erhöht werden, da die Einführung eines neuen Prozesses häufig nicht ausreicht, um die gesamten Einsparungen zu erzielen. Hier sind die Prozessverantwortlichen letztendlich gefordert, die Einsparungen konkret nachzuweisen. Wegen der Vertragslaufzeiten, Kündigungsfristen oder anderer Randbedingungen können z. B. die Kosten oft nicht direkt mit dem Projektfortschritt gesenkt werden.

10.6   Standardprojektplan für die Umsetzung

Die Projektvorgehensweise unterteilt die Projekte in Phasen. Dieses Phasenkonzept lässt sich mit dem Entscheidungsprozess und der Projektorganisation hervorragend verbinden, da die Reviews zu Ende der Phasen wichtige Entscheidungspunkte sind. Hier wird über das Projekt, den Projektfortschritt und die weitere Vorgehensweise bestimmt.

Für einen effizienten Entscheidungsprozess berichtet das Projektteam zu den Reviews über Projektfortschritt, aktuelle Ergebnisse und zukünftige Pläne an den Lenkungskreis. Der Lenkungskreis verwendet eine definierte Kriterienliste, um über Richtungsänderungen,

Projektfortsetzung oder Korrekturmaßnahmen zu entscheiden. Mit der Entscheidung werden Budgets und Mittel für die nächste Phase freigegeben. Bei unzureichendem Projektfortschritt kann das Projektteam zu einer Nacharbeit bis zum nächsten Lenkungskreis aufgefordert oder in Extremfällen – beispielsweise bei fehlender Erfolgsaussicht – kann das Projekt vorzeitig abgebrochen werden.

Voraussetzung für einen solchen Entscheidungsprozess ist neben der entsprechenden phasenabhängigen Beauftragung und Budgetzuteilung eine angemessene Aufbereitung der Projektunterlagen für den Lenkungskreis. Das Projektteam bereitet eine Informations- und eine Präsentationsunterlage auf, die den Lenkungskreis mit allen erforderlichen Informationen für die Entscheidungen versorgt. Die Kriterienliste für jedes Review kann von den Projektteams zur Vorbereitung genutzt werden. Zusätzlich sind für notwendige Entscheidungen alle Informationen aufzubereiten, damit der Lenkungskreis zwischen den vorgestellten Alternativen abwägen kann. Zur Unterstützung bereitet das Projektteam jede Entscheidung mit einer Empfehlung und einer zugehörigen Begründung auf.

Dies setzt die Delegation der Projektverantwortung an den Projektleiter voraus, der über diesen Prozess klare Rahmenbedingungen gesetzt bekommt. Bei Überschreitung einer der Rahmenbedingungen ist der Lenkungskreis zu einer Sondersitzung einzuberufen. Mit dieser „Management-by-Exception"-Lösung übt der Lenkungskreis eine klare Steuerungsfunktion aus.

Ein Hauptunterschied zur klassischen Interpretation von Lenkungskreisen ist bei dieser Vorgehensweise die Abkehr von der Informationsveranstaltung. Um das berechtigte Informationsbedürfnis der Betroffenen zu befriedigen, sind daher andere Wege erforderlich. Regelmäßige Berichte in der Managementrunde, ein fachlicher Beirat oder schriftliche Informationen sind mögliche Lösungsalternativen. Bei fachlichen Beiratssitzungen bietet es sich an, diese im Vorfeld der Lenkungskreise stattfinden zu lassen, um mögliche Anregungen und Verbesserungsvorschläge frühzeitig zu erhalten und auch die Zustimmung der Betroffenen zu den Projektergebnissen in den Entscheidungsprozess einfließen zu lassen.

Ein wesentliches Merkmal für erfolgreiche Projekte ist die richtige Ressourcenverfügbarkeit. Für die erfolgreiche Umsetzung des Projekts sind die richtigen Mitarbeiter zur richtigen Zeit in das Projekt einzubinden. Dafür sind die Namen aller Beteiligten zu fixieren. Mit den Projektteammitgliedern sind die Projektziele abzustimmen und mit dem Team als Ganzes zu vereinbaren. Neben der reinen Projektbudgetbereitstellung stellen die Abteilungen die abgestimmten Mitarbeiter mit der erforderlichen Zeit zur Verfügung.

Erfolgreiche Unternehmen haben mit diesen Vorgaben einen Standardprojektplan für Verbesserungen implementiert, der in definierte Phasen unterteilt ist (siehe auch Abb. 10.6). In jeder Phase sind definierte Aufgabenumfänge abzuarbeiten.

10.6.1 Machbarkeit

Für die Phase *Machbarkeit prüfen* werden Begriffe wie *Analyse*, *Diagnose* oder *Assessment* verwendet. Ziel dieser Phase ist es, ein Konzept zu entwickeln, mit dem die identifizierte Problemstellung gelöst werden kann. Am Ende der Machbarkeitsphase muss entschieden werden, ob es sich lohnt, dieses Projekt weiter voranzutreiben, oder ob die gewünschten Ergebnisse nicht erreicht werden können und das Projekt deshalb nicht weiter fortgesetzt werden soll.

Ausgehend von einem Problem wird ein Team beauftragt, einen Lösungsvorschlag zu entwickeln und zu überprüfen, ob dieser eingeführt werden kann. Im Rahmen dieser Phase wird das Problem analysiert und die Prozesse werden grob untersucht, um das Problem zu bestätigen und mögliche Lösungen abzuleiten. Aus der Analyse muss ersichtlich sein, wie jetzt tatsächlich die Leistung ist und welche Ziele erreicht werden könnten.

Der Konzeptentwurf beinhaltet einen oder mehrere Vorschläge, wie die zukünftige Lösung aussehen soll, und einen Realisierungsvorschlag, d. h. wie die wahrscheinlichste zukünftige Lösung erreicht werden soll. Hier ist z. B. zu bestimmen, ob die Ergebnisse mit einem Prozess-Reengineering, einer Prozessoptimierung oder einem KVP-Projekt erzielt werden sollen.

Darüber hinaus ist die nächste Phase „Konzept" detailliert geplant und die erforderlichen Ressourcen sind abgestimmt worden. Neben einer Nutzenabschätzung wird der Projektaufwand bestimmt, um eine erste Wirtschaftlichkeit abschätzen zu können.

10.6.2 Konzept

Wenn das Projekt die Machbarkeitsphase erfolgreich abgeschlossen hat, beginnt die *Konzeptphase*. Während in der ersten Phase nur ein kleines Team die Aufgaben bearbeitet hat, werden in der Konzeptphase die erforderlichen Teammitglieder in die Projektarbeit integriert.

Im Rahmen der Teamorientierung werden die Zielsetzungen für das Projekt mit allen Teammitgliedern abgestimmt. Erst wenn die Ziele vereinbart sind, beginnt das Projektteam, einen konkreten Lösungsansatz zu entwickeln und das Lösungskonzept zu detaillieren.

Im Rahmen der Konzeptphase werden die Kundenanforderungen präzisiert und bewertet. Ziele dieser Phase sind die inhaltliche Entwicklung eines Konzepts und die Festlegung eines Umsetzungsplans. Das Konzept kann wirtschaftlich bewertet werden und der Detaillierungsgrad ist so bestimmt, dass ausreichend Informationen für die Bestimmung der wesentlichen Kosten und Einsparungen vorhanden sind. Mit dem Wissen um die Wirtschaftlichkeit kann entschieden werden, ob es sinnvoll ist, das Projekt fortzusetzen oder nicht. Für die nächste Phase wird ein detaillierter Projektplan entwickelt und die erforderlichen Ressourcen werden abgestimmt.

10.6.3 Entwicklung

Die Phase *Entwicklung* verfeinert die Konzepte und entwickelt die komplette Lösung. Aufbauend auf den Kundenanforderungen und Zielen wird das Lösungskonzept verfeinert und überprüft. Ziel dieser Phase ist die Überprüfung, ob die entwickelte Lösung die gewünschten Verbesserungen und Ziele erreicht, bevor im nächsten Schritt mit der Umsetzung begonnen wird.

In dieser Phase werden die neuen Prozesse gestaltet und beschrieben. Für jeden einzelnen Schritt werden Voraussetzungen und Inhalte geklärt. Mit einer Simulation wird nachgewiesen, dass die angestrebten Ziele erreicht werden können.

Für die nächste Phase wird das Projekt im Detail geplant. Dazu wird geprüft, in welchem Umfang die neuen Lösungen im realen Einsatz getestet werden können. Dabei geht es nicht um einen Konferenzraumpiloten, sondern um eine konkrete Anwendung des neuen Lösungskonzepts. Dazu wird der Pilotumfang festgelegt und abgestimmt und alle Vorbereitungsaktivitäten werden gestartet.

10.6.4 Pilot

Ziel der *Pilotphase* ist der Nachweis der Machbarkeit. Mit der praktischen Anwendung der Lösung soll demonstriert werden, dass die gewünschten Ziele erreicht werden. Durch die Anwendung im Piloten können die Lösungen noch verbessert werden, bevor die Lösung flächendeckend eingesetzt wird. Für das Projekt wird die Linie im Pilotumfang eingebunden und das Pilotteam in den geplanten Veränderungen geschult.

Der Pilot entspricht einem Prototyp in der Entwicklung. Anfangs ist er noch nicht in allen Einzelheiten umgesetzt und auch manches Hilfsmittel kann noch nicht eingesetzt werden. Wenn die prinzipielle Funktion der Lösung nachgewiesen ist, wird der Pilot immer weiter verbessert und das Lösungskonzept wird optimiert, bis die Erfüllung der Ziele nachgewiesen ist.

Für die nächste Phase wird für alle infrage kommenden Prozesse die Umsetzung geplant und für die nächsten Umsetzungen werden die Investitionen und der Personalbedarf bestimmt.

10.6.5 Rollout

In der Phase *Rollout* wird die pilotierte Lösung in der Breite eingeführt und der Prozess wird an die Linie übergeben. Die Schulungsmaterialien werden entwickelt und alle Betroffenen werden intensiv in den neuen Prozessen geschult. Die Prozessdokumentation wird aktualisiert und reflektiert nun alle Veränderungen.

Vor dem Projektabschluss wird das Projekt nachbetrachtet. Aus den Lessons Learned werden Hinweise für weitere Projekte abgeleitet. Im Rahmen dieser Manöverkritik, auch *Projekt post mortem* (Kerth 2005) genannt, werden sowohl positive als auch negative Erfahrungen gesammelt, die Mitarbeiter in den Projekten oder bei der Prozessveränderung gemacht haben. Lessons Learned beinhalten Entscheidungen, Prozessbeschreibungen etc., die in Zukunft die Wahrscheinlichkeit von Erfolgen erhöhen bzw. diejenige von Fehlern und Misserfolgen senken.

Mit dieser Methode können Gruppen, Teams oder Einzelpersonen sofort aus ihren Erfolgen und Fehlschlägen lernen. Die Methode basiert auf vier Fragen:

- Was hätte passieren sollen?
- Was ist wirklich passiert?
- Warum gab es Abweichungen, Unterschiede?
- Was können wir daraus lernen?

Nach Beantwortung und Diskussion dieser Fragen im Team werden die gesammelten Erfahrungen dokumentiert. Ziel dieser Methode ist es, Erfahrungen allen zugänglich zu machen, die davon profitieren können. Die dokumentierten Erfahrungen helfen, bei ähnlichen Fragestellungen oder Problemen besser handeln zu können.

Zum Abschluss der Rollout-Phase wird das Projekt offiziell beendet. Die Linie und der Prozessverantwortliche sind für die kontinuierliche Verbesserung verantwortlich.

10.6.6   Organisation an unterschiedliche Projektgrößen anpassen

Die Rollen der Projektorganisation lassen sich abhängig von Projektumfang und -inhalt anpassen. Deshalb sind die oben beschriebenen Rollen nicht mit unterschiedlichen Personen gleichzusetzen, denn bei kleineren Projekten können mehrere Rollen von einem Mitarbeiter ausgefüllt werden. Bei einem abteilungsinternen Projekt sind andere Entscheidungsstrukturen erforderlich als bei einem abteilungsübergreifenden.

Bei kleineren Projektaufgaben sind naturgemäß nicht alle Strukturen erforderlich. Ein KVP-Projekt benötigt ein Projektteam, Projektteamleiter und -mitglieder sowie einen Sponsor, während komplexe, abteilungsübergreifende Prozessoptimierungs- oder Reengineering-Projekte wesentlich mehr Elemente der oben beschriebenen Struktur benötigen (Abb. 10.10).

Das Review-Konzept lässt sich auf alle Projekttypen übertragen. Bei kleineren Projekten übernimmt der Projektsponsor die Funktion des Lenkungskreises. Im Rahmen der Vereinfachung der Steuerung können auch mehrere Projekte unter einem Lenkungskreis zusammengefasst werden oder die Steuerung von Teilprojekten kann dem Kernteam als Lenkungskreis überlassen werden.

10.7   Veränderungsmethoden

Um Veränderungen zu begleiten, gibt es zahlreiche Methoden. Im Folgenden liegt der Schwerpunkt auf der Projektumfeldanalyse. Mit ihr lassen sich die Beteiligten einer Veränderung bewerten, um Maßnahmen für die Einbindung der Beteiligten abzuleiten.

10.7.1   Projektumfeldanalyse

Die Projektumfeldanalyse oder auch *Stakeholder-Analyse* (Walker et al. 2001; Abb. 10.11) hilft, Erwartungen an das Projekt und Einflussgrößen besser zu steuern. Im Umfeld des Projekts werden Interessengruppen (Stakeholder), also eine einzelne Person, eine Gruppe

Machbarkeit	Konzept	Entwicklung	Pilot	Roll-out
		Teilprojekt 1: Prozessoptimierung		
		Entwicklung	Pilot	Roll-out
		Teilprojekt 2: Prozessoptimierung		
		Entwicklung	Pilot	Roll-out
	Konzept	Teilprojekt 3: KVP		
		Entwickl. Pilot Roll-o.		
			Teilprojekt 7: KVP	
Gesamt-machbar-keit			Entwickl. Pilot Roll-o.	
			Teilprojekt 8: KVP	
				Entwickl. Pilot Roll-o.
		Teilprojekt 4: Prozessoptimierung		
	Konzept	Entwicklung	Pilot	Roll-out
		Teilprojekt 5: Prozessneugestaltung		
		Konzept	Entwicklung	Pilot	Roll-out
		Teilprojekt 6: KVP		
		Entwickl. Pilot Roll-o.		

Abb. 10.10   Gesamtprojekt mit Teilprojekten

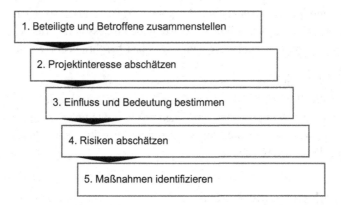

Abb. 10.11   Projektumfeldanalyse

von Personen, eine Abteilung oder ein Bereich, die Anteil oder Interesse an der Prozess-veränderung haben oder von ihr betroffen sind, hinsichtlich ihrer Einstellung zum Projekt bewertet. Ziel dieser Analyse ist es, das Projektrisiko zu minimieren, Erwartungshaltun-gen besser zu treffen und Probleme vorbeugend zu vermeiden. Mit der Analyse sollen die Interessengruppen frühzeitig identifiziert werden, damit ihr Feedback integriert wird und sie in den Veränderungsprozess einbezogen sind. Die Beteiligten und Betroffenen können im besten Fall helfen, die gewünschten Projektergebnisse zu erreichen, oder andernfalls den Projekterfolg verhindern.

Zunächst werden die Beteiligten und Betroffenen eines Projekts in einer Tabelle zusammengestellt. In einer Spalte wird das Interesse der identifizierten Personen oder Organisationseinheiten an dem Projekt aufgelistet. Neben den Interessen der einzelnen Stakeholder werden die Bedeutung für beziehungsweise der potenzielle Einfluss auf das Projekt (positiv, negativ, unbekannt) abgeschätzt.

Diese Hauptkategorien unterscheiden Stakeholder anhand ihres Einflusses auf und ihrer Bedeutung für Veränderungsaktivitäten.

- Aktiv (beteiligt) sind Einzelpersonen, Gruppen oder Organisationen, die einen entscheidenden Einfluss auf die Durchführung des Projekts haben oder sehr bedeutend für dessen Erfolg sind (z. B. Auftraggeber) sowie Einzelpersonen, Gruppen oder Organisationen, die direkt in die Projektarbeit eingebunden sind. Dazu zählen Projektteammitglieder.
- Passiv (betroffen) sind alle Stakeholder, deren Aufgaben sich infolge der Projektarbeit ändern werden, die aber dennoch ein Interesse an dem Projekt oder eine vermittelnde Rolle haben.

Eine Matrix (Abb. 10.12) beschreibt den Zusammenhang zwischen dem Interesse und der Einflussstärke der identifizierten Interessengruppen. Sie dient zur Klassifizierung aller Beteiligten und Betroffenen. Dahinter sind die Handlungsalternativen bewertet.

Nachdem die Gruppen, ihr Interesse am und ihr Einfluss auf das Projekt ermittelt wurden (Abb. 10.13), sind die möglichen Risiken zu betrachten. In der Stakeholder-Analyse zeigen sich Risiken vor allem dort, wo Interessenskonflikte und sich widersprechende Erwartungen zwischen den einzelnen Stakeholdern auftreten. Möglicherweise stehen die Interessen eines Stakeholders mit hohem Einflusspotenzial im Widerspruch zu den Projektzielen. Dies kann dazu führen, dass Aktivitäten blockiert werden, und im schlimmsten Fall sogar das ganze Projekt gefährden.

Um den Risiken zu begegnen, sollte der Projektleiter unklare Stakeholder-Rollen und -Verantwortungen beseitigen und „Was-wäre-wenn"-Szenarien durchspielen. Diese Szenarien

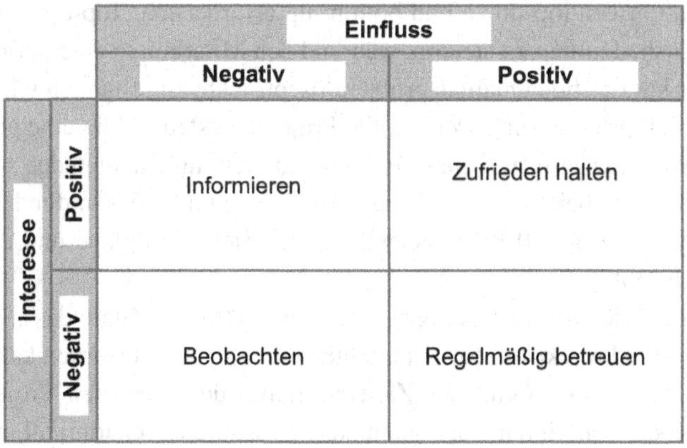

		Einfluss	
		Negativ	Positiv
Interesse	Positiv	Informieren	Zufrieden halten
	Negativ	Beobachten	Regelmäßig betreuen

Abb. 10.12 Stakeholder-Matrix

Stakeholder	Interesse	Einfluss	Bewertung
Vorstand	+	+	Hat großes Interesse an der Umsetzung des Projektes
Logistikleiter	+	+/-	Liefert nur das ab, was unbedingt nötig ist
Anwender	-	+	Ist nicht richtig motiviert, da kein persönlicher Nutzen
Projekt-manager	-	+	Ist überfordert und muss permanent motiviert werden
Einkaufsleiter	-	+	Möchte sich nicht in die Karten schauen lassen

Abb. 10.13 Projektumfeldbewertung

würden dann Fälle von unerfüllten Anforderungen und Bedürfnissen oder Erwartungen bein-halten und eine Plausibilitätsprüfung der Annahmen durchführen.

Zusätzlich sind Maßnahmen zu definieren, wie die identifizierten Risiken minimiert und die Erwartungen aller Beteiligter aufeinander ausgerichtet werden können. Dazu sind mögliche Kommunikationswege und Inhalte zu definieren und die Maßnahmen umzusetzen.

10.7.2 Projektpriorisierung

In jedem Unternehmen gibt es mehr Verbesserungsinitiativen und -ideen, als die Organi-sation in der ihr zur Verfügung stehenden Zeit umsetzen kann. Häufig konkurrieren Unter-nehmens-, Abteilungs- und persönliche Aufgabenstellungen miteinander und greifen auf die gleichen Engpassressourcen zu.

Für ein erfolgreiches Management des Projektportfolios, also der Liste aller Projekte, ist eine Kombination von top-down und bottom-up erforderlich. Top-down sind Projekte von Unternehmensbedeutung zu steuern, während den Mitarbeiten eine definierte Zeit für Abteilungs- oder kurzfristige Qualitätsproblemlöseprojekte zugestanden wird.

Über eine Projektpriorisierung werden alle Projekte gesteuert, die eine gewisse Größe erreichen oder Abteilungsgrenzen überschreiten und nicht im Rahmen des zugestandenen Arbeitsfreiraums abzuarbeiten sind. Für jede Projektidee und jedes laufende Projekt wird ein Projektsteckbrief (Abb. 10.14) angelegt, der die Ziele, Zeitpläne und erforderlichen Ressourcen beschreibt.

Der Projektsteckbrief ist ein einseitig beschriebenes DIN-A4-Blatt, das sowohl zur Prä-sentation als auch zur Projektfortschrittsberichterstattung genutzt werden kann. Es berich-tet über die Ziele und den Grad der Zielerreichung, den aktuellen Projektstatus, die Aufgaben, die noch benötigten oder genutzten Ressourcen, Geldmittel und Zeitplan, wichtige anstehende Entscheidungen, die wesentlichen offenen Punkte mit Klärungsbe-darf und eine Gesamtbewertung.

Projektname														
Projektphase			Härtegrad											
Ziele														
Aufgaben														
Team														
Umfang														
Zeitplan	Aktivitäten	J	F	M	A	M	J	J	A	S	O	N	D	

Abb. 10.14 Projektsteckbrief

Ziel des Projektsteckbriefs ist die Verfolgung des Projektfortschritts über alle Phasen des Projekts. Er ist das zentrale Kommunikationselement zum Projektstart und während der laufenden Projektarbeit. Der Steckbrief ist eine Zusammenfassung des „Geschäftsplans" des Projekts. Er dient zur Kommunikation mit dem Projektsponsor und dem Lenkungskreis. Der Steckbrief wird laufend aktualisiert, bei entsprechender Automatisierung direkt aus den Projektmanagementsystemen. Er kann einen periodischen Projektmonatsbericht ersetzen.

Die Projektsteckbriefe beschreiben das Angebot an möglichen Veränderungen. Aus der Summe der Veränderungen lässt sich ableiten, ob mit ihnen die Unternehmensziele erreicht werden können. Aus der Jahresbudgetplanung werden die operativen Ziele abgeleitet. Für die erforderlichen Veränderungen werden Zielvorgaben entwickelt, z. B. zur Kosteneinsparung, Qualitätsverbesserung oder Liefertreueverbesserung. Diese Ziele werden gegeneinander gewichtet und so Bewertungskriterien zur Priorisierung abgeleitet.

Mit den Projektsteckbriefen wird überprüft, ob es genügend Projekte gibt, mit denen die definierten Lücken geschlossen werden können, oder ob neue Projekte initiiert werden müssen, um die gesetzten Ziele zu erreichen. Für jedes neue Projekt wird ein Projektsteckbrief entworfen, mit dem Aufgaben und Ziele sowie der Aufwand abgeschätzt werden. Falls Projekte andere Ziele verfolgen, werden sie zurückgestellt. Daraus lässt sich der Bedarf an Ressourcen für die Veränderungen abklären.

Parallel wird ermittelt, wie viele Ressourcen zur Projektbearbeitung zur Verfügung stehen. Aus einem Abgleich der verfügbaren Ressourcen und der Nachfrage sowie einer Überprüfung der Zielerreichung können nun die Projekte nach ihrer Wichtigkeit einsortiert werden. Wenn genügend Ressourcen zur Verfügung stehen, werden die Projekte entsprechend ihrer Reihenfolge in dieser Projektprioritätenliste gestartet.

Viel häufiger fehlen aber Ressourcen, sodass nun Entscheidungen getroffen werden müssen, wie die Ziele mit den bestehenden Ressourcen erreicht werden können. Bei allen laufenden Projekten ist zu klären, ob eventuell weitere Aufgaben übernommen werden können. Alternativ ist zu prüfen, ob mit anderen Ansätzen eine Bearbeitung möglich ist. Zusätzliche Ressourcen von außen („Body Leasing") können über Engpässe hinweghelfen. Alternativ können für Prioritätsprojekte Machbarkeitsstudien gestartet werden, um zu klären, ob die Projekte mit geringerem Aufwand abzuwickeln sind.

Da es sich bei vielen Prozessverbesserungsprojekten um Aufgaben mit hohem Risiko handelt, für die intern wenig Know-how vorhanden ist, sind die Projektaufwands- und Zeitachsenschätzungen sehr ungewiss. Dieses Schätzrisiko und die Wahrscheinlichkeit von Kurzfrist- und Sonderaufgaben sind bei der Priorisierung angemessen zu berücksichtigen. Denn sonst führen zu ehrgeizige Projektziele und eine zu hohe Projektbelastung zu einer Nichterreichung der Ziele.

Viele Unternehmen nehmen es mit der Ressourcenausstattung der Projekte nicht sehr genau. Anstatt die immer wieder auftretenden Konflikte von vornherein mit einer Priorisierung und entsprechenden Regeln zu lösen, werden die Projekte trotz fehlender Ressourcen gestartet. Wenn sich Ressourcenkonflikte im Projektverlauf einstellen, wird wegen unklarer Prioritäten die Ressourcenbereitstellung weiter verzögert, meistens mit einer erheblichen Ressourcenmehrbelastung für das Unternehmen. Während Fußballmannschaften zu Spielbeginn nicht ohne Not mit weniger als elf Spielern auflaufen, akzeptieren nur wenige Unternehmen, dass eine richtig besetzte Projektmannschaft erheblich effektiver ist.

Für eine erfolgreiche Projektdurchführung setzen effektiv denkende Unternehmen daher quartalsweise ein Gesamtprojektportfolio-Review an. Bei diesem Review wird eine Zusammenfassung der Projekte betrachtet und überprüft, ob die Summe der Projekte die angestrebten Ziele erreicht. Statt die Projekte einzeln zu betrachten, ergibt das Gesamtbild einen guten Indikator für die erreichbaren Ergebnisse. Dieses Projektreview wird vom Managementteam gemeinsam durchgeführt und es werden Handlungsempfehlungen für die einzelnen Projektlenkungskreise abgeleitet. Im Extremfall kann dies zu einer Projektneuorientierung oder gar zum Projektabbruch führen.

10.8 Agiles Projektmanagement

Mit agilen Projektmanagementprozessen fokussieren sich Teams auf die Umsetzung schneller Veränderungen innerhalb kürzester Zeit. Die Ansätze entstammen der Softwareentwicklung und einer der am meisten eingesetzten Vorgehensweise ist das Modell Scrum (Sutherland 2014).

Das agile Vorgehen zielt auf das Erzielen von Verbesserungen in mehreren Schritten, häufig Sprint genannt, wobei am Ende jedes Schrittes eine funktionierende Lösung steht. Mit dieser Lösung kann bereits gearbeitet werden, während parallel im nächsten Schritt die nächsten Verbesserungen eingeführt werden. D.h. es wird nicht alles analysiert, dann ein Gesamtkonzept erstellt, dann alle Aspekte des Gesamtsystems umgesetzt und dann die neue Lösung als Ganzes eingeführt, sondern die ersten Verbesserungen werden kurzfristig eingeführt. Ziel ist es, schnelle Leistungssteigerungen, Kostenersparungen oder Lernerfahrungen zu sammeln. Statt alle Probleme zu lösen, wird bereits frühzeitig angefangen, die verbesserte Lösung zu nutzen. Gleichzeitig kann mit den Erfahrungen der ersten Lösungsschritte die Einführung weiterer Verbesserungen neu priorisiert werden, damit möglichst viele Effekte kurzfristig erreicht werden. Insbesondere bei komplexen Aufgabenstellungen, bei denen am Anfang das Ergebnis nicht vollständig abgesehen werden kann und wenn viele Abhängigkeiten zu berücksichtigen sind, können Erfahrungen aus den ersten Schritten zu einer Beschleunigung von weiteren Schritten führen. So kann auf veränderte Situationen, z. B. neue Erfahrungen oder nicht vorhergesehene Zustände, zeitnah reagiert werden.

Die agile Vorgehensweise Scrum basiert auf einer festgelegten Vorgehensweise (Abb. 10.15). Zunächst werden alle Anforderungen an das Projekt gesammelt. Für jeden Sprint wird ein Ziel definiert, was innerhalb des vorgegebenen Zeit erreicht werden soll. Dazu definiert das Projektteam Aufgaben, die für die Erfüllung der Anforderungen und zur Sprintzielerreichung abgearbeitet werden sollen. Der Aufwand für die Aufgaben wird geschätzt und geprüft, ob diese mit den vorliegenden Ressourcen umgesetzt werden können. Dann werden die Aufgaben in einer täglichen Zusammenkunft von den Teammitgliedern ausgewählt und der Fortschritt zum Vortag berichtet sowie anstehende Probleme

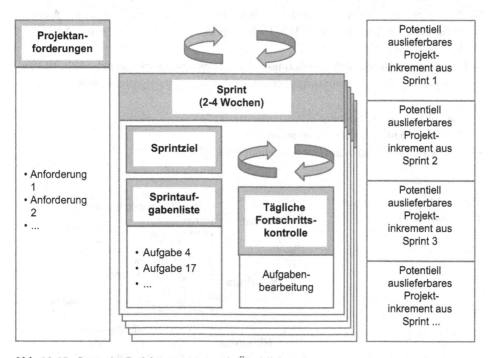

Abb. 10.15 Scrum im Projektmanagement als Überblick

aufgezeigt. Durch die kleinteilige Fortschrittskontrolle können Probleme frühzeitig erkannt werden und schnell Lösungen zur Problembeseitigung umgesetzt werden. Das Team präsentiert am Ende des Sprints die Lösung und diese wird vom Projektverantwortlichen abgenommen. Danach fängt der Prozess im nächsten Sprint wieder von vorne an, mit der Festlegung der Ziele im nächsten Sprint.

Für diese Vorgehensweise werden unterschiedliche Rollen im Team, unterschiedliche Meetings und definierte Hilfsmittel benötigt (Abb. 10.16). Jede dieser Komponente hat eine klare Bestimmung und ist in das Gesamtkonzept der agilen Vorgehensweise integriert.

Die unterschiedlichen Rollen (Abb. 10.17) haben verschiedenen Aufgabenstellungen. Der Prozessverantwortliche ist für das Erreichen der Gesamtziele und auch für die Kosten verantwortlich. Er legt das Ziel für einen Sprint fest und nimmt die Ergebnisse des Teams ab. Der Projektleiter koordiniert die Aufgaben und ist für die Lösung der auftretenden Probleme verantwortlich. Der Teamleiter stellt auch sicher, dass das Team ungestört arbeiten kann. Das Team definiert die erforderlichen Maßnahmen, priorisiert diese und führt die Aufgaben aus. Die Teammitglieder organisieren sich selbst. Das Team präsentiert am Ende des Sprints die Lösung. Die Zusammensetzung des Teams soll sich nicht ändern und die Teammitglieder sollten möglichst Vollzeit für die Aufgabe zur Verfügung stehen.

Mit einer konstanten Länge der Sprints können dauerhaft bessere Ergebnisse erzielt werden. Dazu hat sich eine Dauer von zwei bis vier Wochen bewährt. Das Ziel wird während des Sprints komplett bearbeitet. Dazu werden beispielsweise die Prozesse definiert, die DV-Abläufe angepasst und die zugehörigen Stammdaten geändert und eine Schulung für die Mitarbeiter vorbereitet. Das Team plant die Ausführung eines Sprints am Anfang des Sprints in einer Sprintplanung (Abb. 10.18). Dabei werden die Aufwände je Aufgaben mit Punkten bewertet.

Für Scrum sind verschiedene Meetings während des Sprints erforderlich (Abb. 10.19). In den täglichen Fortschrittsmeetings berichtet jedes Teammitglied drei Punkte:

- Was habe ich gestern erledigt?
- Was habe ich mir für heute vorgenommen?
- Welche Probleme traten auf? Welche Hindernisse gibt es?

Abb. 10.16 Organisation von agiler Projektarbeit

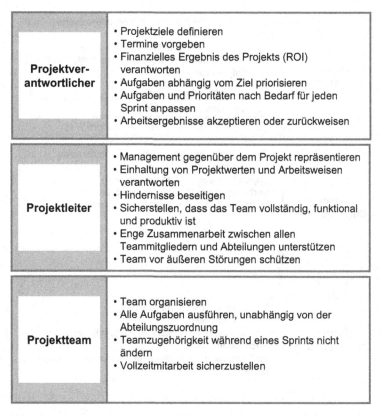

Abb. 10.17 Aufgaben der Beteiligten

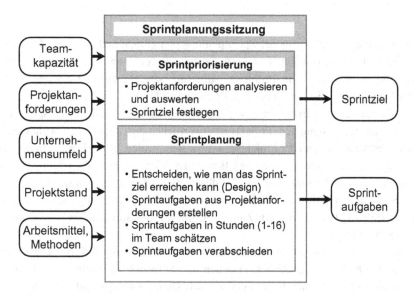

Abb. 10.18 Sprintplanungssitzung

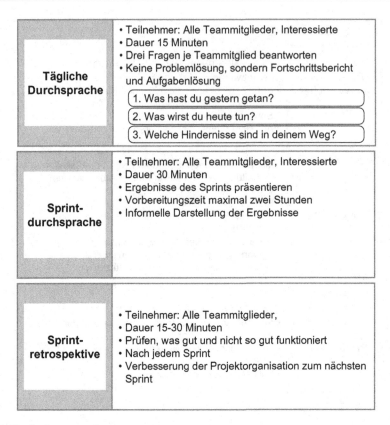

Abb. 10.19 Sprintveranstaltungen

Dabei werden die Aufgaben aus der Sprintplanung genommen und von den Mitarbeitern für die Bearbeitung ausgewählt. Der Fortschritt zu der eigenen Verpflichtung wird am nächsten Tag gemessen. Wenn Probleme auftreten oder Hindernisse erkannt werden, erhält der Projektleiter die Aufgabe, diese Probleme zu lösen.

Am Ende eines Sprints finden zwei wichtige Veranstaltungen statt. In der Sprintdurchsprache präsentiert das Team dem Projektverantwortlichen die Ergebnisse. Da ein Gesamtprozess umgesetzt wird, kann der Projektverantwortliche prüfen, ob die Lösung funktioniert und vollständig für eine Übergabe an den Betrieb ist. Wenn ja, kann die Lösung sofort in der Praxis genutzt werden und direkt ein Feedback an das Team gegeben werden.

In der Sprintretrospektive wird diskutiert, was gut und was schlecht gelaufen ist. Damit wird das Lernen im Team gefördert. Ziel ist es, mit diesem Sprintreview die Teamarbeit effektiver zu gestalten.

Für die Bewertung des Fortschritts werden in vielen Unternehmen Sprint-Burn-Down-Diagramme (Abb. 10.20) verwendet, in denen der Aufwandsfortschritt grafisch und für alle Teammitglieder sichtbar dokumentiert wird. Damit kann gezeigt werden, welche

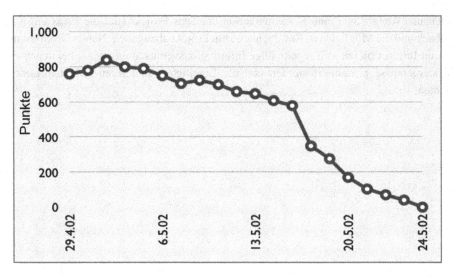

Abb. 10.20 Das Sprint Burndown-Diagramm

Arbeitsumfänge sich das Team vorgenommen hat und wie die Umsetzung dieser Arbeitsumfänge klappt.

Die agilen Methoden sind für viele komplexe Supply Chain Aufgaben ein wesentliches
Werkzeug, um Umsetzungen massiv zu beschleunigen. Gleichzeitig können bei einer
geeigneten Festlegung der Teilschritte schon frühzeitig Leistungssteigerungen erreicht
werden. Voraussetzung für eine erfolgreiche Umsetzung ist ein gutes Gesamtkonzept und
eine effektive Priorisierung der Aufgaben.

10.9 Projektkommunikation

Neben der reinen Entscheidungsstruktur muss das Projekt eine Kommunikationsstruktur
aufbauen. Im Zeitalter elektronischer Kommunikation ist es üblich, das Projekt im Firmen-
intranet darzustellen und so alle Beteiligten über den Projektinhalt und -fortschritt zu infor-
mieren. E-Mail-Newsletter und andere Medien berichten über die Veränderungen. Auch
durch regelmäßige Informationsforen kann ein Informationsaustausch über das Projekt
sichergestellt werden. Die Möglichkeiten von Wikis und Blogs können die Kommunikation
im Projekt deutlich verbessern. Im Wiki können die Ergebnisse von Projekten beschrieben
und als Referenz genutzt werden. In Blogs kann der Projektfortschritt beschrieben werden.

Um die Kommunikation effizient durchführen zu können, sind die Unterlagen weitestgehend zu standardisieren. Neben dem Projektsteckbrief bietet sich eine Standardpräsen-
tation für die Lenkungskreise an, die für andere Zwecke wiederverwendet werden kann.
Der Langtext zur Vorbereitung der Lenkungskreise kann gleichzeitig für eine Aktualisie-
rung von Newslettern oder Webseiten genutzt werden.

Genauso wichtig wie eine Kommunikation über das Projekt sind die Erfassung von Feedback und die Möglichkeit, Kommentare zum Projekt abzugeben. Neben Diskussionsforen im Intranet bieten sich regelmäßige Informationsveranstaltungen an, bei denen die Projektergebnisse präsentiert werden und die Beteiligten über ihren Arbeitsfortschritt berichten.

Prozessverbesserungsprojekte in der Praxis 11

Zusammenfassung

Drei unterschiedliche Beispiele für größere Prozessverbesserungen verdeutlichen den breiten Reigen von Supply Chain Projekten. Das erste Beispiel stellt den Veränderungsprozess bei komplexen ERP-Einführungen in den Vordergrund, das zweite Beispiel zeigt die Systemoptimierung auf und das dritte Beispiel zeigt, wie die Supply Chain auf die Erzielung von bestimmten Zielen optimiert werden kann. Dabei soll gezeigt werden, wie Veränderungen die Wettbewerbsfähigkeit von Unternehmen steigern. Das Kapitel soll Anregungen zu Aufgabenstellungen geben, aber auch den Leser anregen, bei den sehr unterschiedlichen Schwerpunkten darüber nachzudenken, welcher Bereich für das eigene Supply Chain Projekt relevant ist.

Während sich die bisherigen Kapitel mit den Grundlagen und Vorgehensweisen beschäftigt haben, bietet dieses Kapitel Beispiele aus der Beratungspraxis. An Projektbeispielen lassen sich die meisten Vorgehensweisen verdeutlichen.

11.1 EDV-Unterstützung im Supply Chain Management bei H-Bau Technik

Im Ausgangszustand wurde bei der H-Bau Technik GmbH in Klettgau, einem Bauzulieferer, die Kundenauftragsabwicklung überwiegend auf Papier und mit Excel-Listen gesteuert, also die Supply Chain im wesentlich mit manuellen Hilfsmitteln gesteuert (Abb. 11.1). Bei der Erfassung eines neuen Kundenauftrags wurden durch Telefonate und Abstimmungen mit allen betroffenen Abteilungen die Liefertermine bestimmt und als Termin an die Kunden bestätigt. Direkt nach der Erfassung der Aufträge wurde eine Zusammenstellungsliste der Produkte, die im System als Packzettel benannt war,

© Springer-Verlag GmbH Deutschland 2018
T. Becker, *Prozesse in Produktion und Supply Chain optimieren*,
https://doi.org/10.1007/978-3-662-49075-4_11

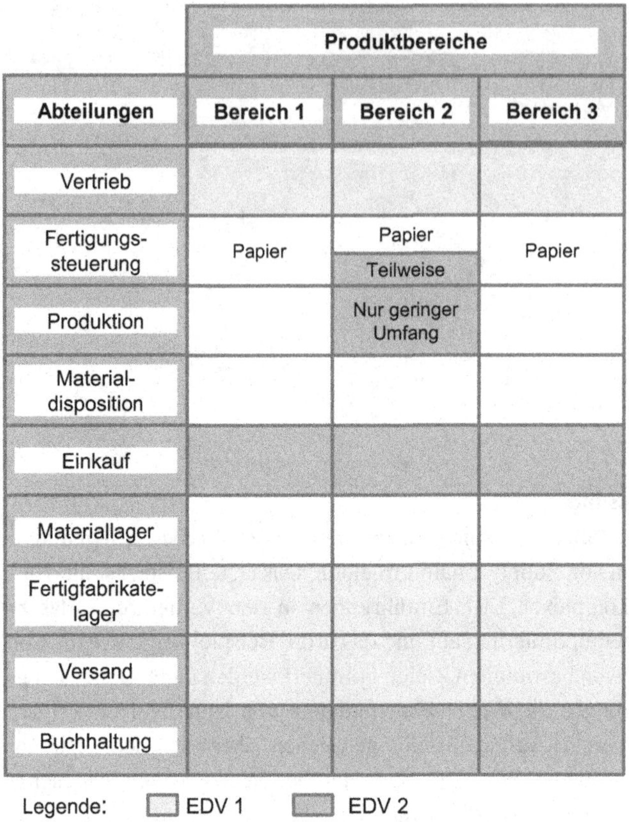

Produktbereiche			
Abteilungen	**Bereich 1**	**Bereich 2**	**Bereich 3**
Vertrieb			
Fertigungs-steuerung	Papier	Papier / Teilweise	Papier
Produktion		Nur geringer Umfang	
Material-disposition			
Einkauf			
Materiallager			
Fertigfabrikate-lager			
Versand			
Buchhaltung			

Legende: ☐ EDV 1   ▨ EDV 2

Abb. 11.1 Ausgangssitutation

gedruckt und für die Produktion und Kommissionierung verwendet. Änderungen an Aufträgen, die nach Auftragserfassung von den Kunden gewünscht wurden, wurden für die Produktion durch manuelle Eintragungen auf dem Packzettel nachgehalten. Stücklisten und Arbeitspläne waren nicht vollständig vorhanden. Die Mitarbeiter beklagten sich über hohe Intransparenz. Die Produktion war sehr stark von dem Wissen der Mitarbeiter abhängig, da die erforderlichen Informationen nur in den Köpfen einzelner Mitarbeiter gespeichert waren. Mit steigenden Auftragszahlen wurde die termin- und kostengerechte Lieferung immer schwieriger zu koordinieren, da gleichzeitig die Variantenvielfalt stieg. Den Kunden spezifische Produkte für ein Bauprojekt zu liefern, wurde immer mehr zu einem Wettbewerbsvorteil für die Firma H-Bau, aber diese steigende Komplexität ließ sich nur schwierig in dem gewachsenen System abbilden.

    Ziel des Projekts war eine bessere Beherrschung der Supply Chain, um für ein weiteres Wachstum gerüstet zu sein. Bei Beibehaltung der Flexibilität und sehr kurzer Lieferzeiten war die Liefertreue besser sicherzustellen und die Transparenz zu erhöhen. Zusätzlich sollten die vielen manuellen Abstimmungen zwischen den beteiligten Abteilungen reduziert werden.

In einer kurzen Analyse wurde der Istzustand aufgenommen und geprüft, wieweit die Anforderungen durch das bestehende System gelöst werden. Zusätzlich sollte geprüft werden, ob durch Änderungen, z. B. die Einführung des neuen Systems, die Ziele besser erfüllt werden.

Nach den Ergebnissen der Analyse reichte das bisherige EDV-System für die Erfüllung der Anforderungen nicht aus. Aus unternehmenspolitischen Gründen war ein anderes ERP-System vorgegeben, und es war parallel zu prüfen, ob mit dem neuen ERP-System die Veränderungen in den Prozessen und die bessere Supply Chain Beherrschung zu erreichen waren. Da die wesentlichen Prozesse des Unternehmens mit den Standardprozessen aus dem neuen System abzudecken waren, war ein Konzept erforderlich, wie das neue ERP-System die Anforderungen bezüglich Flexibilität und Prozessbeherrschung bewältigen konnte. Insbesondere die hohe Variantenvielfalt der Produkte und die zugehörigen Produktionsprozesse, die mehrere Sonderwege für die Varianten ermöglichten, mussten detailliert betrachtet werden. Da sich die Varianten mit den Standardmitteln des ERP Systems abbilden ließen, wenn die Stammdaten dafür bereitstanden, musste eine Lösung für die Erzeugung der Stammdaten definiert werden. Dafür konnte ein Konfigurationssystem als Zusatztool identifiziert werden. Ein wesentlicher Punkt für die Einführung des neuen Systems war das Fehlen von zahlreichen Stammdaten. So waren die Informationen über die Produktion nur unzureichend im System hinterlegt.

Nachdem die prinzipielle Eignung des ERP-Systems geklärt war und bestätigt war, dass das neue ERP-System die Anforderungen erfüllen konnte, war nun ein Weg zu definieren, wie das ERP-System eingeführt werden konnte. Dabei sollte das neue System möglichst schnell genutzt werden, aber es standen die erforderlichen Daten nicht zu Verfügung.

Bei einer Bewertung des aktuellen Stands der Erprobungen im neuen ERP-System ergab sich, dass die in der Vergangenheit gewählten Ansätze zur Strukturierung der Stammdaten nicht zukunftssicher waren. Um die Kundenanforderungen nach Flexibilität und kurzer Lieferzeit zu erfüllen, war die Auftragsabwicklung auf Basis besser strukturierter Stammdaten in Produktion zu systematisieren.

Wegen der zahlreichen unterschiedlichen Produktbereiche mit verschiedenen Komplexitäten und Anforderungen stellte die ERP-Einführung eine Riesenaufgabe dar. So war der komplette Prozessablauf zur Auftragsabwicklung von einer manuellen Abwicklung mit Dokumentationsunterstützung, wie es im alten System gehandhabt war, auf einen durchgängigen Prozess umzustellen, in dem die Prozesse systemunterstützt mit möglichst wenigen manuellen Eingriffen ausgeführt werden können. Parallel waren die Stammdaten in vielen Bereichen neu aufzubauen und alle Mitarbeiter in den neuen Prozessen zu schulen. Nebenbei sollte noch ein neues Nummernsystem für die Bezeichnung der Produkte, Halbfabrikate und Teile definiert und eingesetzt werden, da das bestehende teilsprechende System nicht mit der Komplexität des Produktportfolios standhielt.

Um die Probleme mit der Variantenvielfalt zu lösen, wurde ein Produktkonfigurator mit in die Lösung und als Komponente in das ERP-System integriert. Der Produktkonfigurator hat die Aufgabe, für variantenreiche Produkte das gewünschte Produkt eindeutig zu spezifizieren, die erforderlichen Stammdaten aufzubereiten und zusätzliche Berechnungen durchzuführen. Für das Erfüllen der Kundenanforderungen waren die schnelle Anlage von Stammdaten und die Bereitstellung von auftragsspezifischen Daten wichtig. Durch den Konfigurator können – bei entsprechender Planung und Programmierung – die Stammdaten für die Auftragsabwicklung – Materialstamm, Stückliste und Arbeitsplan – erzeugt werden, während gleichzeitig ein hoher Aufwand für die Pflege von Stammdaten eingespart wurde.

Eine Gesamtumstellung zu einem festen Zeitpunkt ist der Standardansatz für die Einführung eines neuen ERP-Systems. Dabei wird zu einem Stichtag die Umstellung vom Alt- auf das Neusystem vorgenommen. Wegen der vielen erforderlichen, parallelen Änderungen wurde dieser Ansatz als zu riskant bewertet. Zum einen bestehen zahlreiche Risiken, dass in der Vorbereitung wichtige Aspekte übersehen werden, zum anderen kann aus zahlreichen unterschiedlichen Gründen wegen Problemen bei der Einführung in einem Teilbereich die Gesamtumstellung gefährdet werden. Bei dem Start können viele Probleme gleichzeitig auftreten, die aber dann wegen der begrenzten Ressourcen nicht zeitnah gelöst werden können.

In dem Projekt wurde deshalb ein agiler Ansatz gewählt (Abb. 11.2), mit dem das neue ERP-System inkrementell, also in Stufen, eingeführt wurde. Dazu wurde die Gesamtaufgabe der ERP-Einführung in mehrere Stufen unterteilt, die schrittweise dann umgesetzt werden konnten. Jede Stufe für sich war in sich abgeschlossen und führte zu einer Einführung des Systems in einem Teilbereich. So konnten in den Teilbereichen bereits Erfahrungen gesammelt werden, Fehler beseitigt und erste Leistungssteigerungen erreicht werden, bevor

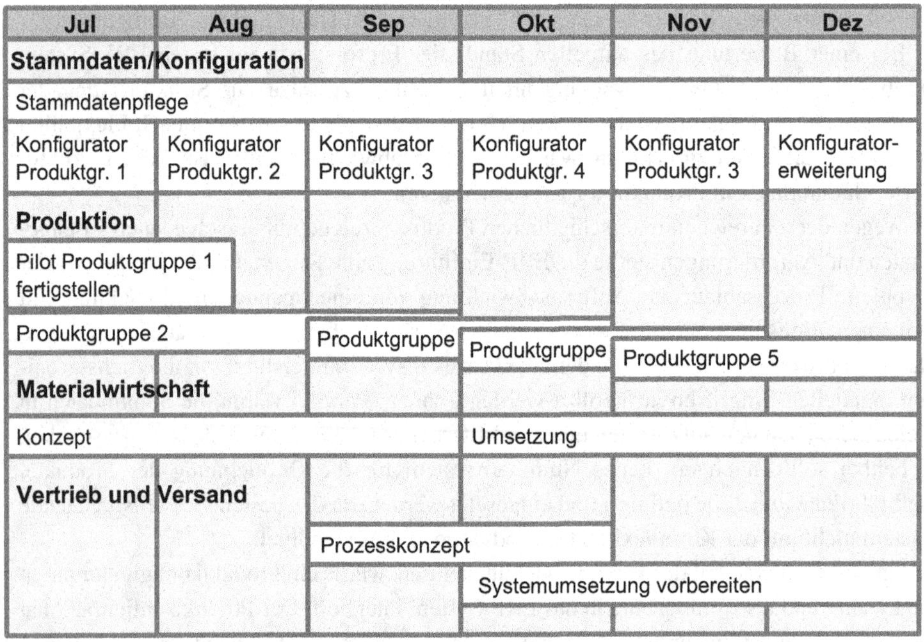

Jul	Aug	Sep	Okt	Nov	Dez
Stammdaten/Konfiguration					
Stammdatenpflege					
Konfigurator Produktgr. 1	Konfigurator Produktgr. 2	Konfigurator Produktgr. 3	Konfigurator Produktgr. 4	Konfigurator Produktgr. 3	Konfigurator- erweiterung
Produktion					
Pilot Produktgruppe 1 fertigstellen					
Produktgruppe 2		Produktgruppe	Produktgruppe	Produktgruppe 5	
Materialwirtschaft					
Konzept			Umsetzung		
Vertrieb und Versand					
		Prozesskonzept			
			Systemumsetzung vorbereiten		

Abb. 11.2 Projektvorgehensweise

das Gesamtsystem lief. Der Gesamtplan sah eine Einführung von unterschiedlichen Stufen vor, wobei die Stufen aufeinander abzustimmen waren.

Die einzelnen Schritte zu konzipieren, war die erste Aufgabe bei der Umsetzung. Es wurde zunächst ein Gesamtplan zur Umstellung aus vielen Schritten grob vordefiniert und dann wurden die einzelnen Schritte separat bearbeitet. Dabei wurde festgelegt, welche ERP-Funktionen einzeln einführbar sind und welche Funktionen Abhängigkeiten zueinander hatten.

Im ersten Schritt wurde die bestehende Datenschnittstelle zwischen dem Alt-ERP-System und dem neuen ERP-System bewertet und musste um wichtige Informationen ergänzt werden. Mit dieser Datenschnittstelle können online bestimmte Informationen zwischen den beiden Systemen ausgetauscht werden. Der Unterschied zur klassischen Stammdatenübernahme war, dass die Datenschnittstelle nicht auf eine einmalige Übernahme ausgelegt war, sondern kontinuierlich die Stammdaten und ausgewählte Bewegungsdaten zwischen den Systemen synchronisierte.

Somit waren die Voraussetzungen für den Betrieb des Altsystems und für die parallele Nutzung von Teilbereichen des Neusystems gegeben.

Im nächsten Schritt wurde ein Teilbereich der Produktion umgestellt, bei dem zwar schon erste Erfahrungen im neuen System vorlagen. Da die Analyse gezeigt hatte, dass diese erste Einführung unvollständig war, wurde die Stammdatenstruktur in diesem Bereich neu konzipiert, die erforderlichen Stammdaten neu aufgebaut und anschließend die Produktionsfunktionen komplett überarbeitet im neuen ERP-System realisiert.

Für die Einführung waren Materialstamm, Stücklisten und Arbeitspläne zu pflegen. Dazu war der Produktionsablauf aufzunehmen und die Produktion in der produktionsorientierten Erzeugnisgliederung zu beschreiben. Dann wurden die erforderlichen Stammdaten entsprechend des Produktionsablaufs definiert und aufgebaut. Dazu waren zahlreiche Parametereinstellungen zu verstehen, neue Grunddaten anzulegen und zu erproben.

Für die Nutzung der Funktionen wurden im ERP-System aus der Datenschnittstelle die Kundenauftragsinformationen übernommen und dann im neuen System die Disposition und Fertigungsauftragssteuerung, der Fertigungsleitstand und die Rückmeldung umgesetzt.

Um die Einführung nicht zu komplex zu gestalten, wurde die Einführung in der Produktion in vier Teilschritte aufgeteilt und diese Schritte nacheinander durchlaufen. Mit diesen Schritten war für die Produktion, die bislang nur mit Papieren gearbeitet hatte, die Einführung leichter zu verdauen und es konnten Erfahrungen gesammelt werden, bevor die gesamte Komplexität im Betrieb war. Gleichzeitig war genug Aufmerksamkeit von der IT-Abteilung und von den Systemberatern vorhanden, um bei jedem der Schritte auftretende Probleme direkt zu lösen und so die Einführungsprobleme schnell zu beseitigen.

Diese erste Stufe der Einführung in einem abgetrennten Produktionsbereich hatte viele positive Effekte. So war in einem Bereich das vollständige Konzept der Veränderungen in der Produktion bereits im täglichen Einsatz, bevor in den anderen Bereichen mit dem Aufbau der Stammdaten begonnen wurde. Anstatt über umfangreiche Konzepte in den anderen Bereichen zu diskutieren, konnte anhand eigener Beispiele über die Lösungsansätze und Veränderungen gesprochen werden. In dem Bereich konnten alle anderen Fertigungsbereiche in der Nutzung des Systems eingewiesen werden und es war früh internes Knowhow zum Betrieb des Systems aufgebaut worden.

Gleichzeitig wurden die Effekte aus der besseren EDV-Unterstützung sichtbar. Die Übersicht über Aufträge und deren Abarbeitungsstand verbesserte sich. Zusätzliche Informationen, wie z. B. Lagerbestände, konnten nun automatisch berücksichtigt werden. Die Bedenken der anderen Abteilungen, dass durch die EDV-Strukturierung Lieferprobleme entstehen, wurden täglich durch Fakten widerlegt. Die Ziele Transparenz und Beibehaltung der Flexibilität konnten bereits in der ersten Stufe für den ersten Produktbereich bestätigt werden.

Der Erfolg im ersten Produktionsbereich gab dem Projektteam sehr viel Vertrauen, dass auch große Änderungen umsetzbar sind. Es wurden auch viele Unklarheiten im Projektteam beseitigt, wie das ERP System funktionieren wird. Der erste produktiv eingesetzte Schritt hat aber auch das Vertrauen in die Projektleistung und die Leistungsfähigkeit der ERP-Software gestärkt.

Auf Basis der Erfahrungen der ersten Stufe wurden im Projekt die weiteren Teilschritte zur Einführung des Gesamtsystems weiter vorangetrieben. Da sich in einigen Teilschritten sich die Termine durch nicht erwartete Komplexität verschoben hatten, wäre bei Beibehaltung der ursprünglichen Reihenfolge der Schritte der Gesamttermin in Frage gestellt worden. Daher wurde der Plan in Frage gestellt und Aktivitäten in einer anderen Reihenfolge geplant. Durch den modularen Aufbau war es möglich, die Aufgaben im Projekt neu zu sortieren, solange die Abhängigkeiten berücksichtigt wurden. Trotz des geänderten Plans und der zusätzlich identifizierten Komplexitäten wurde der Endtermin nicht verändert.

Das Projektteam hat dann in weiteren Stufen das ERP-System weiter implementiert. Durch den Konfigurator konnte Aufwand für die Stammdatenerstellung in einigen Bereichen eingespart werden, der dann für andere Stammdatenpflegen eingesetzt wurde.

Der Ansatz, das ERP System inkrementell einzuführen, hat sich im vorliegenden Projekt mehr als bewährt. In einem extrem engen Zeitplan wurden die kompletten Stammdaten für die Produktion aufbereitet und in das neue ERP-System übertragen. Es wurden neue Funktionen umgesetzt und die komplette Auftragskette in ein durchgängiges System übertragen. In verschiedenen Stufen konnten erste Erfahrungen gesammelt werden, mit denen dann die weiteren Stufen besser geplant werden konnten. Statt zu versuchen, das ERP-System auf die bestehenden Prozesse anzupassen, wurde im Projekt versucht, mit veränderten Prozessen im ERP System so zu arbeiten, dass die Prozesse mit minimalen Anpassungen im System funktionieren und die Mitarbeiter sich an die neuen Prozesse gewöhnen können.

Der Ansatz der inkrementellen Projekteinführung ist für viele ERP- oder andere komplexe Softwareinstallationen geeignet. Einem höheren Aufwand für die Koordination und dem Stammdatenaustausch stehen schnellere Einführungszeiten, bessere Systemeinführungen und ein deutlich geringeres Einführungsrisiko gegenüber. Die richtige Strukturierung des Projekts ist kritisch für den Erfolg. Mit einem agilen Ansatz können auch große Veränderungen in der Supply Chain zügig umgesetzt werden.

11.2 Supply Chain Management bei Grammer

Die Grammer AG ist ein börsennotiertes Unternehmen am Standort Amberg, das Innenausstattungsteile und Sitze für unterschiedliche Einsatzgebiete herstellt. An einem Standort wurde in einem Geschäftsbereich ein Pilotprojekt zur Analyse der Supply Chain gestartet, um den Leistungsstand zu bewerten.

Während dieser Leistungsbewertung wurden die gesamte Prozesskette, die Organisation, der DV-Einsatz, die Supply-Chain-Strategie, der Materialfluss und die Kennzahlen bewertet. Mithilfe von Wertstromdiagrammen für unterschiedliche Produkte und Teile wurden die Materialflüsse und Produktionsschritte detailliert analysiert. Bei der grafischen Darstellung der verschiedenen Teilklassen und derer Abläufe wurde deutlich, dass die Fertigungsschritte optimiert waren. Aber sie waren einzeln auf Höchstleistung ausgerichtet, der Durchfluss war die zweite Priorität. Daher waren viele Puffer und Materialflussschritte erforderlich, um die Teile zu produzieren.

Bei der Auftragsabwicklung wurde die gesamte Prozesskette von der Kundenbestellung bis zur Lieferung betrachtet. Dieser Prozess war durch zahlreiche Schnittstellen, Medienbrüche und lange Übermittlungswege gekennzeichnet. Viele Schnittstellen führten zu langen Liegezeiten.

Im Rahmen dieser Supply-Chain-Analyse wurden zahlreiche Stärken, aber auch Handlungsbedarf für die Optimierung der gesamten Prozesskette identifiziert. Die Ergebnisse waren auch für die internen Fachleute unerwartet: Das Unternehmen konnte die Kundenanforderungen an die Lieferzeit und Liefertreue nicht vollständig erfüllen. Ein Benchmarking zeigte Handlungsbedarf in einigen Kennzahlen. Ein Manager kommentierte die Zahlenergebnisse so: „Wir messen Kosten- und Kapitalgrößen regelmäßig, aber wir müssen nun die für die Kunden wichtigen operativen Größen stärker beobachten. Die Folge ist eindeutig: Während wir in den Kostengrößen gut dastehen, haben wir bei Durchlaufzeiten und Liefertreue ein erhebliches Verbesserungspotenzial".

Die Ursache der schlechten Leistungen waren vielfältig und vielschichtig: abteilungsstatt prozessorientierte Optimierungen, nicht abgestimmte Schnittstellen, fehlende Funktionen und teilweise unzureichende DV-Unterstützung. Anstatt – wie bei Projektstart gehofft – mit einer Verbesserung in nur einem Teilbereich die gesamte Supply-Chain-Leistung zu verbessern, ergab sich die Aufgabe, Verbesserungen in mehreren Hauptprozessen koordiniert umzusetzen.

Das Unternehmen beauftragte deshalb *BEST* group, in einem großen Supply-Chain-Programm die Einführung der Veränderungen zu koordinieren und voranzutreiben. Das Ziel des Projekts war es, die Supply-Chain-Leistungen deutlich zu verbessern. Während der Analyse wurden quantitative Ziele für die Verbesserung definiert und abgestimmt.

Das Projekt wurde in Phasen unterteilt und die Phase *Konzept* gestartet. Es wurden abgeschlossene Aufgabenpakete und Ziele für Projektteams definiert und die Projektteams besetzt. Unternehmensintern benannte der Lenkungskreis geeignete Projektleiter, die für die Umsetzung unter Anleitung der externen Berater verantwortlich waren. In einem

Workshop wurden mit spielerischen Mitteln die neuen Ansätze der Supply Chain erschlossen und mit Informationsbesuchen wurden neue Lösungsansätze anderer Unternehmen und deren Umsetzung verdeutlicht.

Das Projektteam entwickelte eine Vision, wie sich die Supply Chain langfristig ausrichten soll. Nach vielen aufwendigen Diskussionen wurde ein einfaches Bild des Zielprozesses dokumentiert, der mit allen Beteiligten abgestimmt wurde (Abb. 11.3). Für die Umsetzung der Vision wurden Aufgaben detailliert und angestoßen, um die notwendigen Veränderungen in Richtung einer durchgehenden Supply Chain zu erreichen.

Mit Abschluss der Phase *Konzept* wandelte sich das Arbeitsklima. Statt weiter Konzepte zu entwickeln, ging es nun in deren Umsetzung. Was auf Papier einfach aussah, erforderte erheblichen Aufwand. Neben praktischen Problemen, angefangen beim zur Verfügung stehenden Raum bis hin zur Freigabe kleinerer Investitionen, konnten viele organisatorische Aufgaben gelöst werden.

Die Aufgaben enthielten eine Verbesserung der Auftragsabwicklung, die Einführung einer Supply-Chain-Planung und der zugehörigen DV-Werkzeuge, die Veränderungen des Materialflusses durch die Einführung von Kanban, eine neue Fertigungsstruktur und veränderte Beschaffungsprozesse sowie Taskforce-Aufgaben zur Reduzierung von Überbeständen und zur Verbesserung der Liefertreue.

Mit der Taskforce *Überbestand reduzieren* wurden schnell erste messbare Ergebnisse sichtbar. Aus den Maßnahmen wurden Aufgaben für die weiteren Projektteams abgeleitet. Die Einführung des Supply Chain Controlling unterstützte die Projektteams, den aktuellen Leistungszustand kontinuierlich zu ermitteln. Das Team konnte regelmäßig den Fortschritt kontrollieren und weitere Maßnahmen zur Veränderung einleiten. Die Kennzahlen wurden zwischen dem Supply-Chain-Projekt und der Linie abgestimmt (Abb. 11.4). Je schneller objektive Kennzahlen definiert, abgestimmt und eingeführt wurden, desto erfolgreicher war die Veränderung.

Im Projektkernteam wurden die Veränderungen koordiniert und abgestimmt. Das Kernteam war auch der Nukleus für die Schulung hinsichtlich des neuen Supply-Chain-Gedankenguts und für den erforderlichen Kulturwandel. Denn den Teilprojektleitern wurde rasch klar, dass mit dem Projekt ein erheblicher Paradigmenwechsel einherging

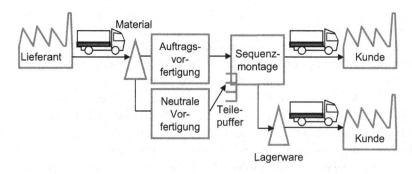

Abb. 11.3 Supply-Chain-Vision

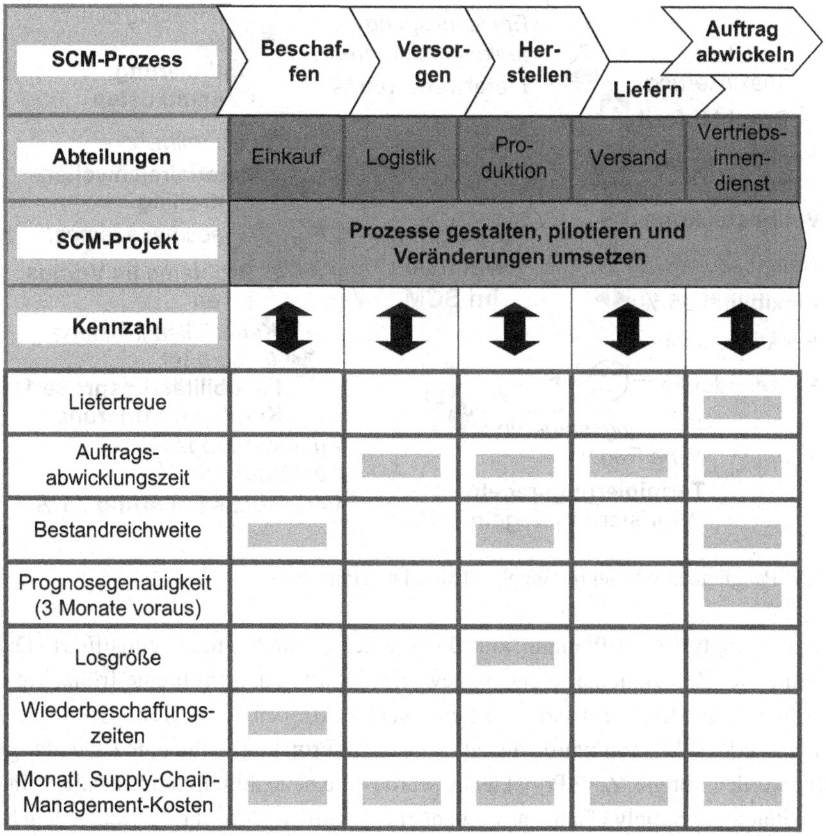

SCM-Prozess	Beschaffen	Versorgen	Herstellen	Liefern	Auftrag abwickeln
Abteilungen	Einkauf	Logistik	Produktion	Versand	Vertriebsinnendienst
SCM-Projekt	Prozesse gestalten, pilotieren und Veränderungen umsetzen				
Kennzahl	⇕	⇕	⇕	⇕	⇕
Liefertreue					▬
Auftragsabwicklungszeit		▬	▬	▬	▬
Bestandreichweite	▬		▬		▬
Prognosegenauigkeit (3 Monate voraus)				▬	
Losgröße			▬		
Wiederbeschaffungszeiten	▬				
Monatl. Supply-Chain-Management-Kosten	▬	▬	▬	▬	▬

Abb. 11.4 Abstimmung der Kennzahlen

(Abb. 11.5). Dieser Paradigmenwechsel stellte viele der bestehenden Ansätze infrage und erforderte neue Entscheidungsregeln. Diese kulturellen Aspekte waren für das Projekt ein erheblicher Stolperstein. Bei Grammer wurde sehr früh und offen über die notwendigen Veränderungen gesprochen und somit der Wandel optimal betreut.

Die vielen Veränderungen belasteten die Organisation stark. Es ist immer wieder einfacher, den Status quo beizubehalten, als eine Veränderung umzusetzen. Gruppendynamische Prozesse und Coaching halfen, die wichtigen Veränderungen durchzuführen und ein neues Denken in den Köpfen zu verankern.

Die Erfolge des Projekts zeigen die Veränderungen in allen Teilbereichen: eine deutliche Verbesserung der Liefertreue, eine Reduzierung der Bestandsreichweite, eine Halbierung der Auftragsdurchlaufzeiten und eine Senkung der Supply-Chain-Management-Kosten sowie eine signifikante Verbesserung der Vorhersagegenauigkeit (Abb. 11.6).

Neben der quantitativen Supply-Chain-Leistungssteigerung wurden mit dem Projekt neue Prozesse, neue DV-Systeme und neue Abwicklungen in vielen Teilbereichen definiert, pilotiert und in die Breite umgesetzt. So wurde beispielsweise eine monatlich

Abb. 11.5 Paradigmenwechsel im Supply Chain Management

rollierende Supply-Chain-Planung auf Basis einer Absatzplanung eingeführt. Damit wurde ein neuer Zusammenarbeitsgeist geweckt: Nun werden Probleme frühzeitig und gemeinsam gelöst, statt kurzfristig mit Feuerwehrreaktionen zu agieren.

Parallel zur Projektarbeit wurde diskutiert, wie die Projektarbeit in eine Linientätigkeit überführt werden konnte. Zum Projektende wurde eine neue Abteilung geschaffen, in der alle Aktivitäten der Supply Chain zusammengefasst wurden (Abb. 11.7). Neben dem Supply Chain Controlling wurden die Abteilungen Auftragsabwicklung, Einkauf, Planung und Projektabwicklung in die neue Funktion eingebunden. Die Planungsprozesse führten zu einer neuen Verantwortlichkeit, da nun ein Gruppenleiter die rollierende Auftragsplanung übernahm und die Aufgaben koordinierte. Die Auftragsabwicklung wurde aus dem Vertriebsbereich ausgegliedert und in die Supply-Chain-Organisation integriert. Der Einkauf als operative Beschaffung wurde ebenfalls eingebunden, um eine direkte Anbindung und Optimierung über die weiteren Werke sicherzustellen. Projektaufgaben zum weiteren Roll-out der Ansätze auf andere Standorte wurden in einer neu geschaffenen Abteilung für Supply-Chain-Projekte zusammengefasst.

Auch wenn einige Teilaufgaben während der Projektlaufzeit noch nicht im vollen Umfang umgesetzt werden konnten, hat sich der Ansatz insgesamt als Erfolg versprechend erwiesen. Statt abteilungsspezifischer Verbesserungen, die an der nächsten organisatorischen Schnittstelle enden, wurden komplette Prozessketten durchgängig verbessert.

Das Projekt hat gezeigt, dass ein Unternehmen in sehr kurzer Zeit seine Prozesse massiv verändern kann und deutliche Leistungssteigerungen möglich sind. Neben intensiven Anstößen von den externen Beratern war einer der Erfolgsfaktoren, eine erfahrene Führungskraft für das Projekt freizustellen. Der interne Projektmanager konnte mit der externen Anleitung erhebliche Veränderungen managen und auch schnell auf auftretende Probleme reagieren.

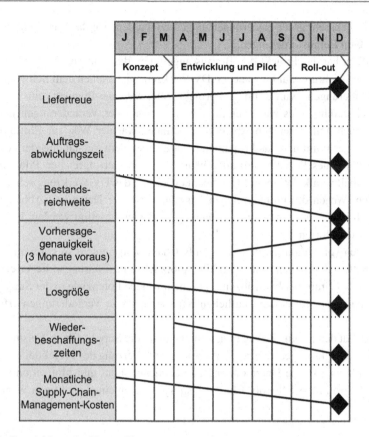

Abb. 11.6 Entwicklung der Kennzahlen

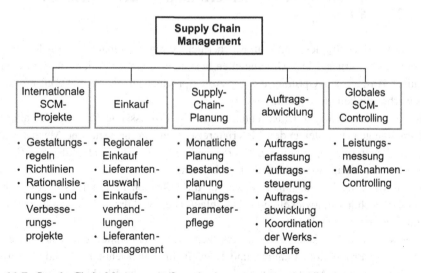

Abb. 11.7 Supply-Chain-Management-Organisation

Da in dem Projekt sehr große Neuerungen umgesetzt wurden, war das Change Management eine der größten Herausforderungen.

Letztendlich hat das Projekt den Beweis angetreten, dass Supply Chain Management mehr als die Einführung nur eines neuen DV-Werkzeugs ist. Neben dem Schwerpunkt auf Prozessveränderungen wurde im Teilprojekt Supply-Chain-Planung ein neues DV-Werkzeug eingeführt, dies war aber für die Umsetzung der Veränderungen notwendig geworden. Nach umfangreichen Abstimmungsrunden war der Weg zur Einführung des Werkzeugs abgestimmt und das Projektteam hatte neben dem Verständnis der neuen Prozesse auch ein neues Datenmodell aufgebaut. Nach einer erfolgreichen Pilotierung auf Basis von Tabellenkalkulation und Datenbanken konnte das DV-Werkzeug schnell eingeführt werden. Wegen des umfangreichen Verständnisses der Daten und Abhängigkeiten konnten auch Fehler des Anbieters im Planungswerkzeug beseitigt werden, bevor sie zu Schwierigkeiten führten.

Der Bereich von Grammer, der das Supply Chain Management so konsequent umgesetzt hat, hatte im internen Benchmarking plötzlich eine Führungsrolle erreicht. Das Management bei Grammer hat frühzeitig gesehen, welche Potenziale in der Supply Chain verborgen sind, und mit einem deutlichen Kraftakt massive Veränderungen erfolgreich umgesetzt.

Grammer hat den richtigen Weg eingeschlagen, um die Supply-Chain-Leistung zu verbessern. Ein schlagkräftiges internes Team mit einer Besetzung des Projektleiters aus dem Managementkreis, externe Unterstützung als fachlicher Input und Motivation sowie ein intensives Controlling der Supply-Chain-Leistungen haben einen wichtigen Wandel vollzogen.

11.3   Build-to-order in der Blechfertigung bei der Deutschen Mechatronics

Die Deutsche Mechatronics GmbH in Mechernich ist ein Systemanbieter für Mechanik, Elektronik und Software. Das Unternehmen verfolgte in einem Projekt die Umsetzung innovativer Ansätze zur Optimierung der Ablaufprozesse in der Produktion, um seine Wettbewerbsfähigkeit zu steigern.

Als Blech verarbeitendes Unternehmen stand die Prozesskette *Blech* im Mittelpunkt der Betrachtungen. Die steigenden Materialpreise zwangen die Deutsche Mechatronics, die Materialnutzung zu optimieren, um dem ständigen Kostendruck als Zulieferer für den Maschinen- und Anlagenbau standhalten zu können.

Im Rahmen einer Potenzialanalyse wurden die gesamten Produktionsprozesse überprüft und Vorschläge entwickelt, wie Durchlaufzeiten verkürzt, Kosten reduziert und Bestände gesenkt werden konnten.

Dabei wurden neben konstruktiven Ansätzen viele Maßnahmen entwickelt, wie die Abläufe in der Produktion, Planung und Logistik im Unternehmen verändert werden können. Ein wichtiger Ansatzpunkt zur Verbesserung war die Blechherstellung von der

Programmierung bis zum oberflächenbehandelten Teil. In der Vergangenheit bestand die Optimierung der Blechausnutzung aus einer statischen Schachtelung eines Werkstücks auf einer Blechtafel. Die NC-Programmierung legte für jedes Teil eine Zuschnittsabmessung und die Schachtelung des Teils auf dem Zuschnitt fest. Für jedes Teil wurde entweder ein separater Zuschnitt vom Coil oder alternativ von einer Blechtafel mit festgelegten Abmessungen erzeugt, falls kein geeignetes Blechtafelformat beschafft werden konnte. Für die Teile wurde eine optimale Ausnutzung auf den Zuschnitt ermittelt und in einem NC-Programm je Sachnummer dokumentiert. Durch die Optimierung der Zuschnittslänge und die Verschachtelung der Teile wurde die Materialausnutzung optimiert. In der Folge war eine feste Teileanzahl je Zuschnitt vorgesehen, die als Mindestlosgröße für die Produktion diente.

Wegen der sinkenden Losgrößen und einer extrem hohen Produktvielfalt mit sehr stark schwankender Nachfrage war dieser Ansatz nicht zeitgemäß. Für eine Blechschweiß-gruppe bestehend aus mehreren verschiedenen Einzelteilen ergaben sich häufig unter-schiedliche Losgrößen für die Fertigungsaufträge (Abb. 11.8). Die Restmengen der Teile, die für die Baugruppenauftragsmenge nicht benötigt wurden, wurden eingelagert und beim nächsten Auftrag verwendet. Diese Produktion war bei einer Serienfertigung pro-blemlos, aber der steigende Anteil an Sonderteilen, schwankende Kundennachfragen und auftragsbezogene Projekte führten dazu, dass dieser Ansatz nicht mehr wirtschaftlich war. Wegen der geringen Auftragsmengen und ständiger Änderungen vonseiten des Kunden ergab sich zu häufig die Notwendigkeit, diese Restmengen zu verschrotten.

Durch die Schachtelung der Teile werden der Verschnitt und damit der Materialeinsatz maßgeblich beeinflusst. Der Verschnitt ist diejenige Menge Blech, die aus einer Blechtafel übrig bleibt, wenn die Werkstücke ausgeschnitten sind, und die dann verschrottet werden muss.

Als Ziel für die Verbesserung wurde definiert, die Produktion auftragsbezogen auszu-richten, also ein Build-to-Order in der Blechbaugruppenfertigung zu erreichen. Dabei ist der Verschnitt zu minimieren und die Überproduktion der teuren A- und B-Teile zu ver-meiden. Mit dem neuen Konzept wird die Fertigung der geforderten Bedarfsmenge für auftragsbezogene Teile in der Blechbearbeitung erreicht.

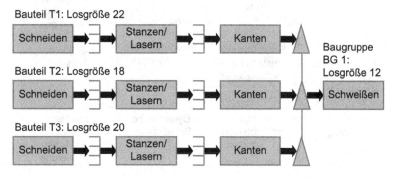

Abb. 11.8 Prozesskette Blech im Ausgangszustand

Zur Verschnittoptimierung müssen unterschiedliche Teile aus möglichst großen Blechtafeln gestanzt oder durch Laserstrahl mit variablen Konturen geschnitten werden, um die technologiebedingten Verluste so weit wie möglich zu reduzieren. Für die Prozesskette Blechverarbeitung wurde unter diesen Vorgaben ein neuer durchgängiger Prozess gestaltet, wie das Blech in der Produktion besser ausgenutzt werden kann, das dynamische Schachteln.

Der Hauptlösungsansatz liegt in der Verschachtelung vieler unterschiedlicher Teile in der jeweiligen Bedarfsmenge auf einer Blechtafel mit festen Zuschnitten. Alle komplexen Blechteile sollen nicht in eine definierte Losgröße, sondern in der benötigten Stückzahl produziert werden, um keine unnötigen Mengen für einen schwer vorhersehbaren Bedarf zu produzieren.

Zur Schachteloptimierung wurden folgende Stufen definiert (Abb. 11.9)

- Stufe 1: Zusammenlegen zweier oder mehrerer Teile zu einer festen Kombischachtelung (Ausgangssituation)
  In Stufe 1 werden zwei komplementäre Teile gesucht, die immer zusammen gefertigt werden. Durch die Kombination der Teile kann die Blechtafel besser ausgenutzt werden. Nachteil bei diesem Ansatz ist die feste Kopplung der Mengen, sodass der häufige Einsatz einer Kombischachtelung nur bei der Verwendung in gleichen Produkten und einem passenden Stückzahlverhältnis möglich ist.
- Stufe 2: Variables Schachteln
  Es werden jeweils abhängig vom Monatsprogramm Teile identifiziert, die Bedarf haben und aus dem gleichen Material bestehen. Für diese Teile wird monatsbezogen ermittelt, ob sie zusammen gefertigt werden können.

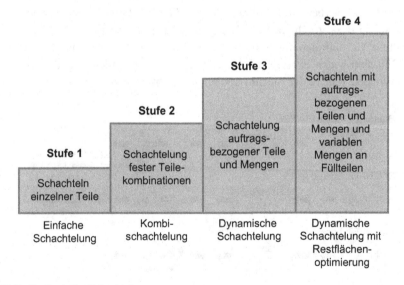

Abb. 11.9 Stufen beim Schachteln

- Stufe 3: Dynamisches Schachteln
  Abhängig von Auftragsmengen werden die unterschiedlichen Teile in den Bedarfsmengen tagesaktuell geschachtelt. Für die Aufträge werden die Teile nach Materialart und Dicke sortiert und für alle Teile wird situationsbezogen eine Schachtelung mit möglichst geringem manuellen Programmieraufwand erzeugt. Das Besondere am dynamischen Schachteln ist die Verknüpfung der NC-Programmierung mit den Daten aus dem ERP-System über benötigte Teile und deren Bedarfsmengen.
- Stufe 4: Dynamisches Schachteln mit Restflächenoptimierung
  Auch bei der dynamischen Schachtelung verbleiben Restflächen, die für Teile genutzt werden können. Für Teile, die in Serienprodukte gehen, ist die genaue Menge nicht immer wichtig, sie kann erhöht oder reduziert werden. Daher kann die Auftragsmenge an definierte Kann- oder Füllteile angepasst werden, um die Restflächen besser auszunutzen. Diese Kann- und Füllteile haben einen regelmäßigen Bedarf, definierte Abmessungen und einen niedrigen Teilewert.

Für das Projekt wurde die Zielsetzung definiert, zunächst die dynamische Schachtelung (Stufe 3) und später die Restmengenoptimierung einzuführen (Stufe 4).

Für die Einführung wurde eine durchgehende Prozesskette definiert, mit der die Blechteile auftragsbezogen hergestellt werden:

- Fertigungsaufträge werden nach Materialart und Blechdicke im ERP-System zusammengestellt und an das NC-Programmiersystem mit den auftragsbezogenen Mengen übertragen.
- Für die unterschiedlichen Materialarten und Blechdicken werden programmunterstützt NC-Schachtelungen erstellt.
- Die Aufträge werden im ERP-System zu einer Auftragsgruppe zusammengefasst.
- Die Auftragsgruppen werden an den Laserschneid- und Stanzmaschinen abgearbeitet.
- Die gefertigten Mengen werden von den Maschinen an das ERP-System zurückgemeldet.

Um diese Prozesse umzusetzen, waren zahlreiche weitere Festlegungen erforderlich. Die Standardblechformate waren zu definieren und Auftragshorizonte festzulegen, in denen sinnvolle Teilekombinationen für eine Schachtelung zusammenkommen. Die Zeitdauer, für die Aufträge zusammengefasst werden, unterscheidet sich zwischen den Standard- und Exotenformaten. Zusätzlich zum reinen Schachtelablauf sind die Kalkulation der Teile, die Informationen zur Planung und die Fertigungssteuerung zu verändern. Die Materialdisposition muss sich an die variable Zuordnung zu unterschiedlichen Ausgangsformaten anpassen.

Im Rahmen der Umsetzung wurde der Prozess der Blechverarbeitung umgestellt (Abb. 11.10). Mithilfe leistungsfähiger Programmierwerkzeuge zur Schachtelung können auf den Stanz- und Laserschneidmaschinen nun Kombinationen unterschiedlicher Teile aus einer Blechtafel produziert werden. Statt vom Coil und mit variablen Zuschnitten zu arbeiten, wird nun mit festen Zuschnitten gearbeitet. Es gibt nur zwei Ausgangsformate je

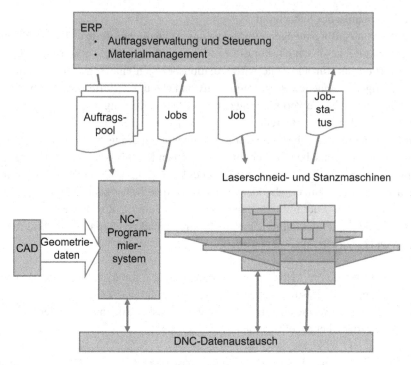

Abb. 11.10 Integration von ERP und Schachteln

Werkstoff und Dicke, die als Blechtafeln für dynamische Schachtelaufträge entweder selbst auf der Coil-Anlage hergestellt oder von außen bezogen werden. Das Arbeiten an der Tafelschere für Sonderformate entfällt. Für diese Zuschnitte wird nun mit Programmierwerkzeugunterstützung aus unterschiedlichen Teilen mit den Bedarfsmengen ein gemeinsames NC-Programm erstellt. Die Teile werden danach gekantet und zum Schweißen wieder zusammengeführt. Dabei wird lediglich die Bedarfsmenge der Baugruppe gefertigt, eine Überproduktion der Teile und die Lagerstufe entfallen.

Wichtigste Aufgabe für die Zusammenlegung der Teile nach Bedarf war die Kopplung des NC-Programmiersystems an das ERP-System des Unternehmens. Das ERP-System bestimmt die Bedarfsmengen für die Blechteile aus der Auflösung der Kundenaufträge und erzeugt Fertigungsaufträge für die Einzelteile. Aus dem ERP-System erhält der Programmierer eine Liste gleichartiger Teile, die definierte Kriterien bezüglich Materialart und Blechdicke erfüllen. Nach Auswahl der Aufträge im ERP-System werden die Sachnummern und Bedarfsmengen je Teil automatisch zum Programmiersystem übertragen und im ERP-System wird ein Kennzeichen gesetzt, dass diese Aufträge in der Programmierung bearbeitet werden. In der NC-Programmierung entsteht ein Schachtelprogramm, das unterschiedliche Teile auf einer Blechtafel in den gewünschten Mengen verschachtelt und so das Material besser ausnutzt. Diese Kombination wird nun an das ERP-System zurückgemeldet und dort mit einer Klammer, einer sogenannten Auftragsgruppe, verwaltet.

An den Stanz- und Laserschneidmaschinen können nun die Auftragsgruppen aufgerufen und im ERP-System angemeldet werden. Nach Beenden einer Auftragsgruppe an der Maschine werden die Daten in das ERP-System übertragen, wo die Fertigungsaufträge zur Auftragsgruppe abgemeldet werden.

Die Integration von ERP-System, NC-Programmierung und Maschinenabwicklung mit bidirektionalen Schnittstellen ermöglicht es nun, unterschiedliche Teile je nach Auftragslage auf einer Blechtafel zusammenzufassen (Abb. 11.11).

Für die Einführung des dynamischen Schachtelns war die Erweiterung des NC-Programmiersystems erforderlich und die Schnittstellen in der Verfahrenskette Blech vom CAD-System zur Programmierung mussten geschaffen werden. Daneben galt es, die DV-Schnittstellen zum ERP-System herzustellen.

Nach der Schulung der Mitarbeiter in der NC-Programmierung wurde die Schachtelung pilotiert und die Probleme im Ablauf wurden gelöst und stabilisiert. Die Auswirkungen auf alle anderen Bereiche – Standardisierung der Werkzeugbestückung, Veränderung in der Materialdisposition, neue Qualitätssicherungskonzepte, Identifizierung der Bauteile bei der Entnahme und die Vereinfachung der Rückmeldung – waren zu konzipieren, zu realisieren und einzuführen, um den geänderten Prozess effizient abwickeln zu können.

Während der Einführung wurden die Übergangs- und die Pufferzeiten neu definiert, um einerseits einen hinreichend großen Teilepool für das Schachteln aufzubauen. Andererseits wurden auch bei Exotenteilen nicht unnötig lange Wartezeiten akzeptiert.

Um den Erfolg des Schachtelns nachzuweisen, wurde mit einer Diagnosekennzahl der Anteil des Schachtelns an den Fertigungsaufträgen über den Zeitverlauf verfolgt (Abb. 11.12). Während zu Beginn drei Prozent der Aufträge geschachtelt wurden, sind es nach wenigen Monaten bereits 45 Prozent. Der Trend weist auf eine weitere Steigerung hin, da für die Teile eine Basisprogrammierung vorliegen muss, um sie schnell mit anderen Teilen zusammenzuschachteln. Diese kann mit einem zeitlichen Fortschritt eingeführt

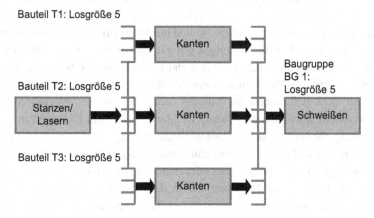

Abb. 11.11 Neue Prozesskette Blech

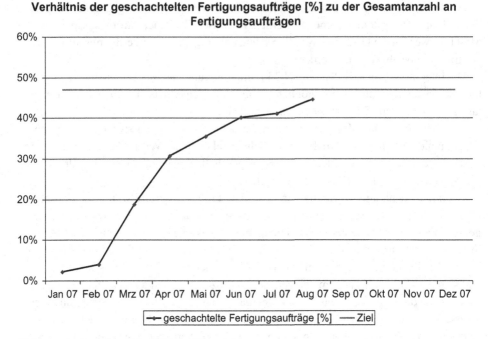

Abb. 11.12 Verfolgung des Schachtelfortschritts

werden. Wegen eines nicht homogenen Maschinenparks werden nicht alle Aufträge auf eine Schachtelung umgestellt werden können.

Im Rahmen der Projektarbeit wurden zwei Erweiterungen erarbeitet, um die Blechausnutzung weiter zu optimieren. Um die Ergebnisse aus der Schachtelung zu kontrollieren, müssen die Ergebnisse nachvollziehbar sein. Da das Programmiersystem die Daten bestimmt und an variablen Stellen im Übergabedatensatz zurückliefert, konnte anfangs der Erfolg des Schachtelns nicht bestimmt werden. Deshalb wurde ein Zusatzprogramm entwickelt, um die Ergebnisse zu verfolgen. Dieses Programm verdichtet aus den Rückmeldedaten vom System die Verschnittwerte und macht sie auswertbar. Da im neuen Programmiersystem eine andere Auswertelogik genutzt wird, müssen die bestehenden Daten und die Rückmeldedaten abgeglichen werden und können dann überwacht werden.

Die zweite Optimierung dient zur weiteren Ausnutzung der Bleche mit der Stufe 4. Für Serienteile mit nicht allzu hohem Wert dürfen mehr oder weniger sogenannte Füllteile produziert werden. Die erhöhte oder reduzierte Menge muss dem ERP-System gemeldet werden und diese Mengen werden bei der weiteren Planung und Steuerung der Aufträge im System genutzt. Der Programmierer kann selbstständig entscheiden, ob er die Stückzahl eines Auftrags von Füllteilen erhöht oder reduziert, wenn damit der Verschnitt optimiert werden kann. Dies wird automatisch in das ERP-System übertragen und der Fertigungsauftrag als solcher wird angepasst, ohne dass Anpassungen an Fertigungsunterlagen erfolgen müssen.

Abb. 11.13 Verschnittoptimierung

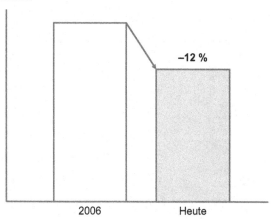

Mit der auftragsbezogenen Blechteilefertigung haben sich erhebliche Veränderungen ergeben. Für das Schachteln ergibt sich bei einer Vorher-Nachher-Betrachtung, dass nun die Verschnittwerte um über zehn Prozent reduziert wurden (Abb. 11.13). Durch das stückgenaue Fertigen der komplexen Teile hat sich der Halbfabrikatebestand reduziert, weil nicht mehr so viele Teile ohne Bedarf gefertigt werden müssen.

Durch die Einführung von Controllingtools sind schnell auch Abweichungen im Bereich Ausschuss identifiziert worden, die nun zu einer weiteren Bearbeitung und Lösung der aufgetretenen Probleme führen.

11.4 Bewertung

Die hier diskutierten Beispiele zeigen, dass es keinen einheitlichen Weg bei der Optimierung der Supply-Chain- und Produktionsprozesse gibt. Jede Optimierung beginnt mit einer Analyse, die in möglichst kurzer Zeit die Ansatzpunkte aufzeigen kann. Die nachfolgende Hauptaufgabe wird meistens unterschätzt: das Einleiten und konsequente Einführen der Veränderungen. An den Beispielen wird erkennbar, dass die Umsetzung des Supply Chain Managements oder umfangreicher Produktionsveränderungen ein langer Weg ist. Die Art und Weise der Einführung variiert von Unternehmen zu Unternehmen; es gibt keinen Königsweg zur Einführung einer optimalen Supply Chain.

Mit den in diesem Buch vorgestellten Hilfsmitteln lassen sich systematische Projekte zur Prozessoptimierung durchführen. Zwischen Projektbeginn und Umsetzungsende ist häufig ein Weg mit vielen Hindernissen, der sich am Ende deutlich lohnt.

Literatur

Abele E, Kluge J, Näher U (2006) Handbuch Globale Produktion. Hanser, München

Altshuller G (1996) And suddenly the inventor appeared: TRIZ, the theory of inventive problem solving. Technical Innovation Center, Woburn

Becker T (1995) Mit Produktkosten-Controlling Prozesskosten senken. Control Berater 2(8):259–297

Becker T (1997) Von andern lernen. Logistik Heute 5:11

Becker T (1999) Hängen bei Supply Chain Software die Früchte tief genug? Client/Server Mag 11

Becker T (2001) Build-to-Order: Die Verbindung zwischen Maß- und Massenherstellung. VDI Tagungsband Varianten in Produkten und Prozessen, Düsseldorf

Becker T (2004) Supply Chain Prozesse: Gestaltung und Optimierung. In: Dangelmeier W, Busch A (Hrsg) Integriertes supply chain management, 2. Aufl. Betriebswirtschaftlicher Verlag Dr. Th. Gabler/GWV Fachverlage, Wiesbaden, S 65–89

Becker T (2005) Wertströme richtig steuern. MM Ind Mag 8:38/39

Becker T, Geimer H (1999) Prozessgestaltung und Leistungsmessung. HMD Praxis Wirtsch 207:25–34

Becker T, Geimer H (2001a) Supply Chain Strategien. In: Lawrenz O, Hildebrand K, Nenninger M, Hillek Th (Hrsg) Supply chain management. Vieweg Verlag, Leipzig

Becker T, Geimer H (2001b) Mit dem SCOR-Modell Prozesse optimieren. In: Lawrenz O, Hildebrand K, Nenninger M, Hillek Th (Hrsg) Supply chain management. Vieweg Verlag, Leipzig

Becker T, Jagdt H (2000) Better decisions by design. Insight 15

Becker T, Pethick R (2001) Dell on wheels: automotive build-to-order crusade. Supply Chain Management Review, Supplement Automotive Industry, A12–A14

Bhote K (1990) Qualität – Der Weg zur Weltspitze. IQM – Institut für Qualitätsmanagement, Großbottwar

Bhote KR (1991) Next operation as customer (NOAC): how to improve quality, cost, and cycle time. Service Operations, AMA Membership Publications Division, New York

Bhote KR, Bhote AK (2000) World class quality. AMACOM, New York

Bodek N (2004) Kaikaku. PCS Press, Vancouver/Washington

Bossidy L, Charan R (2002) Execution – the discipline of getting things done. Crown Business, New York

Botta V (1997) Kennzahlensysteme als Führungsinstrumente, 5. Aufl. Erich Schmidt Verlag, Berlin

Brockhaus (2003) Der Brockhaus Computer und Informationstechnologie. Brockhaus-Verlag, Mannheim

Brockhaus (2004) Der Brockhaus. Brockhaus-Verlag, Mannheim

Burchill G, Hepner-Brodie C (1997) Voices into choices. Joiner Association, Madison

© Springer-Verlag GmbH Deutschland 2018

T. Becker, *Prozesse in Produktion und Supply Chain optimieren*,

https://doi.org/10.1007/978-3-662-49075-4

Camp RC (1989) Benchmarking, the search for industry best practices that lead to superior performance. American Society for Quality Control, Milwaukee

Christopher M (1992) Logistics and supply chain management. Pitman Publishing, London

Cohen S, Roussel J (2005) Strategisches supply chain management. Springer, Berlin

Dangelmeier W (2001) Fertigungsplanung. Springer, Berlin

Davenport TH, Short JE (1990) The new industrial engineering: information technology and business redesign. Sloan Manage Rev 4:11–26

Dell M (1999) Direct from Dell. Harper Business, New York

Dettmer WH (1997) Goldratt's theory of constraints: a systems approach to continuous improvement. ASQ Quality Press, Milwaukee

DIN (1983) DIN 66001 Sinnbilder und ihre Anwendung. Beuth-Verlag, Berlin

Erkes K, Becker T (1987) Realisierung von CIM durch MAP und TOP. VDI-Z 2:53–56

Eversheim W, Schuh G (1996) Betriebshütte – Produktion und Management. Springer, Berlin

Few S (2013) Information dashboard design: the effective visual communication of data. Analytics Press, El Dorado Hills

Fine C (1998) Clockspeed. Perseus Books, Reading

Forrester JW (1958) Industrial dynamics. A major breakthrough for decision makers. Harv Bus Rev 4:37–66

Gehringer J, Michel WJ (2000) Frühwarnsystem Balanced Scorecard. Metropolitan, Düsseldorf/ Berlin

Geiger G, Hering E, Kummer R (2003) Kanban. Hanser Fachbuchverlag, München

Gharajedaghi J (1999) Systems thinking: managing chaos and complexity. Butterworth Heinemann, Boston

Goldratt EM (1994) It's not luck. North River Press, Croton-on-Hudson

Goldratt EM, Cox J (1992) The goal, 2., rev Aufl. North River Press, Croton-on-Hudson

Gross D (1996) Forbes® greatest business stories of all time. Wiley, New York

Hall G, Rosenthal J, Wade J (1993) How to make reengineering really work. Harv Bus Rev 6:119–131

Hammer M (1990) Reengineering work: don't automate, obliterate. Harv Bus Rev 4:104–112

Hammer M, Champy J (2004) Reengineering the corporation, rev. upd. ed. Harper Business, New York

Harrington HJ (1991) Business process improvement. McGraw-Hill, New York

Hawlitzky N (2002) Integriertes Qualitätscontrolling von Unternehmensprozessen. TCW, München

Iacocca Institute (1991) 21st century manufacturing enterprise strategy. An industry-led view, Bd 1 & 2. Firmenschrift Iacocca Institute, Bethlehem

Imai M (2002) Kaizen: Der Schlüssel zum Erfolg im Wettbewerb. Econ Taschenbuch, München

Kaplan RS, Norton DP (1997) Balanced scorecard. Schäffer Poeschel, Stuttgart

Kerth NL (2005) Post Mortem – Projekte erfolgreich auswerten. verlag moderne industrie, Bonn

Kidd PT (1994) Agile manufacturing. Addison-Wesley, Reading

Kobayashi I (2000) 20 Keys. adept media, Bochum

Kotter JP (1996) Leading change. Harvard Business School Press, Boston

Kruse P (2005) Next practice. Erfolgreiches Management von Instabilität, Gabal, Offenbach

Liker J (2004) The Toyota way. McGraw-Hill, New York

Lockwood T (2009) Design Thinking: Integrating Innovation, Customer Experience, and Brand Value. Allworth Press, 3. Aufl., New York

McGrath ME (1996) Setting the PACE in product development, rev. ed. Butterworth-Heinemann, Newton

Ohno T (1988) Toyota production system – beyond large-scale production. Productivity Press, Portland

Pande PS, Holpp L (2001) What is Six Sigma? McGraw-Hill, New York

Patzak G, Rattay G (2004) Projektmanagement, 4. Aufl. Linde Verlag, Wien

Price F (1986) Right first time. Wildwood House, Aldershot

Richardsen A (2010) Understanding Customer Experience. Harv Bus Rev 10

Rother M, Shook J (2003) Learning to see: value-stream mapping to create value and eliminate Muda, Version 1.3. Lean Enterprise Institute, Boston

Rothmann J (2007) Manage it! Pragmatic Bookshelf, Raleigh

Rummler GA, Brache AP (1990) Improving performance. Jossey-Bass, San Francisco

Scheer AW, Jost W (2002) ARIS in der Praxis. Springer, Berlin

Scheinkopf LJ (1999) Thinking for a change. St. Lucie Press/APICS, Boca Raton

Schragenheim E, Dettmer HW (2000) Manufacturing at warp speed. St. Lucie Press/APICS, Boca Raton

Senge PM (1990) The fifth discipline. Currency Doubleday, New York

Senge PM, Kleiner A, Roberts C, Ross RB, Smith BJ (1994) The fifth discipline Fieldbook. Currency Doubleday, New York

Shingo S (1993) Das Erfolgsgeheimnis der Toyota-Produktion, 2. Aufl. Verlag moderne Industrie, Landsberg

Smith D (1999) The measurement nightmare. CRC Press, Boca Raton

Supply Chain Council (2012) SCOR: the supply chain reference. USA

Suri R (1998) Quick response manufacturing. Productivity Press, Portland

Sutherland J (2014) Scrum: the art of doing twice the work in half the time. Crown Business, New York

Walker S, Marr JW, Walker SJ (2001) Stakeholder power: a winning plan for building stakeholder commitment and driving corporate growth. Perseus Publishing, Reading

Wassermann O (2004) Das intelligente Unternehmen, 5. Aufl. Springer, Berlin-Heidelbeg

Welch J, Byrne J (2001) Jack – straight from the gut. Warner Books, New York

Wheeler DJ (1993) Understanding variation – the key to managing chaos. SPC Press, Knoxville

Womack JP, Jones DT (1996) Lean thinking. Simon & Schuster, New York

Womack JP, Jones DT, Ross D (1990) The machine that changed the world. Rawson Associates, New York

ZVEI (1989) Betriebswirtschaftlicher Ausschuss, ZVEI-Kennzahlensystem: ein Instrument zur Unternehmenssteuerung, 4. Aufl. Sachon, Frankfurt am Main

Stichwortverzeichnis

© Springer-Verlag GmbH Deutschland 2018
T. Becker, *Prozesse in Produktion und Supply Chain optimieren*,
https://doi.org/10.1007/978-3-662-49075-4

Printed in the United States
By Bookmasters

Printed in the United States
By Bookmasters